Auto-Reparaturanleitung Band 1347

Škoda
Octavia III
Kombi

1,0 Liter
Benzin-Motor
1,2 Liter
Benzin-Motor
1,4 Liter
Benzin-Motor
1,5 Liter
Benzin-Motor
1,6 Liter
Benzin-Motor
1,8 Liter
Benzin-Motor
2,0 Liter
Benzin-Motor

1,6 Liter
Diesel-Motor
2,0 Liter
Diesel-Motor

5-Gang-
Schaltgetriebe
6-Gang-
Schaltgetriebe
DSG
4-Motion

Ab Modelljahr 2013

bucheli verlag

Impressum

IMPRESSUM

978-3-7168-2315-6

Auto-Reparaturanleitung
Band 1347

Text und redaktionelle Bearbeitung:
Silke und Christoph Pandikow

Bilder/Zeichnungen:
Christoph Pandikow, Silke Pandikow, PCI Diagnosetechnik GmbH & Co. KG, Hella KGaA Hueck & Co., Bosch Presseabteilung.

Satz und Layout:
T. Wirth, D-71665 Vaihingen/Enz

Lizenziert von
Škoda Auto a.s.

Druck und Bindung:
PBtisk a.s. Pribram
Printed in Czech Republic

Lizenznehmer ist der Motorbuch Verlag, Postfach 103743, 70032 Stuttgart.
Ein Unternehmen der Paul Pietsch Verlage GmbH & Co. KG
1. Auflage 2022

Inhalt

OCTAVIA RS

Inhalt

Folgende Symbole verdienen im Laufe der Arbeit besondere Beachtung:

Sichtprüfung

Teil genau ansehen; besonders beachten.

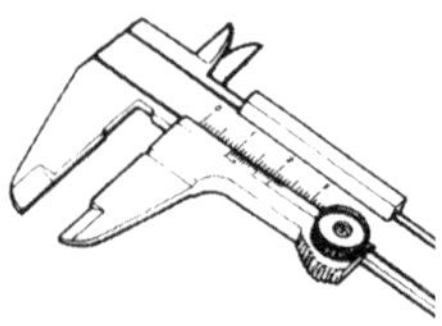

Messen

Schieblehre oder anderes Messwerkzeug nötig.

Achtung

Besondere Vorsicht geboten; Sicherheitshinweise beachten!

Tipp

Wertvoller Hinweis für einfacheres Schrauben; Erläuterung von Bauteilen und Begriffen.

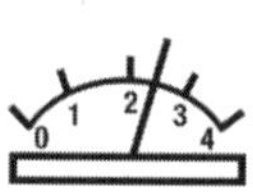

Messen mit elektr. Messgeräten

Multimeter- oder Diagnosegeräte-Einsatz erforderlich.

1 Einleitung

Arbeiten mit diesem Buch

Ein Reparaturhandbuch ist dann ein Reparaturhandbuch, wenn es bei Reparaturen zur Hand gehen kann. Es soll also helfen, Ihren Octavia wieder »in die Gänge« zu bringen. Ganz klar, als blutiger Laie werden Sie nur mit einiger Hilfe gezielt arbeiten können. Bedenken Sie, dass Ihr Fahrzeug in jedem (oder zumindest in fast jedem) Teil etwas mit Sicherheit im Straßenverkehr zu tun hat. Jede einzelne Sekunde, in der Ihr Fahrzeug in Betrieb ist. Nehmen Sie die Fehler deshalb immer ernst. Gerade Anfänger übersehen oft Kleinigkeiten, die nachher durchaus größere oder zumindest schwer aufzufindende Fehler ergeben. Bei einer Fehlersuche am eigenen Fahrzeug unterhielten sich zwei angehende Kfz-Mechatroniker: »... was hast du denn zuletzt repariert?«, letztendlich fand sich dort dann auch der Fehler. Diese Anekdote zeigt sehr deutlich, dass zum einen die eigene Arbeit, zum anderen der Ablauf der Arbeiten, die Kenntnisse über den Funktionszusammenhang der Systeme und natürlich auch über die Informationsquellen, die zur Verfügung stehen immer hinterfragt werden müssen. Dieses Buch eignet sich aber auch, um die Details Ihres Octavia einmal genauer unter die Lupe zu nehmen. Wir haben den Aufbau so gestaltet, dass die Informationen praxisgerecht auf- und umgearbeitet wurden.

(Tipp) In den einzelnen Kapiteln wird der Umgang mit den Test- und Messgeräten genauer vorgestellt. Es handelt sich um getestete Übungen, die Sie problemlos nachvollziehen können. »An modernen Autos kann man gar nichts mehr selber machen!«, das ist ein typischer Satz, der weder richtig ist, noch die motivierten Schrauber unter den Lesern von der Reparatur abhalten sollte. Betrachtet man sich die Probleme genauer, die mit der Fehlerdiagnose entstehen, stellt sich ein einfaches Prinzip heraus. Grundsätzlich sind Bauteile, deren Funktionsabläufe nachvollzogen und im wahrsten Sinne des Wortes »begriffen« werden können, leicht zu prüfen.

Elektrisches Messen

Leuchtet eine Glühlampe nicht, wird sie in der Regel demontiert und der Zustand des Glühfadens gegen das Licht kontrolliert. Über die Glühlampe, beziehungsweise ihren Aufbau, ist jedem bekannt, dass sie ohne den Glühfaden nicht funktionieren kann. Könnte man in alle Bauteile hineinsehen und den Funktionsablauf und den Aufbau auf diese Art kontrollieren, würde kaum ein Mechaniker über die immer komplizierter werdende Technik schimpfen. Hier kommt die Messtechnik zum Zuge. Es ist nämlich möglich, die Funktionsabläufe und die Funktion optisch zu überprüfen. Es ist auch möglich, das Bauteil selbst zu prüfen. Auch dafür werden keine teuren Spezialgeräte gebraucht. Sie oder Ihr Mechaniker müssen sich lediglich bereit erklären, die Technik und dazugehörige Prüfmethoden anzunehmen und gelegentlich auch etwas dazuzulernen.

(Achtung) Ganz klar gibt es Einschränkungen für Arbeiten, die aus Sicherheitsgründen nicht durchgeführt werden sollten. Dazu zählen Arbeiten z. B. an der Klimaanlage und am Airbagsystem.

»Die Tester kann sich keiner leisten!«, ist

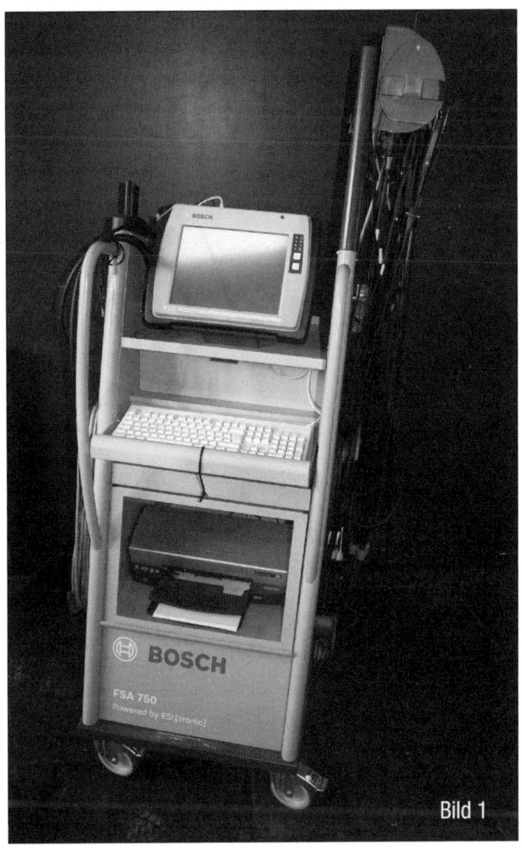

Bild 1
Bosch KTS 650/670 mit FSA 750-Modul und Abgastester.

Sichtprüfung Messen

auch eine These, die wir widerlegen werden. Anhand der Beschreibungen der Spezialwerkzeuge und deren ungefähren Preise lassen sich hier die Kosten leicht überschauen. Die notwendige Ausrüstung ist bei den meisten Schraubern oftmals schon vorhanden. Andere Teile sind gar nicht so teuer und lassen sich sinnvoll als Geburtstagsgeschenkidee an die Lieben weitergeben. Die Aufgabe dieses Reparaturhandbuches ist es, eine Hilfestellung für Wartungsarbeiten und Reparaturen am Škoda Octavia zu geben. Das Buch wendet sich an die ambitionierten Schrauber, die mit ihrer Erfahrung Reparaturen, Wartungsarbeiten und Einstellungen an ihrem Fahrzeug vornehmen wollen. Da zu allen diesen Arbeiten ein OBD-Diagnosetester dazugehört und dieser für deutlich unter 100 Euro im günstigsten Fall erhältlich ist, wird die Arbeit anhand eines »Beispiel«-Testers dargestellt. Sie halten ein Buch in der Hand, das Lernstoff, Informationsquelle und Nachschlagewerk ist. Es soll die praktische Arbeit am Fahrzeug erleichtern und Sie ermutigen sich »Know-how« anzueignen, auch als Ungeübter den ersten Schritt zu machen oder als Erfahrener sich recht tief gehend mit der Diagnose auseinanderzusetzen. Die Struktur des Buches bedient durchaus unterschiedliche Anforderungen.

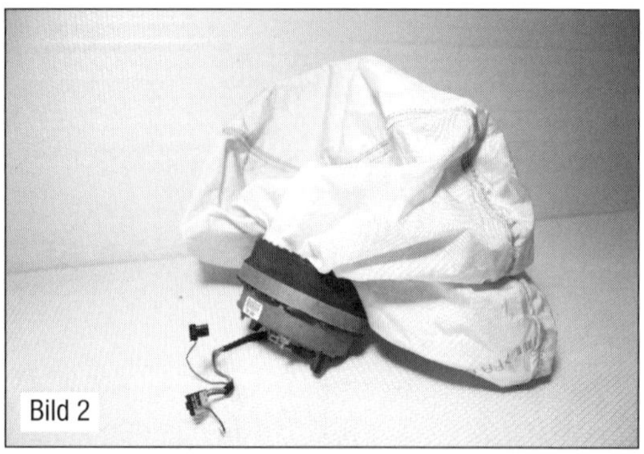

Bild 2
EXPLOSIV: gezündeter Airbag.

Bild 3
»Self-made«-Beulendoktor.

Bereits im zweiten Kapitel werden Sie mit einer Auswahl an typischen Problemen aufgefangen und über die Messtechnik und die Bauteilbeschreibung bis hin zu den Montagearbeiten betreut. Funktionsabläufe und Bauteile werden Ihnen recht einfach im Kapitel Bauteilprüfungen erklärt. Auch der Umgang mit den Mess- und Diagnosegeräten wird an praktischen Beispielen abgehandelt, die Sie sofort nachvollziehen können.
Um einen möglichst schnellen Zugriff auf die Informationen in diesem Buch zu ermöglichen, sind die technischen Daten, die zur Einstellung, Reparatur und Wartung benötigt werden, in einem separaten Kapitel zusammengefasst. Alle technischen Angaben, die speziell bei den Arbeiten benötigt werden, finden Sie natürlich auch an den entsprechenden Stellen. Die Montagearbeiten werden auf gängige Reparaturen beschränkt.
Sie sollten aber immer sicherstellen, dass Sie in der Lage sind, die Reparaturen selbst durchzuführen. Ungeeignete Messgeräte oder auch fehlerhafte Handhabung eines Messgerätes können nicht nur finanzielle Folgen haben. Für die Arbeiten an Airbagsystemen ist eine spezielle Ausbildung erforderlich, die mit einem Sachkundenachweis abgeschlossen wird.

⚠ Unterlassen Sie es zu Ihrer eigenen Sicherheit, an Sitzen oder anderen Bauteilen Hand anzulegen, ohne diese spezielle Ausbildung abgeschlossen zu haben. Arbeiten an diesem System ohne Sachkunde sind GROB fahrlässig und gefährden Ihr Leben. Sollten Probleme an diesem System auftauchen, suchen Sie immer eine Werkstatt auf und erkundigen Sie sich auch darüber, inwieweit die »Airbag-Sachkunde« besteht.

⚠ In den einzelnen Airbageinheiten befinden sich zwar »kleine«, aber nicht ungefährliche Mengen an Sprengstoff. Nicht umsonst sind der Transport, der Umgang und die Lagerung gesetzlich im Sprengstoffgesetz geregelt. Die Arbeiten am Airbagsystem werden aus diesem Grunde nicht beschrieben. Es gibt aber auch so noch genügend Arbeiten, die Sie durchaus in Eigenregie angehen können. Natürlich beschäftigt sich dieses Buch nicht nur mit Elektronik oder der reinen Montagearbeit. Die wichtigsten Bauteile mit Messwerten und Messarten werden genauso dargestellt wie kleinere Arbeiten an der Karosserie.

Sicherheit geht immer vor

Sicherheit hat beim Heimwerken absolute Priorität. Nur Arbeiten anpacken, die man wirklich beherrscht. Handwerkliche Tätigkeiten, mit denen man in der Praxis bislang wenig oder gar keine Erfahrung hatte, sollte man niemals auf die leichte Schulter nehmen. Unsachgemäß ausgeführte Arbeiten können früher oder später fatale Folgen haben (Bilder 4 bis12).

Umgang mit Pyrotechnik-Bauteilen

⚠ Der Sicherheitsaspekt gilt insbesondere für pyrotechnische Bauteile. Diese enthalten einen Treibstoff, bei dessen Abbrand ein Gas erzeugt wird. In manchen Fällen steht für die Gaserzeugung noch zusätzlich in einem Druckbehälter gespeichertes Druckgas zur Verfügung. Die Zündung erfolgt über elektrische/mechanische Anzünder. Bei unsachgemäßer Handhabung von Komponenten dieser Systeme kann es zu schweren Unfällen kommen. Deshalb keine Schraub- oder gar Reparaturversuche an der Sicherheitsausstattung vornehmen, sondern bei notwendigen Instandsetzungen an eine Fachwerkstatt mit Fehler-Auslesegeräten, Diagnose-Einrichtungen und geschultem Personal wenden!

⚠ Mechaniker, die an Rückhaltesystemen arbeiten, müssen spezielle Schulungen nachweisen und bei den zuständigen Behörden gemeldet sein. Pyrotechnische Bauteile dürfen auch nur im eingebauten Zustand und mit vom Hersteller frei gegebenen Diagnosesystemen geprüft werden, keinesfalls mit Prüflampe, Voltmeter oder Ohmmeter. Nach dem Berühren von gezündeten pyrotechnischen Bauteilen: Hände waschen! Bauteile, die auf eine harte Unterlage herabgefallen sind oder Beschädigungen zeigen, dürfen nicht mehr verbaut werden.

Bild 4

Bild 5

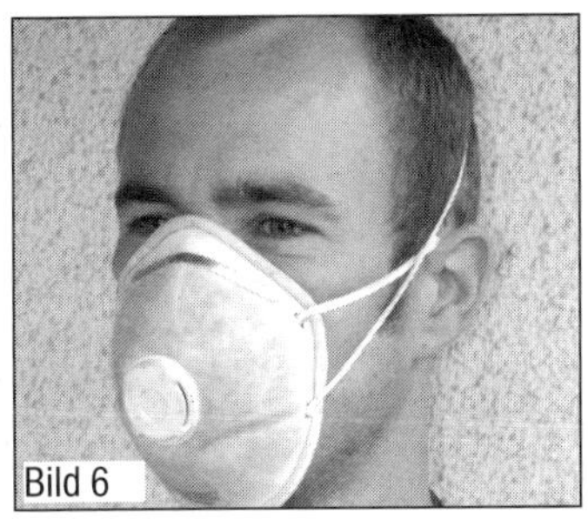
Bild 6

Bild 7

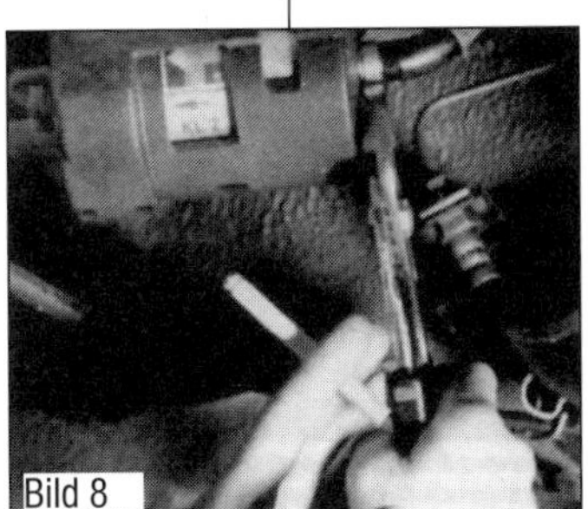
Bild 8

Bild 9

Bild 10

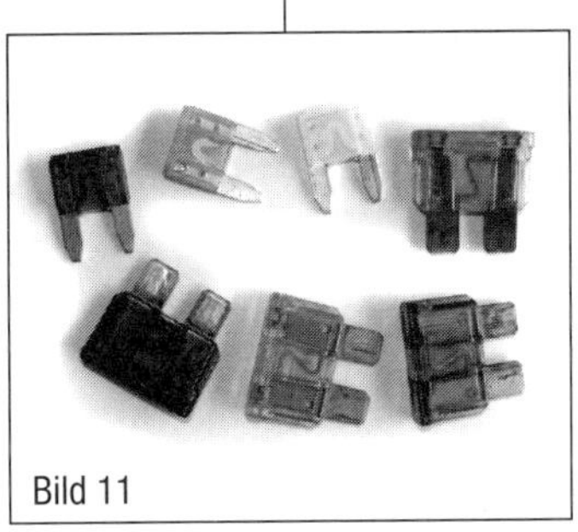
Bild 11

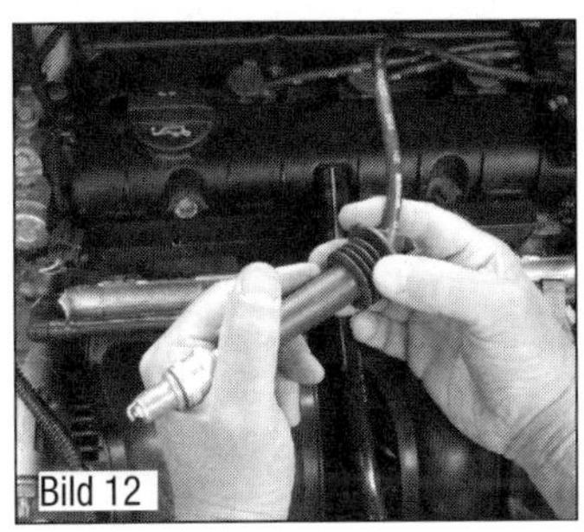
Bild 12

Bild 4
Gehörschutz: bei Blecharbeiten mit Winkelschleifer u. Ä. notwendig.

Bild 5
Schutzbrille: Besonders beim Bohren, Schleifen und Meißeln tragen.

Bild 6
Atemschutzmaske mit auswechselbaren Filterelementen: Bei Arbeiten mit atemgängigen Stäuben unerlässlich.

Bild 7
Bei Arbeiten in der Grube: Unbedingt für Frischluft sorgen.

Bild 8
Nicht rauchen: Sollte eigentlich bei Reparaturarbeiten gerade an der Kraftstoffanlage die Regel sein.

Bild 9
Arbeitshandschuhe: Bei vielen Arbeiten angebracht, beim Umgang mit Bohrmaschinen jedoch sehr gefährlich.

Bild 10
Leere Sprühdosen, Altöl Bremsflüssigkeit u. a. als Sondermüll entsorgen.

Bild 11
Durchgebrannte Sicherungen: Niemals mit Alufolie, Büroklammern o. Ä. flicken.

Bild 12
Hochspannung: Vorsicht bei laufendem Motor oder eingeschalteter Zündung.

⚠ Lagerung, Transport und Entsorgung von Airbag-, Gurtstraffer- und Batterieabtrennungseinheiten (pyrotechnische Bauteile) unterliegen der jeweiligen nationalen Gesetzgebung.

Umgang mit Bauteilen der Klimaanlage
Für das Kfz-Gewerbe sind z. B. auf europäischer Ebene zahlreiche relevante Gesetze erlassen worden. National ist z. B. in der BRD zusätzlich zur Präzisierung der europäischen Gesetzgebung ab dem 1. August 2008 die Chemikalien-Klimaschutzverordnung in Kraft getreten.

- Verordnung (EG) Nr. 1005/2009
- Verordnung (EG) Nr. 842/2006
- Verordnung (EG) Nr. 706/2007
- Verordnung (EG) Nr. 307/2008
- Richtlinie 2006/40/EG
- Chemikalien-Klimaschutzverordnung, Kreislaufwirtschafts- und Abfallgesetz (für die BRD)

Alle Personen, die an Kraftfahrzeug-Klimaanlagen Wartungs- und Reparaturarbeiten durchführen, müssen eine Schulung oder ein Trainingsprogramm besucht haben und die Sachkunde nachweisen (Sachkundenachweis).

⚠ Beim unkontrollierten Druckablassen besteht Gefahr durch Vereisung. Hieraus können schwerwiegende Verletzungen entstehen (Gefrierbrand ist nicht nur bei Grillfleisch unschön!). Bei nicht entleertem Kältemittelkreislauf tritt Kältemittel

Bild 13

Bild 13
Achtung Stromschlag! Restladungen und Induktionsspannungen können gesundheitsgefährdend sein.

aus. Das Kältemittel ist vor dem Öffnen des Kältemittelkreislaufs abzusaugen. Wird der Kältemittelkreislauf nach dem Absaugen innerhalb 10 Minuten nicht geöffnet, kann durch Nachverdampfung Druck im Kältemittelkreislauf entstehen. Das Kältemittel muss dann nochmals abgesaugt werden. Alle geöffneten Bauteile des Kältemittelkreislaufs sind gegen Eintritt von Luftfeuchtigkeit mit geeigneten Verschlussstopfen zu verschließen. Es ist verboten, beim Betrieb, bei Instandsetzungsarbeiten und bei Außerbetriebnahme von Erzeugnissen, die Kältemittel enthalten, entgegen dem Stand der Technik, die in ihnen enthaltenen Stoffe in die Atmosphäre entweichen zu lassen.

⚠ **Verletzungsgefahr durch automatischen Motorstart bei Fahrzeugen mit Start-Stopp-System**
Bei Fahrzeugen mit aktiviertem Start-Stopp-System (erkennbar an einer Meldung im Schalttafeleinsatz) kann der Motor bei Bedarf automatisch starten. Deshalb sicherstellen, dass bei Arbeiten am Fahrzeug das Start-Stopp-System deaktiviert ist (Zündung ausschalten, bei Bedarf Zündung wieder einschalten).

Verletzungsgefahr bei Arbeiten an der elektrischen Anlage
Nicht nur die schon angesprochene Zündanlage birgt einige Überraschungen, die Sie in ungünstigen Situationen oder körperlichen Vorschäden leicht in Lebensgefahr bringen können. Im Gegensatz zur Hauselektrik sind keine »Personenschutzschalter« vorgesehen. Ziehen Sie grundsätzlich nichtleitende Handschuhe an, wenn Sie an Bauteilen arbeiten, deren Ladungszustand Sie nicht kennen.

Für die Arbeiten an Hybridfahrzeugen oder Elektrofahrzeugen ist ein besonderer Lehrgang erforderlich. Die Arbeiten an Hochvoltfahrzeugen können lebensgefährlich sein. Für die in diesem Buch behandelten Modelle ist ein solches Fahrzeug noch lieferbar. Die Besonderheiten zu diesem Modell und auch die besonderen Anforderungen an den Mechaniker werden wir in einem weiteren Band vorstellen.

Richtiges Aufbocken

Im Bordwerkzeug des Škoda Octavia ist der übliche Spindelwagenheber nur vorhanden, wenn ein Reserverad und nicht das Reifenreparaturset zur Serienausstattung gehört. Mit dem Dichtmittel ist ja bei einer Reifenpanne der Radausbau nicht mehr nötig. Die Reparatur geschieht über das Ventil des beschädigten Reifens. Ist der Spindelwagenheber im Bordwerkzeug (Bild 14), kann man mit diesem einfachen Gerät das Fahrzeug für viele Arbeiten hoch genug anheben. Mit einer untergelegten Bohle können Sie die Hubhöhe sogar noch etwas vergrößern.

Ratsam vor allem bei weichem Untergrund ist es, ein 2 cm dickes Brett mit 30 x 30 cm Seitenlänge unter den Heberfuß zu legen. Das verringert die Gefahr, dass der Heberfuß in den Boden einsinken kann. Der Bordwagenheber darf jedoch nur dazu dienen, das Fahrzeug anzuheben. Eine ausreichende Abstützung für Arbeiten an der Wagenunterseite stellt er nicht dar, dazu sind Unterstellböcke (Bild 15) erforderlich. Schon bei kleineren Arbeiten, z. B. dem Wechseln der Bremsbeläge, soll das angehobene Fahrzeug aus Sicherheitsgründen unbedingt mit Unterstellböcken abgestützt sein.

Zum Anheben bequemer, effektiver und auch sicherer sind Werkstattwagenheber, auch Rangierwagenheber genannt (Bild 16, mit geeigneter Gummi- oder Holzzwischenlage). Die beste Möglichkeit ist natürlich eine Hebebühne. Um Beschädigungen am Fahrzeugboden bzw. ein Abkippen des Fahrzeugs zu vermeiden, darf das Fahrzeug nur an den vorgesehenen, mit einer Eindrückung markierten und extra verstärkten Aufnahmepunkten am Unterholm angehoben werden. Der Wagen darf keinesfalls an der Motorölwanne, am Getriebe oder an den Achsen angehoben werden, da sonst schwerwiegende Schäden eintreten können.

An- und Abschleppen

Bei manchen Pannen muss das Fahrzeug abgeschleppt werden. Anschleppen weil der Motor nicht anspringen will, sollte man

Bild 14
Bordwerkzeug im Notrad: Von links Radkappen-Abziehhaken, Radschraubensicherungs-Adapter, Radschraubenschlüssel, Spindelwagenheber, Abschleppöse, Schraubendreher.

Bild 15
Unterstellböcke paarweise kaufen und verwenden, mit Splint (am Kettchen) sichern.

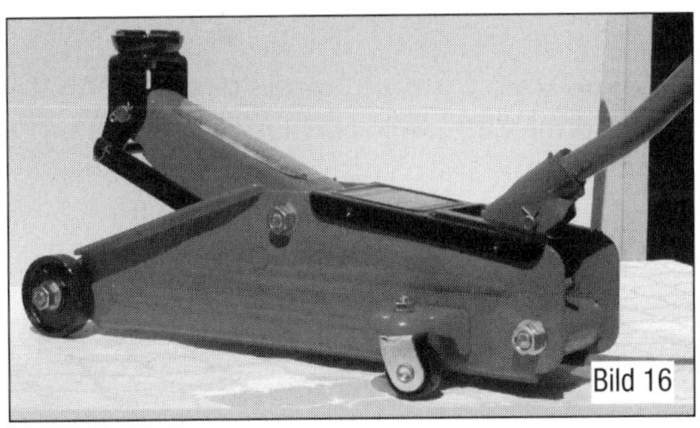

Bild 16
Rangierwagenheber sind sicherer und leichter zu bedienen als Spindelwagenheber.

nur, wenn keine Möglichkeit besteht, den Motor mit Starthilfekabeln zu starten.

⚠ **Fahrzeuge ohne Schmiermittel** im Schaltgetriebe oder mit Automatikgetriebe dürfen nur mit angehobenen Antriebsrädern abgeschleppt werden.

Das Anschleppen von Fahrzeugen mit **automatischem Getriebe** zum Starten des Motors ist aus technischen Gründen nicht möglich. Beim Abschleppen von Fahrzeugen mit automatischem Getriebe muss der Wählhebel in Position »N« sein, und es darf nicht weiter als 50 km und nicht schneller als 50 km/h geschleppt werden, da sonst das Getriebe zerstört wird.

Zum **An- und Abschleppen** sollten Kunstfaserseile oder Seile aus ähnlich elastischem Material verwendet werden. Sicherer ist eine Abschleppstange. Beim Abschleppen dürfen keine unzulässigen Zugkräfte und keine stoßartigen Belastungen auftreten.
Seil oder Stange dürfen nur an den vorgesehenen Abschleppösen vorn oder hinten angebracht werden. Die einschraubbare Öse befindet sich im Bordwerkzeug, die Einschraubgewinde werden nach Entfernen einer kleinen Abdeckung in den Stoßfängerverkleidungen vorn und hinten zugänglich. Von Hand eindrehen, mit durchgestecktem Radschraubenschlüssel festziehen.

⚠ Bei Schleppmanövern abseits regulärer Straßen besteht die Gefahr, dass die Befestigungsteile überlastet werden. Wird ein Abschleppseil verwendet, muss der Fahrer des ziehenden Wagens beim Anfahren und Schalten besonders weich einkuppeln. Der Fahrer des gezogenen Wagens hat darauf zu achten, dass das Seil straff gehalten wird. An beiden Fahrzeugen die Warnblinkanlage einschalten. Die Zündung muss eingeschaltet sein, damit das Lenkrad nicht blockiert ist und Blinkleuchten, Hupe und Scheibenwischer bei Notwendigkeit eingeschaltet werden können. Da der Bremskraftverstärker nur bei laufendem Motor arbeitet, muss ggf. das Bremspedal kräftiger getreten werden. Beim Anschleppen von Fahrzeugen mit Schaltgetriebe ist Folgendes zu beachten:

- Vor dem Anschleppen 2. oder 3. Gang einlegen, Kupplung halten.
- Zündung einschalten, damit Lenkrad nicht blockiert und Blinkleuchten, Hupe sowie Wisch-/Waschanlage benutzt werden können.
- Kupplungspedal loslassen, wenn beide Fahrzeuge in Bewegung sind.
- Sobald der Motor angesprungen ist, Kupplung treten und Gang herausnehmen, um Auffahren auf das Zugfahrzeug zu vermeiden.

Einige Kniffe für Schrauber

Eine unlösbare Verschraubung oder eine abgerissene Schraube haben schon manchen Heimwerker von seinem Reparaturvorhaben wieder abgebracht. Unsere Hinweise sollen helfen, ungewohnte Arbeiten durchzuführen.

Verrostete Verschraubungen lösen:

- Die freiliegenden Gewindegänge des Gewindebolzens von Rost und Schmutz befreien.
- Gewinde mit einer Drahtbürste säubern und anschließend mit Rostlöser besprühen.
- Bei Schnell-Rostlösern die Mutter sofort losdrehen.
- Bei anderen Rostlösern etwas warten.
- Wenn die Kanten einer Mutter bereits rund gedreht sind, oder wenn Rost die Anlageflächen deformiert hat, hilft nur noch Gewalt.
- Gripzange verwenden. Damit lässt sich die Mutter fest greifen und oft losdrehen.
- Hilft das nicht weiter, wird ein scharfer Meißel angesetzt und die Mutter aufgemeißelt.
- Eine gut zugängliche Mutter kann auch entlang des Gewindes mit einer Metallsäge aufgesägt werden. Werkstätten benutzen einen Mutternsprenger.

Innensechskant- und Innenvielzahnschrauben lösen:

- Das Schraubenloch muss von jeglichem Schmutz gesäubert sein, ehe das Werkzeug angesetzt wird.
- Am besten eignen sich Steckeinsätze mit langem Sechskant oder Vielzahn (Torx).
- Im Gegensatz zu Winkelschlüsseln, bei denen die Kraft schräg ansetzt, vertragen die Steckeinsätze einen Hammerschlag auf der Adapterseite mit dem Vierkant. Der Schlag lockert den Sitz der Schraube und erleichtert merklich das Lösen.

Schlitz- und Kreuzschlitzschrauben lösen:

Schrauben können so fest sitzen, dass sie sich nicht mehr mit dem Schraubendreher herausdrehen lassen. Bei Kreuzschlitzschrauben dreht sich der Schraubendreher auch bei starkem Druck auf den Griff aus dem Kreuzschlitz heraus. Nach einigen erfolglosen Versuchen ist der Schlitz ver-

murkst, die Schraube ist praktisch unlösbar.
- Stabilen Schraubendreher ansetzen und mit kräftigem Hammerschlag auf das Griffende versuchen die Schraubverbindung zu lösen. Meistens bricht die mit dem Kopf fest korrodierte Schraube los. Sie lässt sich dann normal herausdrehen.
- Hilft der kräftige Hammerschlag nichts, muss ein Schlagschrauber her. Bei jedem Schlag auf dessen Griffoberseite wird der Schraubendrehereinsatz unter Druck ein wenig weitergedreht.

Blechschrauben ausbohren:
Lässt sich in einem Schraubenkopf kein Werkzeug mehr ansetzen, hilft nur noch Ausbohren.
- Erst entfernt man mit einem passenden Bohrer den Schraubenkopf. Eventuell mit einem kleineren Bohrer vorbohren.
- Das Gewindeteil lässt sich jetzt entweder durchstoßen oder mit einer Zange von der Rückseite abnehmen.
- Andernfalls mit einem dünnen Bohrer das Gewindeteil ausbohren. Den Bohrerdurchmesser nicht zu groß wählen, sonst hält später nur eine dickere Blechschraube.

Stehbolzen lösen und festdrehen:
- Anlagefläche für Schraubenschlüssel schaffen.
- Auf dem freien Gewindeteil zwei Muttern fest gegeneinander drehen (kontern).
- An den blockierten Muttern den Schraubenschlüssel ansetzen und den Bolzen lösen.

Abgerissene Schrauben ausbohren:
Das Gegengewinde, in dem die abgerissene Schraube steckt, sollte möglichst wenig Schaden nehmen.
- Körnerschlag auf Schraubenrestmitte.
- Bis Schraubengröße M8 mit einem Kernlochbohrer arbeiten. Das ist der Durchmesser einer Schraube ohne Gewindeflanken.
Faustregel: Gewindedurchmesser multipliziert mit 0,8.
- Schrauben größer als M8 mit einem dünneren Bohrer vorbohren.

Bild 17
Ausbohren eines abgerissenen Bolzens.

Bild 18
Gewindeschneiden mit Vorsicht und Bedacht!

- Wenn sich die Metallreste nicht mit einer Reißnadel aus den Gewindegängen entfernen lassen, Gewinde nachschneiden.

Gewinde schneiden:
Hat das Metall noch genug Substanz, kann ein größeres Gewinde eingeschnitten werden. Andernfalls muss eine Gewindebuchse eingesetzt werden. Das Nach- oder Neuschneiden von Gewinden geht in drei Stufen vor sich. Die entsprechenden Gewindeschneider heißen Vorschneider (mit einem Ring am Schaft gekennzeichnet), Mittelschneider (zwei Ringe am Schaft) und Fertigschneider (drei Ringe oder ohne Kennzeichnung).
- Gewindeschneider nacheinander unter ständigem Ölen in das vorgebohrte Kernloch hinein- und wieder herausdrehen.
- Beim Hineindrehen ab und zu absetzen und ein Stück zurückdrehen. Sonst werden die Metallspäne zu lang und klemmen.

2 Modell

Modellvorstellung

Der neue Octavia wurde nicht nur im Design aktualisiert, sondern auch technisch perfektioniert und mit zahlreichen neuen Ausstattungsdetails verfeinert. Wie bei den meisten Fahrzeugen der Volkswagengruppe findet sich hier ein ausgefeiltes Bordnetzsystem, welches einzelne Funktionen von Sensoren und Aktoren zu Systemen verflechtet, die Software-basiert auf vorhandene, hochwertigste Komponenten zurückgreifen. So ergeben sich sinnvolle und erweiterte Funktionen, die Ihnen bekannt sein sollten.

Nützliche Assistenten
Gleich fünf neue Fahrerassistenzsysteme machen den Octavia sicherer und komfortabler als jemals zuvor. Während beispielsweise **»Lane Assist«** das Fahrzeug sicher in der Spur hält, erfasst die **»Müdigkeitserkennung«** Abweichungen vom normalen Fahrverhalten und empfiehlt dem Fahrer optisch und akustisch beizeiten eine Pause zu machen.
Zudem neu verfügbar für alle Versionen: Die **elektronische Differenzialsperre XDS**, die insbesondere in den Kurven für verbesserte Fahrdynamik sorgt. Die mit Sensortechnik

Bild 1
Elektronik im Fahrerüberwachungsmodus: Der Fahrer wird mit einbezogen und informiert.

und schnellen Steuergeräten arbeitenden neuen Assistenzsysteme sind in der Lage, Teile des Fahrzeugumfelds zu erfassen und aus ihren Erkenntnissen die richtigen Entscheidungen und Handlungen abzuleiten: Die Regelung **»adaptive cruise control« (ACC)** hält auf der Autobahn durch Distanzmessung die Geschwindigkeit und den Ideal-Abstand zum vorausfahrenden Fahrzeug konstant. Die neue **»adaptive Fahrwerksregelung« (DCC)** macht den Wagen auf Knopfdruck zum Sportler. Sehr hilfreich ist das System **»Park Assist«**, mit dem sich das Fahrzeug nahezu selbstständig einparkt.

Die meisten der Funktionen entstehen »virtuell« und ergeben sich aus den in einem Datennetz gekoppelten Steuergeräten. Die Reparatur fängt deshalb heute meistens nicht mit dem Schraubenschlüssel, sondern mit dem Diagnosetester an. Selbstverständlich überwachen sich die Systeme bis zu einem gewissen Grad auch selbsttätig. Um die Ergebnisse dieser Überwachung mit in die Wartungsarbeiten, Reparaturen und die Fehlersuche einbeziehen zu können, ist die Fehlerspeicherabfrage bei diesen Gelegenheiten durchzuführen.

Dynamische Dimensionen
Der neue Octavia ist 4659 mm lang, 1814 mm breit und 1465 mm hoch (Bild 2). Der Spiegelabstand von 2.017 mm verwehrt oft die linke Spur in Autobahnbaustellen (seit Sommer 2012 sind es ja nun doch 2100 mm). Der Böschungswinkel für die kleinere Stoßstange vorne beträgt 13,9° und reduziert sich in der Spoiler-Variante auf 12°. Hinten ergibt der Überhang einen Böschungswinkel ohne Anhängekupplung 12,2°. Der Radstand zeigt mit 2686 mm und einer Spurweite von 1549 mm ein recht breites Fahrzeug. In der Summe ergibt sich ein dynamischer Gesamteindruck. Front- und Heckpartie gliedern sich hervorragend in das neue dynamische Familiengesicht der Volkswagenfirmengruppe Skoda ein.

Identifizierung

Fahrgestellnummer
Die Fahrzeug-Identifizierungsnummer befindet sich hinter der Frontscheibe auf der Fahrerseite unten. Weiterhin können Sie die

Bild 2
Fahrzeugabmessungen des Kombis in der Übersicht.

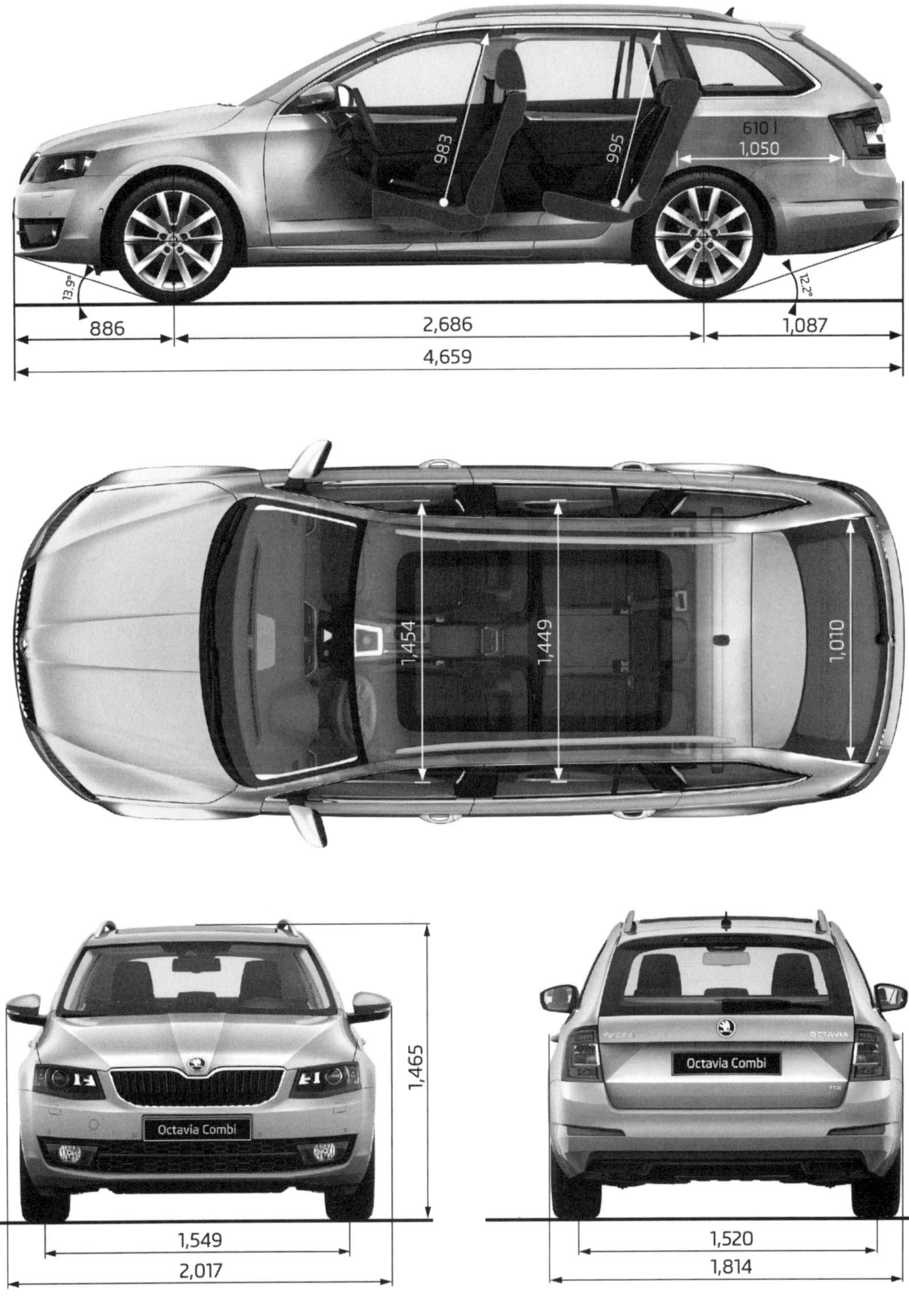

Bild 2

Sichtprüfung

Messen

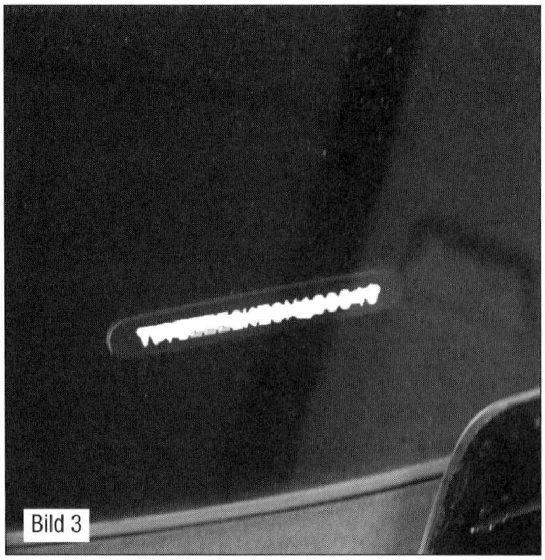

Bild 3
Sichtbare Fahrgestellnummer im Sichtfenster der Windschutzscheibe.

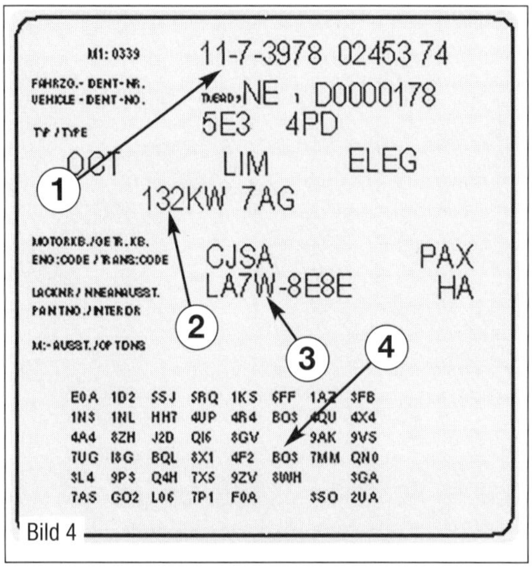

Bild 4
Fahrzeugdatenträger.
1 Fahrzeug-Identifizierungsnummer
2 Fahrzeugtyp, Motorleistung, Getriebe
3 Motor- und Getriebekennbuchstaben, Lacknummer, Innenausstattung
4 Mehrausstattungen, PR-Nummern

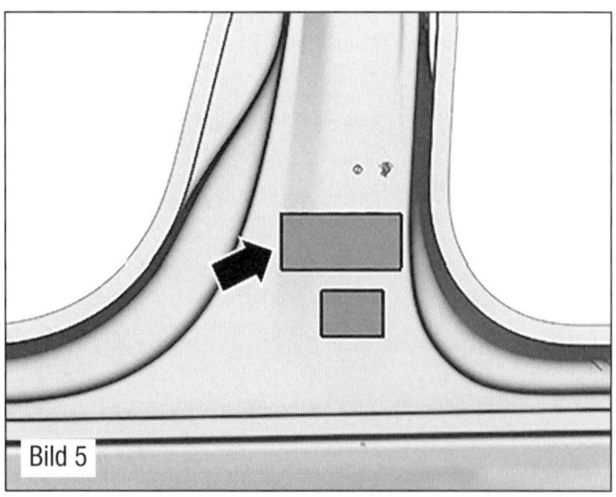

Bild 5
Position des Typenschildes auf der B-Säule der Fahrerseite (Pfeil).

Fahrzeug-Identifizierungsnummer auch auf der rechten Fahrzeugseite im Wasserkasten finden.

Aufschlüsselung der Fahrzeug-Identifizierungsnummer (TMB J D 9 NE 7DO 00178)

TMB	**Herstellerzeichen**
J	Kombi Linkslenker
D	1,8 l/132 kW/Benzinmotor
9	2 Front- + 4 Seiten- + 2 Kopf- + 1 Knieairbag
NE	**Typ**
7	Interner Code
D	Modelljahr/für Indien
O	Produktionsstätte
000 234	Laufende Nummer

Fahrzeugdatenträger

Den Fahrzeugdatenträger finden Sie gleich zweimal im Fahrzeug. Zum einen ist er unter der Kofferraumabdeckung auf dem Bodenblech verklebt (Bild 4). Der Datenträger befindet sich auch im Serviceplan des Fahrzeuges. Der Aufkleber im Serviceplan und der im Kofferraum unterscheiden sich nicht und enthalten die gleichen Daten. Ab dem Produktionszeitraum 45. KW 2017 entfällt der Fahrzeugdatenträger im Kofferraum.

Der Aufkleber enthält folgende Fahrzeugdaten:
1 - Fahrzeug-Identifizierungsnummer
2 - Fahrzeugtyp, Motorleistung, Getriebe
3 - Motor- und Getriebekennbuchstaben, Lacknummer, Innenausstattung
4 - Mehrausstattungen, PR-Nummern

Gerade für die Teilebestellung beim Zubehörhändler sind neben der Fahrgestellnummer und dem Zulassungsdatum auch der Motor sowie der Getriebekenncode sehr wichtig.

Servicevorgaben

Was den Service angeht, teilt der Fahrzeugdatenträger mit, ob das Fahrzeug mit der Produktionssteuerungsnummer (PR-Nummer) ausgestattet ist. Diese Nummern geben Aufschluss über die Service-Intervalle. Die Bezeichnungen haben sich verändert. Die Abkürzungen die früher mit »QG« begannen werden heute mit »QI« bezeichnet.

Einsatz der Wartungs-Intervall-Verlängerung (WIV)

Ob für Ihren Markt die Wartungs-Intervall-Verlängerung (WIV) verfügbar ist, erfragen Sie bei Ihrem Importeur.

Berechnung der Wartungsintervalle:
Die Wartungsintervalle bei Fahrzeugen mit flexiblem Service werden selbsttätig vom Fahrzeug berechnet. Eingangsmesswerte wie Fahrstrecke, Kraftstoffverbrauch, Öltemperatur und Belastung des Dieselpartikelfilters werden vom Steuergerät ausgewertet. Das Ergebnis aus dieser Bewertung ist ein Maß für den Verschleiß des Motoröls durch thermische Belastung. Der Verschleiß des Motoröls ist ausschlaggebend für die erreichbare Fahrstrecke bis zum nächsten Service.

Bei Fahrzeugen mit flexiblem Service, die nach festem Service gewartet werden, muss die Service-Intervall-Anzeige »nicht flexibel« umcodiert werden.

Servicemeldung abfragen

Servicevorwarnung
Ist demnächst ein Service fällig, erscheint im Display des Schalttafeleinsatzes beim Einschalten der Zündung eine »Servicevorwarnung«. Bei Fahrzeugen mit Textmeldungen im Display des Schalttafeleinsatzes erscheint folgende Anzeige »Service in --- km oder --- Tagen«. Nach einigen Sekunden oder bei laufendem Motor erlischt die Servicemeldung.
Eine Servicevorwarnung wird erstmalig 20 Tage vor dem errechneten fälligen Service angezeigt. Die angezeigte Restfahrstrecke wird immer auf 100 km gerundet bzw. die Restzeit auf ganze Tage.

Servicemeldung abfragen im Infotainment-System
■ Zuerst die Zündung einschalten.
■ Taster (3 im Bild 6) betätigen, bis im Display des Schalttafeleinsatzes der Schriftzug »Service« angezeigt wird.
■ Taster (3) loslassen. Im Display (2) des Schalttafeleinsatzes wird das Symbol »Maulschlüssel« und zusätzlich die folgende Meldung angezeigt »Service in ... km oder ... Tagen« oder »Service in ... km oder ... Tagen.

Service-Intervall-Anzeige zurücksetzen

Nach erfolgtem Service muss die Anzeige (SIA) wieder zurückgesetzt werden (»Anpassung«).

Mit dem Fahrzeugdiagnosetester geht das professionell vor sich:
■ Tester im Fahrzeug anschließen, Zündung einschalten, »Geführte Funktionen« anwählen.
■ Nacheinander auswählen: Marke, Typ, Modelljahr, Motorkennbuchstaben. Fahrzeugidentifikation bestätigen.
■ Dann wiederum nacheinander auswählen: Schalttafeleinsatz, Service-Intervall-Anzeige zurücksetzen.
■ Die Anpassung gemäß den »Geführten Funktionen« vornehmen, dann »Funktion des Schalttafeleinsatzes« »17-Serviceereignis« und weiter »Ölwechsel-Service oder Inspektion?«.
■ Weiter den Hinweisen auf dem Diagnosegerät folgen. Bei der mit Ölwechsel verbundenen Inspektion müssen die beiden

Service-Intervalle MJ 2016, Service-Intervalle MJ 2017

PR-Nr.	Serviceereignisse: Intervalle	Anzeige in der Service-Intervall-Anzeige und im Infotainment-System
QI1	Ölwechsel-Service (fest): alle 5000 km / 1 Jahr	Ja
QI2	Ölwechsel-Service (fest): alle 7500 km / 1 Jahr	Ja
QI3	Ölwechsel-Service (fest): alle 10'000 km / 1 Jahr	Ja
QI4	Ölwechsel-Service (fest): alle 15'000 km / 1 Jahr	Ja
QI6	Ölwechsel-Service (flexibel): Max. 30'000 km / 2 Jahre	Ja

Sichtprüfung

Messen

Bild 6
Zurücksetzen der SIA.
1 Taster links
2 Display
3 Taster rechts

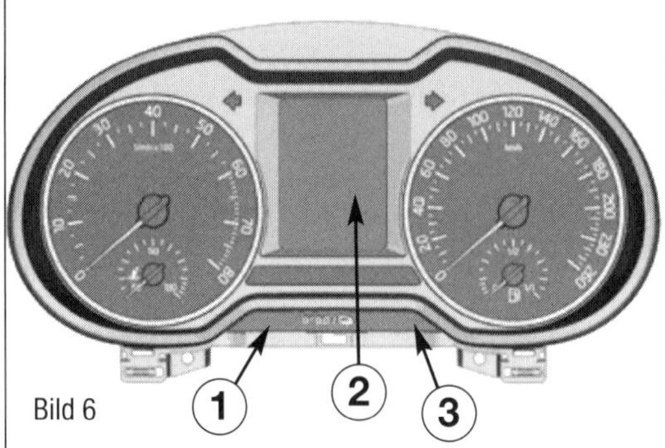

Bild 6

Service-Intervall-Anzeigen zurückgesetzt werden.

- Zündung ausschalten, Diagnosestecker abziehen, Zündung wieder einschalten.
- Es wird nun kein Serviceereignis mehr angezeigt.

Zurücksetzen der SIA für den Ölwechselservice mit der Bedientaste am Schalttafeleinsatz:
Natürlich besteht auch die Möglichkeit, die Service-Intervall-Anzeige (SIA) manuell zurückzusetzen. Es ist aber darauf zu achten, dass bei Fahrzeugen mit flexibler Codierung die SIA auf feste Intervalle codiert wird. Dabei wird auch der Anpasskanal für die Ölqualität verändert, was zu einem veränderten Anzeigeverhalten führen kann.

Zurücksetzen des Ölservice

- Bei ausgeschalteter Zündung den Taster 1 im Bild 6 gedrückt halten.
- Zündung einschalten. Abwarten bis im Display die Anzeige »Ölwechsel-Service zurücksetzen?« erscheint.
- Die Taste 1 wieder loslassen. Die Service-Intervall-Anzeige befindet sich nun im Rückstellmodus.
- Die Taste 1 einmal kurz drücken. Das Display schaltet nach kurzer Zeit in die Normalanzeige zurück.

Zurücksetzen der Inspektion

- Bei ausgeschalteter Zündung den Taster 1 im Bild 6 gedrückt halten.
- Zündung einschalten. Abwarten bis im Display die Anzeige »Inspektion zurücksetzen?« erscheint.
- Die Taste 1 einmal kurz drücken. Das Display schaltet nach kurzer Zeit in die Normalanzeige zurück.

Umcodieren SIA

Umcodieren von festen auf flexible Wartungsintervalle
Fahrzeuge mit festen Service-Intervallen ab Werk (QI1 - QI4) können nicht auf QI6 (variable Service-Intervalle) umcodiert werden! Eine Rück-Codierung auf variable Service-Intervalle ist unter den folgenden Bedingungen möglich:

- Die Umcodierung bei »Ölwechsel-Service« oder bei »Inspektion« mit Motorölwechsel durchführen.
- Die Umcodierung mit einem geeigneten Diagnosegerät durchführen.
- Das vorgeschriebene Motoröl verwenden.
- Das Fahrzeug entspricht der werksmäßigen, technischen Ausrüstung.

Umcodieren von flexiblen auf feste Wartungsintervalle

- Zum Umcodieren muss ein Fahrzeugdiagnosetester angeschlossen werden.
- Nacheinander auswählen: Marke, Typ, Modelljahr, Motorkennbuchstaben.
- Zündung einschalten, »Geführte Funktionen« anwählen.
- Fahrzeugidentifikation bestätigen und nacheinander auswählen: Schalttafeleinsatz, Service-Intervall-Verlängerung anpassen.
- Anpassung gemäß den »Geführten Funktionen« vornehmen, anschließend »Wechsel Flexible/Feste Intervalle auswählen« anwählen und »Beenden« drücken.
- Die Zündung ausschalten und den Diagnosestecker abziehen.

Ändern der km-Maximalwerte für den Ölwechsel-Service (fest) bei der Übergabe-Inspektion

- Fahrzeugdiagnosetester anschließen,
- Zündung einschalten,
- Fahrzeugidentifikation durchführen,
- »mit Geführter Fehlersuche arbeiten« anwählen,
- »Steuergeräteliste« auswählen,
- »Schalttafeleinsatz« auswählen,
- »Steuergerät identifizieren« auswählen,
- »Geführten Funktionen« auswählen,
- »Ölwechsel-Service (fest)« auswählen,
- den Angaben der »Geführten Funktionen« folgen,
- »1 Ölwechsel-Service (fest)« zurücksetzen,
- den Angaben der »Geführten Funktionen« folgen,

- es werden die aktuellen km-Maximalwerte im Fahrzeugdiagnosetester angezeigt,
- »Nein« auswählen,
- wählen Sie den für Ihr Land gültigen Maximalwert bis zum nächsten Ölwechsel-Service,
- die Anpassung gemäß den Angaben der »Geführten Funktionen« durchführen.

Intervalle und Ölnormen

Die Arbeitsbeschreibungen zu den einzelnen Filtersystemen Ihres Fahrzeugs haben wir in den einzelnen Kapiteln zu den Bauteilen dargestellt.

Ölfilterwechselintervalle
Die Ölfilter für die einzelnen Motoren werden entweder nach der Serviceanzeige für die flexiblen Intervalle oder bei der Anzeige für den Ölwechselservice ausgetauscht. Der Wechsel erfolgt bei jedem Ölwechsel.

Luftfilter
Regelmäßig sollte der Luftfilter alle 90.000 km oder nach 6 Jahren ersetzt werden. Bei Fahrzeugen, die in »staubreicher« Umgebung betrieben werden, sollte der Filter regelmäßig kontrolliert und bei Bedarf früher ersetzt werden.

Dieselkraftstofffilter
Der Kraftstofffilter muss bei Dieselkraftstoffen, die der Europanorm EN 590 entsprechen, bei allen Dieselfahrzeugen bei 90.000 km gewechselt werden. Bei Einsatz von Dieselkraftstoffen, die nicht den Eigenschaften nach EN 590 (siehe Zapfsäule) entsprechen, muss der Austausch des Filters bereits bei 30.000 km erfolgen. Das Entwässern der Kraftstofffilter entfällt.

Staub- und Pollenfilter
Der Staub- und Pollenfilter sollte bei allen Fahrzeugvarianten spätestens nach 60.000 km oder 2 Jahren erneuert werden. Gerade bei Fahrzeugen, die in »staubreicher« Umgebung betrieben werden, sollte der Filter regelmäßig kontrolliert und bei Bedarf auch früher ersetzt werden.

Ölfilter bei DSG-Getrieben (6-Gang-DSG, 0D9)
Der Ölfilter des DSG-Getriebes wird nach 60.000 km oder nach einer Getriebereparatur ersetzt.

Škoda-Ölnormen
Bei Škoda-Fahrzeugen ist für einige Motoren die VW-Norm für Motoröle VW 508 00/509 00 eingeführt. Ein Motoröl nach VW-Motorölnorm 508 00/509 00 reduziert den CO2-Ausstoß und kann den Kraftstoffverbrauch reduzieren. Wird das Öl mit der VW-Motorölnorm 508 00/509 00 in Motoren verwendet, die nicht dafür vorgesehen sind, kann das zu Motorschäden führen. Bei Motoren mit vorgeschriebenem Öl mit der VW-Motorölnorm VW 508 00 darf ausschließlich dieses Öl verwendet werden. Andere Motoren, die ab Werk mit dem Öl mit der VW-Motorölnorm 508 00 befüllt sind, dürfen im Servicefall auch mit dem Öl mit der VW-Motorölnorm 504 00 befüllt werden. Die Verwendung des Öls VW 504 00 statt VW 508 00 kann zu einer geringfügigen Verschlechterung der Abgaswerte führen.

BENZINMOTOREN mit flexiblem Service		**mit festem Service**	
Motorkennbuchstabe (Hubraum)	*Ölnorm*	*Motor*	*Ölnorm*
CHZD (1,0 l)	508 00 / 504 00	3-Zylinder-TSI	502 00
DKRA, DKRF (1,0 l)	508 00 / 504 00	4-Zylinder-TSI (1,0 l)	508 00 / 504 00
CJZB, CYVA, CJZA, CYVB (1,2 l)	508 00 / 504 00	4-Zylinder-TSI (1,2 l)	502 00
CPWA (1,4 l)	Keine Angabe	4-Zylinder-TSI (1,4 l)	502 00
CHPA, CZDA (1,4 l)	508 00 / 504 00	4-Zylinder-TSI (1,4 l)	502 00
DADA ohne OPF (1,5 l)	508 00 / 504 00	4-Zylinder-TSI (1,5 l)	502 00
DADA mit OPF, DPCA (1,5 l)	508 00 / 504 00	4-Zylinder-TSI (1,5 l)	508 00 / 504 00
CWVA (1,6 l)	Keine Angabe	4-Zylinder-TSI (1,6 l)	502 00
CJSA, CJSB (1,8 l)	504 00	4-Zylinder-TSI (1,8 l)	502 00
CHHA, CHHB (2,0 l)	504 00	4-Zylinder-TSI (2,0 l)	
DLBA, DKTB, DKZA (2,0 l)	508 00	4-Zylinder-TSI (2,0 l)	508 00

Sichtprüfung Messen

ERDGASMOTOREN **mit flexiblem Service**		**mit festem Service**	
Motorkennbuchstabe (Hubraum)	*Ölnorm*	*Motor*	*Ölnorm*
DHFA TGI CNG (1,5l)	Keine Angabe	4-Zylinder-TGI (1,5l)	502 00 / 508 00

DIESELMOTOREN **mit flexiblem Service**		**mit festem Service**	
Motorkennbuchstabe (Hubraum)	*Ölnorm*	*Motor*	*Ölnorm*
CLHB,CXXA,DDYB, CLHA, CRKB, CXXB, DBKA, DDYA, DGTE (1,6 l)	507 00	4-Zylinder-TDI (1,6 l)	507 00
CRVC, CKFB, CKFC, CRMB, CYKA, DCYA, DFFA, CUPA, DJGA, CUNA (2,0 l)	507 00	4-Zylinder-TDI (2,0 l)	507 00

Zahnriemenwechselintervalle Benzin-Motoren			
Motor	*MKB*	*Zahnriemenwechsel*	*Spannrollenwechsel*
1,0 l	CHZD, DKRA, DKRF	Es gibt kein vorgeschriebenes Wartungsintervall. Es sind Prüfintervalle vorgeschrieben. Die Arbeiteng dazu finden Sie auch im entsprechenden Abschnitt des jeweiligen Kapitels (120.000 km für staubreiche Länder).	
1,2 l	CJZB, CYVA, CJZA, CYVB		
1,4 l	CPWA, CHPA, CZDA		
1,5 l	DADA		
1,6 l	CWVA		
1,8 l	CJSA, CJSB		
2,0 l	CHHA, CHHB, DLBA, DKTB, DKZA		

Zündkerzenwechselintervalle Benzin-Motoren		
Motor	*MKB*	*Wechselintervalle*
1,0 l	CHZD, DKRA, DKRF	Spätestens bei 60.000 km oder bei Fahrzeugen mit geringer Laufleistung spätestens nach 4 Jahren.
1,2 l	CJZB, CYVA, CJZA, CYVB	
1,4 l	CPWA, CHPA, CZDA	
1,5 l	DADA	
1,6 l	CWVA	
1,8 l	CJSA, CJSB	
2,0 l	CHHA, CHHB, DLBA, DKTB, DKZA	

Zahnriemenwechselintervalle			
Motor	*MKB*	*Zahnriemenwechsel*	*Spannrollenwechsel*
Alle TDI-CR	CLHA, CLHB, CRBB, CRBC, CRLB, CRVA, CUNA, CRKA, CRKB, CRLB CRVA, CXXA, CXXB	Alle 210.000 km	Alle 210.000 km
Alle TDI-CR (Bei Betrieb in staubreichen Ländern!)	CLHA, CLHB, CRBB, CRBC, CRLB, CRVA, CUNA, CRKA, CRKB, CRLB, CRVA, CXXA, CXXB	Alle 120.000 km	Alle 120.000 km

Partikelfilter prüfen
Grundsätzlich sollten Sie den Füllungsgrad des Partikelfilters im Rahmen der Wartungsarbeiten im Auge behalten. Bei der Partikelfilterprüfung wird der Füllungsgrad des Partikelfiltervolumens mit einem Diagnosetester abgefragt. Die Arbeitsschritte für Benziner und Diesel sind mit dem Tester annähernd gleich. Wird der Grenzwert für die Aschemasse erreicht oder überschritten (Partikelfilter zu großer Füllungsgrad), ist der Partikelfilter zu ersetzen. Dieser ist auch im Zubehörmarkt erhältlich. Es gibt auch Anbieter, die die Reinigung des Partikelfilters anbieten. Das ist eine sehr gute und günstige Alternative zum Neuteil.

Kraftstofffilterwechsel

Motor	*MKB*	*Intervall*
Wechsel: Alle FSI 1,2 l, 1,4 l, 1,6 l 1,8 l, 2,0 l	(1,0 l) CHZD, DKRA, DKRF, (1,2l) CJZB, CYVA, CJZA, CYV, (1,4 l) CPWA, CHPA, CZDA, (1,5 l) DADA, (1,6 l) CWVA, (1,8 l) CJSA, CJSB, (2,0 l) CHHA, CHHB, DLBA, DKTB, DKZA	120.000 km
Wechsel: Alle TDI-CR	CLHA, CLHB, CRBB, CRBC, CRLB, CRVA, CUNA, CRKA, CRKB, CRLB CRVA, CXXA, CXXB	Alle 90.000 km
Entwässern: Alle TDI-CR	CLHA, CLHB, CRBB, CRBC, CRLB, CRVA, CUNA, CRKA, CRKB, CRLB CRVA, CXXA, CXXB	Alle 15.000 km

Weitere zeit- oder laufleistungsabhängige Zusatzarbeiten

Beschreibung	*Wechselintervall*
Doppelkupplungsgetriebe (DSG) 0D9: Getriebeöl und Filter ersetzen	Alle 60.000 km
Erweiterter Inspektionsumfang (nur in Verbindung mit der Inspektion)	Nach 60.000 km / 3 Jahre, danach alle 60.000 km / 2 Jahre
Panorama-Schiebedach vorne: Funktion prüfen, Führungsschienen reinigen und fetten, sowie Windabweiser reinigen	Nach 60.000 km / 3 Jahre, danach alle 60.000 km / 2 Jahre
Panorama-Ausstell-Schiebedach mit Panoramadach hinten: Funktion prüfen, Führungsschienen reinigen und fetten, sowie Windabweiser reinigen	Nach 60.000 km / 3 Jahre, danach alle 60.000 km / 2 Jahre
Dieselpartikelfilter: Prüfen (nur bei Fahrzeugen mit werkseitig verbautem Dieselpartikelfilter)	Bei 210.000 km, danach alle 30.000 km
Zahnriemen für Nockenwellenantrieb: Prüfen (gilt nur für Fahrzeuge ohne vorgeschriebenes Wechselintervall)	Bei 240.000 km, danach alle 30.000 km
Zahnriemen für Kühlmittelpumpe: Prüfen (gilt nur für Fahrzeuge ohne vorgeschriebenes Wechselintervall)	Bei 240.000 km, danach alle 30.000 km
Abgasuntersuchung (AU): Durchführen (nur bei Fahrzeugen mit gewerblicher Personenbeförderung, wie z. B. Taxis in Deutschland)	Alle 12 Monate
Abgasuntersuchung (AU): Durchführen (nur in Deutschland)	3 Jahre nach Erstzulassung, danach alle 2 Jahre
Haldex-Kupplung: Öl wechseln (nur für 4 MOTION)	Alle 3 Jahre
Vorderachs-Differenzialsperre: Öl wechseln (nur für GTI »Performance«)	Alle 3 Jahre
Brems- und Kupplungsanlage: Bremsflüssigkeit wechseln	3 Jahre nach Erstzulassung, danach alle 2 Jahre
Erdgasanlage: Sichtprüfung der Erdgas-Kraftstoffbehälter auf Korrosion und Dichtigkeitsprüfung durchführen (gilt nur für TGI) ACHTUNG: Diese Arbeit darf nur von speziell geschultem Personal durchgeführt werden!	3 Jahre nach Erstzulassung, danach alle 2 Jahre

Sichtprüfung Messen

Weitere zeit- oder laufleistungsabhängige Zusatzarbeiten *Beschreibung*	*Wechselintervall*
Erdgaseinfüllstutzen und Verschlussdeckel auf Zustand prüfen, gegebenenfalls reinigen und Dichtring prüfen (gilt nur für Oktavia TGI) ACHTUNG: Diese Arbeit darf nur von speziell geschultem Personal durchgeführt werden!	3 Jahre nach Erstzulassung, danach alle 2 Jahre
Erdgasbehälter: Ersetzen (gilt nur für den Octavia TGI) ACHTUNG: Diese Arbeit darf nur von speziell geschultem Personal durchgeführt werden!	Alle 20 Jahre
Erdgaseinfüllstutzen und Verschlussdeckel auf Zustand prüfen, gegebenenfalls reinigen und Dichtring prüfen gilt nur für Octavia TGI) ACHTUNG: Diese Arbeit darf nur von speziell geschultem Personal durchgeführt werden!	3 Jahre nach Erstzulassung, danach alle 2 Jahre
Erdgasbehälter: Ersetzen (gilt nur für den Octavia TGI) ACHTUNG: Diese Arbeit darf nur von speziell geschultem Personal durchgeführt werden!	Alle 20 Jahre

Aufnahmepunkte für Hebebühne und Werkstattwagenheber

Ein Falscher bzw. ungenauer Sitz der Aufnahmeteller/Hebearme der Hebebühne führt zu Beschädigung der Beplankungsteile.

Den Aufnahmeteller der Hebebühne so weit herausdrehen, dass genügend Abstand zwischen Hebearm und Unterholm besteht. Ausschließlich die Versteifung des Unterholms als Aufnahmepunkt der Aufnahmeteller der Hebebühne verwenden.

Bei den »RS-Modellen« und Fahrzeugen, die mit diesen Teilen umgebaut wurden, sind die Unterholmmarkierungen durch die Unterholmverbreiterung verdeckt, sie befinden sich jetzt auf der Unterseite der Unterholmverbreiterung. Achten Sie beim Anheben darauf, dass die Unterholmverbreiterung nicht beschädigt wird. Achten Sie darauf, dass die Versteifung des Unterholms mittig auf dem Aufnahmeteller der Hebebühne aufliegt.

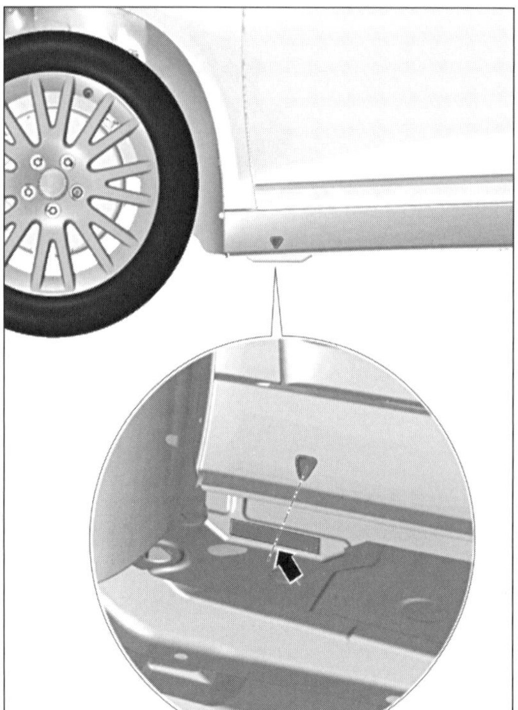

Bild 7

Bild 7
Aufnahmeteller im Bereich der Unterholmmarkierung an der senkrechten Versteifung des Bodenblechs (Pfeil) ansetzen.

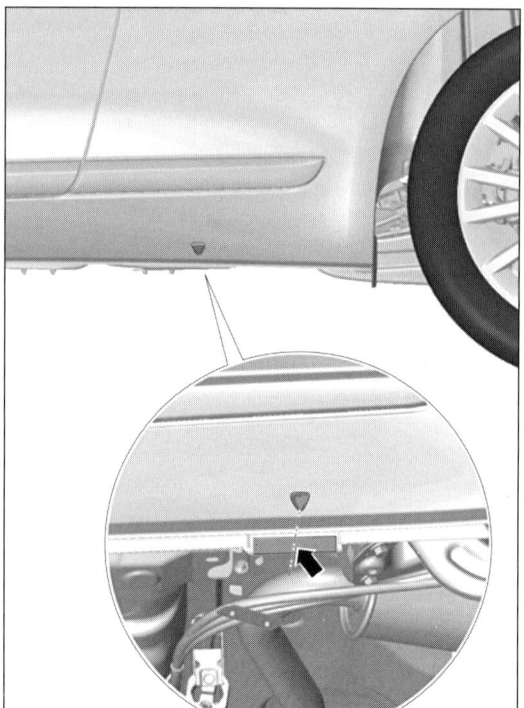

Bild 8

Bild 8
Aufnahmeteller im Bereich der Unterholmmarkierung an der senkrechten Versteifung des Bodenblechs (Pfeil) ansetzen.

3 Werkzeug und Ausrüstung

Ob nun reines Hobby oder beruflich: Das Schrauben birgt gewisse Risiken. Vom kleinen Kratzer bis hin zum tödlichen Unfall ist schon alles vorgekommen. Ärgerlich ist es aber auch schon, wenn durch einen unpassenden Schraubenschlüssel eine Schraube so beschädigt wird, dass sie sich nur mit einem erheblichen Aufwand lösen lässt. Einige Arbeiten werden durch Spezialwerkzeug deutlich erleichtert. Sollten Sie bestimmte Tätigkeiten öfter durchführen, scheuen Sie sich nicht, die Preise für das Spezialwerkzeug anzufragen. Gelegentlich sind die Preise so günstig, dass es sich nicht mal lohnt, die Werkzeuge nachzubauen.

Standardausrüstung für mechanische Arbeiten

Sicherlich ist es immer besser, auf die Werkzeugsätze der Top-Markenhersteller zurückzugreifen. Als Basis allerdings sind auch schon günstigere Ausführungen recht bekannter Marken erhältlich. Gerade für die Arbeiten an modernen Fahrzeugen müssen neben den üblichen Sechskantnüssen auch Vielzahn- und Torxeinsätze zur Verfügung stehen (Bild 4). Eine günstige Alternative für unsere Zwecke bieten »Snap On«- oder »KS-Tool«-Werkzeugkoffer, die ein sehr komplettes Angebot liefern. Sind die Sätze im Angebot, kann man sein Werkzeugsortiment mit einem solchen Set leicht auch um 100 Euro erweitern.
An Werkzeug lässt sich leider kein Geld einsparen. Zum einen ist die Lebenserwartung dieses Werkzeuges stark an den Anschaffungspreis gekoppelt und zum anderen ist es extrem wichtig, dass die Maßhaltigkeit genau stimmt.
Wenn es um die Demontage von einzelnen Bauteilen geht oder auch nur zur Ablage von ausgebauten Fahrzeugteilen, ist eine Werkbank sehr hilfreich (Bild 2). Ist sie stabil genug, kann sie bei der Demontage der Motorteile gute Dienste leisten. Bei der Demontage fallen regelmäßig einige Schrauben an. Um diese besser wieder zuordnen zu können und sie sicher und sauber zu lagern, empfiehlt es sich, für die einzelnen Baugruppen jeweils eine, am besten verschließbare, Kiste zu verwenden (Bild 3).

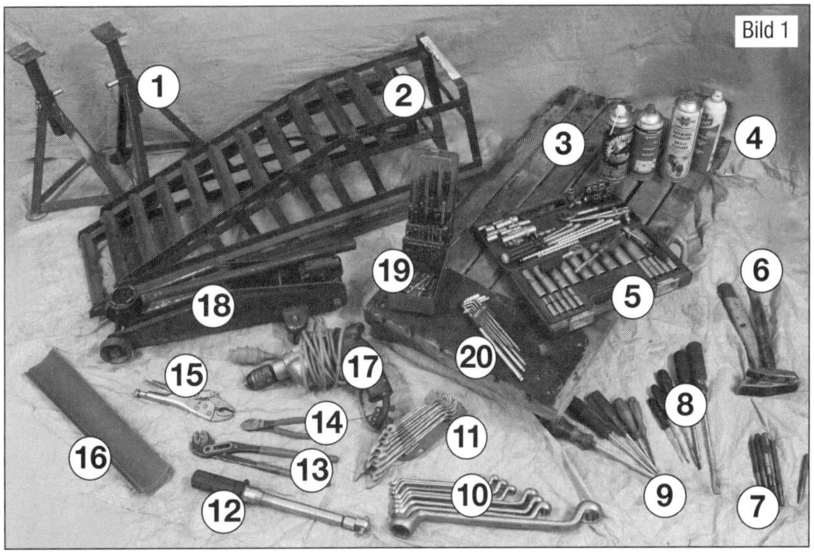

Bild 1
Standardwerkzeug in der Übersicht.
1 Unterstellböcke
2 Auffahrrampen
3 Rollbrett
4 Sprühfett, Rostlöser und Bremsenreiniger
5 Ratschenkasten-Werkzeugset
6 Schlosserhammer 500 g und Schlosserhammer 200 g
7 Durchschlagset und Körner
8 Schlitz-Schraubendreherset
9 Kreuz-Schraubendreherset
10 Ringschlüsselset
11 Gabelschlüsselset
12 Drehmomentschlüssel
13 Wasserpumpenzange
14 Seitenschneider
15 Grip- oder Schnappzange
16 Schleifpapier Korn 120
17 Handbohrmaschine
18 hydraulischer Wagenheber
19 Bohrerset
20 Innensechskant/Torx/Vielzahnset

Bild 2
Werkbank und Ablage.

Bild 3
Kistchen und Kästchen – das spart Zeit.

Bild 4
Innensechskant, Torx und Vielzahn: alt bewährt bis öfter mal was Neues.

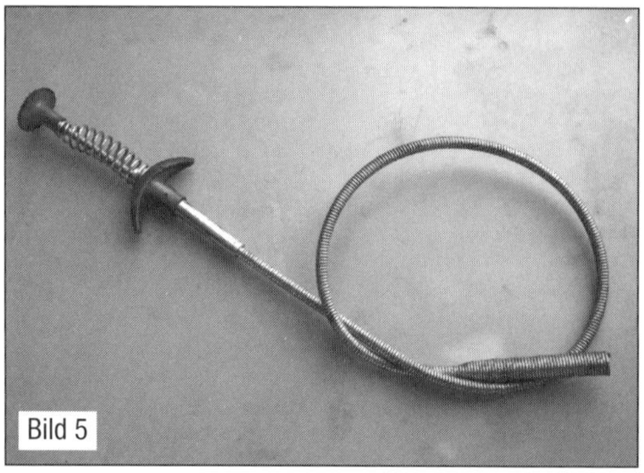

Bild 5
Greifer.

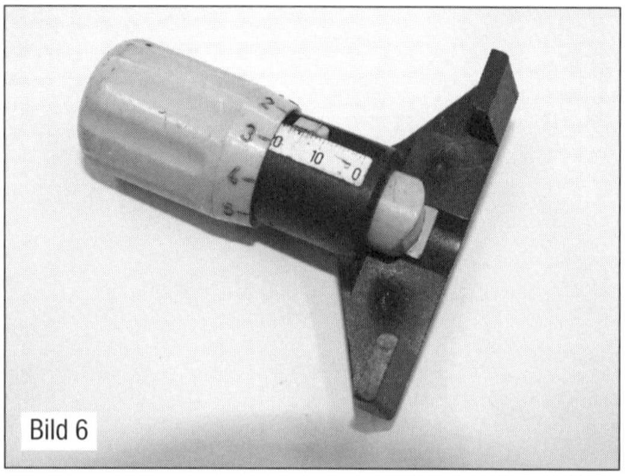

Bild 6
Zahnriemenvorspannungsprüfer.

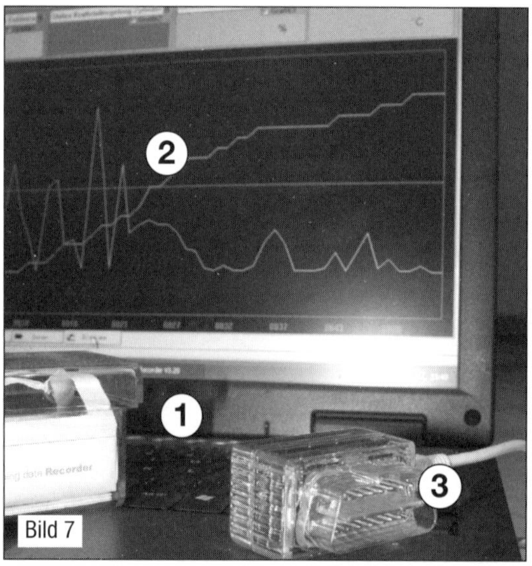

Bild 7
Aufzeichnen während der Fahrt: Alle OBD-Daten bis zu 24 Stunden erfassen.
1 Laptop
2 Kennlinien
3 Datenlogger

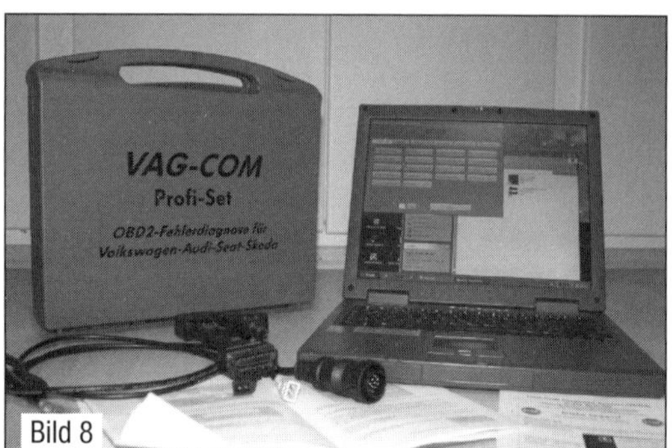

Bild 8
VCDS: Volldiagnose zum günstigen Kurs.

Spezialwerkzeuge
Ein hilfreicher Spezialist für enge Stellen ist ein so genannter Greifer oder auch ein »Magnet am Stiel« (Bild 5). Der Motorraum ist gerade bei heutigen Fahrzeugen recht zugebaut. Fällt eine Schraube oder Klammer hinunter, muss diese natürlich wieder herausgesammelt werden. Oft genug wird es für die Finger zu eng. Der Versuch, mit einem Schraubendreher das Entfallene in erreichbare Nähe zu bekommen, endet meist mit einer noch verzwickteren Lage. Der Greifer oder auch ein Magnet kann helfen, die entflohenen Teile ohne fingerbrecherische Aktionen wieder einzufangen.

Zahnriemenvorspannungsprüfer (Bild 6)
Bei allen Motorvarianten ohne automatischen Zahnriemenspanner muss dieser entsprechend den Angaben des Herstellers gespannt werden. Ist er zu lose, können genau wie bei zu fester Spannung Schäden an Riemen oder den Umlenkungen entstehen.

Standardausrüstung für Arbeiten an der elektrischen Anlage
Diagnose-Tools und Auslesegeräte
Unabdingbar ist heutzutage, die in jedem Steuergerät eingebauten Fehlerspeicher auszulesen. Es geht schon lange nicht mehr darum, die großen Fehler abzulegen, sondern eben auch kleine Funktionsstörungen, die vom Steuergerät erkannt werden, für eine Fehlerabfrage bei der Inspektion oder bei der Reparatur zu sichern. Es gibt heute schon Auslesegeräte für die OBD (On Board Diagnose) unter 100 Euro, die zumindest das Auslesen nach Codenummer ermöglichen. Wir verwenden in diesem Buch den »VCDS« (VCDS-Diagnosesystem), um die Auslese, einige Bauteilprüfungen und Einstellungen im Bordnetz durchzuführen. Dieses PC-basierte Diagnosesystem liegt mit seinen 350 Euro ungefähr beim Preis eines Profiratschenkastens. Zusätzlich wird lediglich ein Notebook mit Windows-Betriebssystem oder ein ausgedienter Desktop-PC benötigt. Regelmäßige, kostenlose Softwareupdates halten Sie stets auf dem neuesten Stand (Bilder 7 und 8). Die Auslesegeräte werden zunehmend vielfältiger, und es ergeben sich neue Möglichkeiten. Der »C-Recorder« ermöglicht eine Langzeitüberwachung der Bordelektronik bis zu 24 h Fahrzeit (Nr. 3 in Bild 7). Das ist eine sehr hilfreiche Variante für die Fehlersuche.

4 Motoren

Den Octavia gibt es bis auf den 1,6 l nicht mit klassischen Saugrohr-Einspritzern »SRE«. Diese Mehrpunkt-Einspritzanlage bezeichnet: Eine Düse pro Zylinder spritzt im Ansaugkrümmer den zerstäubten Kraftstoff in den jeweiligen Ansaugkanal. Für Direkteinspritzung bei Benzinmotoren steht bei Volkswagen FSI »Fuel Stratified Injection«. Wenn diese Motoren noch aufgeladen werden, nennt VW sie »TSI« (vorher TFSI). Geschieht das mit Abgasturbolader, werden sie als »Turbocharger« bezeichnet, geschieht die Aufladung per Turbolader und Kompressor, heißen sie »Twincharger«. Wir führen 19 TSI-Motoren auf. Streng genommen sind es etwas weniger, denn die Motoren gibt es in unterschiedlichen Leistungsstufen mit dem Hubraum zwischen 1,0 l und 2,0 l. Dazu kommen noch 18 TDI-Dieselmotoren die unterschiedlichen Leistungsbereiche und einen Hubraum von 1,6 l und 2,0 l aufweisen. Wir werden die unterschiedlichen Motoren soweit es geht für die beschriebenen Arbeiten zusammenfassen.

Bild 1

Bild 1
Benzin 1,0-l-TSI mit Turboaufladung.

Bild 2

Bild 2
Diesel TDI-Motor mit Common-Rail Einspritzsystem und Turboaufladung.

Die Motormerkmale – Technische Daten

Benzinmotoren

Kraftstoff (Qualität)	Benzin (95 ROZ)	Benzin (95 ROZ)	Benzin (95 ROZ)	Benzin (95 ROZ)
Hubraum	1,0 l	1,2 l	1,2 l	1,2 l
Motorkennbuchstaben	CHZD, DKRA, DKRF	CJZB, CYVA	CJZA	CYVB
Zylinderzahl	3	4	4	4
Ventile pro Zylinder	4	4	4	4
Leistung kW bei 1/min	85/5000-5500	63/4300-5300	77/4500-5500	81/4600-5600
Drehmoment Nm bei 1/min	200 / 2000-3500	60 / 1400-13500	175 / 1400-4000	17 / 1400-4000
Bohrung Ø mm	74,5	71,0	71,0	71,0
Hub mm	76,4	75,6	75,6	75,6
Einspritzsystem	Motronic ME 17	Motronic MED17	Motronic MED17	Motronic MED17
Nockenwellenantrieb	Zahnriemen	Zahnriemen	Zahnriemen	Zahnriemen

Kraftstoff (Qualität)	Benzin (95 ROZ)	Benzin (95 ROZ)	Benzin (95 ROZ) CNG bis 140*	Benzin (95 ROZ) CNG bis 140*	Benzin (95 ROZ) CNG bis 140*
Hubraum	1,4 l	1,4 l	1,4 l	1,5 l	1,5 l
Motorkennbuchstaben	CHPA	CZDA	CPWA	DADA, DPCA	DHFA
Zylinderzahl	4	4	4	4	4
Ventile pro Zylinder	4	4	4	4	4
Leistung kW bei 1/min	92/5000-6000	110/5000-6000	81/4800-6000	110/5000	96/5000
Drehmoment Nm bei 1/min	200/1400-4000	250/1500-3500	200/1500-3500	250/1500-3500	200/1400-4000
Bohrung Ø mm	74,5	74,5	74,5	74,5	74,5
Hub mm	80,0	80,0	80,0	85,7	85,9
Einspritzsystem	Motronic MED17	Motronic ME 17	Motronic ME 17	Motronic MG 1	Motronic MG 1
Nockenwellenantrieb	Zahnriemen	Zahnriemen	Zahnriemen	Zahnriemen	Zahnriemen

Kraftstoff (Qualität)	Benzin (95 ROZ)*	Benzin (95 ROZ)*	Benzin (95 ROZ)*	Benzin (95 ROZ)	Benzin (95 ROZ)
Hubraum	1,4 l	1,4 l	1,4 l	1,5 l	1,5 l
Motorkennbuchstaben	CHPA	CZDA	CPWA	DADA, DPCA	DHFA
Zylinderzahl	4	4	4	4	4
Ventile pro Zylinder	4	4	4	4	4
Leistung kW bei 1/min	92/5000-6000	110/5000-6000	81/4800-6000	110/5000	96/5000
Drehmoment Nm bei 1/min	200/1400-4000	250/1500-3500	200/1500-3500	250/1500-3500	200/1400-4000
Bohrung Ø mm	74,5	74,5	74,5	74,5	74,5
Hub mm	80,0	80,0	80,0	85,7	85,9
Einspritzsystem	Motronic MED17	Motronic ME 17	Motronic ME 17	Motronic MG 1	Motronic MG 1
Nockenwellenantrieb	Zahnriemen	Zahnriemen	Zahnriemen	Zahnriemen	Zahnriemen

* eventuell mit Leistungsverlust

Dieselmotoren

Hubraum	1,6 l	1,6 l	1,6 l	1,6 l	1,6 l
Motorkennbuchstaben	**CLHB**	**CXXA (DDYB)**	**CLHA**	**CRKB, CXXB, DBKA**	**DGTE**
Zylinderzahl	4	4	4	4	4
Ventile pro Zylinder	4	4	4	4	4
Leistung kW bei 1/min	66/3000 - 4000	66/3000-4000 (66 / 2750 -4600)	77/3000-4000	81/3250-4000	85 / 3250- 4000
Drehmoment Nm bei 1/min	230/1500-3000	230/1500-2750 (230 / 1400-2750)	250/1500-2750	250 / 1500-3000	250 / 1750-3200
Bohrung Ø mm	79,5	79,5	79,5	79,5	79,5
Hub mm	80,5	80,5	80,5	80,5	80,5
Aufladesystem	VTG-Lader	VTG-Lader	VTG-Lader	VTG-Lader	VTG-Lader
Einspritzsystem	Common-Rail	Common-Rail	Common-Rail	Common-Rail	Common-Rail
DPF (Partikelfilter)	Ja	Ja	Ja	Ja	Ja
Nockenwellenantrieb	Zahnriemen	Zahnriemen	Zahnriemen	Zahnriemen	Zahnriemen

Hubraum	2,0 l	2,0 l	2,0 l	2,0 l	2,0 l
Motorkennbuchstaben	**CRVC (CKFB)**	**CKFC, CYKA**	**CRMB**	**DCYA, DFFA**	**CUNA, CUPA, DJGA**
Zylinderzahl	4	4	4	4	4
Ventile pro Zylinder	4	4	4	4	4
Leistung kW bei 1/min	105 /3500-4000	110 / 3500-4000	110 / 4000	110 / 3500-4000	135/3500-4000
Drehmoment Nm bei 1/min	320 / 1750-3000	320 / 1750-3000	340 / 1750-3000	340 / 1750-3000	380/1750 4000
Bohrung Ø mm	81,0	81,0	81,0	81,0	81,0
Hub mm	95,5	95,5	95,5	95,5	95,5
Aufladesystem	VTG-Lader	VTG-Lader	VTG-Lader	VTG-Lader	VTG-Lader
Einspritzsystem	Common-Rail	Common-Rail	Common-Rail	Common-Rail	Common-Rail
DPF (Partikelfilter)	Ja	Ja	Ja	Ja	Ja
Nockenwellenantrieb	Zahnriemen	Zahnriemen	Zahnriemen	Zahnriemen	Zahnriemen

Arbeiten am Motor

Maßnahmen für Sicherheit, einwandfreie Funktion und Sauberkeit

■ Bei Arbeiten am Motor, an der Kraftstoffversorgung (Kapitel 7) und an der Einspritzanlage sind bestimmte Maßnahmen zu treffen und Hinweise zu befolgen, die zur Sicherheit bei der Arbeit dienen, eine einwandfreie Funktion aller Systeme gewährleisten sollen und Fehlfunktion oder Schäden durch Verunreinigung vermeiden helfen. Wir stellen sie hier als grundlegend für alle folgenden Arbeiten voran.

Sicherheit

■ Bei allen Montagearbeiten am Kraftstoffsystem Schutzbrille und Schutzhandschuhe tragen. Hautkontakt mit Kraftstoff vermeiden.

■ Der Kraftstoff bzw. die Kraftstoffleitungen im Kraftstoffsystem können sehr heiß werden (Verbrühungsgefahr). Außerdem steht das Kraftstoffsystem unter Druck. Vor dem Öffnen des Systems deshalb Putzlappen um die Verbindungsstelle legen und durch vorsichtiges Lösen der Verbindung Druck abbauen.

■ Aus Sicherheitsgründen muss vor dem Öffnen des Kraftstoffsystems die Sicherung für die Kraftstoffpumpe aus dem Sicherungshalter entfernt werden, da die Pumpe durch den Türkontaktschalter der Fahrertür aktiviert werden kann.

■ Kraftstoffleitungen sind mit Schnellverschlüssen gesichert. Kraftstoffschläuche dürfen nur mit Federbandschellen gesichert werden. Die Verwendung von Klemm- oder Schraubschellen ist nicht zulässig.

■ Beim Aus- und Einbau des Gebers für Kraftstoffvorratsanzeige oder der Kraftstoffpumpe (Kraftstofffördereinheit) aus gefüllten oder teilweise gefüllten Kraftstoffbehältern muss bereits vor Beginn der Arbeiten in die Nähe der Montageöffnung des Kraftstoffbehälters der Schlauch einer eingeschalteten Abgas-Absauganlage zum Absaugen der frei werdenden Kraftstoffgase gelegt werden.

■ Bei den TSI-Motoren ist die Einspritzanlage in einen Hochdruckbereich (maximal ca. 120 bar) und in einen Niederdruckbereich (ca. 6 bar) aufgeteilt. Vor dem Öffnen des Hochdruckbereichs, z. B. beim Ausbau der Hochdruckpumpe, des Kraftstoffverteilers, der Einspritzventile, der Kraftstoffrohre oder des Kraftstoffdruckgebers, muss der Kraftstoffdruck im Hochdruckbereich definiert auf einen Restdruck von ca. 6 bar abgebaut werden. Dazu ist ein Werkstatt-Diagnosesystem nötig. Bei Einsatz des VAS 5051 wird die »Geführte Funktion: Kraftstoffhochdruck abbauen« ausgeführt: Zündung ausschalten, sauberen Putzlappen um die Verbindungsstelle legen, vorsichtig öffnen, Druck ablassen, ausfließenden Kraftstoff auffangen. Fehlerspeicher abfragen, alle Einträge löschen, Readinesscode erzeugen.

Funktionssicherheit

■ Bei allen Montagearbeiten, insbesondere aufgrund der engen Bauverhältnisse im Motorraum, Leitungen aller Art z. B. für Kraftstoff, Kühl- und Kältemittel, Unterdruck und elektrische Leitungen so verlegen, dass die ursprüngliche Leitungsführung wiederhergestellt wird.

- Alle Kabelbinder, die beim Ausbau gelöst oder aufgeschnitten werden, sind beim Einbau an der gleichen Stelle wieder zu befestigen.
- Um Beschädigungen an den Leitungen zu vermeiden, auf ausreichenden Freigang zu allen beweglichen oder heißen Bauteilen achten.

Sauberkeit (»5 Regeln«)

- Verbindungsstellen und deren Umgebung vor dem Lösen gründlich reinigen.
- Ausgebaute Teile auf einer sauberen Unterlage ablegen und abdecken. Keine fasernden Lappen benutzen.
- Geöffnete Bauteile sorgfältig abdecken bzw. verschließen, wenn die Reparatur nicht umgehend ausgeführt wird.
- Nur saubere Teile einbauen: Ersatzteile erst unmittelbar vor dem Einbau aus der Verpackung nehmen. Keine Teile verwenden, die unverpackt (z. B. im Regal oder in Werkzeugkästen) aufgehoben wurden.
- Bei geöffneter Kraftstoff- und Einspritzanlage möglichst nicht mit Druckluft arbeiten und das Fahrzeug nach Möglichkeit nicht bewegen.

Diagnosetester einsetzen

An diesem Kapitel lässt es sich leicht erkennen, dass viele Funktionen über die Elektronik virtuell realisiert worden sind. Die Anschaffung eines Testers für die Diagnose ist zwingend erforderlich. Nicht einmal der Anbau der Anhängerkupplung oder das Einstellen des Lichtes ist mehr möglich, wenn man eine fachgerechte Arbeit abliefern möchte. Es geht nicht mehr darum, einen Fehlerspeicher zu löschen, um dann mal »rumzuraten«, was es denn gewesen sein könnte. Es wäre das Gleiche, wenn Sie die Seiten dieses Buches ungelesen ausreißen und dann raten, was denn dringestanden haben könnte. Die Diagnose über die Fehlerspeicher vereinfacht die Arbeit am Fahrzeug um einiges. Man muss lediglich lernen mit diesem »Werkzeug« zu arbeiten. Ohne Tester bleibt nur der Weg zum Händler, um den Fehlerstatus zu erfassen oder Einstellungen zu machen.

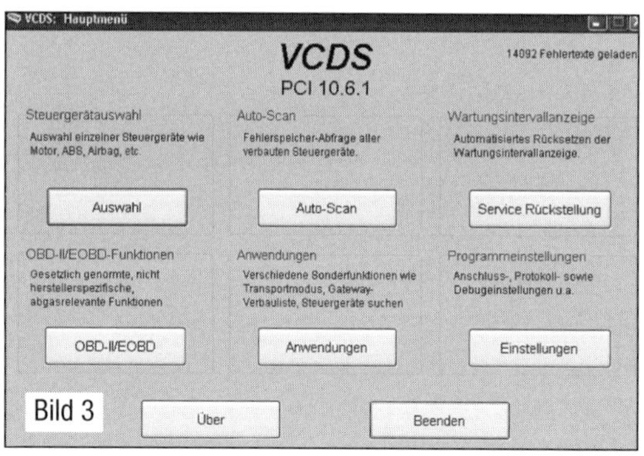

Bild 3
Startmaske des VCDS als Zugang zu allen Diagnosefunktionen.

Škoda- und VAG-Tester

Ein großer Teil der Reparaturarbeiten schließt die Diagnose von Fehlern ein. Diese wird durch die ELSA (Elektronisches Service Auskunftssystem) im Zusammenspiel mit den Diagnosegeräten unterstützt. VAS 5051, 5052 oder 5053 können in der Fachwerkstatt an allen vernetzten Arbeitsplätzen betrieben werden und bieten direkten Zugriff auf aktuelle Werkstattliteratur sowie Unterstützung vom Hersteller über Telediagnose. Bei der Diagnose werden alle Kunden- und Fahrzeugdaten an die angeschlossenen Geräte weitergeleitet und sind automatisch an jedem Arbeitsplatz abrufbar. Während einer Reparatur können technische Problemlösungen nachgeschlagen oder im VW Service Net ® tagesaktuelle Zusatzinformationen abgerufen werden. Diese Anbindung an das Netzwerk ermöglicht Software-Updates von Steuergeräten, Geheimnis- und Komponentenschutz, Softwareversionsmanagement, Übertragung von Diagnoseprotokollen, die besagte Telediagnose, die Software-gestützte Durchführung von Aktionen und viele weitere Funktionen.

Das System »ELSA« steht mit aktuellen Daten zur Verfügung. Möglich sind dadurch:

- Datenaustausch zwischen kaufmännischem Bereich und Werkstatt;
- Datenaustausch über Werkstattauslastung und Terminvereinbarung;
- Austausch von Kunden-, Fahrzeug- und Termindaten;
- Rückfluss von Daten über bereits ausgeführte Reparaturen von der Werkstatt auf den Fortschrittsmonitor, sodass der Serviceberater gegebenenfalls in den laufenden Prozess eingreifen kann;
- Datenrückfluss von der Werkstatt für Qualitätskontrolle und Rechnungserstellung;

■ Bereitstellung von Daten über benötigte Arbeitszeiten, Arbeitspositionen und Ersatzteile;
■ Einbeziehung des Teiledienstes ab Terminvorbereitung in den Service-Prozess.

VCDS oder VAG-COM
Natürlich wählen wir wie auch beim Werkzeug nicht die billigste Variante aus, sondern empfehlen Ihnen die Anschaffung eines Systems, das im Laufe der nächsten Jahre noch einiges an Potenzial in deutscher Sprache liefern wird. Der »VCDS« kommt aus den USA und wird hier in einer deutschen Ausgabe von wenigen Händlern angeboten.
■ Reizvoll ist der Aufbau der »Wiki-Seite« der Firma PCI Tuning, auf der zukünftig Fehlerbeschreibungen und die Vorgehensweisen mit dem VCDS abgearbeitet werden sollen. Die Standortbeschreibung der Testerbesitzer könnte die Diagnose auch für die privaten Schrauber sehr auflockern.
■ Auf der Internetseite des deutschen Vertriebs www.vcdspro.de können Sie sich genauer informieren. Gerade diejenigen unter den Lesern, die dem Thema »Diagnose« kritisch gegenüberstehen, werden zumeist nach wenigen Versuchen erkennen, wie einfach der Umgang mit Laptop und Fahrzeug wird.
Nun werden Ihnen die Fehler, soweit vorhanden, als Text angezeigt.
■ Sie können die Fehleranzeige speichern, drucken oder kopieren. Sie sollten in jedem Fall den Fehler vermerken, um diesem vielleicht einmal nachgehen zu können. Die Erfahrung zeigt, dass man sich den Fehler auf Dauer nicht im Kopf merken kann. Anschließend können Sie den einzelnen oder alle Fehler mit einem Klick löschen (Bild 7).
■ Klicken Sie auf die Taste »fertig, Zurück«, um die Bildmaske wieder zu verlassen.
■ Schalten Sie die Zündung aus.
■ Ziehen Sie den Tester aus der Diagnosedose.

Derselbe Vorgang kann auf dem Handgerät nachvollzogen werden. Lediglich die Anwahl ist deutlich geringer. Für einen Ausdruck muss das Gerät an einen Computer oder Laptop angeschlossen werden. Die Anwahl der Funktionen erfolgt über die Pfeiltasten. »Enter« betätigt die getroffene Anwahl und »ESC« erlaubt den Rückzug aus der angewählten Maske. Das hier dargestellte Gerät ist für die VAG-Fahrzeuge optimiert und erlaubt auch den Zugang in andere Steuergeräte. Reine OBD2-Geräte ermöglichen in der Regel nur den Zugang zur Motorelektronik. Die Belegung und die Steuergerätesprache ist nur für den OBD2-

Bild 4
Diagnose-Tool: kleines Handgerät ohne Messfunktionen.

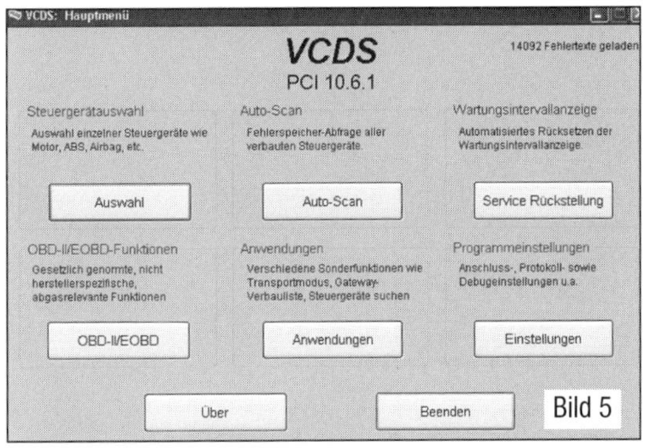

Bild 5
Abfrage des Motorsteuergerätes.

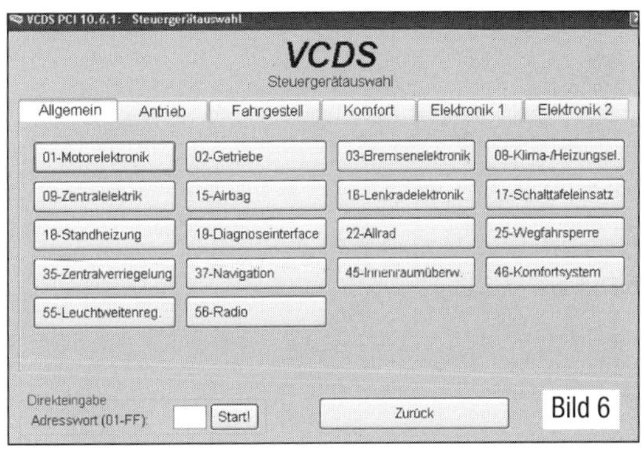

Bild 6
Auswahl der geplanten Aufgabe.

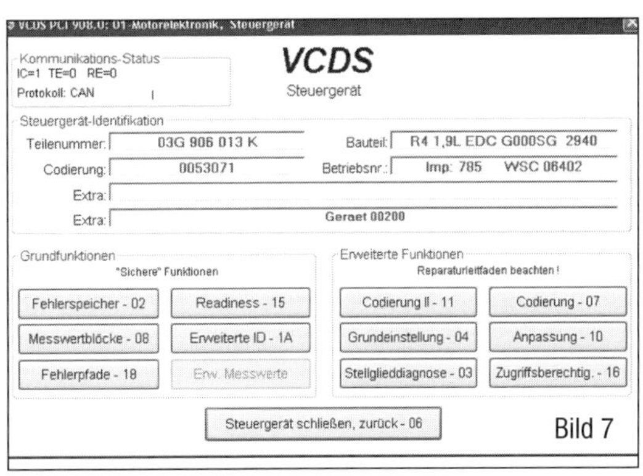

Bild 7
Anwahl des Steuergerätes.

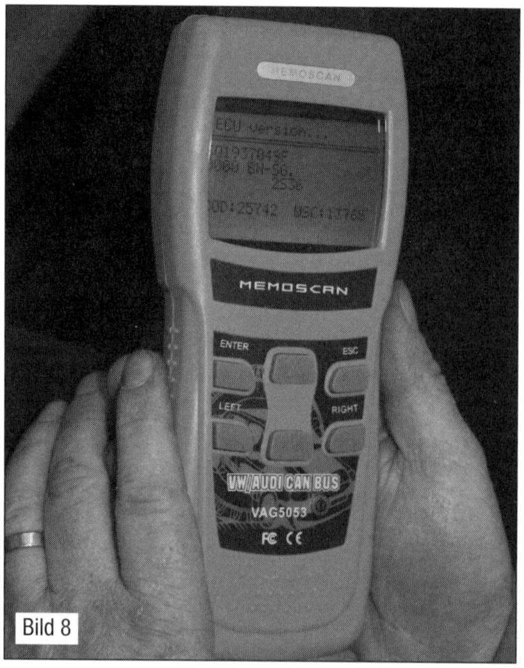

Bild 8
Handtester zum Lesen und Löschen des Fehlerspeichers und zum Auswerten einiger Messdaten.

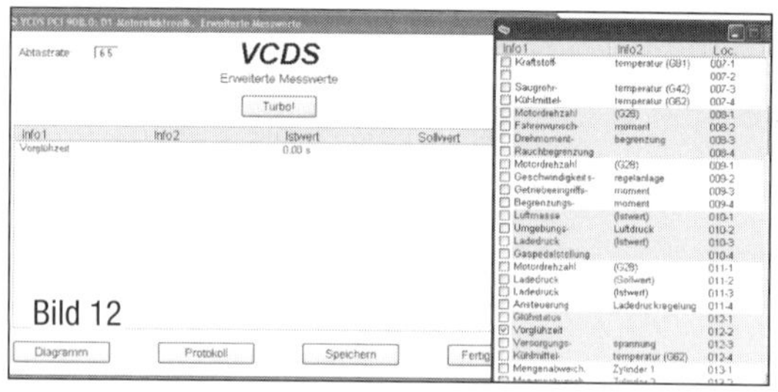

Bild 12
Istwert-Erfassung über den VCDS: Hier wird die Glühzeit der Glühkerzen erfasst und in Sekunden angezeigt.

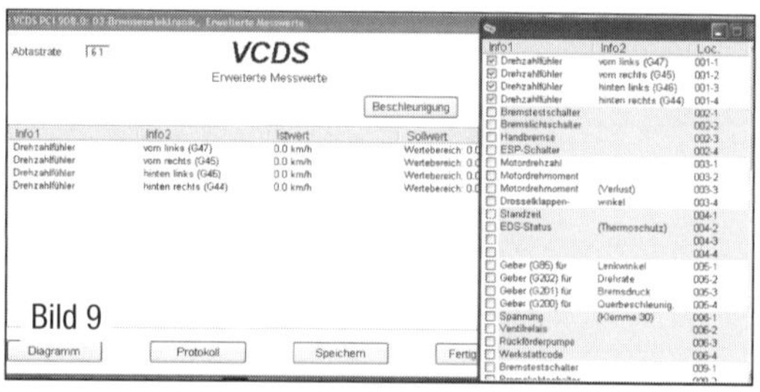

Bild 9
Messwerte über den VCDS: Anzeige der vier Raddrehzahlsensoren als Funktionskontrolle.

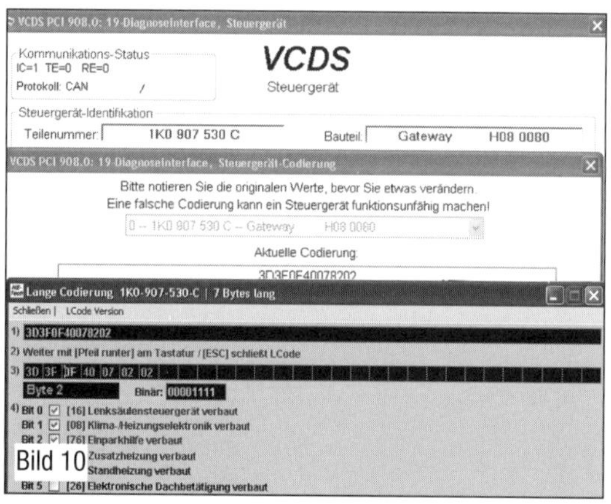

Bild 10
Steuergeräteprogrammierung über den VCDS: Einbinden einer Anhängekupplung an Bordnetz und ESP.

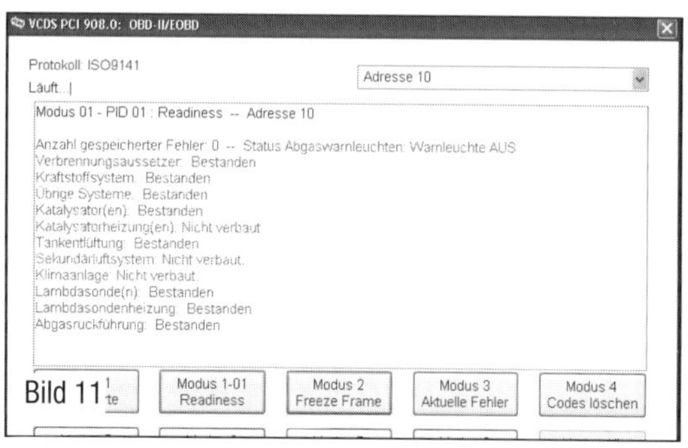

Bild 11
Systemprüfung des Abgassystems mit dem VCDS: Der Readinesscode stellt die Funktionskontrolle über das Motorsteuergerät dar.

Bereich verbindlich auf die abgasrelevanten Bauteile und die Motorelektronik geregelt.

Motorabdeckungen oben und unten aus- und einbauen

Je nach Motortyp und aktuellem Entwicklungsstand des jeweiligen Motors können die Abdeckungen etwas anders ausgeführt sein als im Folgenden dargestellt. Das Prinzip ist jedoch stets gleich: Abschrauben oder mit festem Griff kräftig, aber vorsichtig abziehen. Beim Einbau geclipster Abdeckungen auf die richtige Lage in den Aufnahmen achten und für eine spätere leichtere Montage etwas Fett auf die Rastpunkte aufbringen.

Motorabdeckung demontieren

- Motorentlüftungsschlauch, falls vorhanden, am Stutzen abziehen.
- Gelegentlich muss der Ölmessstab herausgezogen werden.
- Motorabdeckung an den Befestigungspunkten (Pfeile B) ausrasten und anheben.
- Anschließend aus der Halterung ziehen.

Die Montage erfolgt sinngemäß in umgekehrter Reihenfolge.

- Achten Sie darauf, dass die Motorabdeckung (Bild 13) mit der Lasche (1) am Befestigungspunkt (2) in den Halter (3) eingeschoben ist.
- Anschließend Motorabdeckung auf die anderen Befestigungspunkte aufsetzen und andrücken (Pfeile B), bis sie spürbar einrasten.
- Soweit vorhanden, den Schlauch am Stutzen aufstecken (Pfeile A im Bild 14).

Motorabdeckung unten demontieren

Die Motorraumabdeckung unten (Geräuschdämpfung wird auch als Spritzschutz bezeichnet) ist mit 2 Blechschrauben an die Karosserie geschraubt.

■ Drehen Sie die jeweils vier Schrauben an jeder Seite heraus.
■ Nehmen Sie die Geräuschdämpfung ab.

Die Montage erfolgt sinngemäß in umgekehrter Reihenfolge. Die unteren Abdeckungen haben an der Vorderkante abwechselnd schmale (fünf Stück) und breite (vier Stück) Laschen.
■ Schieben Sie die Geräuschdämpfung so in den Schlossträger unten ein, dass die schmalen Laschen unterhalb und die breiten Laschen oberhalb der Schlossträger-Kante zum Liegen kommen.
■ Dabei müssen die Rastnasen auf den breiten Laschen in die Löcher des Schlossträgers einrasten.
■ Drehen Sie die acht Schrauben mit jeweils 2 Nm Anzugsdrehmoment fest.

Prüfung auf Undichtigkeiten und Beschädigungen

Die Sichtprüfung ist von oben und von unten vorzunehmen, weshalb als Erstes die Motorabdeckung (oben) und dann auch die Geräuschdämpfung (unten) abzubauen sind.

Sichtprüfung wie folgt durchführen:
■ Motor und Bauteile im Motorraum auf Undichtigkeiten und Beschädigungen prüfen.
■ Leitungen, Schläuche und Anschlüsse des Kraftstoffsystems, des Kühl- und Heizsystems, des Ölkreislaufs, der Klimaanlage, der Ansauganlage und der Bremsanlage auf Undichtigkeiten, Scheuerstellen, Porosität und Brüchigkeit prüfen.
■ Alle festgestellten Mängel durch Reparatur beseitigen.
■ Bei nicht verbrauchsbedingtem Flüssigkeitsverlust: Ursachen ermitteln und beseitigen.

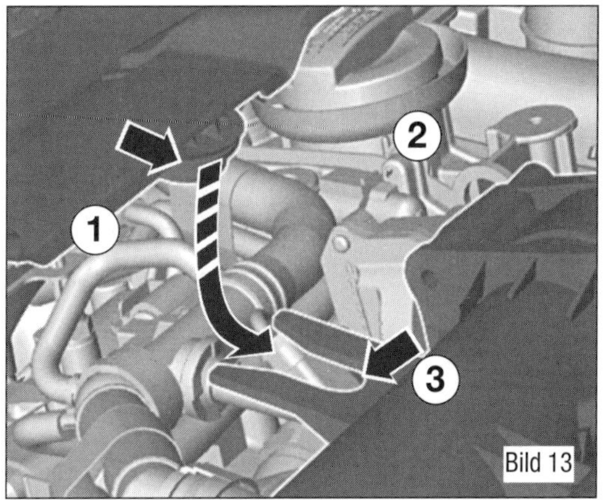

Bild 13
Bei Variante 2 muss die Haltelasche (1) in die Führung (3) der Halterung (2) einrasten.

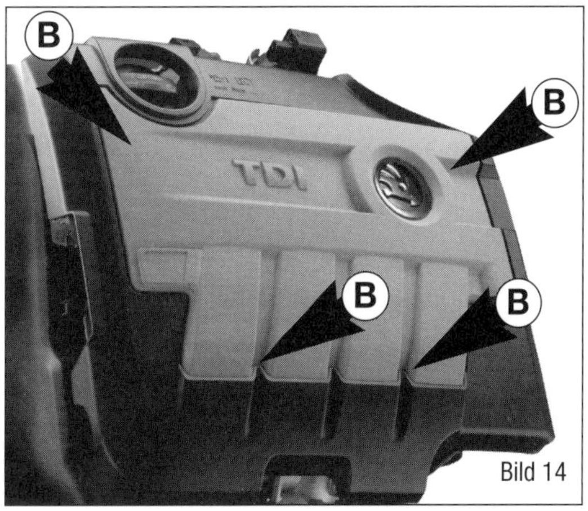

Bild 14
Motorabdeckung Variante 1: Vollverschalung von oben, Kunststoffhaube einteilig und ausschließlich geclipst.
B Haltepunkte zum Andrücken

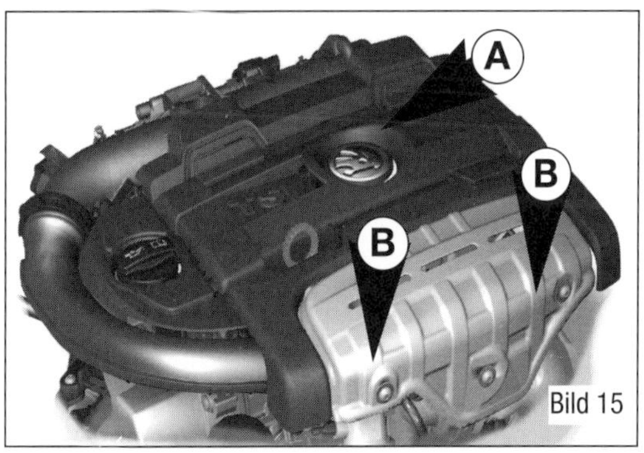

Bild 15
Motorabdeckung Variante 2: Teilverschalung von oben, Kunststoffhaube einteilig am Entlüftungsschlauch befestigt und geclipst.
A Lasche,
B Haltepunkte zum andrücken

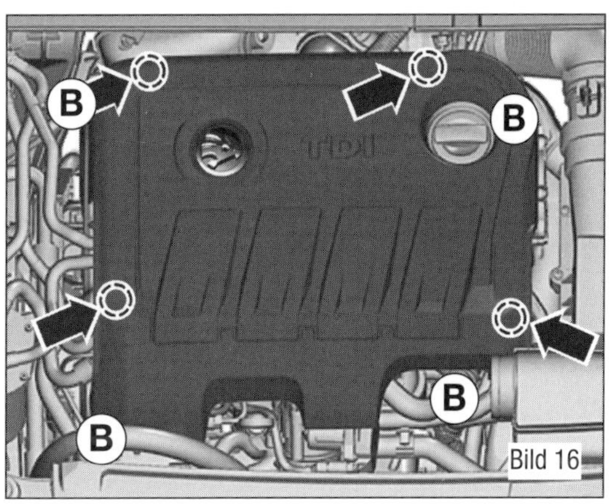

Bild 16
Motorabdeckung Variante 3: Teilverschalung von oben, Kunststoffhaube einteilig und ausschließlich geclipst.
B Haltepunkte zum andrücken

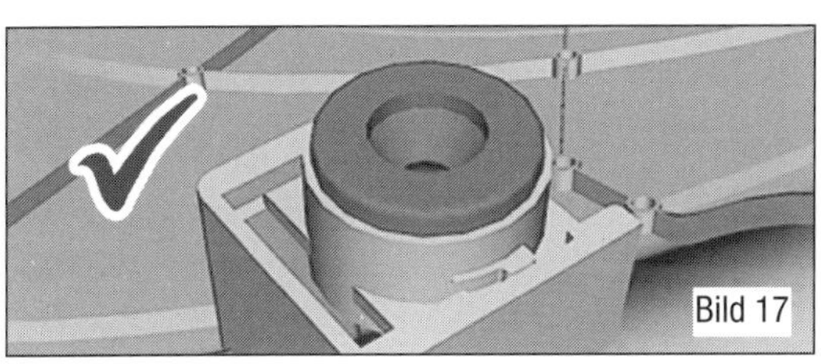

Bild 17
So müssen die Raststopfen aller Verkleidungen vor der Montage sitzen. Mit etwas säurefreiem Fett versehen, lässt sich die Verkleidung beim nächsten Mal wesentlich einfacher demontieren.

Sichtprüfung Messen

Prüfen des Keilrippenriemen-Zustands

■ Fahrzeug anheben, Geräuschdämpfung (Spritzschutz, untere Motorverkleidung) ausbauen, Motor am Schwingungsdämpfer/Riemenscheibe mit einem Steckschlüssel durchdrehen.

Keilrippenriemen auf Unterbaurisse (Anrisse, Kernbrüche, Querschnittbrüche), Lagentrennung (Deckschicht, Zugstränge), Ausbruch am Unterbau, Ausfransen der Zugstränge, Flankenverschleiß (Materialabtrag, ausgefranste Flanken, Flankenverhärtung, glasige Flanken, Oberflächenrisse), Öl- und Fettspuren prüfen.

⚠ Werden Mängel festgestellt, muss der Keilrippenriemen unbedingt ersetzt werden.

Keilrippenriemen Aus- und Einbau

Der Keilrippenriemen treibt als wichtiger Teil des Kurbeltriebs die Nebenaggregate, Drehstromgenerator und Klimakompressor an. Da die meisten der Octavia-Modelle mit Klimaanlage ausgeliefert wurden, stellen wir die Demontagearbeiten an diesen Varianten vor. Die Arbeiten an den Fahrzeugen ohne Klimakompressor lassen sich entsprechend ableiten.

Abweichungen ergeben sich vor allem durch drei Faktoren:
- Klimakompressor vorhanden oder keine Klimaanlage,
- Bauformen und Platzierung von Spannelement und Umlenkrollen.

Schraubertipp

Achten Sie vor dem Einbau des Keilrippenriemens darauf, dass alle Aggregate (Generator, Klimakompressor) festmontiert sind.

Beim Einbauen des Keilrippenriemens achten Sie bitte auf die Laufrichtung und auf einen korrekten Sitz des Riemens in den Riemenscheiben. Nach fertiggestellter Arbeit grundsätzlich Motor starten und Riemenlauf kontrollieren.

Keilrippenriemen de- und montieren

Für die einzelnen Motoren unterscheidet sich die Vorgehensweise der Montage kaum. Lediglich bei den 1,8-l- und 2,0-l-

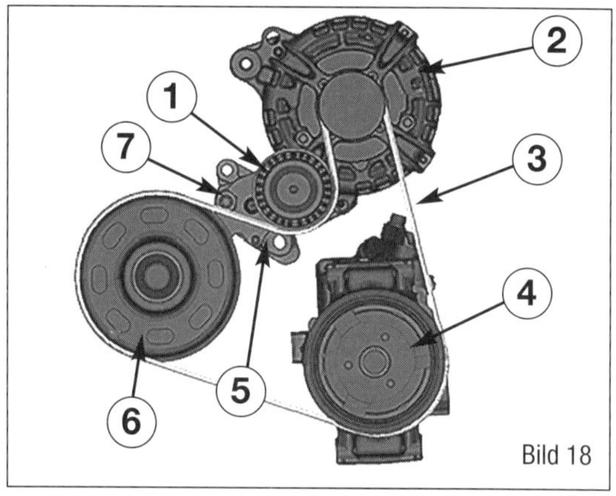

Bild 18

Bild 18
1,0-l-, 1,2-l-, 1,4-l- und 1,6-l-FSI-Motoren.
1 Spannrolle
2 Generator
3 Antriebsriemen
4 Klimakompressor
5 Position Absteckdorn
6 Antriebsriemenscheibe
7 Sechskant Spannrolle

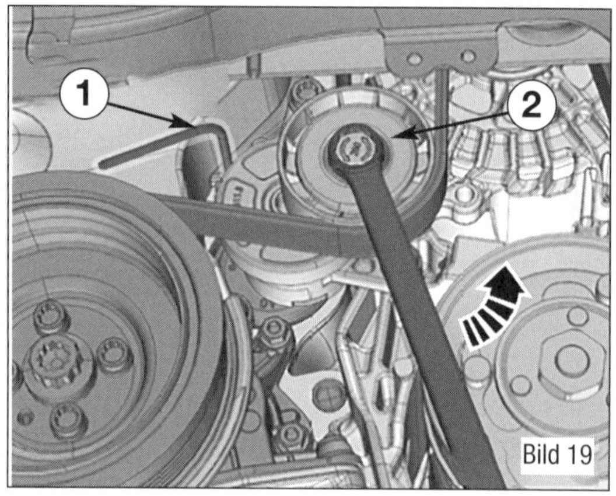

Bild 19

Bild 19
1,8-l- und 2,0-l-FSI.
Pfeil = Drehrichtung zum Entspannen
1 Absteckdorn
2 Spannrolle

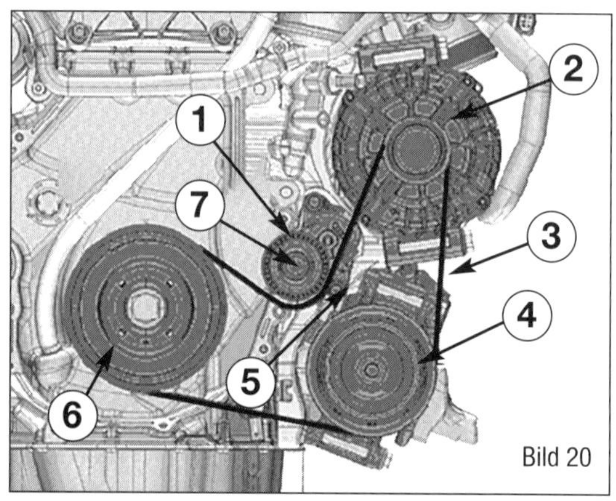

Bild 20

Bild 20
1,8-l und 2,0-l-FSI-Motoren.
1 Spannrolle
2 Generator
3 Antriebsriemen
4 Klimakompressor
5 Position Absteckdorn
6 Antriebsriemenscheibe
7 Sechskant Spannrolle

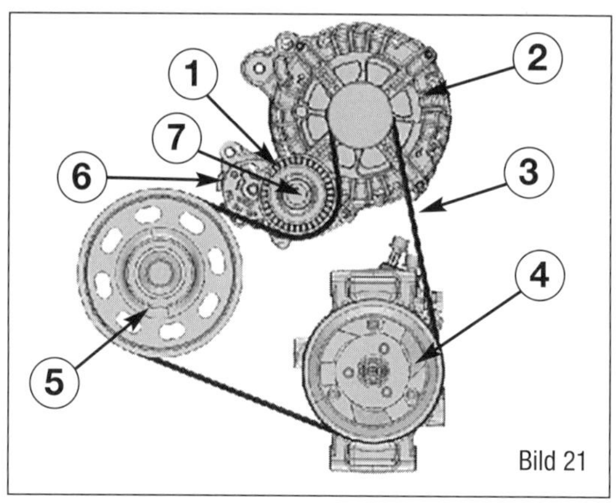

Bild 21

Bild 21
1,6-l- und 2,0-l-TDI-Motoren.
1 Spannrolle
2 Generator
3 Antriebsriemen
4 Klimakompressor
5 Antriebsriemenscheibe
6 Position Absteckdorn
7 Sechskant Spannrolle

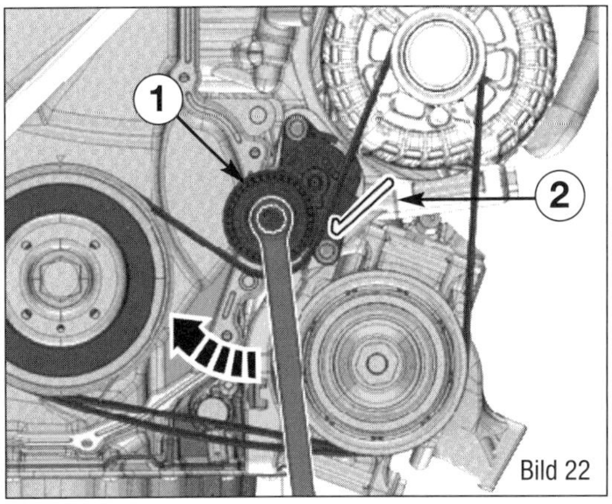

Bild 22

Bild 22
2,0-l-TDI- Motoren.
Pfeil = Drehrichtung zum Entspannen
1 Spannrolle
2 Absteckdorn

Benzinmotoren wird zum Entspannen des Antriebsriemens der Spanner gegen der Uhrzeigersinn bewegt.

- Geräuschdämpfung oben und den Unterfahrschutz demontieren.
- Kennzeichnen Sie nun die Laufrichtung des Keilrippenriemens.
- Zum Entspannen des Keilrippenriemens Spannvorrichtung gegen den Uhrzeigersinn drehen. Beim 1,8-l- und den 2,0-l-FSI-Motor muss die Spannvorrichtung im Uhrzeigersinn gedreht werden.
- Die Spannvorrichtung mit Absteckdorn »T10060A« arretieren.
- Den Keilrippenriemen abnehmen.

Der Einbau erfolgt sinngemäß in umgekehrter Reihenfolge.

- Die Spannvorrichtung gegen den Uhrzeigersinn drehen. Beim 1,8-l- und den 2,0-l-FSI-Motor muss die Spannvorrichtung im Uhrzeigersinn gedreht werden.
- Den Absteckdorn »T10060 A« herausziehen.
- Die Spannvorrichtung entlasten und prüfen, ob der Keilrippenriemen richtig aufgelegt ist.
- Abschließend Motor starten und kontrollieren, ob der Keilrippenriemen richtig läuft.
- Demontierte Verkleidungsteile wieder montieren.

Spannvorrichtung für Keilrippenriemen aus- und einbauen

Der Keilrippenriemen wird bei allen Varianten automatisch gespannt. Auch diese Spannvorrichtung kann verschleißen und muss dann ersetzt werden. Auch hier unterscheidet sich die Vorgehensweise nur geringfügig für die einzelnen Motorvarianten. Wir verzichten deshalb an dieser Stelle auf die Wiederholungen der Arbeits-

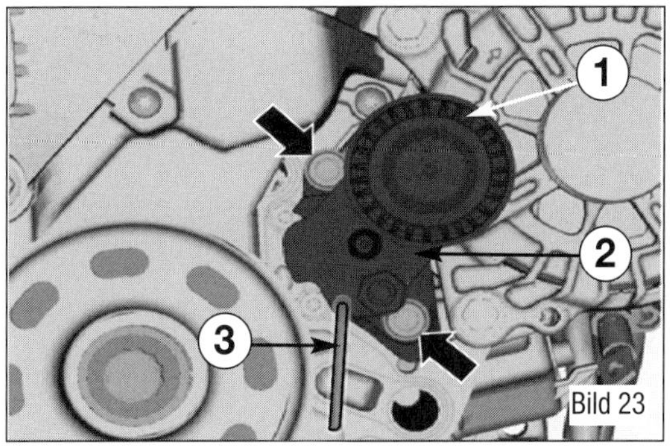

Bild 23

Bild 23
Spannvorrichtung.
1 Spannrolle
2 Spannvorrichtung
3 Sicherungsstift

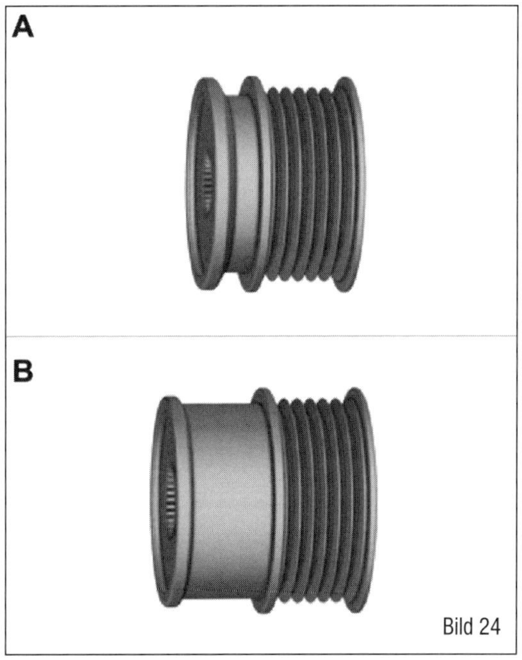

Bild 24

Bild 24
Wichtig: Je nach Typ und Ausführung des Generators können unterschiedliche Entkopplungsriemenscheiben »A« und »B« verbaut sein. Die Zuordnung und damit auch die Länge des Keilrippenriemens erfolgen nach dem elektronischen Teilekatalog beim Škoda-Händler.

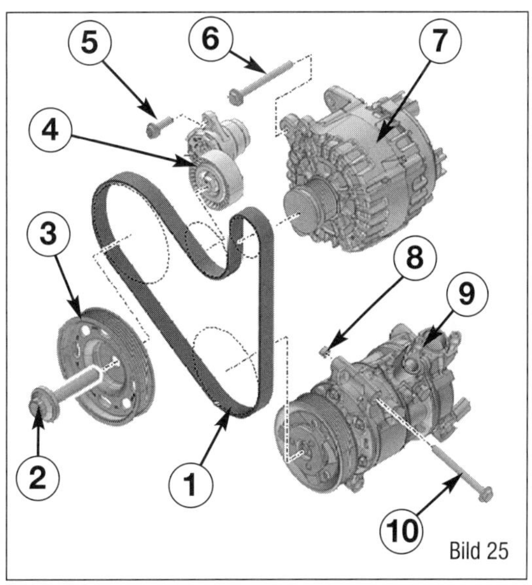

Bild 25

Bild 25
Montageübersicht.
1 Keilrippenriemen
2 Schraube
3 Schwingungsdämpfer
4 Spannrolle für Keilrippenriemen
5 Schraube
6 Schraube
7 Generator
8 Passhülse
9 Klimakompressor
10 Schraube

schritte für jede Motorvariante. Auf dem Bild 23 können Sie die Befestigungsschrauben (Pfeile) recht gut erkennen.

■ Kennzeichnen Sie nun die Laufrichtung des Keilrippenriemens.

■ Keilrippenriemen von der Spannvorrichtung abnehmen.

■ Schrauben (Pfeile im Bild 23) herausdrehen, Spannvorrichtung für Keilrippenriemen abnehmen.

Der Zusammenbau erfolgt sinngemäß in entgegengesetzter Reihenfolge zum Ausbau.

■ Prüfen Sie die richtige Lage des Riemens und kontrollieren Sie bei laufendem Motor, ob er richtig läuft.

■ Demontierte Verkleidungsteile wieder montieren.

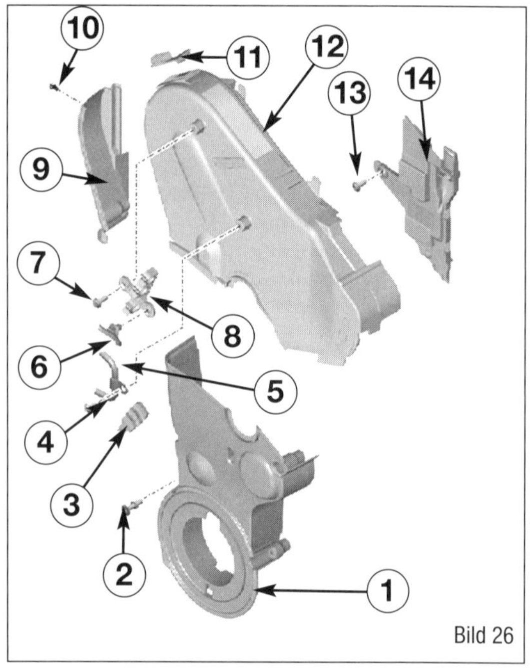

Bild 26

Zahnriemantrieb der TDI-Motoren.

1 Zahnriemenschutz unten
2 Schraube
3 Halter
4 Schraube
5 Rohrleitung
6 Clip
7 Schraube
8 Halter
9 Wärmeschutzblech
10 Schraube
11 Halter
12 Zahnriemenschutz oben
13 Schraube
14 Zahnriemenschutz hinten

Arbeiten am Zahnriementrieb der TDI-Motoren

Der Ventiltrieb der Škoda-Diesel-Motoren ist über einen Zahnriemen gesteuert. Dieser muss zum Wechsel, aber auch zum Ausbau des Zylinderkopfes ausgebaut werden. Wir stellen die erforderlichen Arbeitsschritte für die einzelnen Bauweisen der Motortypen vor.

Demontage der Zahnriemenabdeckung

Die Montagearbeiten unterscheiden sich für die einzelnen Motoren kaum. Wir stellen die Arbeitsschritte exemplarisch am 2,0-l-TDI-Motor vor.

Zahnriemenabdeckung oben

■ Zündung ausschalten und Zündschlüssel abziehen.

■ Motorabdeckung oben und Geräuschdämpfung ausbauen.

■ Elektrische Steckverbindung (1 im Bild 27) trennen.

■ Halter (3) mit Kraftstoffschläuchen abbauen.

■ Kühlmittelschläuche am Motor abnehmen, dazu die Halter öffnen.

■ Verrastungen (2) mit einem Schraubendreher entriegeln (Pfeil).

■ Den Kühlmittelausgleichsbehälter zur Seite legen.

■ Die Steckkupplungen (1 und 2 im Bild 28) der Kraftstoffleitungen öffnen und die Kraftstoffleitungen abziehen.

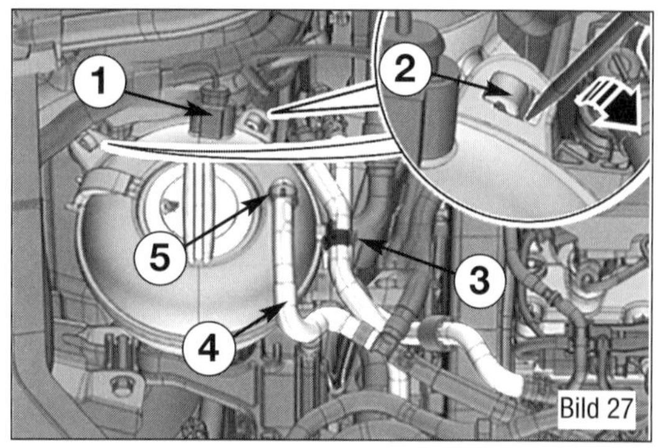

Bild 27

1 Steckverbindung
2 Verrastung
3 Halter
4 Kühlmittelschlauch
5 Schelle

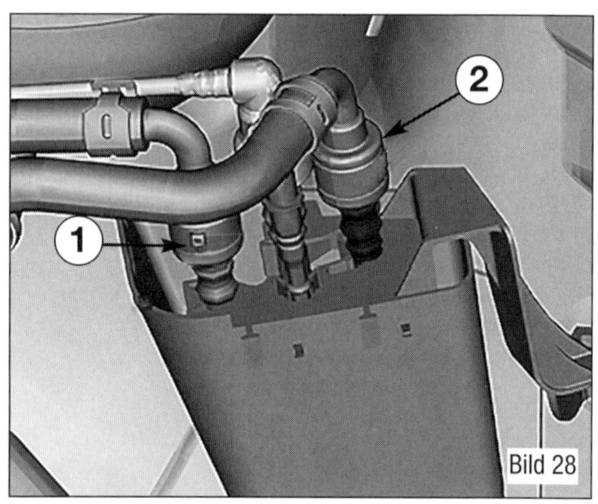

Bild 28

1 Steckkupplung
2 Steckkupplung

■ Den Kraftstofffilter abschrauben und auf dem Motor mit angeschlossenen Kraftstoffschläuchen ablegen (siehe dazu auch Kapitel 7 »Kraftstoffversorgung«).

■ Schelle (5 im Bild 27) öffnen, den Kühlmittelschlauch (4) abziehen und zur Seite drücken.

⚠ Aufgrund einer möglichen mechanischen Beschädigung des Differenzdruckgebers ist der Geber mit Rohrleitung auszubauen!

Fahrzeuge mit Differenzdruckgeber:
■ Differenzdruckgeber von der Zylinderkopfhaube abbauen.

Fahrzeuge mit Differenzdruckgeber und mit Drucksensor für Abgas:
■ Differenzdruckgeber und Drucksensor für Abgas von der Zylinderkopfhaube abbauen.

Fahrzeuge mit Differenzdruckleitung:
■ Schraube (Pfeil im Bild 29) herausdrehen.
■ Die Schelle (1) öffnen, Schlauch abziehen, die Rohrleitung (2) ausclipsen und mit Differenzdruckgeber abnehmen.

Fahrzeuge mit zwei Differenzdruckleitungen:
■ Schraube (3 im Bild 30) herausschrauben.
■ Die Einbaulage und Zuordnung der Schläuche zu den Rohrleitungen markieren.
■ Die Schlauchschellen (1) lösen und die Schläuche abziehen.
■ Die Rohrleitung (2) ausclipsen und zusammen mit den Sensoren abnehmen.

Fahrzeuge mit SCR-System:
■ Elektrische Steckverbindung vom Einspritzventil für Reduktionsmittel (5 im Bild 31) entriegeln und abziehen.
■ Die elektrische Leitung freilegen und am Zahnriemenschutz abclipsen (Pfeile A).
■ Förderleitung für Reduktionsmittel (2) am Kühlmittelausgleichsbehälter und am Zahnriemenschutz ausclipsen (Pfeile B).
■ Die Förderleitung (2) zur Seite legen.
■ Die Schraube (4) für die Kühlmittelleitungen (3) herausdrehen.
■ Schraube (6) für die Kühlmittelleitungen (3) herausdrehen.
■ Kühlmittelleitungen (3) abclipsen (Pfeil C).
■ Einspritzventil für Reduktionsmittel (1) am Abgasreinigungsmodul mit angeschlossenen Kühlmittelschläuchen und Leitungen abbauen.
■ Einspritzventil für Reduktionsmittel mit angeschlossenen Leitungen abnehmen und nach rechts legen.

Fortsetzung für alle Fahrzeuge:
■ Verrastungen der Zahnriemenabdeckung oben entriegeln.

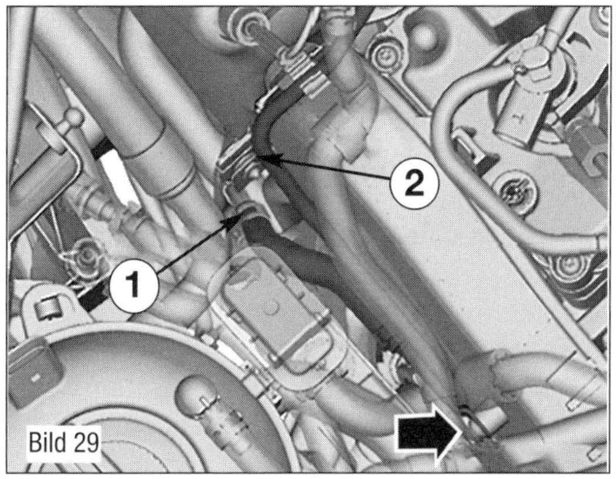

Bild 29
Variante mit einer Differenzdruckleitung.
1 Schelle
2 Rohrleitung
Pfeil = Verschraubung

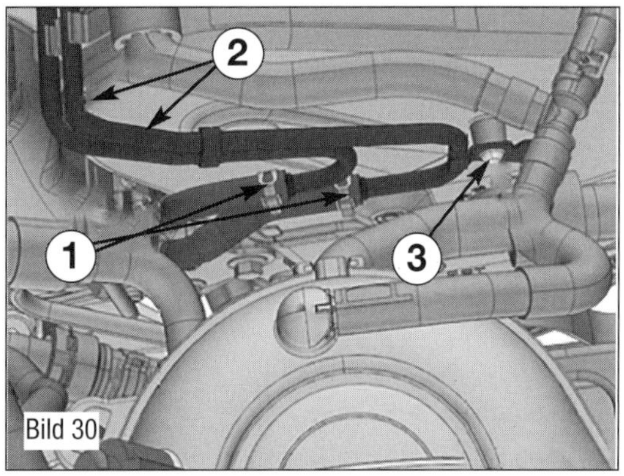

Bild 30
Variante mit zwei Differenzdruckleitungen.
1 Schellen
2 Rohrleitungen
3 Verschraubung

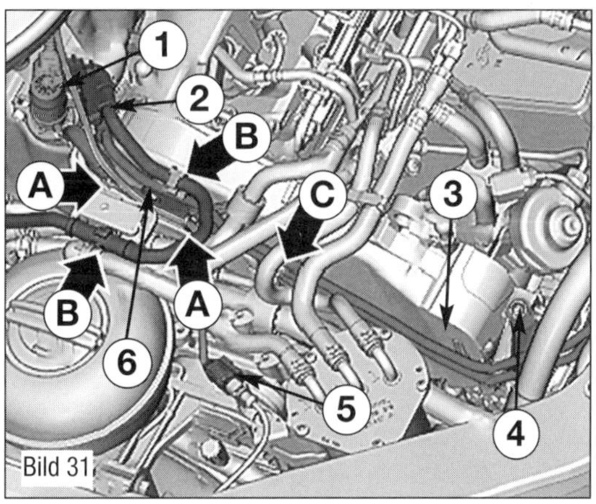

Bild 31
Variante mit SCR-System.
1 Elektrische Steckverbindung
2 Förderleitung Reduktionsmittel
3 Kühlmittelleitung
4 Schraube
5 elektrische Steckverbindung
6 Schraube
A Leitung am Zahnriemenschutz,
B Reduktionsmittelleitung am Zahnriemenschutz,
C Clipse Kühlmittelleitung

■ Zahnriemenschutz oben aushängen und abnehmen.

Einbauen
Der Einbau erfolgt sinngemäß in umgekehrter Reihenfolge.

Zahnriemenabdeckung unten
⚠ Um den Produktionsprozess in den herstellenden Fabriken zu vereinfachen, ist der Zahnriemenschutz unten mit einer Führung versehen worden, die in den Dichtflansch greift. Zur Demontage des Zahnriemenschutzes unten trotz eingebauter

Bild 32
Alte Bauweise: Maß (a): 10 mm, Ø = 8 mm.

Motorstütze muss diese Führung im Zahnriemenschutz zerstört werden! Beachten Sie die unterschiedlichen Bauweisen!

Vorgehensweise bei den aktuellen Modellen (alte Variante)

■ Schwingungsdämpfer ausbauen.
■ Eine Bohrung entsprechend der Skizze (Bild 32) mit 8 mm Durchmesser anbringen.
■ Einen passenden Schraubendreher durch die Bohrung führen und Führungsnase des Zahnriemenschutzes nach hinten wegbrechen.

Bild 33
Neue Bauweise: Sicherungsnase durch Drehen des Schraubendrehers abbrechen.

Vorgehensweise bei aktuellen Modellen (neueste Variante)

■ Schraubendreher in den Schlitz der Führungsnase stecken.
■ Durch Drehen des Schraubendrehers in die im Bild 33 gezeigten Pfeilrichtungen die Führungsnase wegbrechen.

Wird ein neuer Zahnriemenschutz eingebaut, muss die Führungsnase vor dem Einbau abgetrennt werden.

■ Schrauben (Pfeile im Bild 34) herausdrehen.
■ Zahnriemenschutz unten abnehmen.

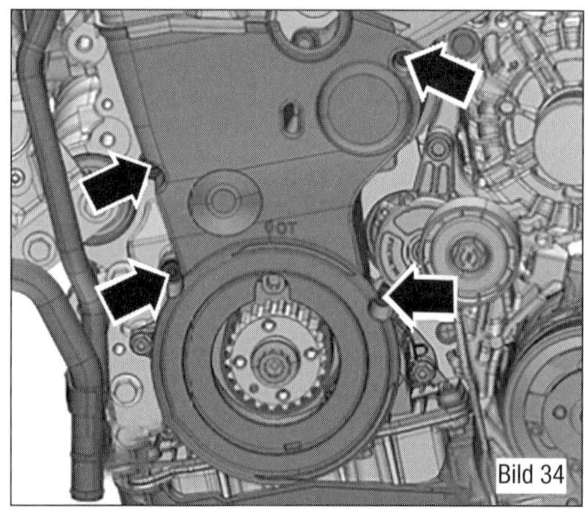

Bild 34
Zahnriemenabdeckung unten.
Pfeile = Verschraubungen

Der Einbau erfolgt sinngemäß in umgekehrter Reihenfolge.
Beim Montieren des Zahnriemenschutzes achten Sie auf den Sitz der Führungsnase (Pfeil im Bild 35)!

Demontage des Zahnriemens

Auch beim Zahnriemen gilt: Vor dem Ausbau die Laufrichtung markieren, den Riemen auf Verschleiß prüfen, ihn nicht knicken. Der Ausbau ist kompliziert, die Arbeit wird durch den Gebrauch von Spezialwerkzeuge deutlich erleichtert.

Bild 35
Beim Montieren des Zahnriemenschutzes den Sitz der Führungsnase (Pfeil) beachten!

⚠ Zerstörungsgefahr durch Überspringen des Zahnriemens. Die Kurbelwelle darf nur in Motordrehrichtung durchgedreht werden.

■ Zuerst die rechte Motorstütze ausbauen.
■ Zahnriemenschutz unten ausbauen.
■ Kurbelwelle an der Schraube für Kurbelwellen-Zahnriemenrad drehen, bis das Zahnriemenrad Nockenwelle auf »OT« steht.
■ Die Nabe der Nockenwelle mit dem Ab-

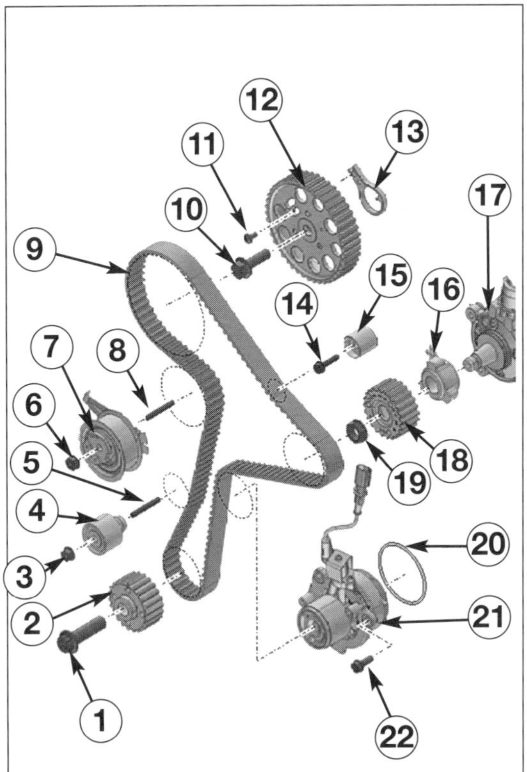

Bild 36

Bild 36
Zahnriemen am TDI-Motor.
1 Schraube
2 Kurbelwellen-Zahnriemenrad
3 Mutter
4 Beruhigungsrolle
5 Stiftschraube
6 Mutter
7 Spannrolle
8 Stiftschraube
9 Zahnriemen
10 Schraube
11 Fixierschraube
12 Zahnriemenrad Nockenwelle
13 Mitnehmer für Nockenwelle
14 Schraube
15 Beruhigungsrolle
16 Hochdruckpumpe
17 Nabe für Hochdruckpumpe
18 Zahnriemenrad Hochdruckpumpe
19 Mutter
20 O-Ring
21 Kühlmittelpumpe
22 Schraube

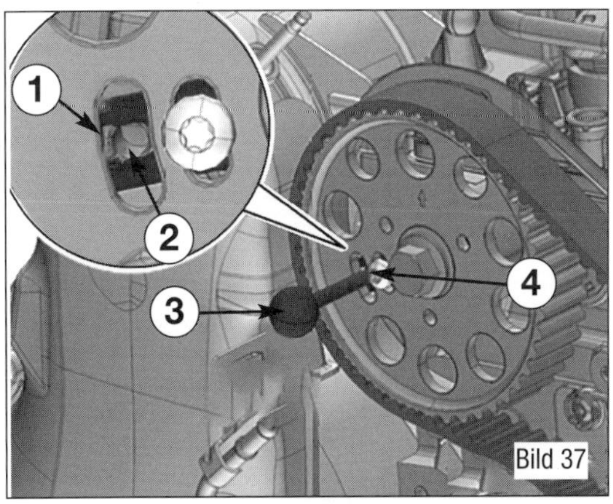

Bild 37

Bild 37
Nockenwelle.
1 Gabel Mitnehmer
2 Bohrung dahinter
3 Absteckdorn (VAG 3359)
4 Fixierschraube

Bild 38

Bild 38
Kurbelwelle.
1 Kurbelwellenarretierwerkzeug VAG T10490

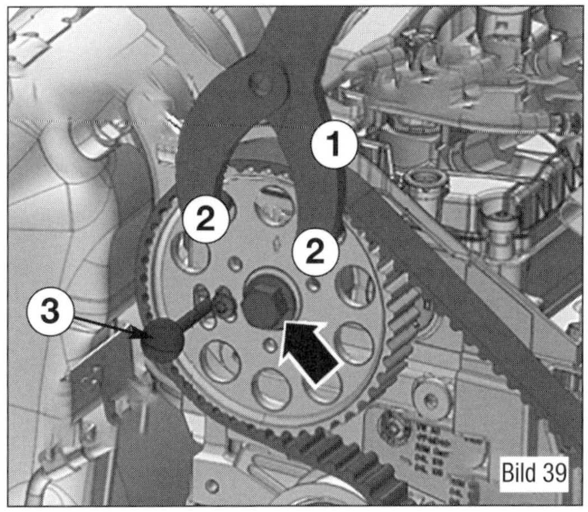

Bild 39

Bild 39
1 Gegenhalter T10172
2 Adapter T10172/11
3 Absteckdorn 3359
Pfeil = Schraube Nockenwelle

steckstift für Diesel-Einspritzpumpe (3 im Bild 37) arretieren, dazu den Absteckstift in die Gabel des Mitnehmers (1) und in die dahinter liegende Bohrung (2) im Zylinderkopf stecken.

■ Fixierschraube (4) im Nockenwellenrad eine halbe Umdrehung lösen, aber nicht herausdrehen.

■ Kurbelwellen-Zahnriemenrad mit dem Kurbelwellenstopp (1 im Bild 38) arretieren. Die Zapfen des Kurbelwellenstopp »T10490« müssen in die Gewindebohrungen des Zahnriemenrads, der Absteckstift des Kurbelwellenstopp »T10490« muss in die Bohrung am Dichtflansch eingreifen.

■ Absteckstift ziehen und Schraube für Nockenwelle leicht lösen. Vor vollständigem Lösen Absteckstift wieder einstecken.

■ Schraube (Pfeil im Bild 39) für Zahnriemenrad Nockenwelle lösen, dazu den Gegenhalter »T10172« (1) mit Adaptern »T10172/11« (2) verwenden.

■ Den Absteckstift ziehen und Schraube für Nockenwelle etwas lösen. Vor vollständigem Lösen Absteckstift wieder einstecken.

■ Die Nabe der Hochdruckpumpe mit dem Absteckstift »T10492« arretieren. Dazu den Absteckstift in die Gabel (2 im Bild 40) der Nabe und in die dahinterliegende Bohrung (1) im Halter für Nebenaggregate stecken.

■ Absteckstift ziehen und Mutter für Zahnriemenrad Hochdruckpumpe lockern. Vor dem vollständigen Lösen den Absteckstift wieder einschieben.

■ Die Mutter für das Zahnriemenrad (Pfeil im Bild 41) der Hochdruckpumpe etwa 90° lösen, dazu Gegenhalter »T10051« (1) verwenden.

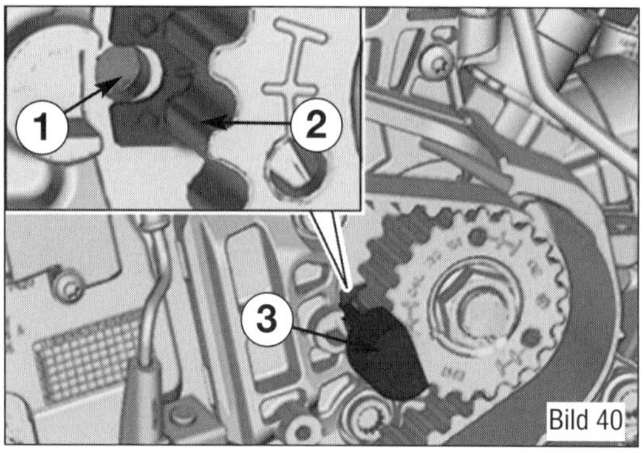

Bild 40
Hochdruckpumpe.
1 Bohrung
2 Gabel Mitnehmer
3 Absteckdorn T10492

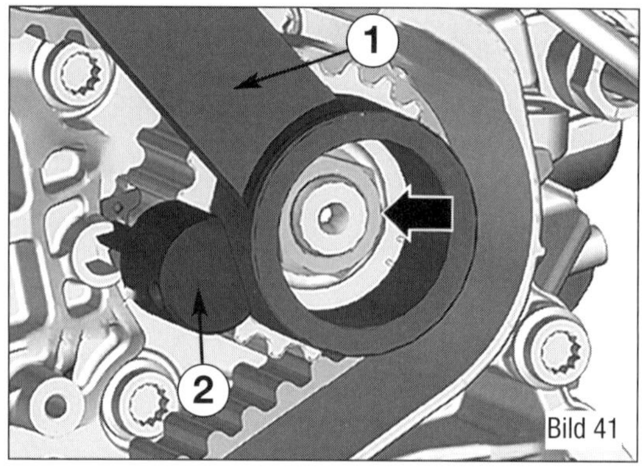

Bild 41
1 Gegenhalter T10051
2 Absteckwerkzeug T10492

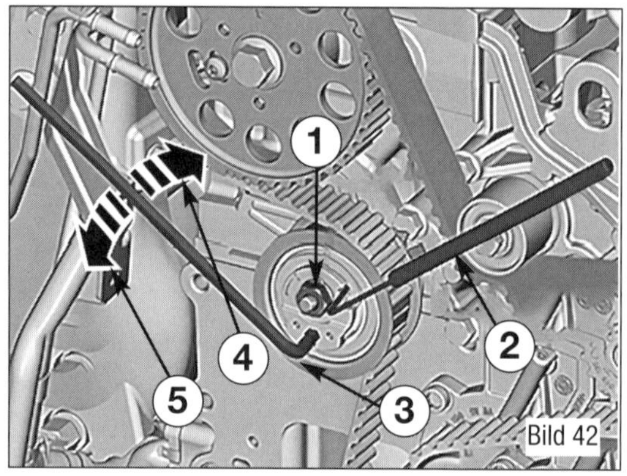

Bild 42
1 Mutter
2 Absteckstift T10492
3 Winkelschraubendreher T10264
4 Bewegungsrichtung zum Spannen
5 Bewegungsrichtung zum Lösen

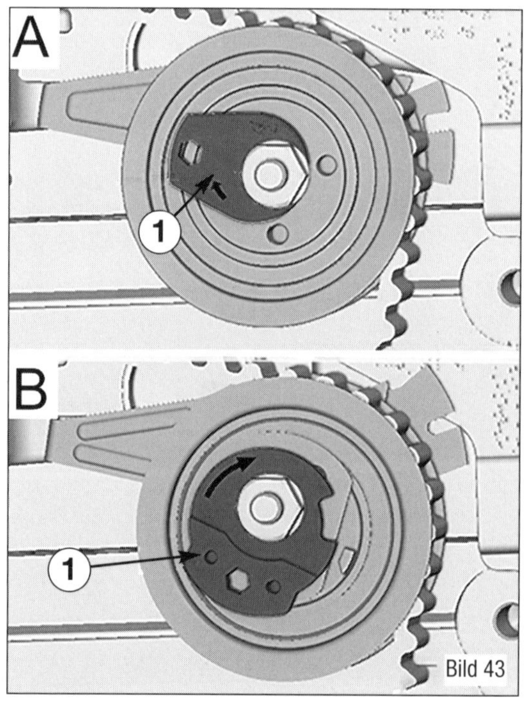

Bild 43
Spannrollenvarianten.
A ohne Abstecken
B zum Abstecken
1 Exzenter

- Die Mutter für die Spannrolle (1 im Bild 42) lösen.
- Exzenter der Spannrolle mit dem Winkelschraubendreher »T10264« (3) gegen den Uhrzeigersinn drehen, bis die Spannrolle mit dem Absteckwerkzeug »T10265« (2) arretiert werden kann.
- Den Absteckstift »T10492« (2 im Bild 42) umdrehen, sodass die ebene Kante wie dargestellt nach rechts zeigt.
- Dann Exzenter der Spannrolle mit dem Winkelschraubendreher »T10264« (3 im Bild 42) im Uhrzeigersinn bis zum Anschlag drehen und die Mutter von Hand anziehen.
- Nun den Zahnriemen zuerst von der Kühlmittelpumpe und dann von den übrigen Zahnriemenrädern abnehmen.

Einbauen (Steuerzeiten einstellen)
Es werden verschiedene Spannrollen (A oder B im Bild 43) verbaut. Unterscheidungsmerkmal ist der Einstellexzenter (1). Bei Spannrolle »A« entfällt das Abstecken mit Absteckwerkzeug »T10265«, zum Spannen sollte der Winkelschraubendreher SW 8 »T10409« verwendet werden. Der Arbeitsablauf ist ansonsten identisch.

Für Einstellarbeiten am Zahnriemen muss der Motor grundsätzlich kalt sein.

Wenn die Nockenwelle gedreht wird, darf die Kurbelwelle mit keinem Kolben auf »OT« stehen. Es besteht die Gefahr, dass Ventile und Kolbenböden beschädigt werden können.

- Zuerst die Spannrolle mit Absteckwerkzeug »T10265« arretieren und mit der Mutter auf Rechtsanschlag fixieren.
- Darauf achten, dass die Blechnase der Spannrolle in der Guss-Vertiefung des Zylinderkopfs eingreift.
- Die Nabe der Nockenwelle mit Absteckstift für Diesel-Einspritzpumpe »3359« arretieren (siehe Bild 40). Die Schraube nur lose andrehen. Das Zahnriemenrad Nockenwelle muss sich gerade noch leichtgängig drehen lassen, darf aber nicht kippen.

■ Fixierschraube des Mitnehmers eine halbe Umdrehung gelöst, in mittiger Stellung im Langloch (2 im Bild 37) stellen.
■ Die Kurbelwelle mit Kurbelwellenstopp »T10490« arretieren (Bild 38).
■ Nabe der Hochdruckpumpe mit Absteckstift »T10492« arretieren (siehe Bild 40). Die Mutter nur lose andrehen. Das Zahnriemenrad der Hochdruckpumpe muss sich gerade noch leichtgängig drehen lassen und darf nicht kippen.
■ Das Zahnriemenrad der Nockenwelle und das Zahnriemenrad der Hochdruckpumpe in ihren Langlöchern im Uhrzeigersinn auf Anschlag drehen.
■ Den Zahnriemen in der unten genannten Reihenfolge auflegen:
1 - Kurbelwellen-Zahnriemenrad
2 - Spannrolle
3 - Zahnriemenrad Nockenwelle
4 - Zahnriemenrad Hochdruckpumpe
5 - Zahnriemenrad Kühlmittelpumpe
■ Die Mutter für Spannrolle lösen und Absteckwerkzeug »T10265« entfernen.
■ Prüfen, ob sich die Fixierschraube (Bild 39) noch zwischen Mitte Langloch und unterem Anschlag befindet. Gegebenenfalls Stellung des Nockenwellenrads um einen Zahn im Uhrzeigersinn korrigieren und Zahnriemen neu auflegen.
■ Exzenter der Spannrolle mit dem Winkelschraubendreher (T10264 im Bild 42) bzw. Winkelschraubendreher SW 8 »T10409« vorsichtig im Uhrzeigersinn (Pfeil im Bild 42) drehen, bis der Zeiger (2) mittig in der Lücke der Grundplatte steht. Die Mutter (1) darf sich nicht mitdrehen.
■ Spannrolle in dieser Lage halten und Mutter festziehen.
■ Gegenhalter »T10172« mit Adaptern »T10172/11« am Zahnriemenrad Nockenwelle ansetzen, wie in der Abbildung (Bild 39) gezeigt.
■ Gegenhalter gegen den Uhrzeigersinn drücken und auf Vorspannung halten.
■ In dieser Stellung die Schraube für das Zahnriemenrad der Nockenwelle und die Mutter für das Zahnriemenrad der Hochdruckpumpe mit 10 Nm leicht anziehen.

⚠ Das Zahnriemenrad Hochdruckpumpe hat nur einen eingeschränkten Verdrehbereich. Daher muss unbedingt geprüft werden, ob das Zahnriemenrad nach dem Spannen nicht am »Anschlag« des Verdrehbereichs steht.

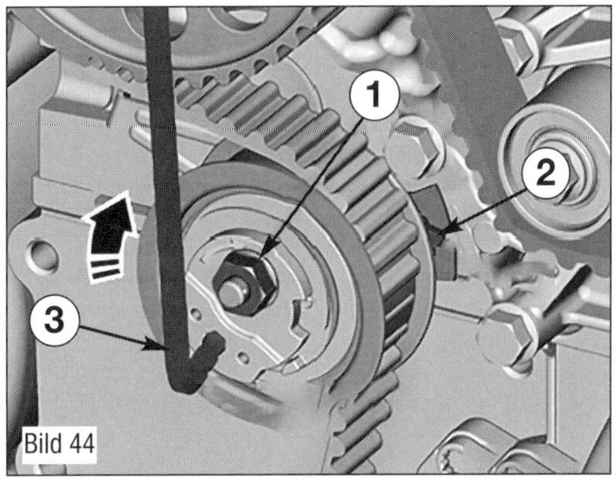

Bild 44

Bild 44
1 Mutter
2 Zeiger
3 SW8 Inbus (VAG T10264)

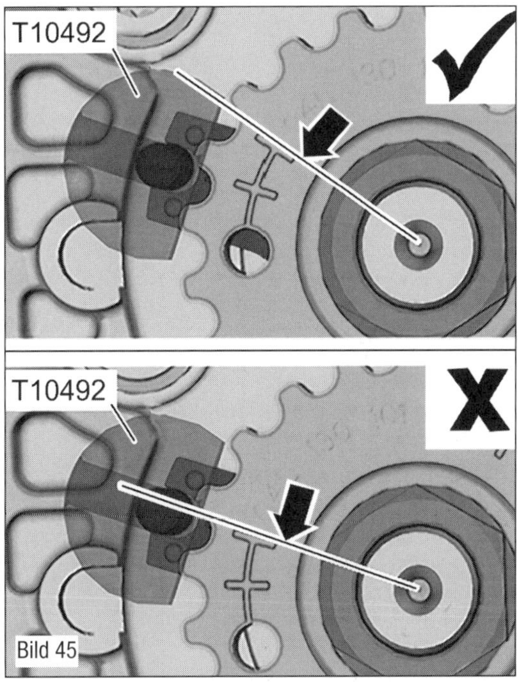

Bild 45

Bild 45
Oben alles gut: Markierung oberhalb der Arretierung. Unten nicht gut: Zahnriemen muss neu ausgerichtet werden.

Bild 46

Bild 46
Diese Abweichung des Absteckpunktes der Hochdruckpumpe ist in Ordnung.

Stellen Sie sicher, dass die Markierung auf dem Zahnriemenrad der Hochdruckpumpe nicht in einer Flucht mit dem Absteckstift steht. Ggf. Stellung des Hochdruckpumpenrads um einen Zahn im Uhrzeigersinn korrigieren und Zahnriemen neu auflegen.

■ Absteckstifte »3359«, »T10492« und Kurbelwellenstopp »T10490« entfernen und Steuerzeiten prüfen.

Steuerzeiten prüfen

Einstellfehler durch ungenaue »OT«-Stellung. Wenn über »OT« hinausgedreht wurde: Kurbelwelle nochmals 2 Umdrehungen durchdrehen, bis sie wieder kurz vor »OT« steht. Dann aus der Drehbewegung heraus Kurbelwelle mit dem Kurbelwellenstopp »T10490« arretieren.

■ Kurbelwelle an der Schraube für Zahnriemenrad 2 Umdrehungen in Motordrehrichtung drehen, bis die Kurbelwelle kurz vor »OT« steht.
■ Kurbelwellenstopp »T10490« wieder am Kurbelwellen-Zahnriemenrad ansetzen.
■ Kurbelwelle in Motordrehrichtung drehen, bis der Zapfen des Kurbelwellenstopps aus der Drehbewegung heraus in den Dichtflansch eingreift. Die Nabe der Nockenwelle muss sich mit dem Absteckstift für Diesel-Einspritzpumpe »3359« arretieren lassen. Der Arretierpunkt der Hochdruckpumpennabe lässt sich nur sehr schwer wiederfinden. Eine geringe Abweichung (Pfeil im Bild 46) hat jedoch keinen Einfluss auf den Motorlauf. Der Spannrollenzeiger (Bild 45) muss mittig zwischen den Zungen und der Grundplatte stehen. Ein seitlicher Versatz von maximal 5 mm ist zulässig.

⚠ Das auftretende Drehmoment beim Lösen bzw. Anziehen der Zentralschrauben an Nockenwelle und Hochdruckpumpe darf auf keinen Fall auf den jeweiligen Absteckstift übertragen werden. Es kann hierbei auch bei Nutzung der Gegenhalter zu Schäden an den »Mitnehmern« kommen. Diese sind unter Umständen nicht sichtbar und können Motorschäden zur Folge haben. Zum Lösen und Anziehen der Zentralschraube den Absteckstift herausziehen und danach wenn nötig wieder abstecken!

Wenn die Nockenwelle sich nicht abstecken lässt, müssen die Steuerzeiten korrigiert werden:

■ Kurbelwellenstopp so weit zurückziehen, bis der Zapfen die Bohrung frei gibt.
■ Kurbelwelle entgegen der Motordrehrichtung etwas über den »OT« hinausdrehen.
■ Kurbelwelle jetzt langsam in Motordrehrichtung drehen, bis sich die Nabe der Nockenwelle arretieren lässt.
■ Nach dem Arretieren Schrauben für Zahnriemenrad Nockenwelle lösen.

A – Zapfen des Kurbelwellenstopps steht links von der Bohrung:
■ Kurbelwelle in Motordrehrichtung drehen, bis der Zapfen (Pfeil) des Kurbelwellenstopps aus der Drehbewegung heraus in den Dichtflansch eingreift.
■ Schrauben für Zahnriemenrad Nockenwelle mit 20 Nm festziehen.

B – Zapfen des Kurbelwellenstopps steht rechts von der Bohrung:
■ Kurbelwelle zuerst etwas entgegen der Motordrehrichtung drehen.

■ Kurbelwelle wieder in Motordrehrichtung drehen, bis der Zapfen des Kurbelwellenstopps aus der Drehbewegung heraus in den Dichtflansch eingreift.
■ Schrauben für Zahnriemenrad Nockenwelle mit 20 Nm festziehen.

Fortsetzung bei richtig eingestellten beziehungsweise korrigierten Steuerzeiten:
■ Absteckstift für Diesel-Einspritzpumpe »3359« und Kurbelwellenstopp entfernen.
■ Kurbelwelle an der Schraube für Zahnriemenrad 2 Umdrehungen in Motordrehrichtung drehen, bis die Kurbelwelle kurz vor »OT« steht.
■ Kontrolle der Steuerzeiten wiederholen.
■ Wenn sich die Nabe der Nockenwelle jetzt arretieren lässt, Schraube für Zahnriemenrad Nockenwelle auf Endanzug bringen, dazu Gegenhalter »T10172 mit Adaptern T10172/11« verwenden.
■ Schrauben für Zahnriemenrad Hochdruckpumpe auf Endanzug bringen.
■ Kontrolle der Steuerzeiten wiederholen.

Der weitere Zusammenbau erfolgt sinngemäß in umgekehrter Reihenfolge.

Arbeiten am Zahnriementrieb des 1,0-l-, 1,2-l-, 1,4-l-TSI und 1,5-l-Motors

Fast alle Škoda-Motoren sind mit einem Zahnriemen ausgerüstet. Die Ausnahme bilden die 1,8-l- und 2,0- l-TSI-Motoren. Die Montagearbeiten dazu werden wir im Anschluss vorstellen. Der kleinste, der 1,0-l-, der 1,2-l-, die 1,4-l- und die 1,5-l-Benzindirekteinspritzmotoren sind mit einem Zahnriemen ausgerüstet. Der Zahnriemen wird durch die Motoraufhängung verdeckt. Mit VW/Audiwerkzeug ist es möglich ohne die Demontage des Motorbocks am Zahnriemen zu Arbeiten. Steht Ihnen hier nichts Gleichwertiges zur Verfügung, müssen Sie den Motor abfangen und den Motorbock demontieren. Die Unterschiede zwischen den einzelnen Motoren sind für diese Arbeitsschritte so geringfügig, dass wir diese anhand des kleinsten Motors vorstellen und Veränderungen zu den anderen Motormodellen gesondert hervorheben werden.

Demontage der Zahnriemenabdeckung

- Demontieren Sie die Motorabdeckung oben wie bereits beschrieben.
- Demontieren Sie den Keilrippenriemen.
- Bauen Sie die Schwingungsdämpfer (Riemenscheibe) ab.
- Drehen Sie die Schrauben (6 im Bild 47) beziehungsweise (2 im Bild 48) heraus.

1,0-l-, 1,2-l-, 1,4-l- und 1,6-l-Motoren

- Drehen Sie die Schraube des Zahnriemenschutzes unten (6 im Bild 47) heraus.
- Clipsen Sie die beiden Halteklammern am Zahnriemenschutz oben (5) auf.
- Nehmen Sie den Zahnriemenschutz oben ab.
- Drehen Sie die Schrauben des Zahnriemenschutzes unten heraus.
- Nehmen Sie den Zahnriemenschutz unten ab.

1,5-l-Motoren

- Bauen Sie das Ventil für Nockenwellenverstellung (4 im Bild 49) aus.
- Drehen Sie die Schrauben des Zahnriemenschutzes oben (2) heraus.

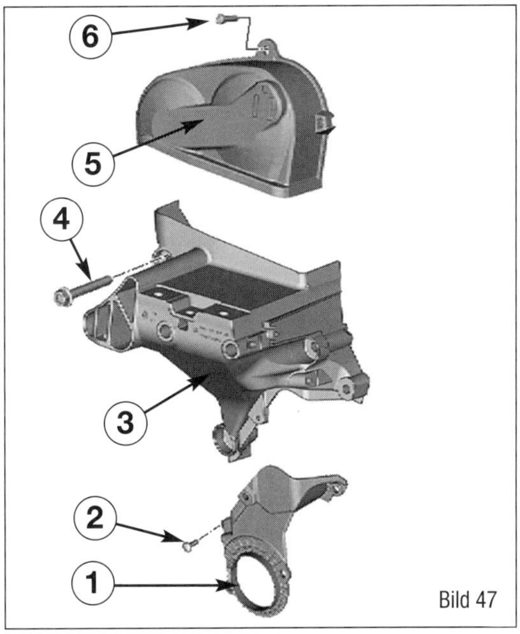

Bild 47

Bild 47
Montageübersicht beim 1,0-l-, 1,2-l- und 1,4-l-Motor.
1 Zahnriemenschutz unten
2 Schraube
3 Motorstütze
4 Schraube
5 Zahnriemenabdeckung oben
6 Schraube

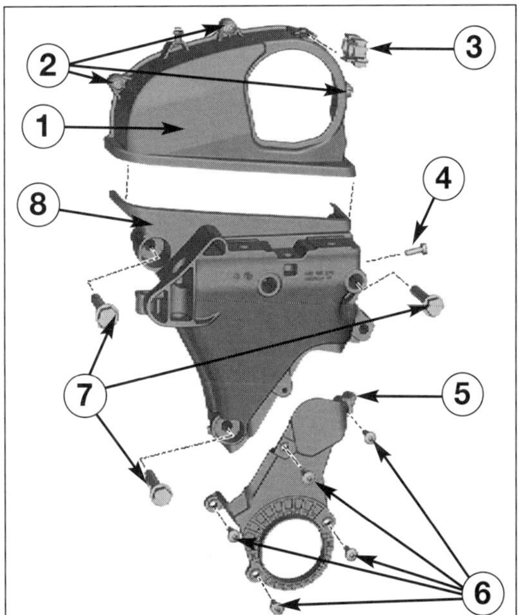

Bild 48

Bild 48
Montageübersicht beim 1,5-l-Motor.
1 Zahnriemenschutz oben
2 Schraube
3 Lagerung
4 Schraube
5 Zahnriemenschutz unten
6 Schraube
7 Schraube
8 Motorstütze

- Clipsen Sie die beiden Halteklammern am Zahnriemenschutz oben auf.
- Nehmen Sie den Zahnriemenschutz (1) oben ab.
- Drehen Sie die fünf Schrauben (Pfeile im Bild 50) des Zahnriemenschutzes unten heraus.
- Nehmen Sie den Zahnriemenschutz unten (1) ab.

Die Montage erfolgt sinngemäß in umgekehrter Reihenfolge.

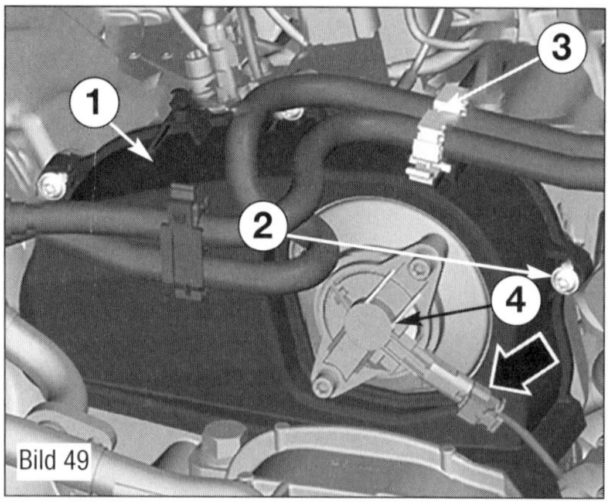

Bild 49

Bild 49
1,5-l-Motor.
1 Zahnriemenschutz oben
2 Schraube
3 Halter
4 Ventil zur Nockenwellenverstellung
Pfeil = elektrischer Anschluss

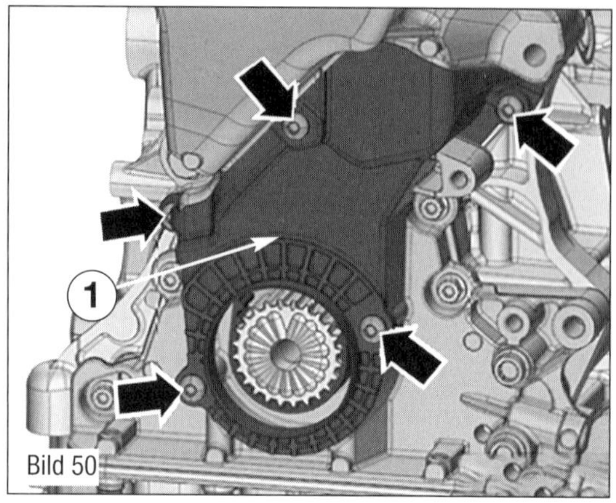

Bild 50

Bild 50
1,5-l-Motor.
1 Zahnriemenschutz unten
Pfeile = Schrauben

Demontage des Zahnriemens

⚠ Soll der Zahnriemen wiederverwendet werden, muss vor dem Ausbau die Laufrichtung markiert und der Riemen auf Verschleiß geprüft werden.

⚠ Der Zahnriemen darf nicht geknickt werden. Der Zahnriemen besteht aus einem Glasfaser-Cord-Gewebe. Der Biegedurchmesser am Zahnriemen darf daher niemals 50 mm unterschreiten. Das entspricht in etwa dem Zahnrad an der Kurbelwelle.

1,0-l-, 1,2-l-, 1,4-l- und 1,6-l-Motoren mit Nockenwellenverstellung der Auslass- und Einlassnockenwelle (Bild 51)
Der Unterschied für die Montagearbeiten ist nur geringfügig. Wir stellen Ihnen deshalb eine allgemeingültige Anweisung für diese Motoren zusammen. Die Besonderheiten werden wir entsprechend hervorheben.

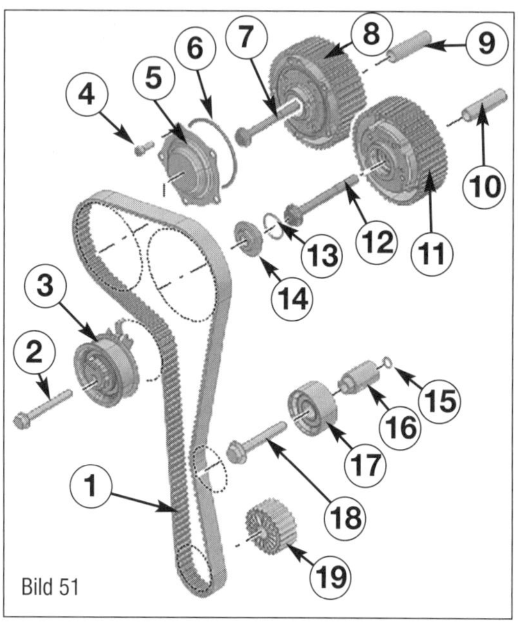

Bild 51

Bild 51
1,0-l-, 1,4-l-Motor mit Nockenwellenverstellung der Auslass- und Einlassnockenwelle.
1 Zahnriemen
2 Schraube
3 Spannrolle
4 Schraube
5 Verschlussdeckel
6 O-Ring
7 Schraube
8 Zahnriemenrad Auslassnockenwelle
9 Führungshülse
10 Führungshülse
11 Zahnriemenrad Einlassnockenwelle
12 Schraube
13 O-Ring
14 Verschlussschraube
15 O-Ring
16 Abstandshülse
17 Umlenkrolle
18 Schraube
19 Kurbelwellen-Zahnriemenrad

■ Bauen Sie die Zahnriemenabdeckungen wie beschrieben ab.

1,0-l- und 1,4-l-Motoren mit zwei verstellbaren Nockenwellen:
■ Legen Sie einen Putzlappen unter den Nockenwellenversteller, um auslaufendes Motoröl aufzufangen.
■ Die Schrauben (4 im Bild 51) herausdrehen und den Deckel vom Nockenwellenversteller der Auslassnockenwelle abnehmen. Dazu Nockenwelle drehen.

1,4-l-Gasmotoren:
■ Den Gasdruckregler ausbauen.
■ Den Halter für den Gasdruckregler ausbauen.

Weiter für alle Motoren:
■ Verschlussschraube der Einlassnockenwelle herausdrehen. Dazu einen geeigneten Gegenhalter verwenden.
■ Die Zentralschrauben der Nockenwellen mit einem Gegenhalter festhalten und die jeweilige Schraube um eine Umdrehung lösen.
■ Bauen Sie das Luftfiltergehäuse aus.
■ Demontieren Sie das Luftführungsrohr soweit erforderlich.
■ Lösen Sie den elektrischen Leitungsstrang und legen Sie ihn zur Seite.
■ Die Schrauben des Zahnriemenschutzes der Kühlmittelpumpe (über dem Getriebe) herausdrehen und den Zahnriemenschutz für abnehmen.
■ Schrauben im Verschlussdeckel der Einlassnockenwelle (getriebeseitig) herausdrehen.
■ Den Schlauch für Kurbelgehäuseentlüftung abnehmen und den Verschlussdeckel abnehmen.

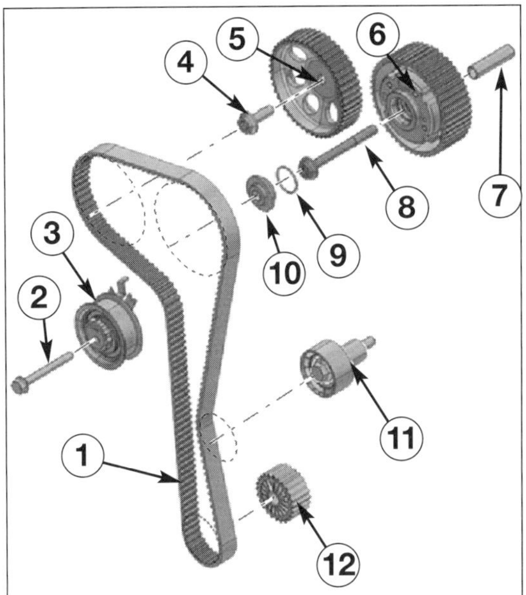

Bild 52

Bild 52
1,2-l- und 1,4-l-Motor mit Nockenwellenverstellung der Auslassnockenwelle.
1 Zahnriemen
2 Schraube
3 Spannrolle
4 Schraube
5 Zahnriemenrad Auslass-nockenwelle
6 Zahnriemenrad Einlass nockenwelle
7 Führungshülse
8 Schraube
9 O-Ring
10 Verschlussschraube
11 Umlenkrolle
12 Kurbelwellen-Zahnriemenrad

⚠ Es besteht Beschädigungsgefahr des Motors! Die Fixierschraube (VW/Audi T10340) kann an der Kurbelwelle in 2 Positionen zum Anschlag kommen. Die »OT-Position« ist unbedingt, wie beschrieben, zu prüfen!

- Zündspule 1. Zylinder mit Leistungsendstufe (Zündspule) ausbauen.
- Schraubendreher, mit einer Schaftlänge von mindestens 250 mm, bis zur Auflage auf den Kolbenboden in den Zündkerzenschacht stecken.
- Kurbelwelle in Motordrehrichtung drehen, bis der Kolben von Zylinder 1 in »UT« steht. Der Schraubendreher bewegt sich dabei nach unten.
- Die Verschlussschraube für die »OT«-Bohrung am Zylinderblock herausdrehen.
- Fixierschraube »T10340« bis zum Anschlag in den Zylinderblock eindrehen und mit 30 Nm festziehen.
- Kurbelwelle in Motordrehrichtung bis Anschlag drehen. Die Fixierschraube liegt jetzt an der Kurbelwellenwange an.

☞ Die Fixierschraube »T10340« arretiert die Kurbelwelle nur in Motordrehrichtung. Wenn die Fixierschraube nicht bis zum Anschlag eingedreht werden kann, steht die Kurbelwelle nicht in der richtigen Stellung. Dann die Kurbelwelle weiter in Motordrehrichtung bis zum Anschlag drehen. Bei beiden Nockenwellen müssen jetzt die asymmetrisch angeordneten Nuten

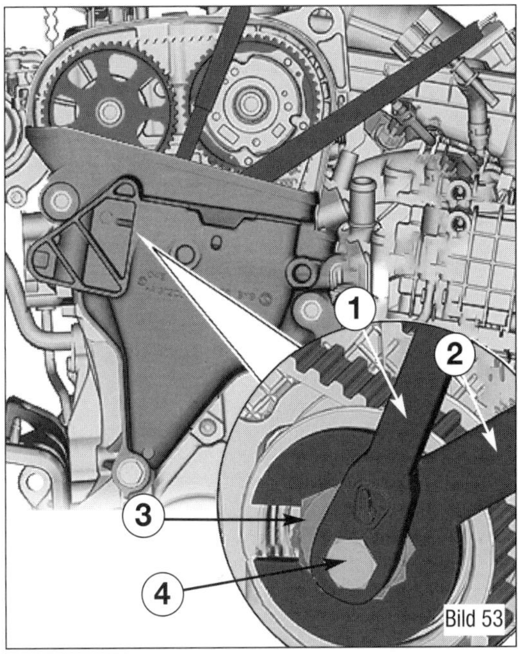

Bild 53

Bild 53
Spannvorrichtung Zahnriemen.
1 Einsteckwerkzeug T10500
2 Schlüssel T10499
3 Exzenterspannrolle
4 Schraube

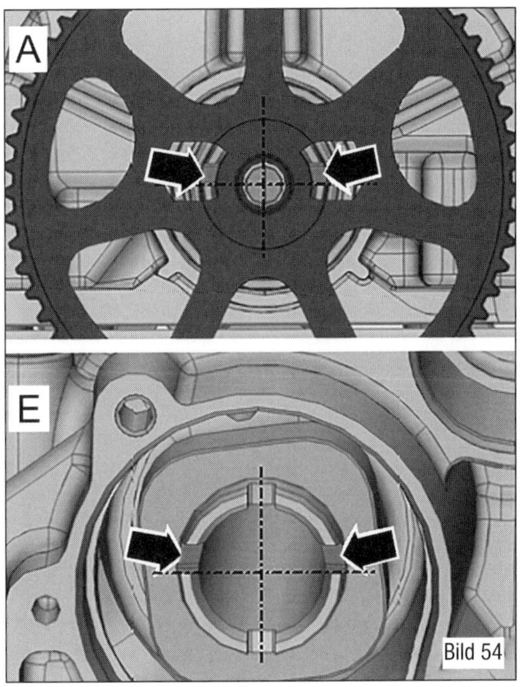

Bild 54

Bild 54
Stellung der Nockenwellen (Ansicht getriebeseitig).
A Auslassnockenwelle
E Einlassnockenwelle
Pfeile = Nuten

(Bild 54) an der Getriebeseite nach oben stehen, wie in der Abbildung gezeigt. Bei der Auslassnockenwelle sind die Nuten unten durch die Aussparungen im Antriebsrad für Kühlmittelpumpe zugänglich.

☞ Die Nockenwellen besitzen ein symmetrisch und ein asymmetrisch angeordnetes Nutenpaar. In »OT«-Stellung muss das asymmetrisch angeordnete Nutenpaar oberhalb der gedachten waagrechten Mittellinie stehen. Die Nockenwellenfixierung (VW/Audi T10494)

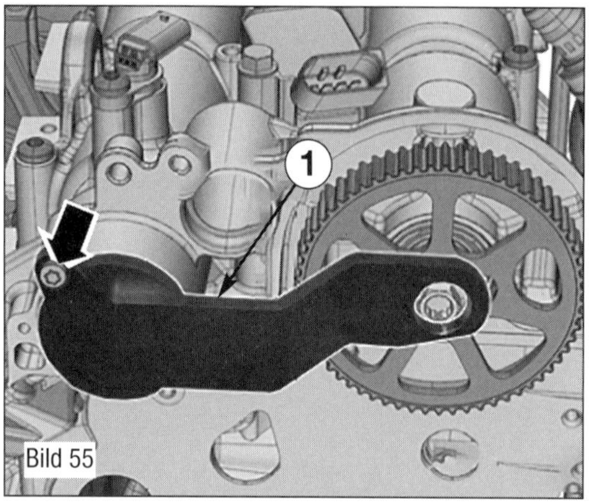

Bild 55
Zylinderkopf links.
1 Spezialwerkzeug zum Abstecken der Nockenwelle T10494
Pfeil = Schraube

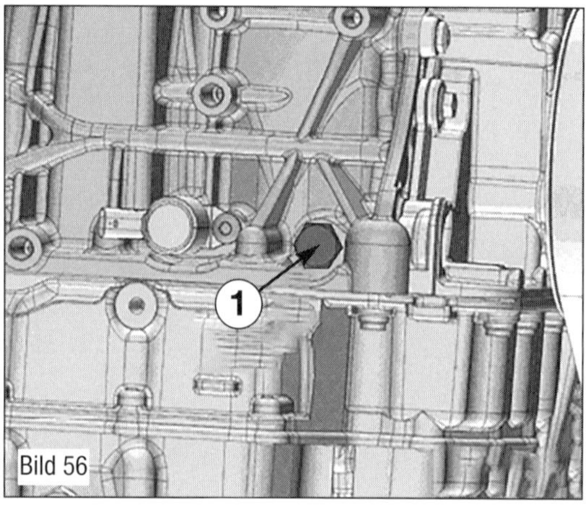

Bild 56
Motor hinten: T10340
1 Spezialwerkzeug zum Abstecken des OT-Punktes.

muss sich leicht einlegen lassen. Sie darf nicht mit einem Schlagwerkzeug eingesetzt werden.

- Wenn die Nockenwellen wie beschrieben stehen, Nockenwellenfixierung »T10494« bis zum Anschlag in die Nockenwellen einstecken und mit der Schraube (Pfeil im Bild 55) handfest anziehen.

(Sichtprüfung) Wenn sich die Nockenwellenfixierung nicht leicht einlegen lässt mit dem Montagewerkzeug »T10487« gerade von oben auf den Zahnriemen drücken. Dabei die Nockenwellenfixierung »T10494« bis zum Anschlag in die Nockenwellen einstecken und mit der Schraube handfest anziehen.

(Sichtprüfung) Wenn sich die Nockenwellenfixierung gar nicht einsetzen lässt, sind die Steuerzeiten verstellt.

(Sichtprüfung) Wenn sich die Nockenwellenfixierung einsetzen lässt, sind die Steuerzeiten in Ordnung.

- Wenn erforderlich, das Einstellen der Steuerzeiten wiederholen.
- Keilrippenriemenscheibe ausbauen. Dazu einen geeigneten Gegenhalter verwenden.
- Zahnriemenschutz unten demontieren.
- Vor dem Ausbau des Zahnriemens Laufrichtung mit Kreide oder Filzstift für den Wiedereinbau kennzeichnen. Es besteht Zerstörungsgefahr durch umgekehrte Laufrichtung bei einem bereits gelaufenen Keilrippenriemen.
- Den Zahnriemen abnehmen.
- Das Kurbelwellen-Zahnriemenrad abnehmen.

Einbauen (Steuerzeiten einstellen)

Alle Schrauben, die mit Weiterdrehwinkel festgezogen werden, müssen ersetzt werden. Der O-Ring der Verschlussschraube muss bei Beschädigung erneuert werden.

»OT«-Stellung von Nockenwelle und Kurbelwelle prüfen:

- Nockenwellenfixierung »T10494« am Nockenwellengehäuse anbauen.

⚠ Die Nockenwellenfixierung darf nicht als Gegenhalter benutzt werden.

- Fixierschraube »T10340« bis zum Anschlag in den Zylinderblock eindrehen und mit 30 Nm festziehen.
- Kurbelwelle in Motordrehrichtung an der Fixierschraube »T10340« angelegt, ist die »OT«-Stellung für die Kurbelwelle.
- Die Schrauben für die Nockenwellenräder ersetzen und lose eindrehen. Die Nockenwellenräder müssen sich auf den Nockenwellen verdrehen lassen, dürfen aber nicht kippen.
- Die Blechnase der Spannrolle muss in der Guss-Vertiefung des Zylinderkopfs eingreifen.
- Kurbelwellen-Zahnriemenrad auf die Kurbelwelle aufsetzen. Die Anlagefläche zwischen Keilrippenriemenscheibe und Kurbelwellen-Zahnriemenrad muss frei von Öl und Fett sein. Die gefaste Fläche (Pfeil im Bild 57) am Kurbelwellen-Zahnriemenrad muss auf der gefasten Fläche am Kurbelwellenzapfen sitzen.

⚠ Zahnriemen beim Auflegen auf die Nockenwellenräder nicht beschädigen.

Die folgende Reihenfolge beim Auflegen des Zahnriemens ist sehr wichtig.

- Zahnriemen nach oben ziehen, auf die Umlenkrolle (1 im Bild 58), die Spannrolle (2) und die Nockenwellenräder (3) und (4) auflegen.

■ Exzenter der Spannrolle (2) mit dem Schlüssel »T10499« so weit drehen, bis der Einstellzeiger etwa 10 mm rechts vom Einstellfenster steht.

■ Exzenter so weit zurückdrehen, dass der Einstellzeiger genau im Einstellfenster steht.

Zum Festziehen muss der Drehmomentschlüssel »VAS 6583« verwendet werden!

Bei der Einstellung des Anzugsdrehmoments am Drehmomentschlüssel »VAS 6583« muss das auf dem Einsteckwerkzeug »T10500« angegebene Stichmaß in den Drehmomentschlüssel eingegeben werden!

■ Exzenter in dieser Stellung halten und Schraube mit 25 Nm festziehen, dazu Einsteckwerkzeug »T10500« mit Drehmomentschlüssel »VAS 6583« verwenden.

Wenn der Motor weitergedreht wurde oder gelaufen ist, kann es zu leichten Abweichungen der Stellung des Einstellzeigers zum Einstellfenster kommen. Dies hat keinen Einfluss auf die Zahnriemenspannung und die Steuerzeiten.

■ Schrauben der Nockenwellenräder mit 50 Nm voranziehen, dazu den Gegenhalter »T10172« mit Adapter »T10172/2« und »T10172/1« verwenden.

■ Fixierschraube » T10340« herausdrehen.

■ Schraube (Pfeil) herausdrehen, Nockenwellenfixierung »T10494« abnehmen.

■ Zahnriemenschutz unten einbauen.

■ Schwingungsdämpfer einbauen.

Steuerzeiten prüfen

■ Kurbelwelle 2 Umdrehungen in Motordrehrichtung drehen.

■ Fixierschraube »T10340« bis zum Anschlag in den Zylinderblock eindrehen und mit 30 Nm festziehen.

■ Kurbelwelle in Motordrehrichtung weiter bis Anschlag drehen. Die Fixierschraube liegt jetzt an der Kurbelwellenwange an.

Die Fixierschraube »T10340« arretiert die Kurbelwelle nur in Motordrehrichtung. Die Nockenwellenfixierung »T10494« muss sich leicht einsetzen lassen. Die Nockenwellenfixierung darf nicht mit einem Schlagwerkzeug eingesetzt werden.

Wenn sich die Nockenwellenfixierung nicht leicht einlegen lässt mit dem Montagewerkzeug (T10487) gerade auf den Zahnriemen drücken. Dabei die Nockenwellenfixierung »T10494« bis zum Anschlag in die Nockenwellen einstecken und mit der Schraube handfest anziehen.

Bild 57

Bild 57
Gefaste Flächen am Zahnriemenrad der Kurbelwelle.

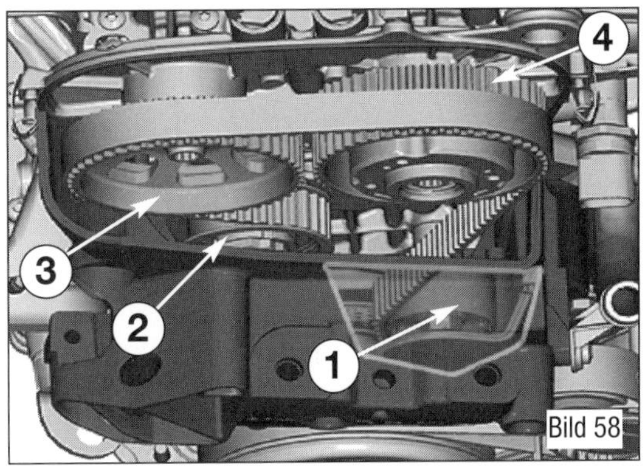

Bild 58

Bild 58
1 Umlenkrolle
2 Spannrolle
3 Nockenwellenrad Auslass
4 Nockenwellenrad Einlass

Wenn sich die Nockenwellenfixierung gar nicht einsetzen lässt, sind die Steuerzeiten verstellt.

Wenn sich die Nockenwellenfixierung einsetzen lässt, sind die Steuerzeiten in Ordnung.

■ Fixierschraube »T10340« herausdrehen.

■ Schraube (Pfeil) herausdrehen, Nockenwellenfixierung »T10494« abnehmen.

■ Die Schrauben der Nockenwellen mit Endanzugsdrehmoment festziehen, dazu Gegenhalter »T10172« mit Adapter »T10172/2« und »T10172/1-« verwenden.

■ Verschlussschraube der Einlassnockenwelle mit Drehmoment festziehen. Dazu den Gegenhalter «T10172« mit Adapter »T10172/1« verwenden.

■ Zum Abschluss der Arbeiten kontrollieren, ob Fixierschraube »T10340« und Nockenwellenfixierung »T10494« wirklich entfernt worden sind.

Der weitere Zusammenbau erfolgt sinngemäß in umgekehrter Reihenfolge.

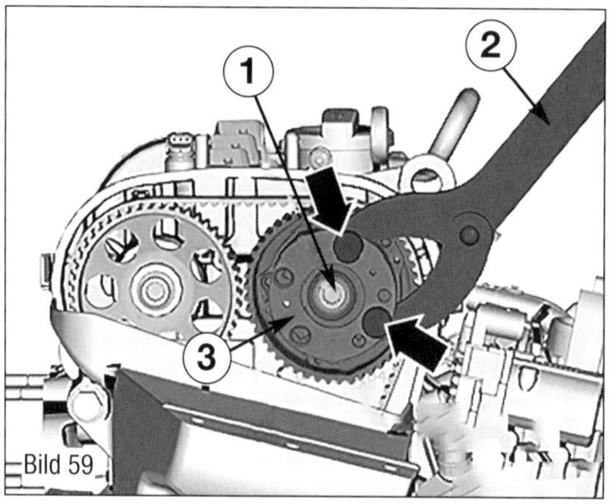

Bild 59
Nockenwellenrad gegenhalten.
1 Schraube
2 Gegenhalter T10172A
3 Halter T10554

1,5-l-Motor mit zwei verstellbaren Nockenwellen (EVO-Motor)

Erkennbar ist, dass auf der Zahnriemenabdeckung verbaute Ventil zur Nockenwellenverstellung (18 im Bild 60). Die Schwierigkeit liegt in der Einstellung der Steuerzeiten. Diese dürfen sich nur in einem geringen Rahmen verstellen und können nur mit einem Tester über die Nockenwellensensoren erfasst werden. Das Einstellverfahren ist recht aufwendig und nur mit einem geeigneten Motortester durchführbar. Wir stellen Ihnen die mechanischen Arbeiten hierzu zur Information vor.

Für Erdgasfahrzeuge:

- Gasleitung entleeren.
- Mit dem Handrad »T50026« die mechanischen Absperrventile an allen Erdgas-Kraftstoffbehältern sicher verschließen. Beachten Sie die besonderen Sicherheitsregeln für die Arbeiten an Gasfahrzeugen.

⚠ Es besteht Explosions- und Lebensgefahr, wenn der Erdgasbetrieb nicht deaktiviert wird.

Fortsetzung für alle Fahrzeuge:

- Geräuschdämpfung ausbauen.
- Kraftstoffvorlaufleitung und Entlüftungsleitung zum Aktivkohlebehälter trennen.
- Die Kraftstoffleitungen seitlich ablegen.
- Zahnriemenabdeckung oben wie beschrieben ausbauen.
- Halter für Radial-Wellendichtring (2 im Bild 61) ausbauen. Dazu die Schrauben (1) herausdrehen.

⚠ Um austretendes Motoröl aufzufangen, einen sauberen Lappen unterlegen.

- Den Motor auf »OT für Zylinder 1« für Arbeiten am Zahnriementrieb einstellen.

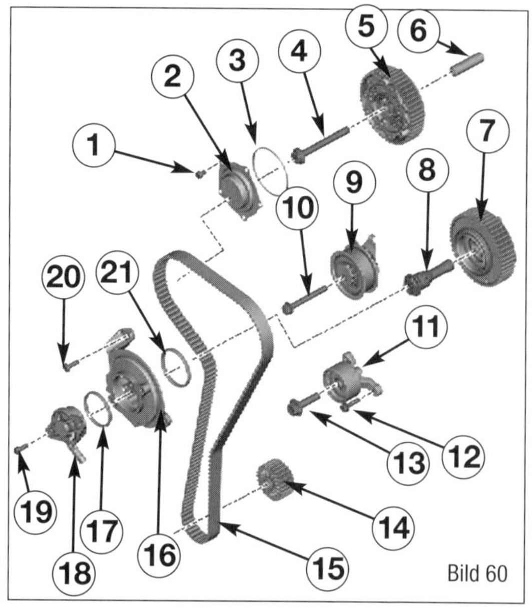

Bild 60
Mit Nockenwellenverstellung der Auslass- und Einlassnockenwelle.
1 Schraube
2 Verschlussdeckel
3 O-Ring
4 Schraube
5 Zahnriemenrad Auslassnockenwelle
6 Führungshülse
7 Zahnriemenrad Einlassnockenwelle
8 Steuerventil
9 Spannrolle
10 Schraube
11 Umlenkrolle
12 Schraube
13 Schraube
14 Kurbelwellen-Zahnriemenrad
15 Zahnriemen
16 Halter für Radial-Wellendichtring
17 Dichtring
18 Ventil für Nockenwellenverstellung
19 Schraube
20 Schraube
21 Dichtring

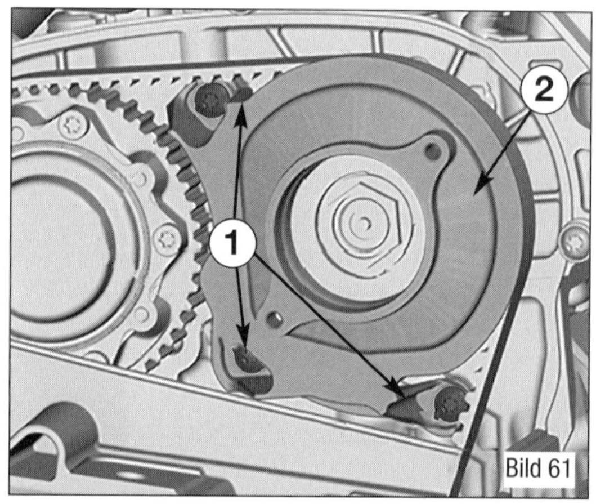

Bild 61
Halter Ventil Nockenwellenverstellung (rechte Motorseite).
1 Schraube
2 Halter

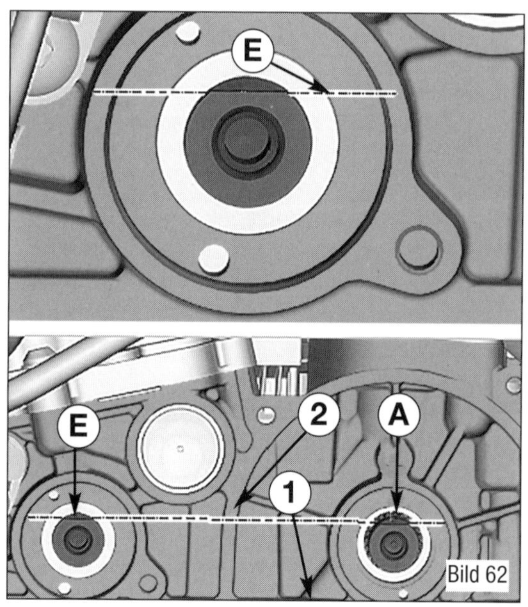

Bild 62
Nockenwellenposition für die Motorkennbuchstaben DADA, DPCA.
1 Zylinderkopfkante
2 gerade Linie
A Auslassnockenwelle
E Einlassnockenwelle

- Den Verschlussdeckel der Einlassnockenwelle über dem Getriebe abnehmen.

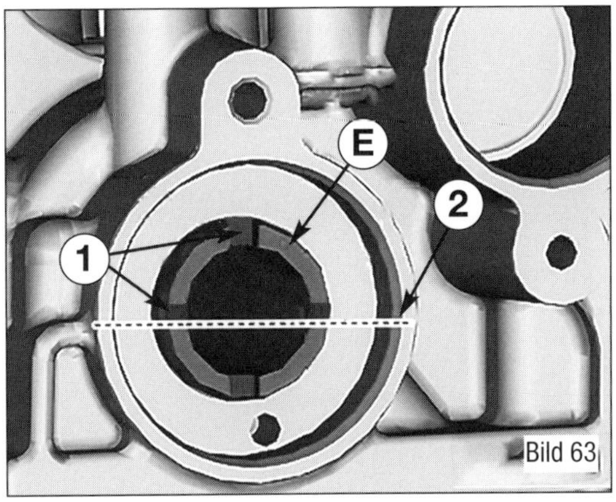

Bild 63
Nockenwellenposition für den Motorkennbuchstaben DHFA.
1 Asymmetrische Nuten
2 gerade Linie
E Einlassnockenwelle

Um austretendes Motoröl aufzufangen, einen sauberen Lappen unterlegen.

■ Prüfen Sie die Position der Einlassnockenwelle. Die Kante (E im Bild 62 bzw. 63), der gefrästen Fläche an der Einlassnockenwelle muss nach oben zeigen. Ist das nicht der Fall, die Kurbelwelle noch um 1 Umdrehung in Motordrehrichtung drehen.

■ Luftfiltergehäuse ausbauen.

■ Den Leitungsstrang aus dem Halteklips am Zahnriemenschutz für die Kühlmittelpumpe lösen.

■ Drehen Sie die Halterungsschrauben heraus und nehmen Sie den Zahnriemenschutz für die Kühlmittelpumpe ab.

■ Schläuche und Anschlussstecker am Ausgleichsbehälter abklemmen und zur Seite legen.

■ Den Halter »T10575« (3) mit Gegenhalter »T10172A« (2) an. Den Nockenwellenversteller (3) ansetzen, wie im Bild 64 beziehungsweise 65 gezeigt.

Die Bolzen des Halters haben keine gleichmäßigen Abstände. Die Abstände entsprechen den Bohrungsabständen im Nockenwellenversteller. Die Bolzen müssen richtig in die Bohrungen eingreifen.

■ Den Halter »T10575« (3) vollflächig auf Nockenwellenversteller setzen.

■ Den Nockenwellenversteller im Uhrzeigersinn mit Halter »T10575« (3) und Gegenhalter »T10172A« (2) in dieser Stellung festhalten.

■ Das Steuerventil (1) im Bild 64 beziehungsweise die Schraube (1 im Bild 65 lösen).

■ Den Schlüssel »T10499A« (5 im Bild 66) auf Exzenter (7) der Spannrolle (9) ansetzen.

■ Die Schraube (8) mit Einsteckwerkzeug »T10500« (2) lösen.

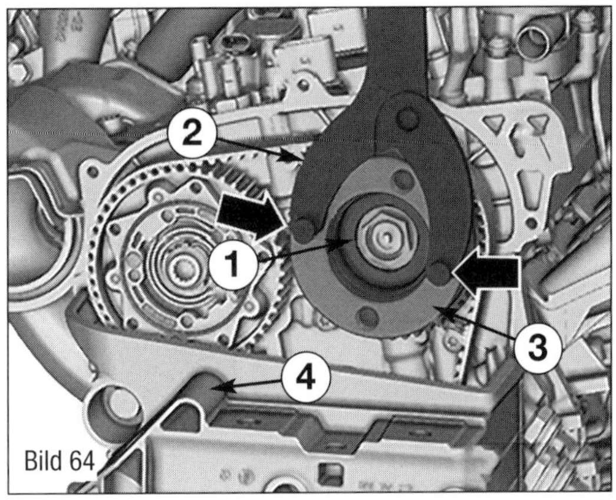

Bild 64
Einlassnockenwelle.
1 Steuerventil
2 Gegenhalter T10172A
3 Halter T10172A
4 Nockenwellenversteller

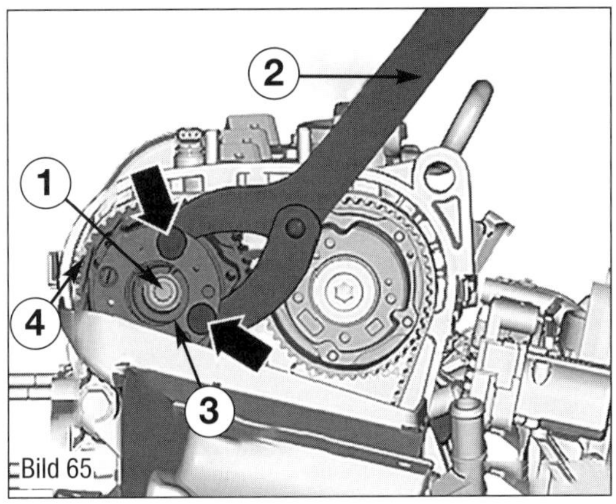

Bild 65
Auslassnockenwelle.
1 Schraube
2 Gegenhalter T10172A
3 Halter T10172A
4 Nockenwellenversteller

■ Spannrolle (9) am Exzenter (7) mit dem Schlüssel »T10499A« (59 entspannen.

■ Den Zahnriemen von der Nockenwelle abnehmen.

■ Die Schrauben der Nockenwellenräder herausdrehen und die Nockenwellenräder abnehmen.

Wenn der Zahnriemen wiederverwendet werden soll, muss die Laufrichtung auf dem Zahnriemen mit Kreide markiert werden. Der Mindestbiegeradius von 25 mm des Zahnriemens darf nicht unterschritten werden (etwa eine Hälfte des Durchmessers des Kurbelwellenzahnrads). Der Mindestbiegeradius unter 25 mm beeinträchtigt die Lebensdauer des Zahnriemens. Zerstörungsgefahr des Motors. Um die Steuerzeiten nicht zu verstellen, darf die Kurbelwelle nicht verdreht werden.

■ Keilrippenriemenscheibe von Kurbelwelle abbauen.

■ Zahnriemenschutz unten wie bereits beschrieben ausbauen.

■ Den Zahnriemen herausnehmen.

■ Das Kurbelwellen-Zahnriemenrad von der Kurbelwelle abnehmen.

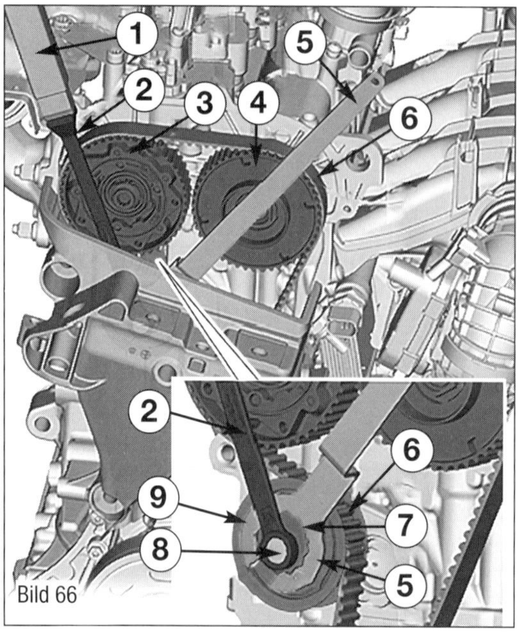

Bild 66
Zahnriemen entspannen.
1 Halter
2 Einsteckwerkzeug (T10500)
3 Nockenwellenversteller Einlassnockenwelle
4 Nockenwellenversteller Auslassnockenwelle
5 Schlüssel (T10499A),
6 Zahnriemen
7 Exzenter
8 Schraube
9 Spannrolle

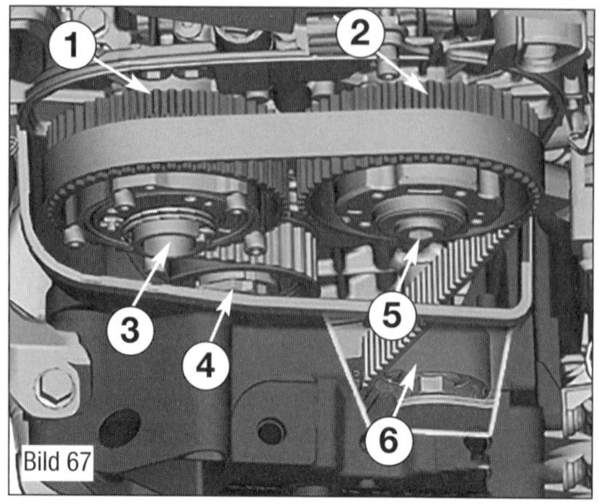

Bild 67
Zahnriemenmontage.
1 Zahnriemenrad Auslassnockenwelle
2 Zahnriemenrad Einlassnockenwelle
3 Schraube Nockenwellenversteller (Zahnriemenrad)
4 Spannrolle
5 Steuerventil
6 Umlenkrolle

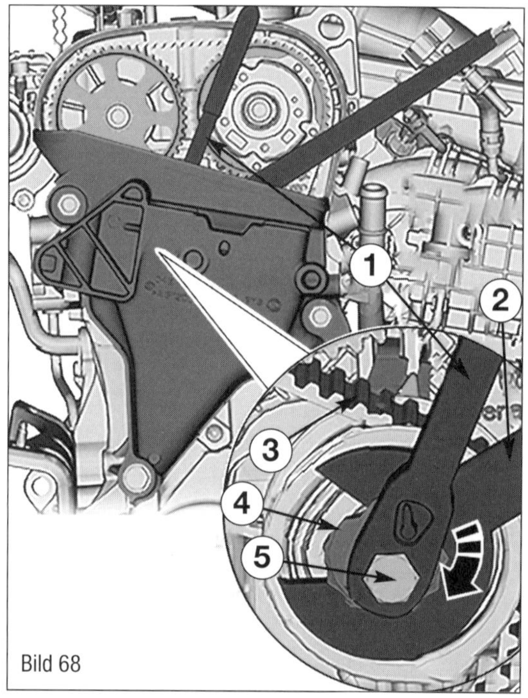

Bild 68
Zahnriemen spannen.
1 Einsteckwerkzeug (T10500)
2 Schlüssel (T10499A)
3 Einstellzeiger
4 Exzenter der Spannrolle
5 Schraube

Die Montage erfolgt sinngemäß in umgekehrter Reihenfolge.

■ Achten Sie darauf, dass die Absteckschraube für den Kurbelwellen-OT richtig verbaut worden ist (Bild 56).

■ Kontrollieren Sie, ob die Nockenwelle in OT-Stellung fixiert ist.

■ Das Kurbelwellen-Zahnriemenrad auf die Kurbelwelle aufstecken. Die Anlagefläche zwischen Keilrippenriemenscheibe und Kurbelwellen-Zahnriemenrad muss frei von Öl und Fett sein. Die gefräste Fläche (Pfeil) am Kurbelwellen-Zahnriemenrad muss auf der gefrästen Fläche am Kurbelwellenzapfen sitzen (siehe auch Bild 57).

■ Zahnriemen von unten zunächst auf das Kurbelwellen-Zahnriemenrad auflegen.

■ Den Zahnriemenschutz unten einbauen.

■ Die Keilrippenriemenscheibe einbauen.

■ Die Schraube (3 im Bild 67) beziehungsweise das Steuerventil (5) für die Nockenwelle mit den Nockenwellenrädern montieren. Die Nockenwellenräder müssen sich auf den Nockenwellen noch verdrehen lassen, dürfen aber nicht wackeln.

■ Kontrollieren Sie, dass die Blechnase der Spannrolle in die Vertiefung im Guss des Motorblocks einsitzt.

■ Den Zahnriemen nach oben ziehen, auf die Umlenkrolle (6), die Spannrolle (4) und dann auf die Nockenwellenräder (1) und (2) auflegen.

■ Den Exzenter (4) der Spannrolle mit dem Schlüssel »T10499A« (2) so weit in Pfeilrichtung drehen, bis der Einstellzeiger (3) etwa 10 mm rechts vom Einstellfenster steht.

■ Den Exzenter so weit zurückdrehen, dass der Einstellzeiger genau im Einstellfenster steht.

⚠ Beim Festziehen mit falschem Drehmoment Gefahr von Motorschäden! Zum Festziehen muss der Drehmomentschlüssel »VAS 6583« oder der Drehmomentschlüssel »V.A.G 1410« verwendet werden! Zum Festziehen des reduzierten Drehmoments darf kein anderer Drehmomentschlüssel verwendet werden! Die Messwerte werden durch die Hebellänge des Einsteckwerkzeuges verändert.

⚠ Mit Drehmomentschlüssel VAS 6583 festziehen. Den Drehmomentschlüssel nur zusammen mit Einsteckwerkzeug

»T10500« verwenden! Bei der Einstellung des Anzugsdrehmoments am Drehmomentschlüssel »VAS 6583« muss zur Einstellung die auf dem Einsteckwerkzeug »T10500« angegebene Länge beachtet werden!

■ Exzenter in dieser Stellung halten und Schraube (5 im Bild 68) mit 25 Nm festziehen, dazu Einsteckwerkzeug »T10500« mit Drehmomentschlüssel »VAS 6583« verwenden.

■ Prüfen Sie den Radialwellendichtring des Halters Radial-Wellendichtring auf der Einlassnockenwelle.

Um den Radial-Wellendichtring auf Nockenwellenversteller ohne Beschädigung einzuführen, muss der Halter zentriert werden. Zum Zentrieren des Halters unbedingt den Zentrierdorn »T10576« verwenden.

■ Den Zentrierdorn »T10576« am gesamten Umfang sowie den Bereich des Halters für Radial-Wellendichtring, in den der Zentrierdorn eingreift, leicht einölen.

■ Den Zentrierdorn »T10576« (4 im Bild 69), von der Seite des Ventils für Nockenwellenverstellung im Einlass, in den Halter (2) einsetzen.

Darauf achten, dass der Zentrierdorn »T10576« (4) völlig am Halter (2) anliegt.

■ Die Befestigungsschrauben (Pfeile) festziehen.

■ Den Zentrierdorn vom Halter abnehmen.

■ Zahnriemenschutz oben wieder einbauen.

■ Das Ventil 1 für Nockenwellenverstellung einbauen.

■ Motorabdeckung einbauen.

■ Beide Nockenwellen mithilfe des Testers auf 0° abgleichen. Hierzu müssen die Nockenwellen bei blockierter Kurbelwelle und gelösten Zahnriemenrädern am jeweiligen Sechskant (2 im Bild 70) verdreht werden.

■ Ist der Einstellwert erreicht, wird die Bremse (1) mit 10 Nm angezogen.

■ Für die korrekte Einstellung muss über den Motortester der Steigungswinkel ermittelt werden und als Korrekturwert eingegeben werden. Die genaue Vorgehensweise entnehmen Sie der geführten Funktion des jeweiligen Testers.

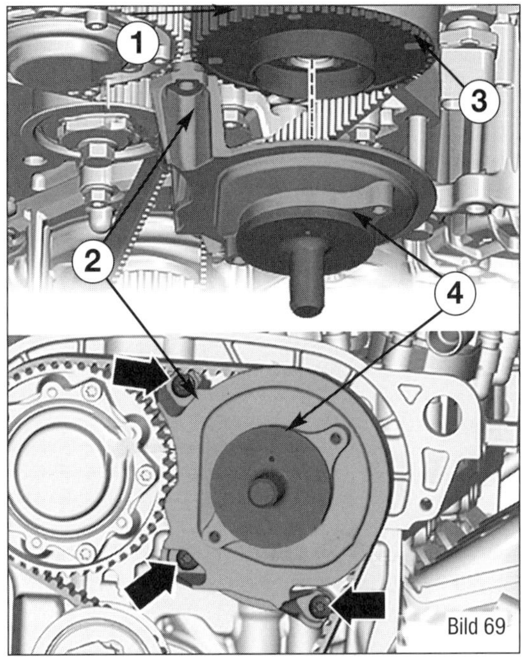

Bild 69

Halter für das Ventil zur Nockenwelle zentrieren.

1 Geberrad innen
2 Halter
3 Rad Einlassnockenwelle
4 Zentrieradapter

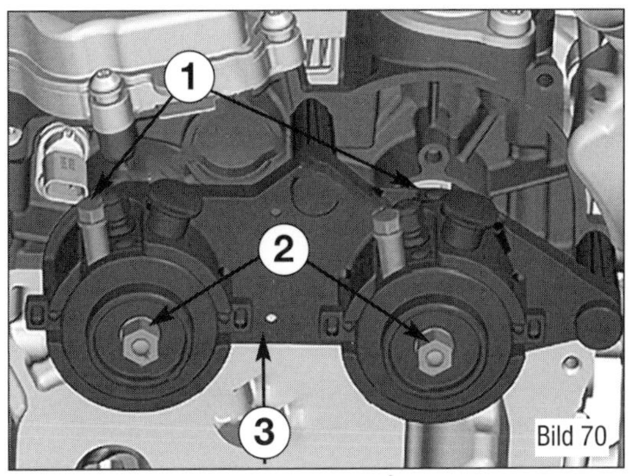

Bild 70

Einstellen der Steuerzeiten.

1 Bremse zur jeweiligen Nockenwelle
2 Sechskant zur Einstellung
3 Einstellwerkzeug für die Nockenwellen

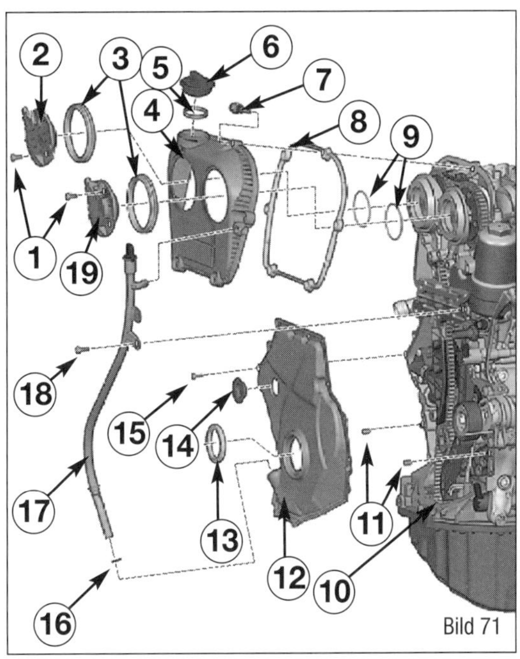

Bild 71

1 Schraube
2 Ventil Nockenwellenverstellung Auslass/Einlass
3 Dichtringe
4 Abdeckung oben für Steuerkette
5 Dichtung
6 Verschlussdeckel
7 Schraube
8 Dichtung
9 O-Ring
10 Leitung (nicht verbaut)
11 Motor
12 Passstifte
13 Abdeckung unten für Steuerkette
14 Wellendichtring
15 Verschlussstopfen
16 Schraube
17 O-Ring
18 Führungsrohr für Ölmessstab
19 Schraube

Sichtprüfung Messen

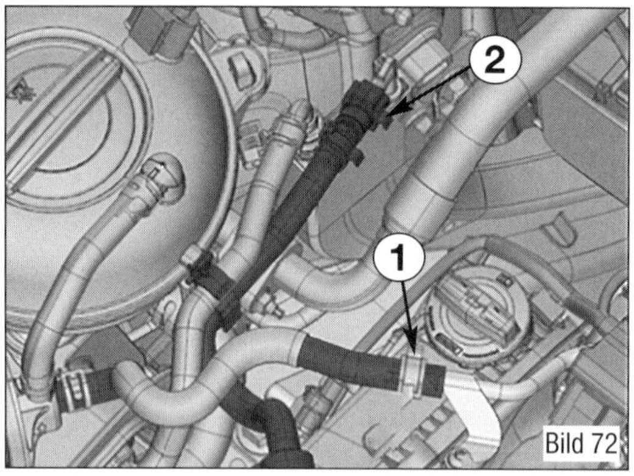

Bild 72
1 Schlauchschelle
2 Entriegelungstaste am Aktivkohlefilter

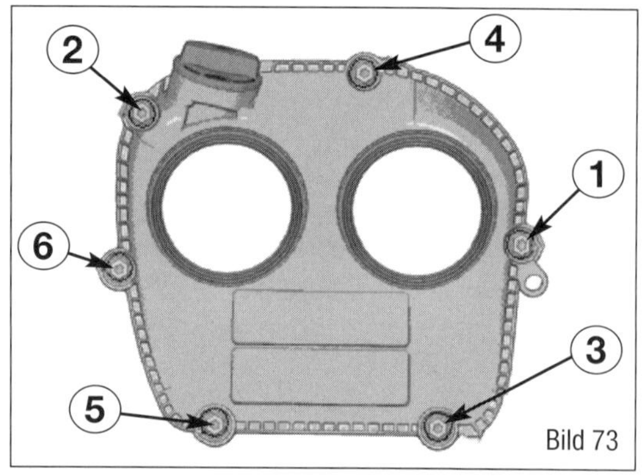

Bild 73
1 bis 6 Anzugsfolge der Schrauben. Lösen in umgekehrter Reihenfolge.

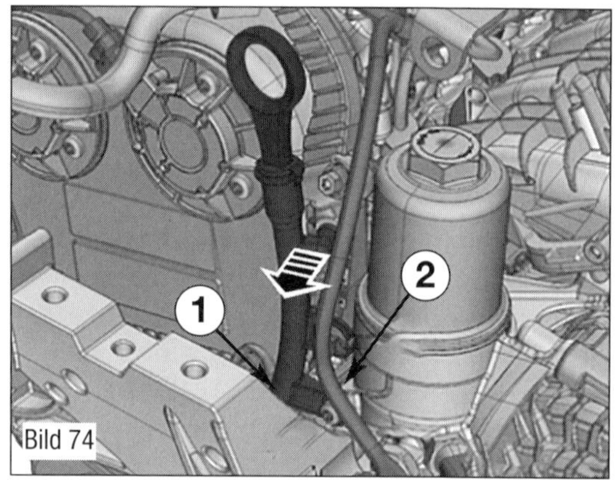

Bild 74
1 Schraube
2 Clips
Pfeil = Bewegungsrichtung

Arbeiten am Kettentriebtrieb des 1,8-l- und 2,0-l-TSI-Motors

Der große Benzinmotor wird in unterschiedlichen Leistungsvarianten verbaut. Für die Montagearbeiten in diesem Kapitel gibt es aber kaum Unterschiede. Diese werden wir, wenn erforderlich, gesondert in der laufenden Beschreibung hervorheben.

Demontage der Steuerkettenabdeckung

Steuerkettenabdeckung oben

- Lassen Sie den Motor abkühlen.
- Öffnen Sie kurz den Verschlussdeckel des Kühlmittelausgleichsbehälters, um Restdruck im Kühlsystem abzubauen.
- Bauen Motorabdeckung oben aus.
- Schlauchschelle (1 im Bild 72) lösen, Kühlmittelschlauch abbauen und zur rechten Seite drücken.
- Entriegelungstaste am Schlauch (2) für Aktivkohlebehälter drücken, Schlauch abziehen und freilegen.
- Ventil für Nockenwellenverstellung Auslassnockenwelle ausbauen.
- Schraube am Ölmessstab herausdrehen.
- Das Führungsrohr für Ölmessstab von der Abdeckung oben für die Steuerkette abclipsen.
- Schrauben (1) bis (6) (im Bild 73) herausdrehen und Abdeckung oben für Steuerkette abnehmen.
- Dichtringe ersetzen.
- Abdeckung am Zylinderkopf ansetzen und Schrauben von Hand ansetzen. Dabei darauf achten, dass die Dichtung richtig am Zylinderkopf anliegt.
- Schrauben (1) bis (6) in der gezeigten Reihenfolge festziehen.

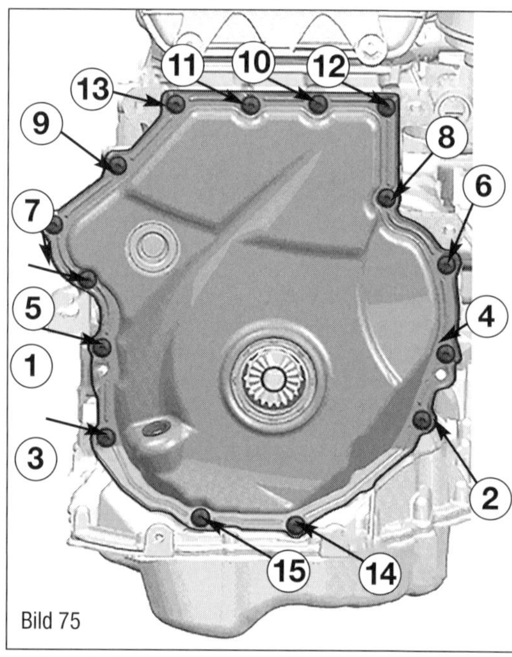

Bild 75
1 bis 15 Lösereihenfolge der Schrauben.

- Ventil für Nockenwellenverstellung und Ventil für Nockenwellenverstellung im Auslass einbauen.
- Motorabdeckung einbauen.

Steuerkettenabdeckung unten

Bedingt durch die Klebkraft des Dichtmittels, verbiegt die Abdeckung beim Ausbauen. Aus diesem Grund muss die Abdeckung immer ersetzt werden.

- Radhausschale vorn rechts ausbauen.
- Motorstütze ausbauen.
- Schwingungsdämpfer ausbauen.
- Motoröl ablassen.
- Ventil für Öldruckregelung ausbauen.
- Spannvorrichtung für Keilrippenriemen ausbauen.
- Halteclip (2 im Bild 74) für elektrischen Leitungsstrang frei legen.
- Schraube (1) herausdrehen.
- Führungsrohr für Ölmessstab von der Abdeckung oben für Steuerkette abclipsen (Pfeil).
- Führungsrohr für Ölmessstab aus der Abdeckung für Steuerkette ziehen.
- Schrauben (1 bis 15) (im Bild 75) heraus-ausdrehen.
- Abdeckung unten für Steuerkette abheben.

Je nach Ausführung können auch nur 8 Schrauben verbaut sein.
Beachten Sie das Haltbarkeitsdatum des Silikon-Dichtmittels. Die Abdeckung muss nach dem Auftragen des Silikon-Dichtmittels innerhalb 5 Minuten eingebaut werden. Ersetzen Sie Schrauben, die mit Weiterdrehwinkel angezogen werden sowie alle Dichtringe und O-Ringe.
Verschmutzungsgefahr des Schmiersystems. Offene Teile des Motors abdecken.

- Dichtmittelreste am Zylinderblock mit einem Flachschaber entfernen.
- Dichtflächen von Öl und Fett reinigen.
- Prüfen, ob beide Passstifte zur Zentrierung der Abdeckung vorhanden sind.
- Tubendüse an der vorderen Markierung abschneiden (an der Düse ca. 3 mm).

Abdeckung mit 15 Schrauben (Bild 75)

- Silikon-Dichtmittel »D 174 003 A2«, wie im Bild 76 gezeigt, auf die saubere Dichtfläche (Pfeil 1) und auf die Kanten (Pfeile 2) an der neuen Abdeckung auftragen. Die Dicke der Dichtmittelraupe soll etwa 2 bis 3 mm betragen. Zu viel Dichtmasse fällt eventuell ins Motorgehäuse hinein.
- Abdeckung sofort ansetzen und Schrauben festziehen.

Die Abdeckung muss nach dem Auftragen des Silikon-Dichtmittels innerhalb von 5 Minuten eingebaut werden.
Schrauben (3 im Bild 75) und (6) erst nach dem Einbau des Schwingungsdämpfers mit Weiterdrehwinkel festziehen. Die Schrauben müssen für den Einbau des Schwingungsdämpfers wieder herausgedreht werden.

- Die Schrauben (1) bis (15) in 2 Stufen in

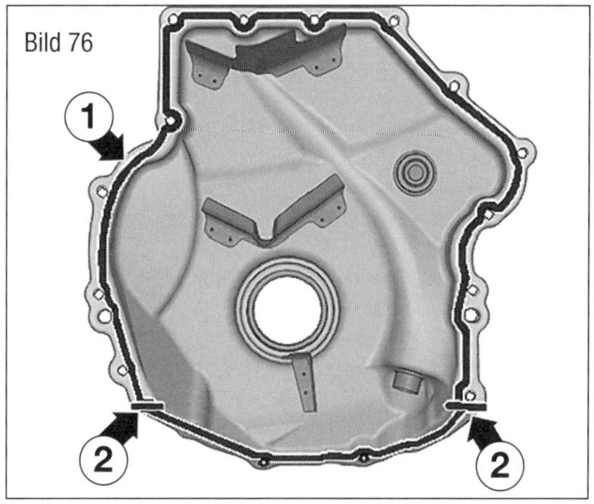

Bild 76

Bild 76
Pfeil mit Nummer.
1 Umlaufender Auftrag
2 Kantenauftrag

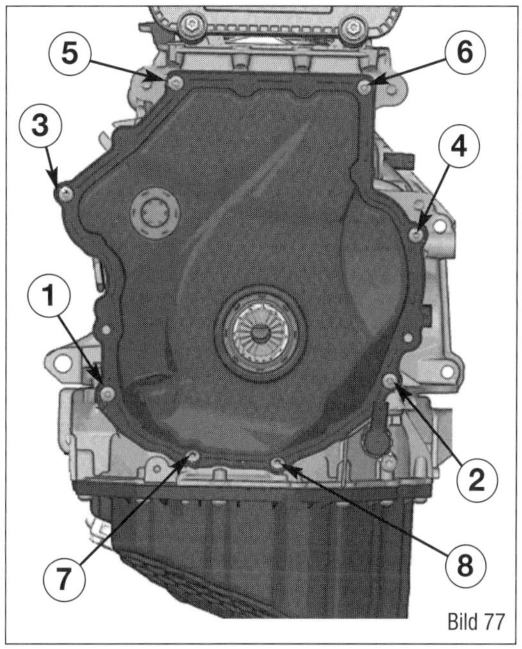

Bild 77

Bild 77
1 bis 8 Demontagerichtung Schrauben.

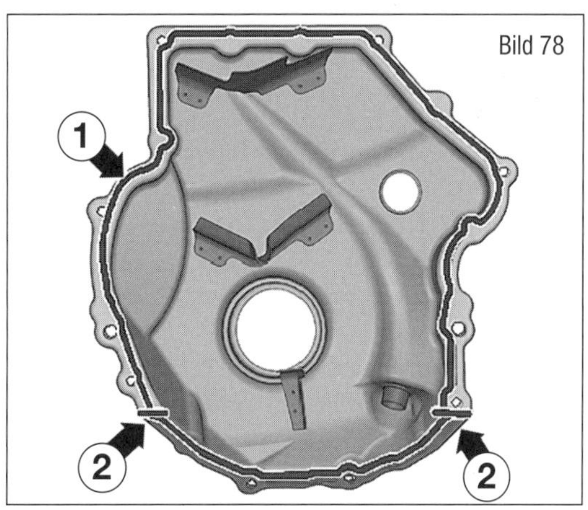

Bild 78

Bild 78
Pfeil mit Nummer.
1 Umlaufender Auftrag
2 Kantenauftrag

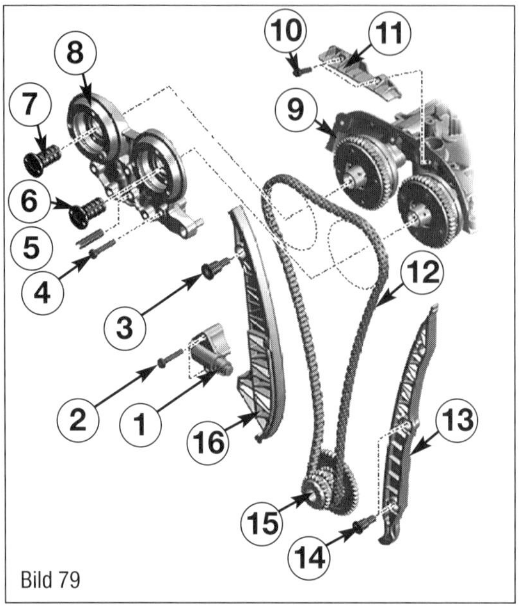

Bild 79

Bild 79
1 Schraube
2 Kettenspanner
3 Spannschiene für Steuerkette
4 Führungsbolzen,
5 Schraube
6 Steuerventile
7 Lagerbrücke
8 Gleitschiene für Nockenwellensteuerkette
9 Nockenwellengehäuse
10 Nockenwellensteuerkette
11 Gleitschiene für Nockenwellensteuerkette
12 Führungsbolzen
13 Dreistufiges Kettenrad
14 Schraube
15 Dreistufiges Kettenrad
16 Spannschiene

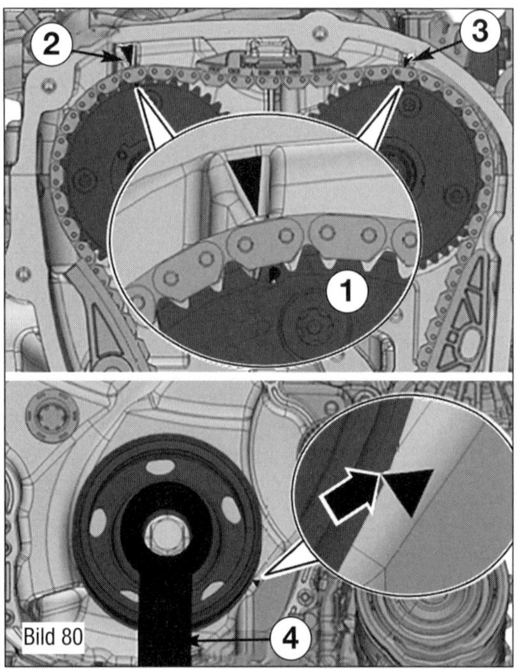

Bild 80

Bild 80
Markierungen am Motor.
1 Markierung an den Nockenwellenrädern
2 und 3 Markierung am Ventildeckel
4 Gegenhalter T10355
Pfeil = Markierung am Steuerkastendeckel

folgender Reihenfolge festziehen:
1. Schrauben mit 8 Nm anziehen.
2. Schrauben 45° weiterdrehen.

Abdeckung mit 8 Schrauben (Bild 77)

■ Silikon-Dichtmittel »D 174 003 A2«, wie im Bild 78 gezeigt, auf die saubere Dichtfläche (Pfeil 1) und auf die Kanten (Pfeile 2) an der neuen Abdeckung auftragen. Die Dicke der Dichtmittelraupe soll etwa 2 bis 3 mm betragen, da sonst überschüssiges Dichtmittel in die Ölwanne gelangen und das Sieb im Ölansaugrohr verstopfen kann. Die Abdeckung muss nach dem Auftragen des Silikon-Dichtmittels innerhalb von 5 Minuten eingebaut werden.

■ Abdeckung sofort ansetzen und Schrauben festziehen.
Schrauben (1) und (4) (Im Bild 77 erst nach dem Einbau des Schwingungsdämpfers mit Weiterdrehwinkel festziehen. Die Schrauben müssen für den Einbau des Schwingungsdämpfers wieder herausgedreht werden.

■ Schrauben (1) bis (8) in 2 Stufen in der geschilderten Reihenfolge festziehen:
1. Schrauben mit 8 Nm anziehen.
2. Schrauben 45° weiterdrehen.

Fortsetzung für alle:

■ Den Schwingungsdämpfer einbauen.
■ Das Ventil für Öldruckregelung einbauen.
■ Die Spannvorrichtung für Keilrippenriemen einbauen.
■ Den Keilrippenriemen einbauen.
■ Die Radhausschale vorn rechts einbauen.
■ Motoröl auffüllen und Ölstand prüfen.

Demontage der Steuerketten

Nockenwellensteuerketten demontieren

■ Motor in Einbaulage abfangen.
■ Motorlager ausbauen.
■ Motorstütze ausbauen.
■ Abdeckung oben für Steuerkette ausbauen.
■ Geräuschdämpfung ausbauen.
■ Rechtes Radhausschalen-Vorderteil ausbauen.
■ Schwingungsdämpfer mit dem Gegenhalter »T10355« in »OT-Stellung« drehen. Die Markierungen in den Bildern 80 und 81 der Nockenwellenkettenräder müssen den Markierungen gegenüberstehen. Die Kerbe am Schwingungsdämpfer und die Markierung an der Abdeckung unten für Steuerkette (Pfeil) müssen sich gegenüberstehen.

■ Abdeckung unten für Steuerkette ausbauen.
■ Steuerventile links und rechts mit Montagewerkzeug »T10352/2« im Uhrzeigersinn ausbauen. Die Zentralschrauben der Steuerventile haben Linksgewinde.
■ Schrauben (Pfeile im Bild 82) ausdrehen und Lagerbrücke abnehmen.
■ Schrauben (Pfeile im Bild 83) ausdrehen.

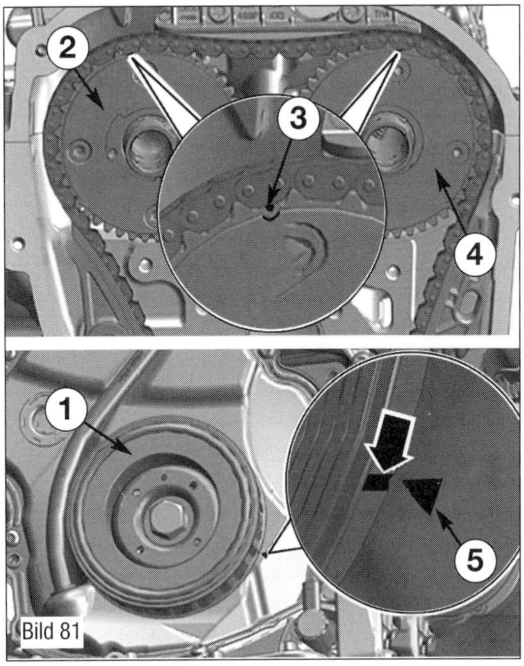

Bild 81
Markierungen am DKZA, CZPB Motor.
1 Keilrippenriemenscheibe
2 Nockenwellenrad Auslassnockenwelle
3 Markierung an den Nockenwellenrädern
4 Nockenwellenrad Auslassnockenwelle
5 Markierung auf der Steuerkettenabdeckung unten

■ Montagehebel »T40243« einschrauben (Pfeile).
■ Sicherungsring (1 im Bild 84) des Kettenspanners zusammendrücken und festhalten.
■ Montagehebel »T40243« langsam in Pfeilrichtung drücken und festhalten.
■ Kettenspanner mit Absteckwerkzeug »T40267« sichern.
■ Montagehebel »T40243« ausbauen.
■ Nockenwellenfixierung »T40271/2« an den Zylinderkopf anschrauben und in die Verzahnung des Kettenrads in Pfeilrichtung (3 im Bild 85) schieben. Einlassnockenwelle gegebenenfalls mit Montagewerkzeug »T40266« verdrehen (2).
■ Nockenwellenfixierung »T40271/1« (4) an den Zylinderkopf schrauben.

Für den folgenden Arbeitsschritt ist die Hilfe eines 2. Mechanikers notwendig.
■ Auslassnockenwelle mit Montagewerkzeug »T40266« in Pfeilrichtung (2 im Bild 85) festhalten. Schraube (6) herausdrehen und Spannschiene (7) nach unten führen. Nockenwelle so weit im Uhrzeigersinn (2) weiterdrehen, bis die Nockenwellenfixierung »T40271/1« in die Verzahnung des Kettenrads (3) geschoben werden kann.
■ Gleitschiene oben ausbauen, dazu mit einem Schraubendreher Verrastung entriegeln und Gleitschiene nach vorn abdrücken.
■ Schrauben des Kettenspanners (1 im Bild 87) herausdrehen und den Kettenspanner ausbauen.

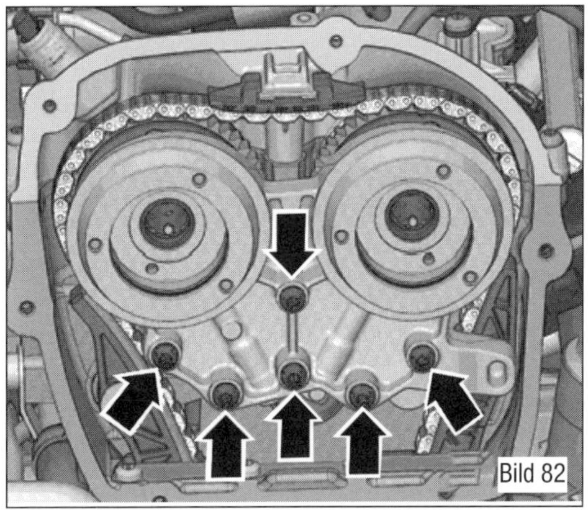

Bild 82
Schrauben (Pfeile) der Lagerbrücke der Steuerventile.

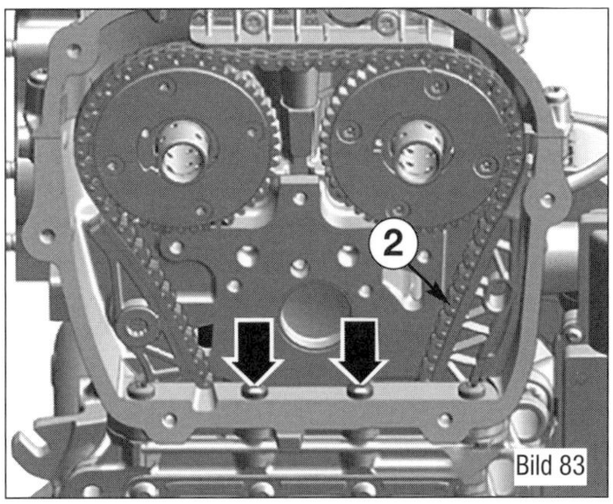

Bild 83
Dreistufiges Kettenrad:
2 Steuerkette,
Pfeile Verschraubungen im Kettenkasten

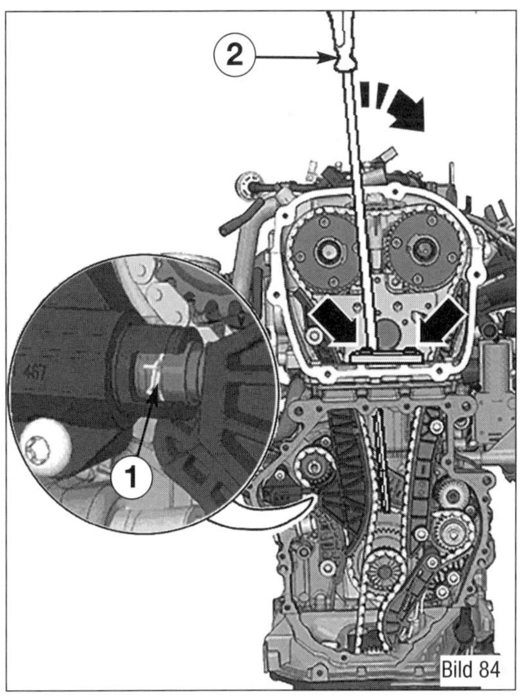

Bild 84
Kettenspanner der Nockenwellenantriebskette.
1 Sicherungsring
Pfeile = Befestigungsschrauben
2 Hebelwerkzeug T40243 mit angegebener Bewegungsrichtung zum Entspannen der Steuerkette

■ Spannbügel des Kettenspanners der Ölpumpe zurückdrücken und mit Absteckstift »T40011« (3 im Bild 88) arretieren.
■ Schrauben herausdrehen und Ketten-

Bild 85
1 Bewegungsrichtung
2 Spezialwerkzeug T40266
3 Montagerichtung
4 Spezialwerkzeug T40271/2

Bild 86
Kettenspanner für die Kette der Ausgleichswellen.
1 Montagewerkzeug T40266
2 Bewegungsrichtung
3 Verzahnung Kettenrad
4 Bewegungsrichtung
5 Nockenwellenfixierung T40271/1
6 Schraube
7 Spannschiene für Nockenwellensteuerkette

Bild 87 Kettenspanner für die Kette der Ausgleichswellen:
1 Kettenspanner der Steuerkette Nockenwellen
2 Kettenspanner der Ausgleichswellen
Pfeile Schrauben

Bild 88
Kettenspanner für die Antriebskette der Ölpumpe.
1 Schraube
2 Kettenspanner
3 Absteckstift T40011

Bild 89
Einbaulage des Dreistufenrades: Pfeil Flachstelle an Kurbelwelle und Dreistufenrad.

Bild 90
1 Schraube
Pfeil =Markierung auf Zwischenrad und Ausgleichswelle

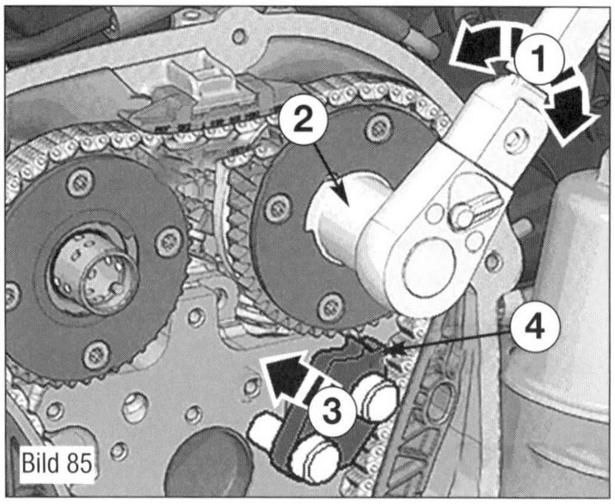

Bild 85

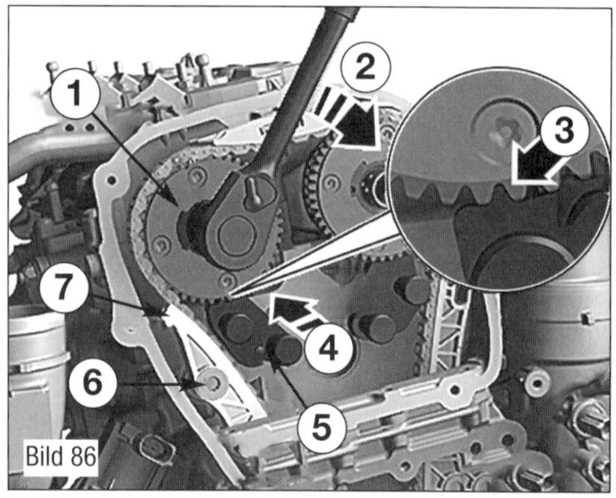

Bild 86

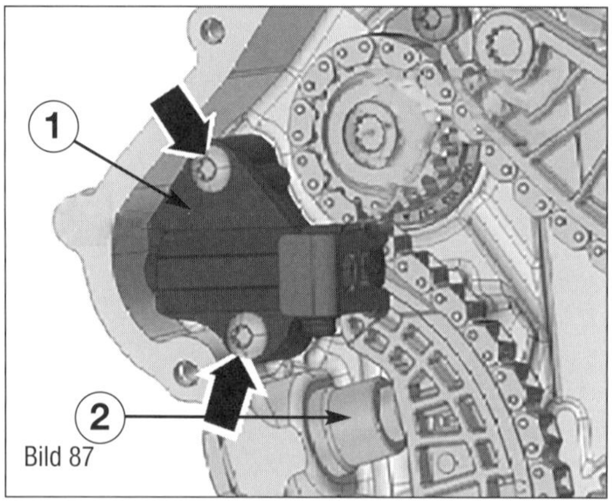

Bild 87

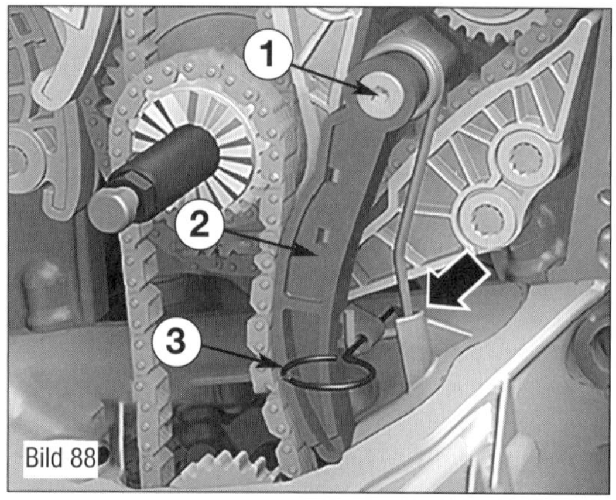

Bild 88

spanner (2 im Bild 88) ausbauen.
■ Die Schrauben herausdrehen und Gleitschiene ausbauen.
■ Nockenwellensteuerkette von den Nockenwellenrädern abnehmen und auf die Zapfen der Nockenwellen hängen (Bild 93).
■ Kettenspanner für Ausgleichswellensteuerkette (1 im Bild 87) ausbauen.
■ Schrauben (1 im Bild 92) herausdrehen. Spannschiene (2) und Gleitschienen (3) und (4) ausbauen.
■ Spannschraube (A) lösen und Spannbolzen (B) herausdrehen.
■ Dreistufiges Kettenrad herausnehmen, dazu Steuerkette für Ölpumpenantrieb abnehmen.
■ Nockenwellensteuerkette und Antriebskette für Ausgleichswelle abnehmen.

Einbauen
■ OT der Kurbelwelle prüfen, die Abflachung an der Kurbelwelle (Bild 89) muss waagerecht stehen.
■ Markierung am Zylinderblock mit einem wasserfesten Stift anbringen.
■ Zahn des dreistufigen Kettenrads mit einem wasserfesten Stift zur Markierung

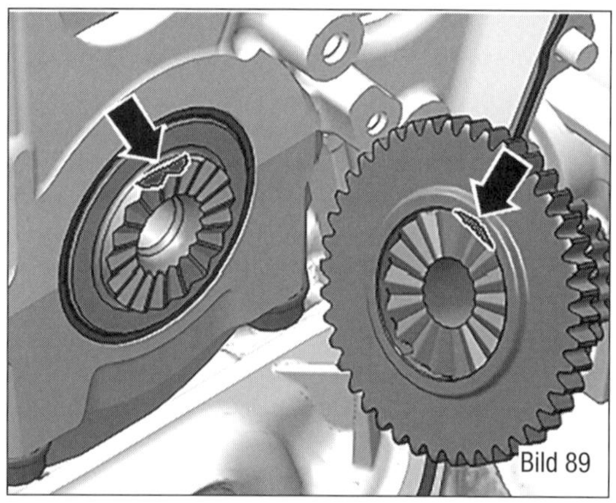
Bild 89

Bild 90

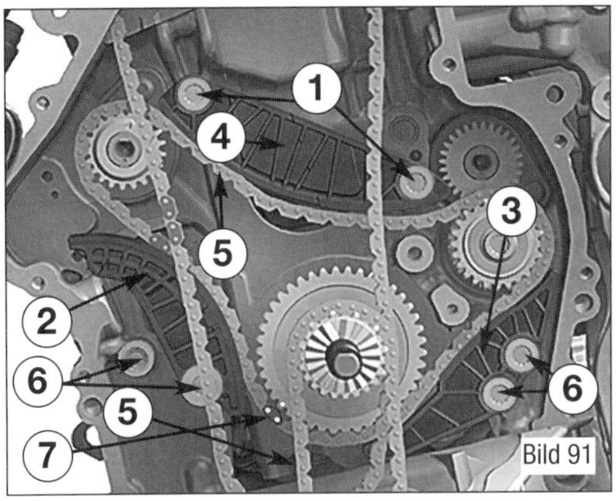

Bild 91

Bild 91
1 Schrauben
2 Spannschiene
3 Gleitschiene
4 Gleitschiene
5 Antriebskette Ölpumpe
6 Schrauben
7 Markierung

Bild 92

Bild 92
Die farbigen Kettenglieder der Ketten müssen an den Markierungen der Kettenräder (Pfeile) positioniert werden.

Bild 93

Bild 93
1 Spannbolzen T10531/2
2 Durchdrehwerkzeug 10531/3
3 Bundmutter
4 Spannschraube

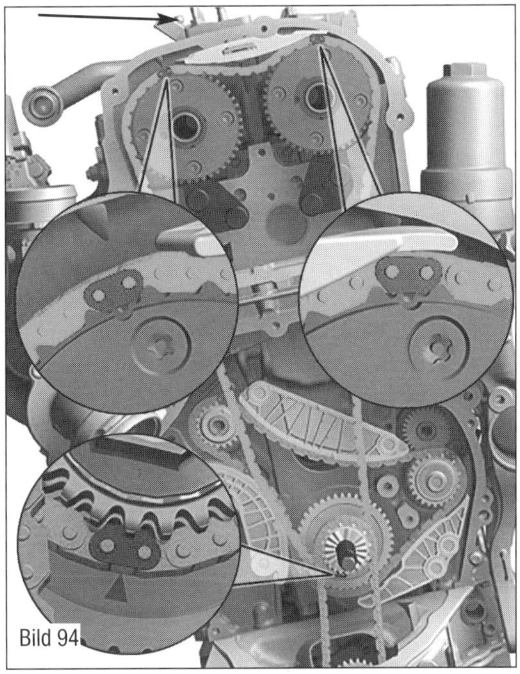
Bild 94

Bild 94
Nockenwellensteuerkette mit den farbigen Kettengliedern (Pfeile)
Position der Markierungen und der farbigen Kettenglieder.

kennzeichnen.

■ Zwischenrad und Ausgleichswelle auf Markierungen (Pfeil im Bild 90) drehen, Schraube (1) nicht lösen.

Die farbigen Kettenglieder der Ketten müssen an den Markierungen der Kettenräder positioniert werden. Die Position von evtl. zusätzlich vorhandenen farbigen Kettengliedern braucht nicht beachtet zu werden.

■ Antriebskette für Ausgleichswellen auflegen, die farbigen Kettenglieder (Bild 92) an den Markierungen der Kettenräder positionieren.

■ Gleitschiene (4 in Bild 91) einbauen und Schrauben (1) festziehen.

■ Nockenwellensteuerkette mit den farbigen Kettengliedern auf die Zapfen der Nockenwellen hängen.

■ Steuerkette für Ölpumpenantrieb (5 im Bild 91) auf das dreistufige Kettenrad legen.

■ Dreistufiges Kettenrad zum Motor schwenken und auf die Kurbelwelle stecken. Die erstellten Markierungen müssen sich gegenüberstehen.

■ Spannbolzen »T10531/2« (1 im Bild 94) in die Kurbelwelle einschrauben und handfest anziehen.

■ Durchdrehwerkzeug »T10531/3« (2) ansetzen. Bundmutter »T10531/4« (3) handfest aufschrauben. Mit einem Maulschlüssel SW 32 das Durchdrehwerkzeug leicht hin und her bewegen. Dabei die Bundmutter nachziehen, bis das Kettenrad fest auf der Verzahnung der Kurbelwelle sitzt. Erst jetzt die Spannschraube (4 im Bild 94) festziehen.

- Farbiges Kettenglied der Antriebskette für Ausgleichswellen (7 im Bild 92) an der Markierung des dreistufigen Kettenrads positionieren.
- Spannschiene (2) und Gleitschiene (3) einbauen.
- Schrauben (6) festziehen.
- Kettenspanner für die Ausgleichswellenkette wieder einbauen (Bild 88).
- Einstellung nochmals prüfen, die farbigen Kettenglieder müssen an den Markierungen der Kettenräder stehen.
- Nockenwellensteuerkette auf Einlassnockenwelle, Auslassnockenwelle und Kurbelwelle auflegen. Die farbigen Kettenglieder (Bild 95) an den Markierungen der Kettenräder positionieren.
- Die seitliche Gleitschiene wieder einbauen.
- Obere Gleitschiene wieder einbauen.

Für den folgenden Arbeitsschritt ist die Hilfe eines 2. Mechanikers notwendig.

- Die Auslassnockenwelle mit Montagewerkzeug »T40266« etwas mit dem Uhrzeigersinn drehen und Nockenwellenfixierung »T40271/1« aus der Verzahnung des Kettenrads schieben (Bild 86).
- Nockenwelle entlasten, bis die Steuerkette an der Gleitschiene anliegt. Nockenwelle in dieser Position festhalten, Spannschiene einbauen und verschrauben.
- Kettenspanner für die Steuerkette einbauen und Schrauben festziehen.
- Kettenspanner für die Ausgleichswellen einbauen. Der Drahtbügel muss in der Aussparung am Ölwannenoberteil zur Anlage kommen.
- Schraube für den Kettenkasten oben festziehen und Absteckstift »T40011« entfernen.
- Einlassnockenwelle mit Montagewerkzeug »T40266« in Pfeilrichtung gegen den Uhrzeigersinn drehen, bis die Nockenwellenfixierung »T40271/2« aus der Verzahnung des Kettenrads geschoben werden kann.
- Nockenwelle entlasten.
- Nockenwellenfixierung »T40271/1« und »T40271/2« ausbauen (Bild 85 und 86).
- Einstellung prüfen, die farbigen Kettenglieder müssen an den Markierungen der Kettenräder stehen (Bild 94).
- Schrauben (Pfeile im Bild 87) eindrehen und festziehen.
- Lagerbrücke anbauen (Bild 82).
- Absteckwerkzeug »T40267« entfernen.
- Schrauben für die Lagerbrücke festziehen.
- Steuerventile einbauen.
- Motor zweimal in Motordrehrichtung durchdrehen.

Bedingt durch die Übersetzung, stimmen die farbigen Kettenglieder nach dem Drehen des Motors nicht mehr überein.

- Durchdrehwerkzeug abnehmen und Abdeckung unten für Steuerkette einbauen.
- Schwingungsdämpfer einbauen.
- Abdeckung oben für Steuerkette einbauen.
- Spannvorrichtung für Keilrippenriemen einbauen.
- Keilrippenriemen einbauen.

Der weitere Einbau erfolgt sinngemäß in umgekehrter Reihenfolge.

Nach Arbeiten am Kettentrieb müssen die Lernwerte im Motorsteuergerät angepasst werden:

- Tester an der OBDII-Dose anschließen.
- Zündung einschalten und am Fahrzeugdiagnosetester über die »geführte Funktionen – Adaptionen nach Reparaturen am Kettentrieb« die Anpassung der Steuerkettenlänge durchführen.

Motoren aus- und einbauen

Die Motoren werden zusammen mit dem Getriebe nach unten ausgebaut. Dazu ist es notwendig, den Aggregateträger auszubauen.

Das Kühlsystem steht bei warmem Motor unter Druck! Es besteht Verbrühungsgefahr durch heißen Dampf und heißes Kühlmittel. Immer zuerst den Überdruck abbauen, dazu den Verschlussdeckel für Kühlmittelausgleichsbehälter mit Lappen abdecken und vorsichtig öffnen.

Vorbereitungsarbeiten

- Alle Kabelbinder beim Einbau wieder an der gleichen Stelle befestigen.
- Beide Vorderräder abbauen.
- Geräuschdämpfung oben und unten wie bereits beschrieben ausbauen.
- Radhausschale vorn links ausbauen.
- Verschlussdeckel für Kühlmittelausgleichsbehälter öffnen.

■ Kühlmittel ablassen.
■ Luftfilter mit Gehäuse ausbauen.
■ Batterie und Batterieträger ausbauen.
■ Den Zündschlüssel im Zündschloss belassen, um ein Einrasten des Lenkschlosses zu vermeiden.

Demontage des 1,6-l-TDI und 2,0-l-TDI-Motor

■ Falls ein Steuergerät für den NOx-Geber vorhanden ist, dieses vom Batterieträger abbauen.
■ Anschlussstutzen am Abgasturbolader abbauen.
■ Stecker am Magnetventil für Ladedruckbegrenzung an der Spritzwand entriegeln und abziehen.
■ Muttern abschrauben und das Magnetventil für Ladedruckbegrenzung mit Unterdruckleitungen auf den Motor ablegen.
■ Elektrische Steckverbindungen an der Stirnwand entriegeln und abziehen.
■ Die elektrischen Leitungen freilegen.
■ Den Unterdruckschlauch von der Unterdruckdose des Abgasturboladers (4 im Bild 96) abziehen.
■ Den Unterdruckschlauch am T-Stück trennen.
■ Die Verrastung entriegeln (11) und den Unterdruckschlauch abbauen.
Fahrzeuge mit SCR-System:
■ Elektrische Steckverbindung vom Einspritzventil für Reduktionsmittel (3 im Bild 97) entriegeln und trennen.
■ Leitungsstrang zugänglich machen.
■ Um austretendes Reduktionsmittel aufzufangen, einen sauberen Lappen unter die Koppelstelle halten.
■ Reduktionsmittelleitung (2) entriegeln und trennen.
■ Reduktionsmittelleitung am Zahnriemenschutz und am Kühlmittelausgleichsbehälter ausclipsen.
■ Alle offenen Leitungen und Anschlüsse mit sauberen Stopfen aus dem Verschlussstopfenset für Motor verschließen.

Fortsetzung für alle Fahrzeuge:
■ Steckkupplungen (1 und 2 im Bild 97) der Kraftstoffleitungen öffnen und Kraftstoffleitungen abziehen. Steckkupplungen trennen.
■ Halter am Kühlmittelausgleichsbehälter zusammen mit den Kraftstoffschläuchen abbauen.
■ Kraftstofffilter abschrauben und auf dem Motor mit angeschlossenen Kraftstoffschläuchen ablegen.
■ Elektrische Steckverbindung zum Kühlmittelsensor im Ausgleichsbehälter trennen.
■ Kühlmittelschläuche am Motor abnehmen, dazu die Halter öffnen.
■ Verrastungen des Kühlmittelausgleichsbehälters mit einem Schraubendreher entriegeln und den Kühlmittelausgleichsbehälter zur Seite legen.
■ Stecker (2 im Bild 98) am Motorsteuergerät abziehen.
■ Elektrische Steckverbindungen (3 und 4) aus dem Halter nehmen und trennen.
■ Die elektrischen Leitungen freilegen.
■ Die Abdeckung für die E-Box im Motorraum abnehmen.

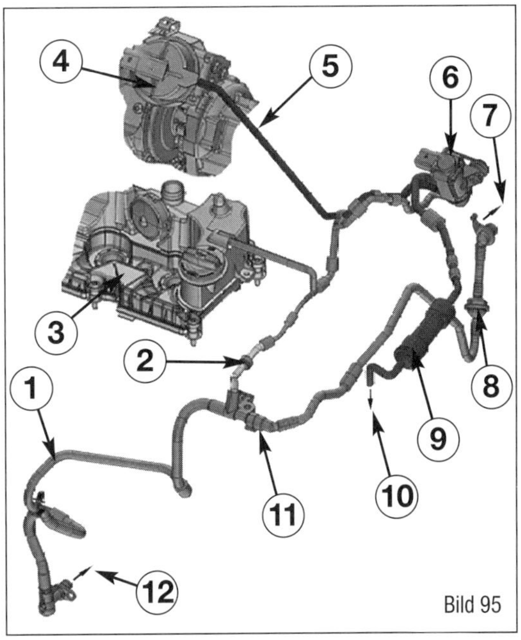

Bild 95
Unterdrucksystem am TDI-
1 Unterdruckleitung
2 Rückschlagventil
3 Zylinderkopfhaube
4 Unterdruckdose Turbo
5 Steuerrohr für Unterdruck
6 Magnetventil für Ladedruckbegrenzung
7 zum Bremskraftverstärker
8 Rückschlagventil
9 Entlüftungsleitung
10 zum Luftfiltergehäuse
11 Anschlusskupplung
12 Zur Unterdruckpumpe

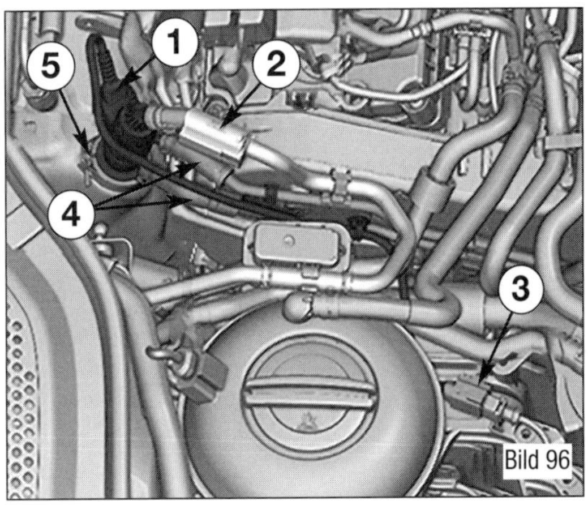

Bild 96
Anschlüsse am SCR-System.
1 Einspritzventil
2 Reduktionsmittelleitung
3 elektrische Steckverbindung
4 Reduktionsmittelleitung
5 Schelle

Bild 97
Kraftstofffilterelement beim Diesel.
1 Steckkupplung
2 Steckkupplung

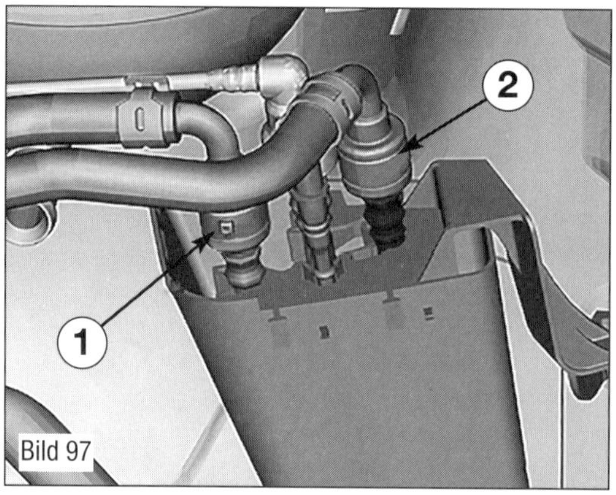

Bild 98
Steckverbindungen am Motorsteuergerät.
1 Steckkontakt
2 Steckkontakt Motorsteuergerät
3 Steckkontakt
4 Steckkontakt

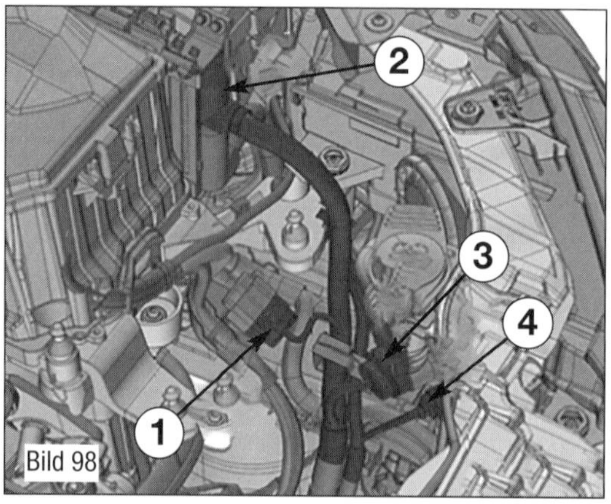

Bild 99
Abdeckung an der E-Box im Motorraum.
1 Abdeckung
Pfeil = Bewegungsrichtung zum Entriegeln

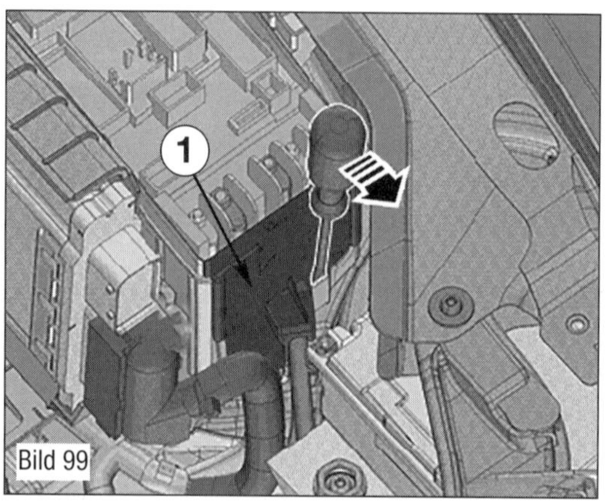

Bild 100
Anschluss an der E-Box im Motorraum: Pfeil Anschlusskabel zum Motor.

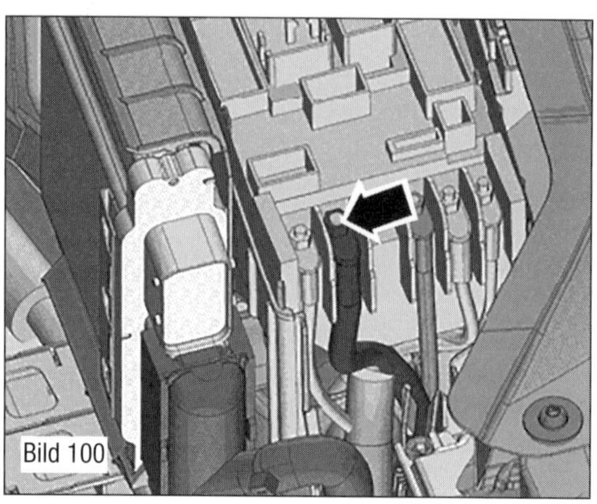

■ Verrastung mit einem Schraubendreher entriegeln (Pfeil im Bild 100) und Abdeckung (1) für E-Box im Motorraum nach oben abziehen.
■ Mutter (Pfeil im Bild 100) herausdrehen, elektrische Leitung abnehmen und freilegen.

Fahrzeuge mit Schaltgetriebe:
■ Elektrische Leitungen vom Anlasser abbauen.
■ Elektrische Steckverbindungen am Getriebe entriegeln und trennen.
■ Kupplungsnehmerzylinder mit angeschlossener Kupplungsleitung ausbauen. Leitungssystem nicht öffnen.
■ Kupplungsnehmerzylinder mit angeschlossener Verbindungsleitung zur Seite ablegen.
■ Schaltbetätigung vom Getriebe abbauen.
■ Falls vorhanden, Masseleitung am Getriebe abnehmen.

Fahrzeuge mit Doppelkupplungsgetriebe:
■ Elektrische Steckverbindung für die Mechatronik für Doppelkupplungsgetriebe entriegeln und trennen.
■ Elektrische Leitungen vom Anlasser abbauen.
■ Schaltbetätigung vom Getriebe abbauen.
■ Falls vorhanden, elektrische Steckverbindung für Zusatzhydraulikpumpe für Getriebeöl entriegeln und trennen.
■ Soweit vorhanden, Masseleitung am Getriebe abnehmen.

Fortsetzung für alle Fahrzeuge:
■ Die Radhausschale vorn links und rechts ausbauen.
■ Den Aggregateträger mit Lenkgetriebe ausbauen.
■ Wärmeschutzblech für Gelenkwelle rechts ausbauen.
Darauf achten, dass der Oberflächenschutz der Gelenkwelle nicht beschädigt wird.
■ Links und rechts Gelenkwelle vom Getriebe abschrauben und nach hinten hochbinden.
■ Elektrische Steckverbindung für den Ölstands- und Öltemperaturgeber trennen.
■ Abgasvorrohr ausbauen.

Fahrzeuge mit Nach-Katalysator-Lambdasonde:
■ Unterbodenverkleidung links in der Mitte

in Richtung Abgasrohr lösen und nach unten drücken.

■ Elektrische Steckverbindung für Lambdasonde 1 nach Katalysator aus dem Halter nehmen und trennen, die elektrische Leitung freilegen.

Fahrzeuge mit Standheizung:

■ Schelle an der Standheizung lösen, die Mutter des Schalldämpfers herausdrehen und den Schalldämpfer für die Standheizung abnehmen.

Fahrzeuge mit Klimaanlage:

■ Keilrippenriemen abnehmen.

■ Klimakompressor mit angeschlossenen Kältemittelleitungen am Motor abbauen.

■ Klimakompressor mit angeschlossenen Kältemittelschläuchen vom Halter abnehmen und zur rechten Seite hochbinden.

Fahrzeuge mit Allradantrieb:

■ Kardanwelle am Winkelgetriebe abbauen.

Fortsetzung für alle Fahrzeuge:

■ Clips lösen, Geräuschdämpfung für Ölwanne (soweit verbaut) abnehmen.

■ Die Lüfterzarge ausbauen.

■ Kühlerschutzmatte (1 im Bild 101) am Fahrzeug wie dargestellt anbauen.

■ Eine geeignete Auffangwanne unterstellen und das Kühlmittel ablassen.

■ Halter der elektrischen Kühlmittelpumpen am Motor abschrauben.

■ Die Steckverbindungen an den Kühlmittelpumpen entriegeln und abziehen.

■ Die Kühlmittelpumpen mit angeschlossenen Kühlmittelschläuchen aus Platzgründen zur Seite drücken.

Um austretendes Kühlmittel aufzufangen, legen Sie einen Lappen unter den Wärmetauscher für Heizung.

■ Falls vorhanden: Wärmeschutzmanschette abnehmen.

■ Halteklammern der Kühlmittelschläuche entriegeln und die Kühlmittelschläuche vom Wärmetauscher für Heizung abbauen.

■ Halteklammern entriegeln und den Kühlmittelschlauch oben links vom Kühler abbauen.

■ Halteklammern entriegeln und den Kühlmittelschlauch rechts oben vom Kühler für Ladeluft-Kühlkreislauf abbauen.

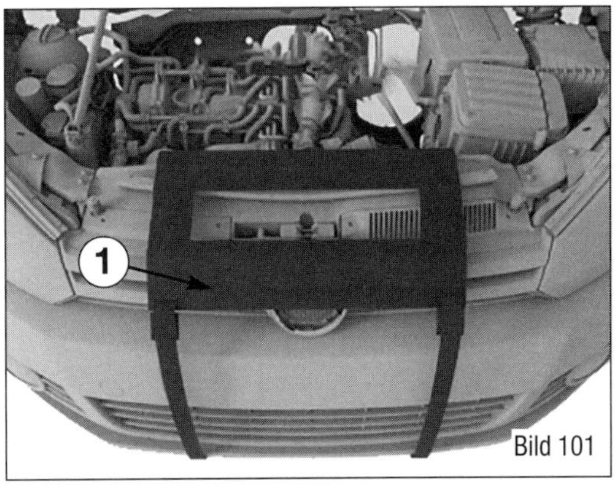

Bild 101
Schutzmatte Fahrzeugfront.
1 Kühlerschutzmatte VAS 531003

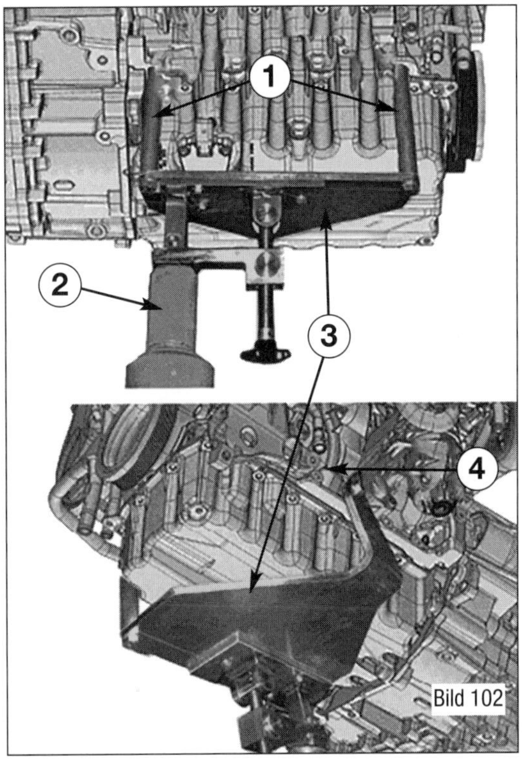

Bild 102
Aufnahme zum Motorausbau.
1 Bolzen T10497/1
2 Motor und Getriebehalter VAG 1383A
3 Motorhalter T10497
4 Schraube

Fahrzeuge mit Standheizung:

■ Wärmeschutzmanschette abnehmen.

■ Schlauchschelle lösen, Kühlmittelschlauch abbauen.

Fortsetzung für alle Fahrzeuge:

■ Schrauben für das Motorlager etwa 2 Umdrehungen herausdrehen.

■ Schrauben am Getriebelager etwa 2 Umdrehungen herausdrehen.

■ Motorhalter »T10497« (3 im Bild 102) oder »T10497A« mit Bolzen »T10497/1« (1) mit Schraube (1) mit etwa 20 Nm am Zylinderblock festschrauben, dabei das obere Langloch »A« verwenden.

■ Motor- und Getriebeheber »V.A.G 1383A« am Motorhalter »T10497« oder

Sichtprüfung Messen

»T10497A« einstecken und Motor/Getriebe-Aggregat etwas anheben.

☞ Zum Herausdrehen der Schrauben für Aggregatelagerung von oben die Stufen-Stehleiter benutzen.

■ Schrauben für Motorlager vollständig herausdrehen.

■ Schrauben für Getriebelager vollständig herausdrehen.

Fortsetzung für alle Fahrzeuge:

⚠ Beschädigungsgefahr von Unterdruckleitungen oder elektrischen Leitungen sowie des Motorraums.
Prüfen, ob alle Unterdruckleitungen oder elektrischen Leitungen zwischen Motor, Getriebe und Karosserie gelöst sind.

■ Motor/Getriebe-Aggregat beim Absenken sorgfältig aus dem Motorraum führen.

■ Motor/Getriebe-Aggregat ablassen.

Die Montage erfolgt sinngemäß in umgekehrter Reihenfolge.

Bei allen Montagearbeiten, insbesondere im Motorraum wegen der engen Bauverhältnisse, ist Folgendes zu beachten:

■ Leitungen aller Art (zum Beispiel für Kraftstoff, Hydraulik, Kühl- und Kältemittel, Bremsflüssigkeit, Unterdruck) und elektrische Leitungen so verlegen, dass die ursprüngliche Leitungsführung wieder hergestellt wird.

■ Auf ausreichenden Freigang zu allen beweglichen oder heißen Bauteilen achten.

Demontage des 1,0-l-, 1,2-l- und des 1,4-l-FSI-Motors

■ Kraftstoffdruck im Hochdrucksystem abbauen.

■ Lüfterzarge ausbauen und den Kühler mit Kühlerschutzmatte abdecken (siehe Bild 102).

Für Fahrzeuge mit Klimaanlage:

■ Keilrippenriemen ausbauen.

■ Steckverbindung (1 im Bild 103) am Regelventil für Kompressor der Klimaanlage trennen.

■ Schrauben (Pfeile) für Klimakompressor herausdrehen.

⚠ Beschädigungsgefahr an Klimakompressor, Kältemittelleitungen und -schläuchen. Kältemittelleitungen und -schläuche nicht überdehnen, knicken oder verbiegen.

■ Klimakompressor mit angeschlossenen Kältemittelleitungen abnehmen und nach rechts hochbinden.

1,2-l- und 1,4-l-FSI-Motor:

■ Schlauchschelle lösen und Luftführungsschlauch abbauen.

■ Links und rechts Schraube herausdrehen und die Luftführung am Schlossträger ausclipsen und abnehmen.

1,4-l-Gasmotor:

■ Überwurfmutter an der Gasleitung vorsichtig lösen, damit das Restgas entweichen kann.

■ Die Überwurfmutter abschrauben.

■ Halteklemme am Halter lösen und Kühlmittelschlauch abnehmen.

■ Kühlmittelschläuche vom Gasdruckregler abziehen.

■ Den Gasdruckregler und den Halter für den Gasdruckregler ausbauen.

■ Anschlüsse und Leitungen mit passenden Stopfen verschließen.

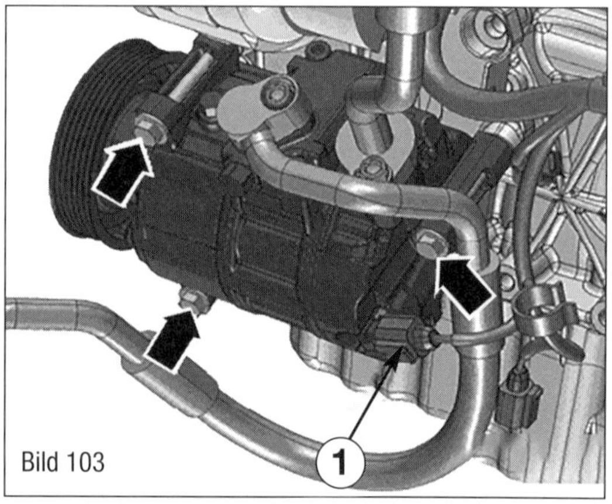

Bild 103
Klimakompressor.
1 Steckkontakt
Pfeile = Verschraubungen

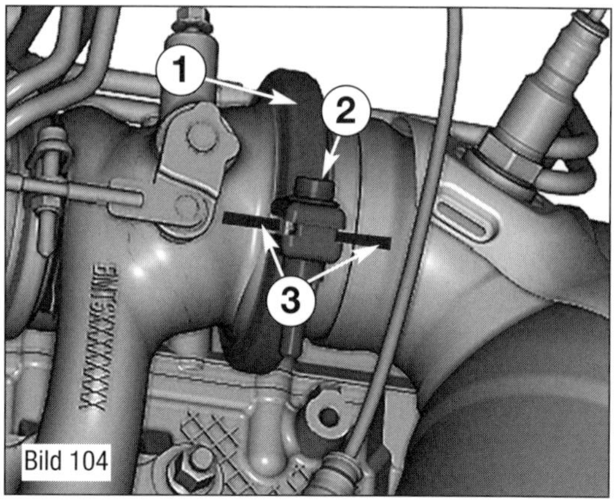

Bild 104
Koppelstelle zum Turbolader.
1 Schelle
2 Schraube
3 Markierungen

1,5-l-Gasmotor:
■ Überwurfmutter lösen, dabei die Gasverteilerleiste mit einem Schlüssel gegenhalten.
■ Die Überwurfmutter abschrauben.
■ Die Mutter für Halter der Niederdruckleitung herausschrauben.
■ Die Kühlmittelschläuche vom Gasdruckregler abziehen.
■ Anschlüsse und Leitungen mit passenden Stopfen verschließen.

Fortsetzung für alle Fahrzeuge:
■ Verrastung entriegeln und Unterdruckschlauch abziehen.
■ Position der Schelle kennzeichnen.

⚠ Vor dem Lösen der Koppelstelle zwischen Katalysator und Abgasturbolader die Position der Schelle kennzeichnen! Die Position der Schelle ist beim Zusammenbau wiederherzustellen (Bild 104)!
■ Schraube (2) herausdrehen und Schraubschelle (1) abnehmen.
■ Schraube und Muttern am Katalysator herausdrehen und Katalysator an Karosserie hochbinden, sodass das Drahtnetz des Entkopplungselements nicht beschädigt wird.
⚠ Das Entkopplungselement im Abgasvorrohr nicht mehr als 10° knicken.
■ Schrauben am Katalysatorhalter herausdrehen und den Halter abnehmen.
☞ Um den Kraftstoffdruck abzubauen, vor dem Öffnen des Kraftstoffsystems einen sauberen Lappen um die Verbindungsstelle legen und Verbindungsstelle vorsichtig lösen.
■ Kraftstoffvorlaufleitung und Entlüftungsleitung zum Aktivkohlebehälter trennen.
■ Leitungsführung vom Kühlmittelausgleichsbehälter mit Leitungen abnehmen.
■ Den Unterdruckschlauch von der Unterdruckpumpe für die Bremse abziehen.
■ Die Schrauben herausdrehen und den Halter mit der Unterdruckpumpe für die Bremse anheben.
■ Leitungsführung lösen und Steckverbindung von der Unterdruckpumpe trennen.
■ Den Halter mit der Unterdruckpumpe abnehmen.
■ Um austretendes Kühlmittel aufzufangen, einen Lappen unterlegen.

Für Fahrzeuge ohne Standheizung:
■ Halteklammern der Kühlmittelschläuche entriegeln und die Kühlmittelschläuche vom Wärmetauscher für die Heizung abbauen.

Für Fahrzeuge mit Standheizung:
■ Halteklammern der Kühlmittelschläuche entriegeln und die Kühlmittelschläuche vom Wärmetauscher zur Standheizung abbauen.

Fortsetzung für alle Fahrzeuge:
■ Schlauchschelle (2 im Bild 105) lösen und Kühlmittelschlauch abziehen.
■ Halteklammer entriegeln und Kühlmittelschlauch rechts oben vom Kühler für Ladeluft-Kühlkreislauf trennen.
■ Halteklammer entriegeln und Kühlmittelschlauch oben links vom Kühler abziehen.
■ Schlauchschelle (1 im Bild 106) lösen und Kühlmittelschlauch (2) abziehen.
■ Die Kraftstoffvorlaufleitung und die Leitung zum Aktivkohlebehälter trennen.
■ Steckverbindung (siehe auch Bild 98) am Motorsteuergerät trennen.
■ Steckerverbindungen des Kabelstrangs im Bereich des Waschbehälters aus dem Halter nehmen und trennen.
■ Elektrische Leitungen frei legen.
■ Elektrische Steckverbindung Klemme 50

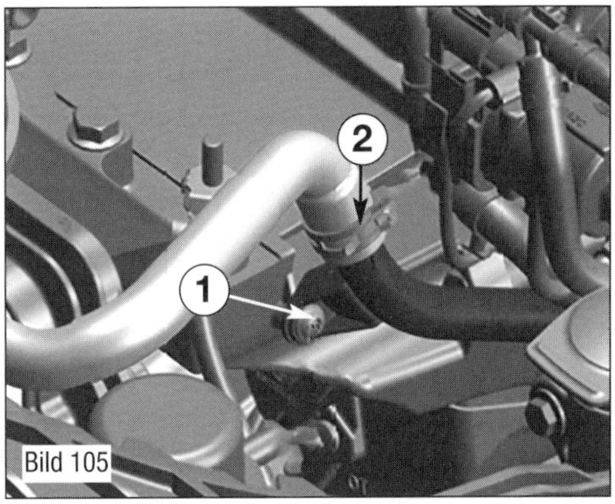

Bild 105
Kühlmittelanschluss.
1 Schraube
2 Schelle

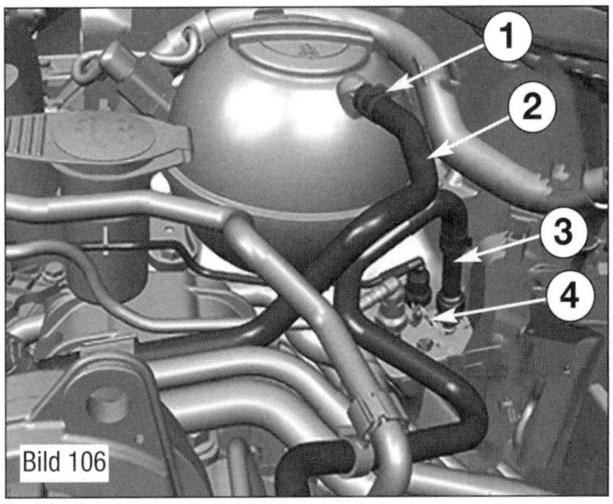

Bild 106
Kühlmittelbehälter.
1 Schelle
2 Kühlmittelschlauch
3 Schlauchleitung
4 elektrischer Anschluss

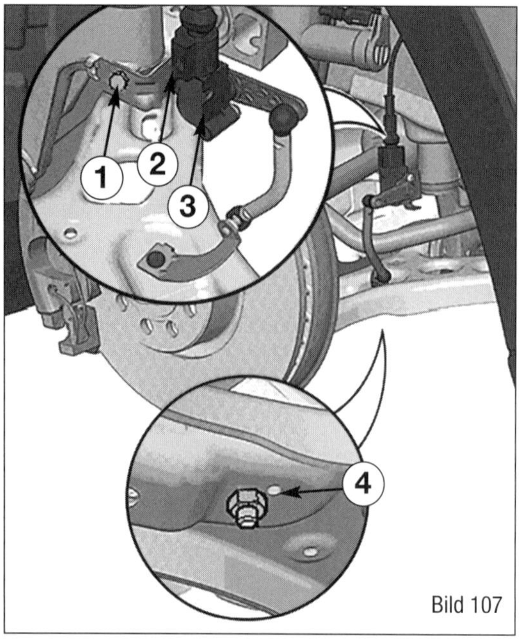

Bild 107

Bild 107
Niveausensor vorne.
1 Schraube
2 Steckkontakt
3 Niveausensor
4 Mutter

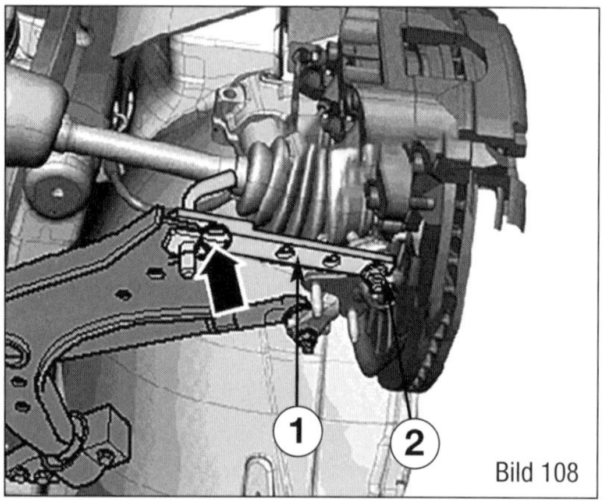

Bild 108

Bild 108
Abstützung des Federbeins.
1 Verlängerung 2024A/1
2 Mutter
Pfeil = Absteckstift im vorderen Bohrloch

am Starter trennen.
■ B+-Polschutz am Starter zurückdrücken und B+-Leitung vom Magnetschalter am Anlasser abschrauben.
■ Masseleitung an der Karosserie abschrauben.
■ Verrastungen entriegeln und die Abdeckung für die E-Box im Motorraum abnehmen.
■ Verrastung mit einem Schraubendreher entriegeln (Pfeil im Bild 99) und die Abdeckung (1) für E-Box im Motorraum nach oben abziehen.
■ Mutter (Pfeil im Bild 100) herausdrehen, elektrische Leitung abnehmen und freilegen.
■ Steckverbindungen zum Rückwärtsgangschalter und am Getriebeblock trennen.

Für Fahrzeuge mit Schaltgetriebe:
■ Schaltbetätigung vom Getriebe abbauen.
■ Kupplungsnehmerzylinder ausbauen.

Für Fahrzeuge mit Automatikgetriebe:
■ Stecker für Automatikgetriebe trennen.
■ Wählhebelseilzug ausbauen und alle Halter vom Getriebe abbauen.

Fortsetzung für alle Fahrzeuge:
■ Steckverbindung am Ölstands- und Öltemperaturgeber trennen.
■ Links und rechts die Muttern für die Koppelstange am Stabilisator herausdrehen.
■ Die Schrauben an Getriebe und Fahrschemel für die Pendelstütze herausdrehen und die Pendelstütze abnehmen.
■ Schrauben herausdrehen und Wärmeschutzblech für Gelenkwelle rechts abnehmen.
■ Muttern (je drei Stück) am Achsgelenk Traggelenkbolzen unten rechts und links herausdrehen.
■ Wenn vorhanden, Mutter (4 im Bild 107) und Schraube (1) vom Geber für Fahrzeugniveau vorn links (3) herausdrehen und seitlich ablegen.
■ Links und rechts Achsgelenk aus dem Querlenker aushängen.
■ Gelenkwelle links und rechts vom Getriebe abschrauben und hochbinden. Darauf achten, dass der Oberflächenschutz der Gelenkwelle nicht beschädigt wird.
■ Federbein links nach außen schwenken und mit Verlängerung »2024A/1« (1 im Bild 108) wie gezeigt abstützen.

⚠ Unfallgefahr durch lose Teile der Abstützung.

■ Absteckstift und Achsgelenk mit Stecksicherung (Pfeil) und Mutter (1) sichern.
■ Die Muttern des Achsgelenkes rechts lösen und den hinteren Traggelenkbolzen in der vorderen Bohrung des Querlenkers mit der Mutter festschrauben.
■ Die Schrauben am Motorlager etwa 2 Umdrehungen herausdrehen.
■ Die Schrauben am Getriebelager etwa 2 Umdrehungen herausdrehen.
■ Den Motorhalter »T10483« in die Bohrungen im Zylinderblock stecken.
■ Motorhalter mit den Schrauben handfest am Zylinderblock befestigen (siehe auch Bild 102).
■ Die Schraube am Ölfilter handfest anziehen.

■ Alle Schrauben am Motorhalter mit 20 Nm festziehen.
■ Motor- und Getriebeheber »V.A.G 1383 A« am Motorhalter »T10483« ansetzen. Zum Herausdrehen der Schrauben für Aggregatelagerung von oben eine Stufen-Stehleiter verwenden.
■ Die Schrauben für das Motorlager und das Getriebelager vollständig herausdrehen. Beschädigungsgefahr von Unterdruckleitungen oder elektrischen Leitungen sowie des Motorraums.
■ Prüfen Sie, ob alle Unterdruckleitungen oder elektrischen Leitungen zwischen Motor, Getriebe, Aggregateträger und Karosserie gelöst sind.
■ Das Motor/Getriebe-Aggregat ein Stück ablassen, dann Getriebeseite des Motor/Getriebe-Aggregats nach vorn drücken und vorsichtig langsam weiter ablassen.

Die Montage erfolgt sinngemäß in umgekehrter Reihenfolge.

Bei allen Montagearbeiten, insbesondere im Motorraum wegen der engen Bauverhältnisse, ist Folgendes zu beachten:
■ Leitungen aller Art (zum Beispiel für Kraftstoff, Hydraulik, Kühl- und Kältemittel, Bremsflüssigkeit, Unterdruck) und elektrische Leitungen so verlegen, dass die ursprüngliche Leitungsführung wiederhergestellt wird.
■ Auf ausreichenden Freigang zu allen beweglichen oder heißen Bauteilen achten.

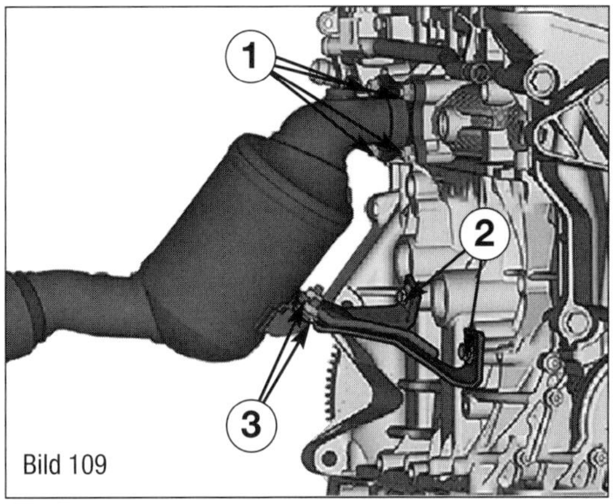

Bild 109

Bild 109
1,6-l-Saugmotor.
1 Mutter am Krümmer
2 Schrauben am Halter
3 Muttern Katalysator

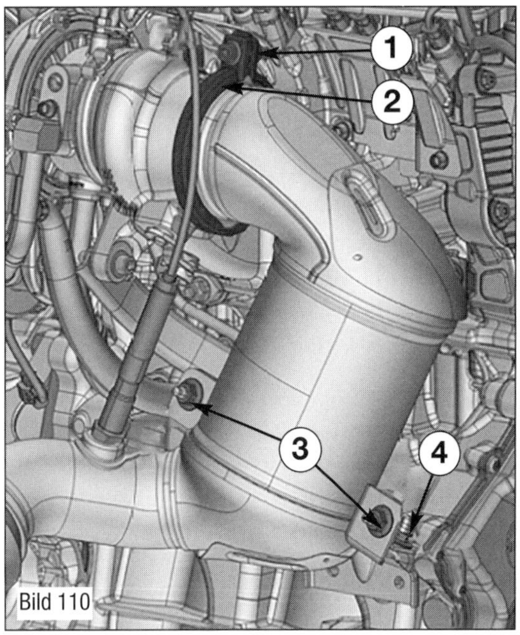

Bild 110

Bild 110
1,6-l-Saugmotor.
1 Schraube
2 Schraubschelle
3 Mutter am Halter des Katalysators
4 Mutter

Demontage des 1,6-l-FSI-Motor

Die Montage für den 1,6-l-Motor erfolgt bis auf die Montagearbeiten um den Turbolader ähnlich wie für die bereits beschriebenen 1,0-l-, 1,2-l- und 1,4-l-FSI-Motoren. Aus Platzgründen stellen wir Ihnen nur die veränderten Arbeitsschritte vor.
■ Führen Sie die beschriebenen Arbeiten (1,0-l- bis 1,4-l-FSI-Motoren) bis zu der Demontage der Koppelstelle am Abgasturbolader durch.
■ Drehen Sie die Muttern (1 im Bild 109) zur Befestigung des Abgasvorrohrs am Zylinderkopf heraus.
■ Schrauben (2) für Stützen der Abgasanlage herausdrehen und die Abgasanlage hochbinden.

Demontage des 1,8-l- und 2,0-l-FSI-Motor

Die Motoren werden zusammen mit dem Getriebe nach unten ausgebaut. Dazu ist es notwendig, den Aggregateträger auszubauen.

⚠ Das Kühlsystem steht bei warmem Motor unter Druck! Es besteht Verbrühungsgefahr durch heißen Dampf und heißes Kühlmittel. Immer zuerst den Überdruck abbauen, dazu den Verschlussdeckel für Kühlmittelausgleichsbehälter mit Lappen abdecken und vorsichtig öffnen.
■ Aggregateträger ohne Lenkgetriebe ausbauen.
■ Auffangwanne (für Werkstattkräne oder ein anderes geeignetes Gefäß) unterstellen.

■ Halteklammer anheben, Kühlmittelschlauch rechts unten vom Kühler abbauen und Kühlmittel ablaufen lassen.
■ Schlauchschelle am Ansaugrohr zu Motor lösen, Luftführungsschlauch abbauen.
■ Luftfiltergehäuse komplett herausnehmen.

Fahrzeuge ohne Standheizung:
■ Halteklammern oben am Wärmetauscher anheben, Kühlmittelschläuche vom Wärmetauscher der Heizung abbauen.
■ Kühlmittelschläuche nach unten halten und das Kühlmittel ablaufen lassen.

Fahrzeuge mit Standheizung:
■ Schlauchschelle lösen, Halteklammern (Pfeile) anheben und Kühlmittelschläuche abbauen.

Fortsetzung für alle Fahrzeuge:
■ Elektrische Steckverbindungen über dem Bremsflüssigkeitsbehälter aus dem Halter nehmen und trennen.
■ Die elektrischen Leitungen frei legen.
■ Schraube (1 im Bild 110) herausdrehen, Schraubschelle (2) abnehmen.
■ Muttern (3) und (4) herausdrehen.
Zur besseren Darstellung ist die Einbaulage bei ausgebautem Motor gezeigt. Die Mutter (4) nicht beachten.

Die Kraftstoffleitung steht unter Druck! Verletzungsgefahr der Augen und der Haut durch Kraftstoff. Schutzbrille und Schutzbekleidung tragen, um Verletzungen und Hautkontakt zu vermeiden.
Vor dem Lösen von Schlauchverbindungen Putzlappen um die Verbindungsstelle legen. Dann durch vorsichtiges Öffnen der Verbindungsstelle Druck abbauen.

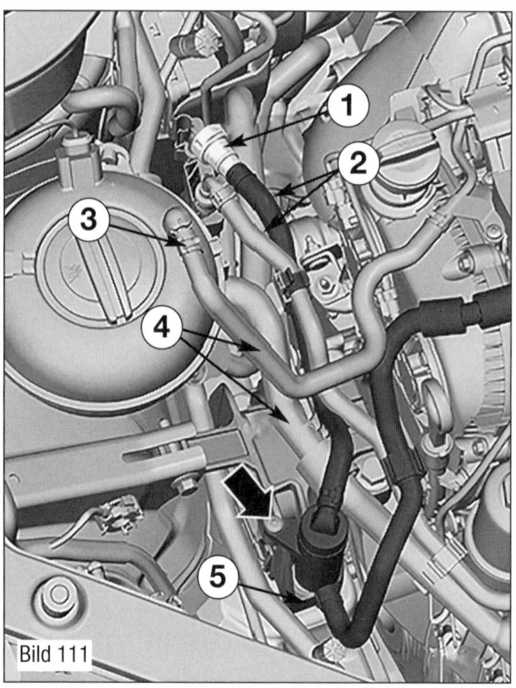

Bild 111

Bild 111
1 Verbindungsstelle Kraftstoffleitung
2 Kraftstoffleitungen
3 Schelle
4 Kühlmittelleitungen
5 Kraftstoffleitung
Pfeil Schraube

■ Schlauchkupplungen (siehe Bild 98) in der Nähe des Ausgleichsbehälters trennen. Die Schläuche vom Ausgleichsbehälter lösen.
■ Wenn vorhanden, Schraube (Pfeil im Bild 111) herausdrehen.
■ Schlauchschellen lösen und Kühlmittelschläuche (4) abbauen.
■ Halteklammer entriegeln und Kühlmittelschlauch rechts oben vom Kühler abziehen.
■ Elektrische Steckverbindung am Motorsteuergerät (im Bereich der E-Box im Motorraum) abziehen.
■ Elektrische Steckverbindungen aus dem Halter nehmen, trennen und frei legen.
■ Abdeckung für die E-Box Motorraum abnehmen.
■ Verrastung mit einem Schraubendreher entriegeln (Pfeil im Bild 99), die Abdeckung für die E-Box Motorraum nach oben abziehen.
■ Mutter (Pfeil im Bild 100) herausdrehen, elektrische Leitung abnehmen und frei legen.

Die Masseleitung wurde in zwei Variationsmöglichkeiten angeschlossen. Je nach Baustand ist die Masseleitung an der Anlasserschraube befestigt.

Fahrzeuge mit Schaltgetriebe:
■ Elektrische Steckverbindung an Starter trennen.
■ B+-Polschutz zurückdrücken und B+-Leitung vom Anlassermagnetschalter abschrauben.
■ Mutter herausdrehen, Masseleitung abnehmen.
■ Elektrische Steckverbindungen für den Getriebe-Neutralschalter und für den Schalter für Rückfahrleuchten vorn links am Getriebe trennen.
■ Schalt- und Wählseilzug vom Getriebe abbauen, Seilzugwiderlager abschrauben und mit den Seilzügen seitlich ablegen.
■ Entlüfter vom Nehmerzylinder trennen.

Fahrzeuge mit automatischem Getriebe 0CW:
■ Steckverbindung am Starter trennen.

■ Schutzmanschette für B+-Pol zurückstülpen und B+-Leitung vom Magnetschalter des Anlassers abschrauben.
■ Die Mutter herausdrehen und Masseleitung abnehmen.

Fahrzeuge mit automatischem Getriebe 0D9:
■ Wählhebelseilzug vom Getriebe ausbauen, Stecker der Mechatronik abziehen und alle Halter vom Getriebe abbauen.
■ Steckverbindung am Starter trennen.
■ Schutzmanschette für B+-Pol zurückstülpen und B+-Leitung vom Magnetschalter des Anlassers abschrauben.
■ Mutter herausdrehen und Masseleitung abnehmen.

Alle Fahrzeuge mit automatischem Getriebe:
⚠ Zerstörungsgefahr des Steuergeräts (Mechatronik) durch elektrostatische Entladung. Steckkontakte im Stecker des Getriebes nicht mit den Händen berühren.
■ Mit der Hand (ohne Handschuhe) ein leitendes Bauteil berühren, um sich elektrostatisch zu entladen.
■ Stecker von der Mechatronik für Doppelkupplungsgetriebe abziehen.

Fortsetzung für alle Fahrzeuge:
■ Schrauben am Getriebelager etwa 2 Umdrehungen herausdrehen.
■ Schrauben am Motor für das Motorlager etwa 2 Umdrehungen herausdrehen.
■ Lüfterzarge mit Kühlerlüfter ausbauen.
■ Schlauchschellen zwischen Luftführungsrohr links unten und Ladeluftkühler lösen und linken Ladeluftschlauch ausbauen.
☞ Offene Leitungen und Anschlüsse sofort mit sauberen Stopfen, beispielsweise aus dem Verschlussstopfenset für Motor »VAS 6122«, verschließen.
■ Kühler mit Kühlerschutzmatte (Bild 101) »VAS 531 003« abdecken.
■ Elektrische Steckverbindung für die Kühlerlüfter trennen.
■ Links und rechts Verriegelungslaschen für Lüfterzarge gleichzeitig drücken. Lüfterzarge aushängen und nach unten vom Kühler abnehmen.
■ Schlauchschellen am Anschlussschlauch für den Ladeluftkühler rechts lösen und den Luftführungsschlauch ausbauen.
■ Offene Leitungen und Anschlüsse mit sauberen geeigneten Stopfen verschließen.
■ Kühlmittelschlauch (3, Bild 112) freilegen.
■ Schrauben (Pfeile) herausdrehen.
■ Schlauchschelle (2) lösen.
■ Elektrische Steckverbindung am Ladedruckgeber (1) trennen.
■ Luftführungsrohr rechts abnehmen.

Fahrzeuge mit Standheizung:
■ Schelle am Schalldämpfer der Standheizung lösen. Die Befestigungsschraube herausdrehen und den Schalldämpfer für Standheizung abnehmen.

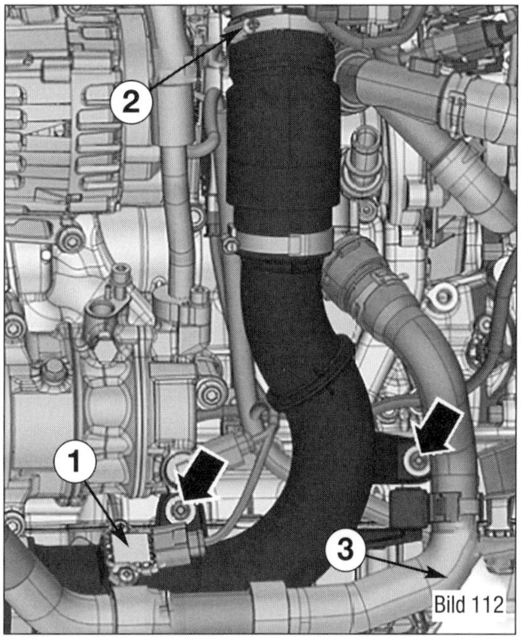

Bild 112
1 Ladedruckgeber
2 Schlauchschelle
3 Kühlmittelschlauch
Pfeile = Schrauben

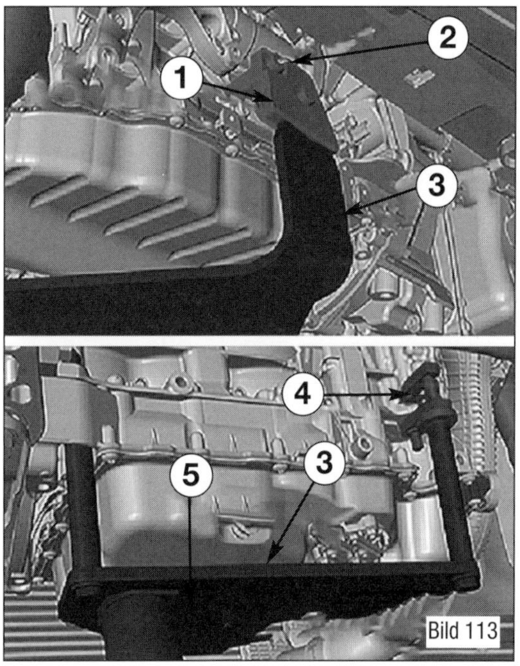

Bild 113
1 Motorhalter 10359A
2 Schraube
3 Motorhalter 10359
4 Sicherungselement 3282
5 Motor- und Getriebeheber V.A.G 1383A

Fortsetzung für alle Fahrzeuge:
Zerstörungsgefahr durch umgekehrte Laufrichtung bei einem bereits gelaufenen Keilrippenriemen. Vor Ausbau des Keilrippenriemens Laufrichtung mit Kreide oder Filzstift für den Wiedereinbau kennzeichnen.
Beschädigungsgefahr an Klimakompressor, Kältemittelleitungen und -schläuchen. Kältemittelleitungen und -schläuche nicht überdehnen, knicken oder verbiegen.
Verletzungsgefahr durch Kältemittel. Der Kältemittelkreislauf der Klimaanlage darf nicht geöffnet werden.

- Keilrippenriemen abnehmen und Spannvorrichtung entlasten.
- Elektrische Steckverbindung am Regelventil für den Kompressor der Klimaanlage trennen.
- Schrauben (Pfeile wie im Bild 103) herausdrehen.
- Klimakompressor mit angeschlossenen Kältemittelschläuchen vom Halter abnehmen und zur rechten Seite hochbinden.
- Links und rechts Gelenkwelle von den Flanschwellen abschrauben.
- Gelenkwellen nach hinten hochbinden.

Achten Sie darauf, dass der Oberflächenschutz der Gelenkwelle nicht beschädigt wird.

Fahrzeuge mit Allradantrieb:
- Kardanwelle vom Winkelgetriebe abbauen.

Fortsetzung für alle Fahrzeuge:
- Klemmhülse nach dem Katalysator lösen und nach hinten schieben.
- Katalysator mit Abgasvorrohr abnehmen.
- Schraube für den Halter des elektrischen Leitungsstrangs hinten am Motor herausdrehen und zur Seite drücken.
- Adapter »T10359/3« am Motorhalter »T10359« festschrauben.
- Bolzen »T10359/2« mit Sicherungselement (A) aus der Getriebeaufnahme am Motorhalter festschrauben.
- Motorhalter »T10359« in den Motor- und Getriebeheber »V.A.G 1383 A« einstecken.
- Motorhalter »T10359« am Zylinderblock ansetzen. Schraube (2) mit Abstandshülse am Zylinderblock festschrauben. Anzugsdrehmoment 20 Nm.
- Motor mit Sicherungselement (4) sichern und Motor mit Getriebe etwas anheben.
- Schrauben am Motorlager und am Getriebelager vollständig herausdrehen.
- Motor/Getriebe-Aggregat vorsichtig ablassen, dabei prüfen, ob alle Unterdruckleitungen oder elektrischen Leitungen zwischen Motor, Getriebe und Karosserie gelöst sind.

Die Montage erfolgt sinngemäß in umgekehrter Reihenfolge.

Bei allen Montagearbeiten, besonders im Motorraum wegen der engen Bauverhältnisse, ist Folgendes zu beachten:
- Leitungen aller Art (zum Beispiel für Kraftstoff, Hydraulik, Kühl- und Kältemittel, Bremsflüssigkeit, Unterdruck) und elektrische Leitungen so verlegen, dass die ursprüngliche Leitungsführung wieder hergestellt wird.
- Auf ausreichenden Freigang zu allen beweglichen oder heißen Bauteilen achten.

5 Motorschmierung

Alle Stellen im Motor, an denen Metalle aufeinander gleiten, müssen ständig mit Öl versorgt werden: Kolben, Zylinderlaufbahnen, die Lager von Kurbelwelle und Nockenwelle. Kein Triebwerk des Octavias hielte mehr als einige wenige Minuten ohne passende Schmierung durch. Damit das Öl seine Aufgabe erfüllen kann, strömt es im Motorblock durch ein System von Leitungen und feinen Bohrungen an die richtige Adresse. Eine wichtige Rolle in diesem Kreislauf spielt die Ölpumpe. Sie holt über das Ölsaugrohr das Motoröl aus der Ölwanne und drückt es in die Leitungen. Zuvor muss die Flüssigkeit den im Hauptstrom des Schmiersystems sitzenden Ölfilter passieren. Dort werden Verunreinigungen wie Ruß, Metallabrieb und Staub herausgefiltert. Ein Überdruckventil an der Pumpe öffnet bei zu hohem Druck, sodass ein Teil des Öls in die Ölwanne zurückfließen kann. Der Motor verbraucht Öl, weil es teilweise in den Verbrennungsraum gelangt und dort verbrennt. Ein undichter Motor, defekte Ventilschaftabdichtungen, auch falsch eingebaute Kolbenringe oder zu viel Spiel zwischen Ventilführung und Ventilschaft, treiben den Verbrauch in die Höhe. Wenn der Motor technisch in Ordnung ist, verbraucht er allerdings so wenig, dass zwischen den Ölwechselintervallen nichts oder nur eine geringe Menge nachgefüllt werden muss.

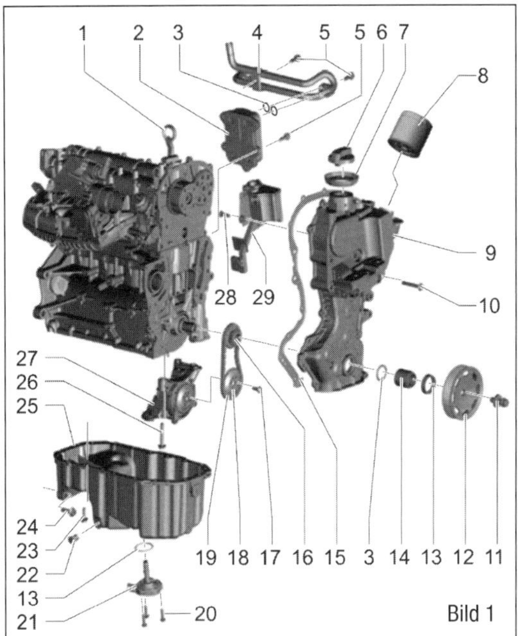

Bild 1

Motorölstand prüfen

■ Das Fahrzeug zum Messen des Ölstandes waagerecht abstellen. Motor abstellen und mindestens drei Minuten warten, damit das Öl in die Wanne zurückfließen kann.

■ Ölmessstab herausziehen, mit einem sauberen Putzlappen abwischen und den Messstab wieder bis zum Anschlag hineinschieben.

■ Messstab anschließend wieder herausziehen und Ölstand ablesen (Bilder 2 und 3). Die Bilder zeigen die hauptsächlich eingesetzten Varianten des Messstabs, es gibt aber noch andere Ausführungen. Das in den Bildern gezeigte Prinzip gilt jedoch generell. Die Markierungen besagen: Bei Ölstand oberhalb der Markierung »a« (Max Marke 1 im Bild 2 und 3) besteht die Gefahr von Katalysatorschäden. Bei Nachfüllen im Bereich »b« kann es vorkommen, dass der Ölstand danach im Bereich »a« steht. Beim unbedingt nötigen Nachfüllen von Öl im Bereich »c« genügt es, dass danach der Ölstand im Messfeld »b« (geriffeltes Feld) steht. Bei Ölstand unterhalb der »c«-Markierung (Min-Marke Pfeil 2) etwa 0,5 Liter Öl (bis zur »a«-Markierung) auffüllen.

Motoröl ablassen oder absaugen, Motoröl auffüllen

Ölwechsel mit Altölauffang- und Absauggerät

■ Öleinfüllverschlussdeckel abnehmen und Motoröl mit Altölauffang- und Absauggerät absaugen. Der Motorölwechsel mit einem Altölauffang- und Absauggerät (z. B. V.A.G 1782) sollte nach Möglichkeit bei betriebswarmem Motor durchgeführt werden.

Öl über Schraube ablassen

■ Fahrzeug anheben, Geräuschdämpfung ausbauen, Ölablassschraube unten in der Ölwanne herausdrehen und das austretende Öl auffangen.

■ Neue Ölablassschraube mit unverlierbarem Dichtring handfest einschrauben und mit 30 Nm (M14) oder 50 Nm (M24) anziehen. Das Drehmoment darf nicht überschritten werden. Ein zu hohes Drehmoment könnte zu Undichtigkeiten oder sogar zu Beschädigungen im Bereich der Ölablassschraube führen.

■ Ölfilter ersetzen (auf den nächsten Seiten).

Bild 1
1 Ölmessstab
2 Motorölkühler
3 O-Ring
4 Kühlmittelrohr
5 Schraube
6 Verschlussdeckel
7 Dichtring
8 Ölfilter
9 Steuergehäuse
10 Schraube
11 Schraube
12 Riemenscheibe
13 Dichtring
14 Lagerbuchse
15 Dichtung
16 Kettenrad
17 Schraube
18 Kettenrad
19 Antriebskette
20 Schraube
21 Ölstands- und Öltemperaturgeber
22 Ölablassschraube
23 Schraube
24 Schraube
25 Ölwanne
26 Schraube
27 Ölpumpe
28 Schraube
29 Ölabscheider

Sichtprüfung Messen

Bild 2
Markierungen an Ölmessstäben in Flachmetallform.
a Kein Öl nachfüllen
b in diesem geriffelten Feld kann Öl nachgefüllt werden
c Öl muss unbedingt nachgefüllt werden
Pfeile: Markierungen für maximalen (1) und minimalen (2) Füllstand

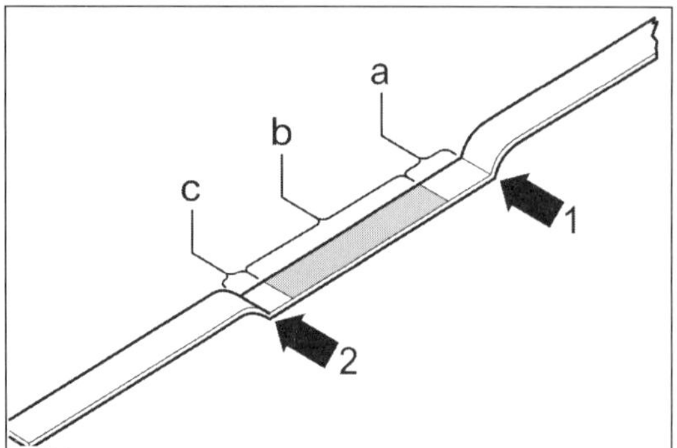

Bild 2

Bild 3
Markierungen an Ölmessstäben in Kunststoffausführung.
a Öl muss unbedingt nachgefüllt werden
b in diesem geriffelten Feld kann Öl nachgefüllt werden
c Kein Öl nachfüllen
d Überfüllung
Pfeile: Markierungen für maximalen (1) und minimalen (2) Füllstand

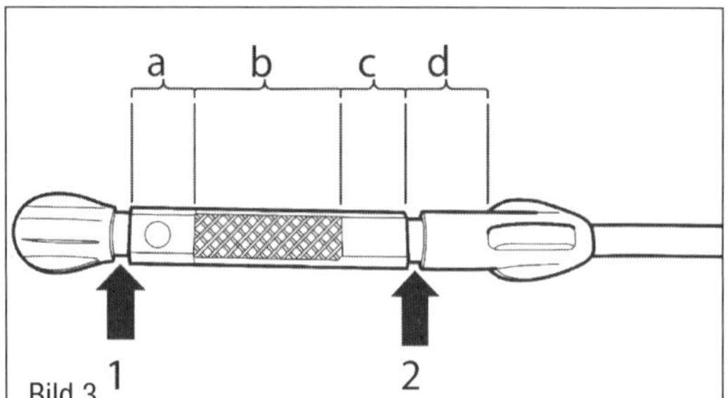

Bild 3

Motoröl einfüllen

Werkseitig ist ein Qualitäts-Mehrbereichsöl eingefüllt, das, außer in extrem kalten Klimazonen, als Ganzjahresöl gefahren werden kann. Die Benzinmotoren benötigen die in nachfolgender Tabelle angegebenen Ölfüllmengen mit Ölfilterwechsel, der immer zum Ölwechsel gehört. Wird der Filter nicht ausgebaut und gewechselt, werden rund 0,5 Liter weniger Öl benötigt. Beim Nachfüllen und beim Ölwechsel muss unbedingt die Spezifikation beachtet werden, wie sie der Hersteller vorschreibt. In der Vergangenheit gab es eine ganze Reihe Öle nach VW-Norm für Benzin- und für Dieselmotoren. In neuerer Zeit ist ein »Motorenöl speziell für VW/Audi-Fahrzeuge / SAE 5W-30« entwickelt worden, das der VW-Norm 504 00 und auch der (Dieselmotor)-Norm 507 00 entspricht. Volkswagen empfiehlt als entsprechendes Produkt das ARAL-Öl »Super Tronic LongLife III«.

Spezifikationen Octavia-Motoren

Motor-Bauart	Mit LongLife Service (QG1)	Ohne LongLife Service (QG0, QG2)
Vierzylinder TDI mit DPF	507 00	507 00
Vierzylinder TDI ohne DPF	507 00	505 01
Vierzylinder TDI mit PMS	---	505 01
Vierzylinder T(F)SI	504 00	502 00

■ Einfüllöffnung aufschrauben, Öl gemäß Spezifikation (siehe Tabelle) möglichst mit Trichter auffüllen.
■ Öleinfüllverschlussdeckel wieder aufschrauben.
■ Motor anlassen und auf Undichtigkeiten prüfen.
■ Motorölstand erneut prüfen und ggf. Öl nachfüllen.
■ Nachdem Öl erneut nachgefüllt worden ist, mindestens drei Minuten warten und dann erneut Ölstand prüfen.
■ Geräuschdämpfung einbauen und Fahrzeug ablassen.

Ölfilter oder Ölfiltereinsatz wechseln

Zum Einsatz kommen hier im Wesentlichen zwei Bauarten für die unterschiedlichen Motortypen. Der Übersicht halber werden wir die Motoren anhand des Filteraufbaus darstellen.

TDI-Motor Filtereinsatz wechseln

■ Anschlussleitung am Generator ausclipsen und Stecker der Nachlaufpumpe abziehen.
■ Schraubdeckel (3 im Bild 5) mit Stecknuss SW 32 ausbauen.
■ Filterelement (5) herausziehen.
■ O-Ring (2) in die Nut der Ölablassschraube des Schraubdeckels (1) einsetzen und mit Anzugsdrehmoment anziehen.
■ Neuen O-Ring (4) mit Motoröl benetzen und Filterelement (5) ersetzen.
■ Verschlussdeckel (3) mit Stecknuss SW 32 und mit Anzugsdrehmoment anziehen.
■ Generatorleitungen einclipsen und Stecker der Nachlaufpumpe verbinden.
■ Mit Motoröl verschmutzte Leitungen mit Ölsaugtuch reinigen.
■ Ölablassschraube herausschrauben.
■ Motoröl auslaufen lassen.

⚠ Wenn das Motoröl abgelassen wird, muss die Ölablassschraube ersetzt werden. Dadurch werden Undichtigkeiten vermieden.

■ Neue Ölablassschraube mit Dichtring handfest einschrauben und anschließend mit vorgeschriebenem Anzugsdrehmoment festziehen.
■ Motorraumabdeckung (Geräuschdämpfung) »unten« einbauen.

1,2-l-, 1,4-l-,1,5-l- und 1,6-l-TSI-Motor Filter wechseln

- Bauen Sie die Motorabdeckung unten aus.

Vermeiden Sie es, dass Motoröl auf Bauteile tropft. Decken Sie deshalb vor dem Ausbau Drehstromgenerator mit Putzlappen ab.

- Lösen Sie zuerst den Ölfilter (Pfeil) mithilfe eines Spannbandes oder des Ölfilterschlüssels (3417), bevor Sie den Ölfilter komplett abschrauben.
- Warten Sie ein paar Minuten, damit das Motoröl aus dem Filter in den Motor zurückfließen kann.
- Schrauben Sie anschließend den Ölfilter ab.
- Die Dichtfläche des Ölfilters am Steuergehäuse reinigen.
- Ölen Sie die Dichtung am neuen Filter leicht ein.
- Neue Ölfilterpatrone (1 im Bild 4), von Hand eindrehen.
- Anschließend mit 20 Nm festziehen.

1,8-l- und 2,0-l-TSI-Motor Filtereinsatz wechseln

- Motorabdeckung ausbauen.
- Ölfiltergehäuse (5 im Bild 7) mit Stecknuss SW 32 lösen.
- Ein paar Minuten warten, damit das Motoröl aus dem Ölfiltergehäuse zurückfließen kann.
- Ölfiltergehäuse (5) komplett ausbauen. Darauf achten, dass kein Motoröl auf den Motor tropft. Gegebenenfalls Lappen verwenden.
- Filterelement herausziehen.
- Am Ölfiltergehäuse (5) neuen O-Ring (4) mit Motoröl benetzen und in die Nut einsetzen.
- Filterelement (3) ersetzen.
- Ölfiltergehäuse (Pfeil) mit Stecknuss SW 32 und Anzugsdrehmoment anziehen.

Wenn das Motoröl abgelassen wird, muss die Verschlussschraube ersetzt werden. Dadurch werden Undichtigkeiten vermieden.

- Neuen O-Ring der Verschlussschraube mit Motoröl benetzen.
- Neue Verschlussschraube bis Anschlag festziehen.
- Motorraumabdeckung (Geräuschdämpfung) »unten« einbauen.
- Motoröl auffüllen.

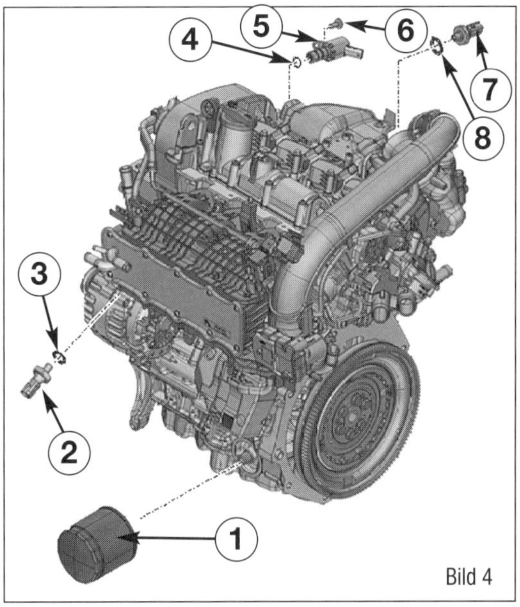

Bild 4

Bild 4
1,2-l- und 1,4-l-TSI-Motoren.
1 Ölfilter
2 Öldruckschalter für reduzierten Öldruck
3 Dichtring
4 O-Ring
5 Ventil Öldruckregelung
6 Schraube
7 Dichtring
8 Öldruckschalter

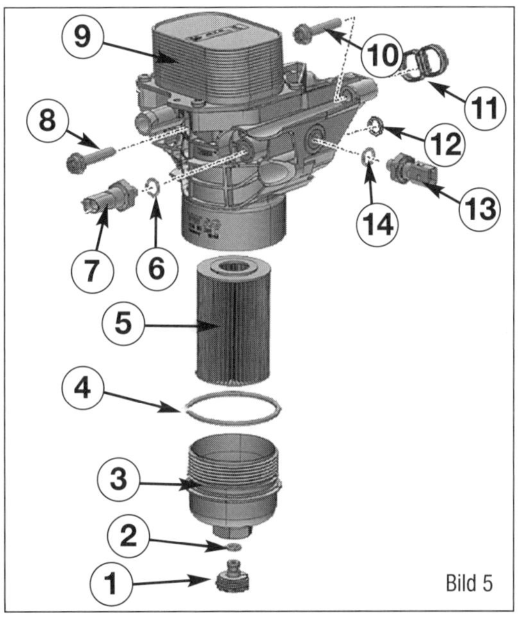

Bild 5

Bild 5
1,6-l- und 2,0-l-TDI-Motoren.
1 Ölablassschraube
2 O-Ring
3 Verschlussdeckel
4 O-Ring
5 Ölfiltereinsatz
6 Dichtring
7 Öldruckschalter (braun)
8 Schraube
9 Ölfiltergehäuse mit Motorölkühle
10 Schraube
11 Dichtung
12 Dichtring
13 Öldruckschalter reduzierter Öldruck
14 O-Ring

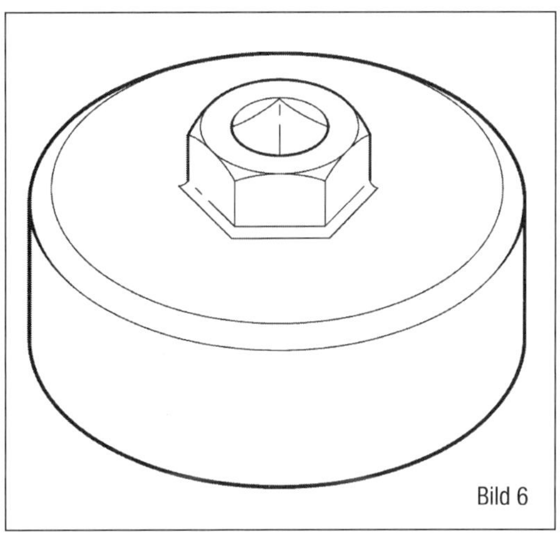
Bild 6

Bild 6
Ölfilterschlüssel zur schadensfreien Montage und Demontage des Ölfilters

Ölwanne aus- und einbauen

1,6-l- und 2,0-l-TDI-Motoren
Die Arbeit an diesen Motoren kann, als im Prinzip übertragbares Beispiel, für alle TDI CR gelten.

■ Motoröl ablassen, Luftführungsschlauch durch Lösen der Schlauchschelle und Anheben der Halteklammer ausbauen.
■ Elektrische Steckverbindung am Ölstands- und Öltemperaturgeber trennen.
■ Clips der Geräuschdämpfung auf der Ölwanne lösen und die Geräuschdämpfung für die Ölwanne abnehmen.

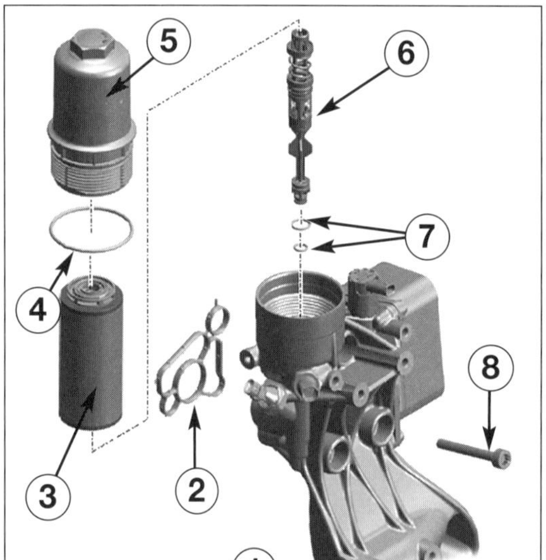

Bild 7

Bild 7
2,0-l-TSI-Motoren.
1 Halter für Nebenaggregate
2 Dichtung
3 Ölfilter
4 O-Ring
5 Ölfiltergehäuse
6 Stutzen für Ölablauf
7 O-Ringe
8 Schraube

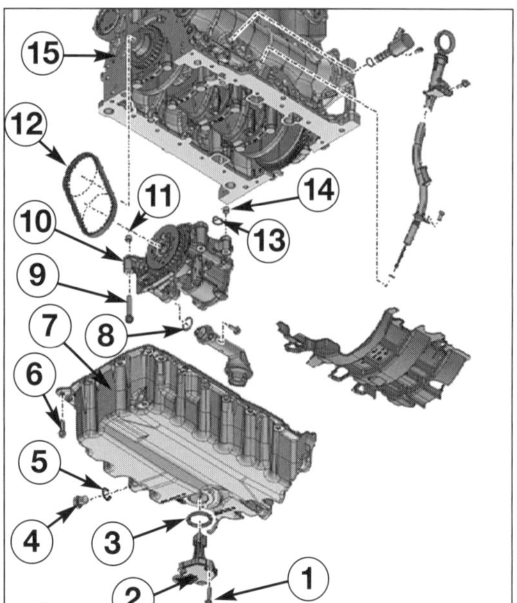

Bild 8

Bild 8
1,6-l- und 2,0-l-TDI-Motoren.
1 Schraube
2 Ölstands- und Öltemperaturgeber
3 Dichtring
4 Ölablassschraube
5 Dichtring
6 Schraube
7 Ölwanne
8 O-Ring
9 Schraube
10 Ölpumpe
11 Passhülse
12 Zahnriemen
13 Dichtung
14 Passhülse
15 Zylinderblock

■ Schrauben (Pfeile im Bild 9) der Verbindung Ölwanne an Getriebe herausdrehen.
■ Schrauben (1) bis (18) über Kreuz lösen und herausdrehen.
■ Ölwanne vorsichtig aus der Verklebung lösen.

⚠ Dichtmittelreste an Ölwanne und Zylinderblock beispielsweise mit rotierender Kunststoffbürste entfernen und Dichtflächen reinigen; sie müssen frei von Öl und Fett sein. Verschmutzungsgefahr des Schmiersystems und der Lager. Offene Teile des Motors abdecken! Schutzbrille tragen!

Einbau
■ Tube mit Dichtmittel unter Beachtung des Haltbarkeitsdatums einsetzen. Tubendüse an der vorderen Markierung abschneiden (etwa bei 2 mm Durchmesser der Tubendüse).
■ Dichtmittelraupe 2 bis 3 mm Dicke auf die saubere Dichtfläche der Ölwanne auftragen (Bild 10). Dichtmittelraupe nicht dicker als angegeben auftragen. Verstopfungsgefahr des Schmiersystems durch überschüssiges Dichtmittel! Die Dichtmittelraupe im Bereich des Dichtflansches hinten besonders sorgfältig auftragen (Pfeile, Bild 10).
■ Nach dem Auftragen des Dichtmittels müssen Sie die Ölwanne innerhalb von 5 Minuten einbauen.
■ Ölwanne ansetzen und Schrauben festziehen. Die Ölwanne muss am Zwischenblech zum Getriebeflansch bündig anliegen. Schrauben in Stufen anziehen (Bild 9):
1. Stufe: (1) bis (20) über Kreuz 5 Nm
2. Stufe: (Pfeile) mit 40 Nm
3. Stufe: (1) bis (20) über Kreuz mit 13 Nm

Wurde der Dichtflansch auf der Riemenscheibenseite ersetzt:
■ Dichtmittelraupe auf die saubere Dichtfläche der Ölwanne wie im Bild 10 (von Pfeil zu Pfeil) gezeigt auftragen. Die Dicke der Dichtmittelraupe muss auch hier 2 bis 3 mm betragen.

Wurde der Dichtflansch Riemenscheibenseite nicht ersetzt:
■ Dichtmittelraupe auf die saubere Dichtfläche der Ölwanne wie im Bild 10 (komplett umlaufend) gezeigt auftragen. Die Dicke der Dichtmittelraupe muss auch hier 2 bis 3 mm betragen.

☞ Beim Einbauen der Ölwanne am ausgebautem Motor darauf achten, dass

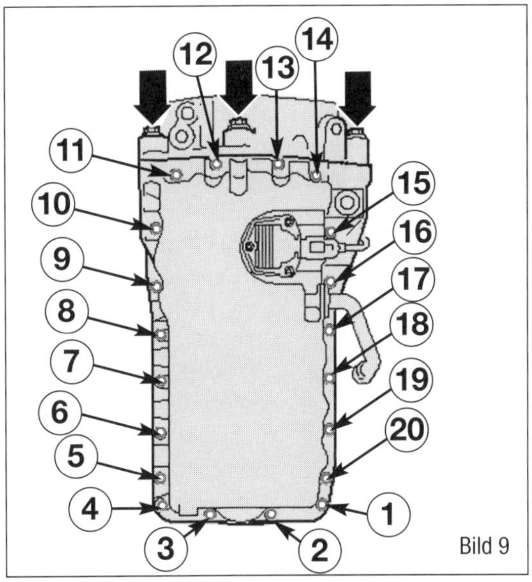

Bild 9

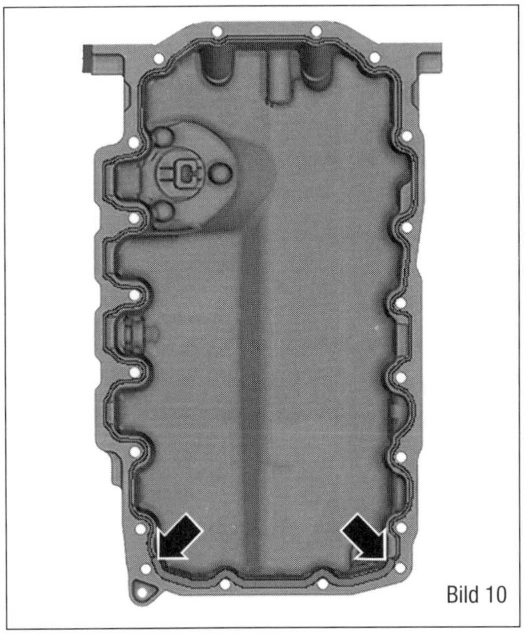

Bild 10

die Wanne schwungradseitig bündig mit dem Zylinderblock abschließt.

Die untere Fläche des Dichtflansches auf Riemenscheibenseite hat nach dem Entfernen der alten Silikondichtung zur unteren Zylinderblockfläche einen Versatz von ca. 1 mm, der mit erforderlichem Dichtmittelauftrag auf den entsprechenden Bereich der Ölwannendichtfläche ausgeglichen werden muss.

Nach der Montage der Ölwanne muss das Dichtmittel etwa 30 Minuten aushärten. Erst danach darf Motoröl eingefüllt werden.

- Geräuschdämpfung einbauen.
- Motoröl einfüllen und Ölstand prüfen.

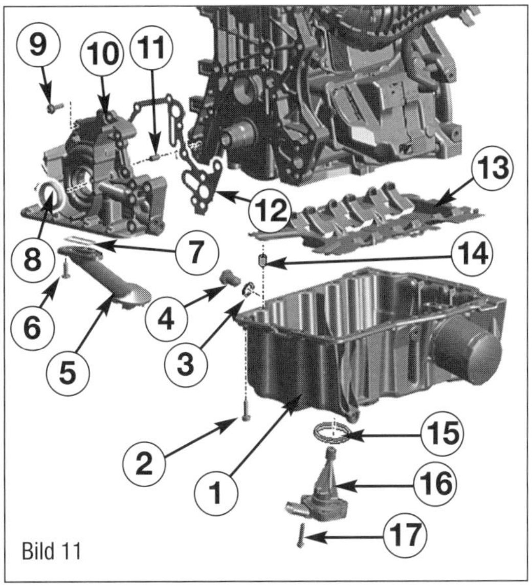

Bild 11

1,0-l- und 1,2 TSI-Motoren

Bei diesen Motortypen kommt eine einteilige Ölwanne zum Einsatz.

- Geräuschdämpfung ausbauen.
- Motoröl ablassen.

Fahrzeuge mit Klimaanlage:

- Keilrippenriemen ausbauen.
- Klimakompressor ausbauen, ohne die Anschlussleitungen zu öffnen.

Um Beschädigungen am Kondensator sowie an den Kältemittelleitungen/-schläuchen zu vermeiden, ist darauf zu achten, dass die Leitungen und Schläuche nicht überdehnt, geknickt oder verbogen werden.

- Klimakompressor am Schlossträger befestigen.

Fortsetzung für alle Fahrzeuge:

- Steckverbindung am Ölstands- und Öltemperaturgeber (16 im Bild 11) trennen.
- Befestigungsschrauben für Getriebe (Pfeile im Bild 12) herausdrehen.
- Alle Befestigungsschrauben der Ölwanne (Pfeile im Bild 13) herausdrehen.
- Die Befestigungsschrauben auf der Getriebeseite (Pfeile im Bild 14) mit einem passenden Steckeinsatz herausdrehen.

Es besteht Beschädigungsgefahr der Ölwanne durch Verformung.

- Offene Teile des Motors abdecken.

Die Montage erfolgt sinngemäß in umgekehrter Reihenfolge.

Bild 9
1-20 Reihenfolge zur Montage und zur Demontage der Schrauben
Pfeile = Verschraubungen an der Kupplungsglocke

Bild 10
Lage der Dichtmasse auf der gereinigten Ölwanne, von Pfeil zu Pfeil: Lage der Dichtmasse bei Montage des Kurbelwellenflansche

Bild 11
Montageübersicht für den 1,0-l- und 1,2-l-Motor.
1 Ölwanne
2 Schraube
3 Dichtring
4 Ölablassschraube
5 Ölansaugrohr
6 Schraube
7 Dichtung
8 Dichtring
9 Schraube
10 Ölpumpe
11 Passhülse
12 Dichtung
13 Schwallsperre
14 Passstift
15 Dichtring
16 Ölstands- und Öltemperaturgeber
17 Schraube

Sichtprüfung Messen

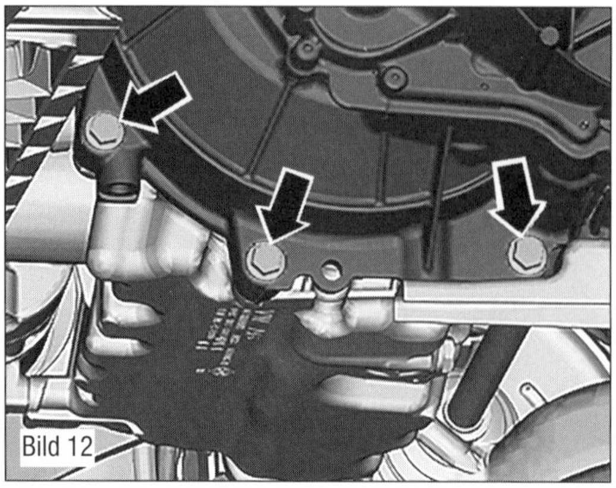

Bild 12
Pfeile = Befestigungsschrauben am Getriebe

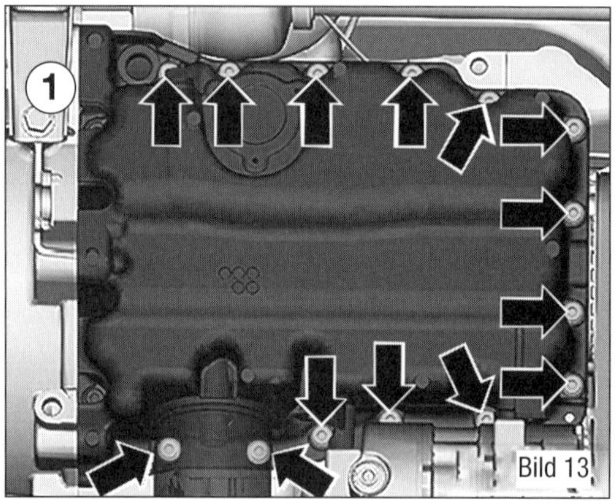

Bild 13
1 Startpunkte zum Abheben der Ölwanne
Pfeile = Befestigungsschrauben der Ölwanne.

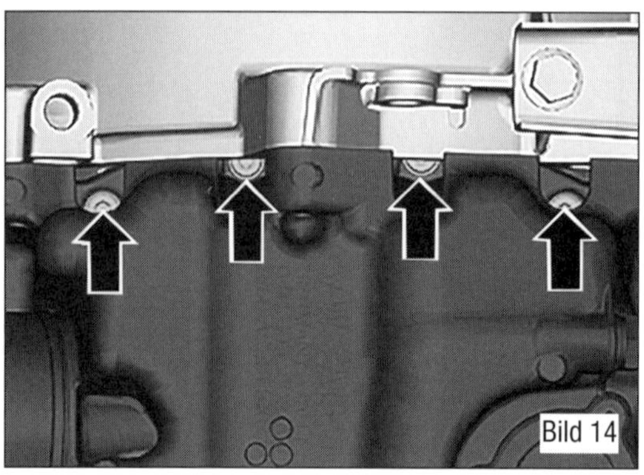

Bild 14
Die Einbauposition macht einen langen Steckeinsatz erforderlich (T10058).

■ Dichtmittelreste am Zylinderblock und an der Ölwanne mit einem chemischen Dichtmittelentferner entfernen.
■ Dichtflächen gründlich entfetten.
■ Dichtmittelraupe (Pfeil im Bild 14) auf die saubere Dichtfläche des Ölwannenoberteils auftragen. Die Dichtmittelraupe muss im Bereich der Schraubbohrungen (1) an der Innenseite durchlaufen (2).

☞ Nach dem Auftragen des Dichtmittels müssen Sie das Ölwannenoberteil innerhalb von 5 Minuten einbauen.

■ Ölwanne ansetzen und Schrauben festziehen.
■ Nach der Montage des Ölwannenunterteils muss das Dichtmittel ca. 30 Minuten trocknen. Erst danach darf Motoröl eingefüllt werden.
■ Motoröl einfüllen und Ölstand prüfen.

1,4-l- und 1,6-l-TSI-Motoren
Bei diesen Motortypen kommt eine mehrteilige Ölwanne zum Einsatz. Der Aufbau der Ölpumpe unterscheidet sich aber grundsätzlich.

Ölwannenunterteil aus und einbauen:
■ Geräuschdämpfung ausbauen.
■ Motoröl ablassen.
■ Elektrische Steckverbindung am Ölstands- und Öltemperaturgeber trennen.
■ Schrauben in der Reihenfolge (19 bis 1 im Bild 18) lösen und herausdrehen.
■ An der Einbauposition der Schraube (19), das Ölwannenunterteil vorsichtig mit einem geeigneten Schraubendreher oder einem anderen geeigneten Werkzeug lösen und abhebeln.

☞ Die Ölwanne ist durch eine Flüssigdichtung abgedichtet, die im ausgehärteten Zustand eine hohe Klebkraft hat.

■ Ölwannenunterteil vorsichtig mit einem handelsüblichen Spachtel aus der Verklebung lösen.
■ Dichtfläche mit Dichtmittelentferner einsprühen und einwirken lassen.
■ Dichtmittelreste am Ölwannenoberteil mit einem Flachschaber entfernen.

⚠ Verletzungsgefahr der Augen. Schutzbrille tragen!

■ Dichtmittelreste am Ölwannenunterteil z. B. mit rotierender Kunststoffbürste entfernen.
■ Dichtflächen von Öl und Fett reinigen.

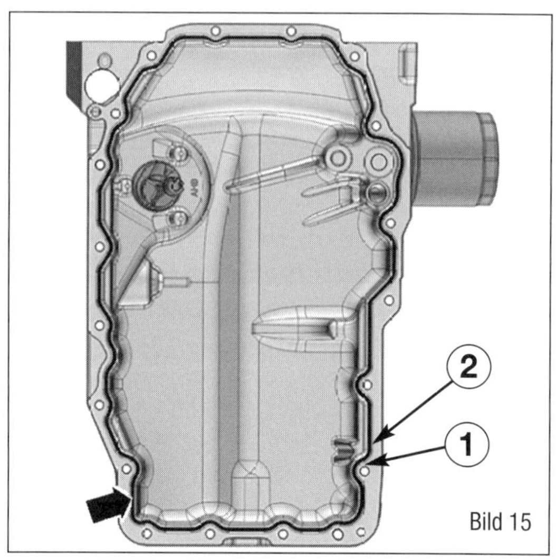

Bild 15
1 Bohrung
2 Umlauf der Dichtmasse
Pfeil = Lage der Dichtmasse auf der gereinigten Ölwanne

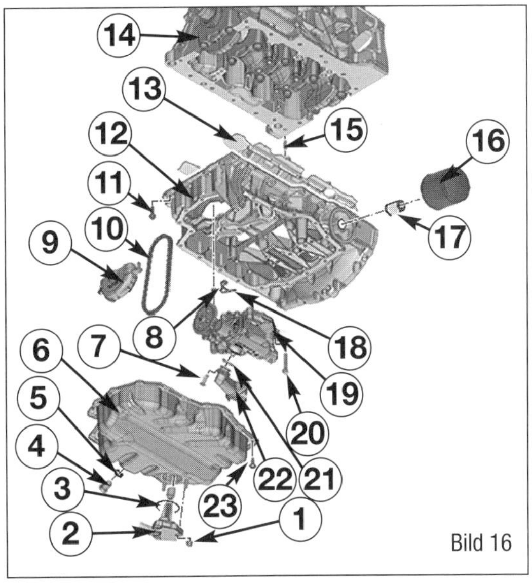

Bild 16

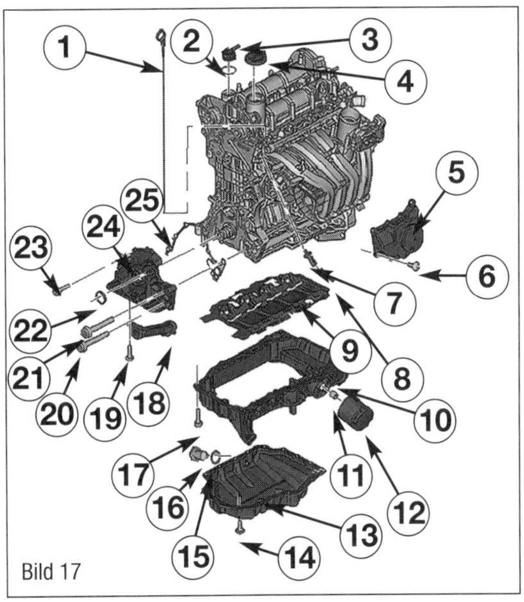

Bild 17

■ Dichtmittelraupe (Pfeil im Bild 15) auf die saubere Dichtfläche des Ölwannenunterteils auftragen.

Ölwannenoberteil aus- und einbauen:

■ Klimakompressor vom Halter abbauen und hochbinden.

■ Ölwannenunterteil ausbauen.

■ Ölpumpe ausbauen.

■ Befestigungsschrauben (Pfeile im Bild 12) für Getriebe an Ölwannenoberteil abschrauben.

■ Schrauben in der Reihenfolge 19 bis 1 lösen (im Bild 19) und herausdrehen.

■ Ölwannenoberteil vorsichtig aus der Verklebung lösen.

■ Schwallsperre abnehmen.

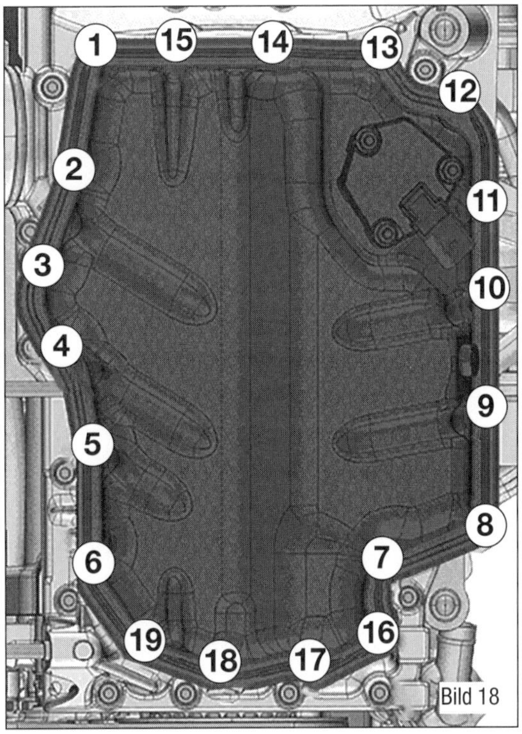

Bild 18

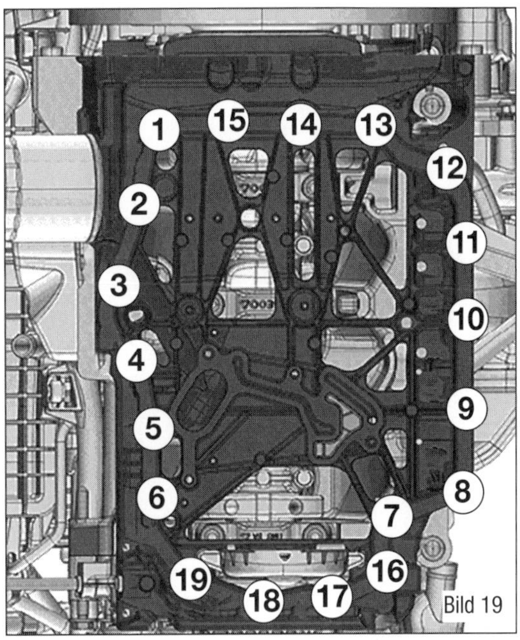

Bild 19

■ Dichtmittelraupe mit etwa 2-3 mm Breite (Pfeil im Bild 16) auf die saubere Dichtfläche des Ölwannenoberteils auftragen.

☞ Nach dem Auftragen des Dichtmittels müssen Sie das Ölwannenoberteil innerhalb von 5 Minuten einbauen.

■ Dichtmittelreste am Zylinderblock mit einem Flachschaber entfernen.

■ Dichtmittelreste am Ölwannenoberteil beispielsweise mit rotierender Kunststoffbürste entfernen.

Bild 16
Montageübersicht für den 1,4-l-Motor.
1 Mutter
2 Ölstands- und Öltemperaturgeber
3 Dichtring
4 Ölablassschraube
5 Dichtring
6 Ölwannenunterteil
7 Schraube
8 Passhülse
9 Abdeckung
10 Antriebskette
11 Schraube
12 Ölwannenoberteil
13 Schwallsperre
14 Kettenrad
15 Passstift
16 Ölfilter
17 Stutzen
18 Dichtung,
19 Ölpumpe
20 Schraube
21 O-Ring
22 Ölansaugrohr
23 Schraube

Bild 17
Montageübersicht für den 1,6-l-Motor.
1 Ölmessstab
2 O-Ring
3 Entlüftungsventil
4 Verschlussdeckel
5 Ölabscheider
6 Schraube
7 Öldruckschalter
8 Stecker
9 Schwallsperre
10 Ölwannenoberteil
11 Ölfilterschraubstutzen
12 Ölfilter
13 Ölwannenunterteil
14 Schraube
15 Dichtring
16 Ölablassschraube
17 Schraube
18 Saugleitung
19 Schraube
20 Schraube
21 Schraube
22 Dichtring
23 Schraube
24 Ölpumpe
25 Dichtung

Bild 18
Ölwannenunterteil: 1-19 Reihenfolge zur Montage und zur Demontage der Schrauben.

Bild 19
Ölwannenoberteil: 1-19 Reihenfolge zur Montage und zur Demontage der Schrauben.

Bild 20
Montageübersicht für den 1,5-l-Motor.
1 Ölwanne
2 Schraube
3 Dichtring
4 Ölablassschraube
5 Schwallsperre
6 Dichtung
7 Schraube
8 Dichtring
9 Schraube
10 Ölpumpe
11 Passhülse
12 Dichtung
13 Ölmessstab
14 Dichtring
15 Dichtring
16 Passstift
17 Ölfilter
18 Stutzen
19 Dichtstopfen
20 Schraube
21 Ölstands- und Öltemperaturgeber
22 Dichtring

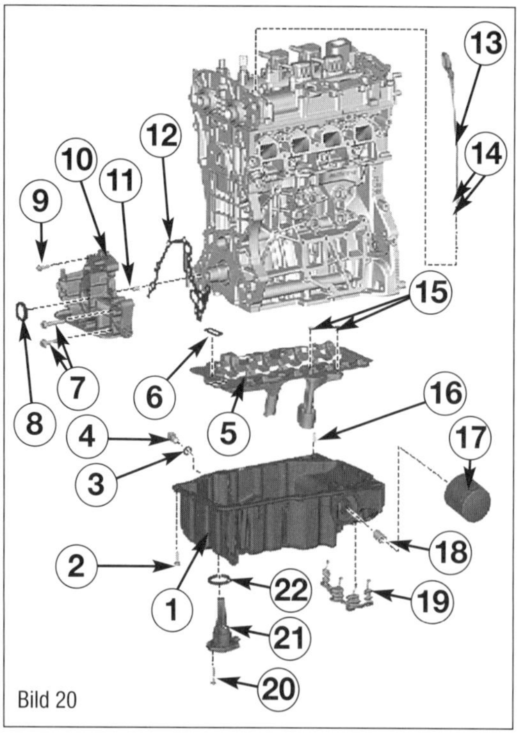

Bild 20

Bild 21
Ölwannenunterteil: 1-19 Reihenfolge zur Montage und zur Demontage der Schrauben.

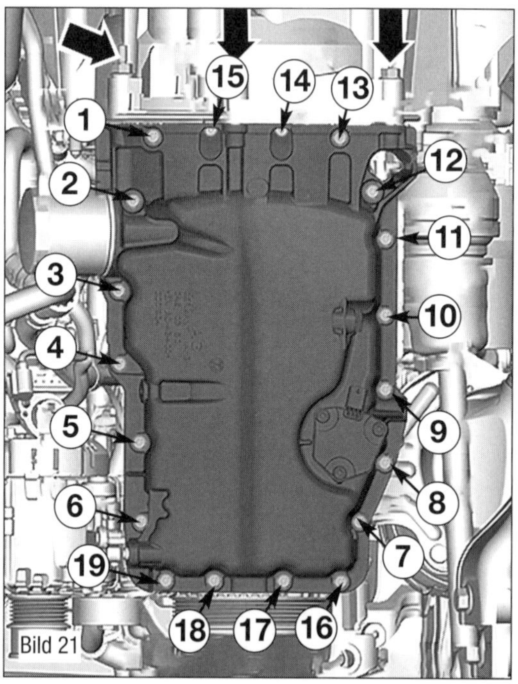

Bild 21

Bild 22
Abdeckung an der Ölwanne.
1 Ölwanne
2 Stopfen
Pfeil = Befestigungspunkt

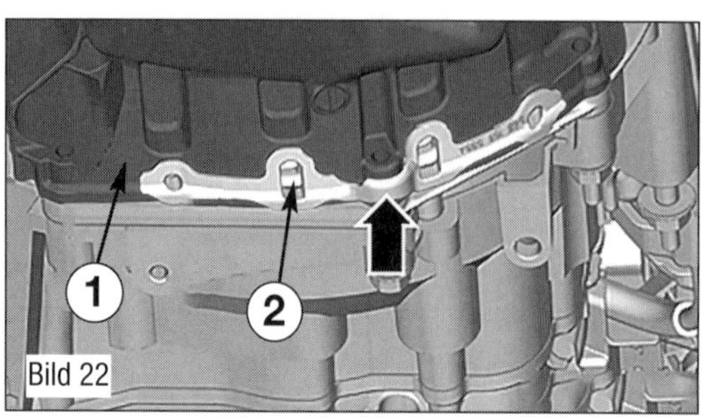

Bild 22

- Ölkanäle im Ölwannenoberteil und im Zylinderblock auf Verschmutzung prüfen.
- Dichtflächen von Öl und Fett reinigen.
- Dichtmittelraupe (ähnlich Bild 15) auf die saubere Dichtfläche des Ölwannenoberteils auftragen.
- Festen Sitz des Passstifts im Zylinderblock prüfen.
- Schwallsperre am Zylinderblock ansetzen.
- Ölwannenoberteil ansetzen und Schrauben in der Reihenfolge (1-19 im Bild 18) festziehen.

Der weitere Einbau erfolgt sinngemäß in umgekehrter Reihenfolge.
- Ölpumpe einbauen.
- Klimakompressor einbauen Klimakompressor vom Halter ab und anbauen.
- Motoröl einfüllen und Ölstand prüfen.

1,5-l-TSI-Motoren
Bei diesen Motortypen kommt eine einteilige Ölwanne zum Einsatz.
- Geräuschdämpfung ausbauen.
- Motoröl ablassen.
- Elektrische Steckverbindung am Ölstands- und Öltemperaturgeber trennen.
- Den Keilrippenriemen abnehmen.

Für Fahrzeuge mit Klimaanlage:
- Klimakompressor ausbauen, ohne die Anschlussleitungen zu öffnen.

⚠ Um Beschädigungen am Kondensator sowie an den Kältemittelleitungen/-schläuchen zu vermeiden, ist darauf zu achten, dass die Leitungen und Schläuche nicht überdehnt, geknickt oder verbogen werden.
- Klimakompressor am Schlossträger befestigen.

Fortsetzung für alle Fahrzeuge:
- Stopfen (2 im Bild 21) von der Ölwanne (1) abnehmen.
- Stecker am Ölstands- und Öltemperaturgeber abziehen, falls vorhanden.
- Befestigungsschrauben für Getriebe (Pfeil im Bild 21) herausdrehen.
- Die Schrauben (19) bis (1) in der Reihenfolge mit einem passenden Einsteckwerkzeug lösen.
- Die Schrauben herausdrehen, dabei an jeder Seite der Ölwanne eine Sicherungsschraube belassen.
- Die Ölwanne mit einem Montagehebel an der Aussparung im Bereich der Antriebswelle vorsichtig vom Zylinderblock abhebeln.

■ Ölwanne vom Zylinderblock trennen.
■ Die beiden restlichen Schrauben herausdrehen.
■ Ölwanne abnehmen. Gegebenenfalls muss die Ölwanne dazu durch leichte Schläge mit einem Gummihammer gelöst werden.
■ Offene Teile des Motors abdecken.
■ Die Dichtmittelreste am Zylinderblock und an der Ölwanne mit einem chemischen Dichtmittelentferner entfernen.
■ Die Dichtflächen entfetten.
■ Dichtmittelraupe mit etwa 2-3 mm Breite (Pfeil im Bild 15) auf die saubere Dichtfläche des Ölwannenoberteils auftragen.

Tipp: Nach dem Auftragen des Dichtmittels müssen Sie das Ölwannenoberteil innerhalb von 5 Minuten einbauen.

Der weitere Einbau erfolgt sinngemäß in umgekehrter Reihenfolge.
■ Klimakompressor einbauen Klimakompressor vom Halter ab- und anbauen.
■ Motoröl einfüllen und Ölstand prüfen.

1,8-l- und 2,0-l-TSI-Motoren
Auch bei diesen Motortypen kommt eine mehrteilige Ölwanne zum Einsatz. Gerade für das Ölwannenoberteil ist durch die erforderliche Demontage des Getriebes ein erheblicher Montageaufwand erforderlich.

Ölwannenunterteil aus- und einbauen:
■ Geräuschdämpfung unten ausbauen.
■ Altölauffang- und -absauggerät »VAS 6622A« unter den Motor stellen und Motoröl ablassen.
■ Schrauben (1) bis (20) herausdrehen und Ölwanne abnehmen (Bild 24).

Der weitere Einbau erfolgt sinngemäß in umgekehrter Reihenfolge.
■ Neue Schrauben (1) bis (20) in 2 Stufen in der im Bild 24 gezeigten Reihenfolge festziehen:
1. Schrauben (1) bis (20) 8 Nm anziehen.
2. Schrauben (1) bis (20) 90° weiterdrehen.
■ Motoröl einfüllen und Ölstand prüfen.

Ölwannenoberteil aus- und einbauen:
Ausbauen
■ Getriebe ausbauen.
■ Das Ölwannenunterteil ausbauen.
■ Dichtflansch hinten ausbauen.
■ Ölpumpe ausbauen.

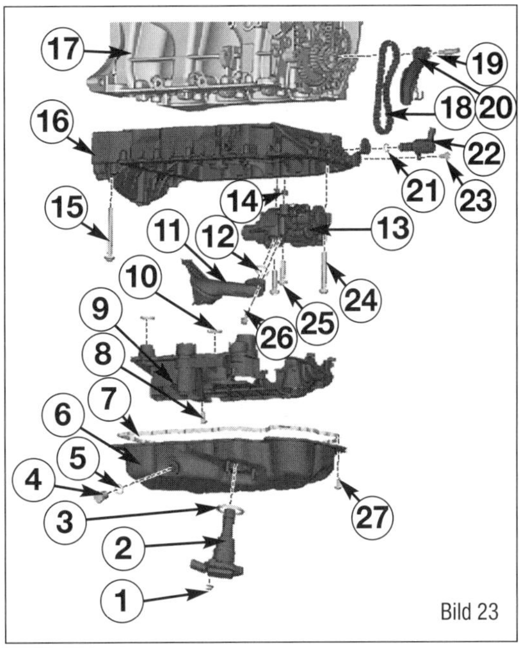

Bild 23
Montageübersicht für die 1,8-l- und 2,0-l-FSI-Motoren.
1 Mutter
2 Ölstands- und Öltemperaturgeber
3 Dichtung
4 Ölablassverschluss
5 O-Ring
6 Ölwannenunterteil
7 Dichtung
8 Schraube
9 Schwallsperre
10 O-Ring
11 Saugleitung
12 O-Ring
13 Ölpumpe
14 Passhülse
15 Schraube
16 Ölwannenoberteil
17 Zylinderblock
18 Antriebskette für Ölpumpe
19 Schraube
20 Kettenspanner
21 O-Ring
22 Ventil für Öldruckregelung
23 Schraube
24 Schraube
25 Schraube
26 Schraube
27 Schraube

■ Elektrische Steckverbindung zum Öldruckregler auf der Riemenscheibenseite trennen.
■ Schrauben der Steuerkettenabdeckung zur Ölwanne ausschrauben (Pfeil im Bild 26).
■ Schrauben im Bild 25 (1) bis (14) herausschrauben.

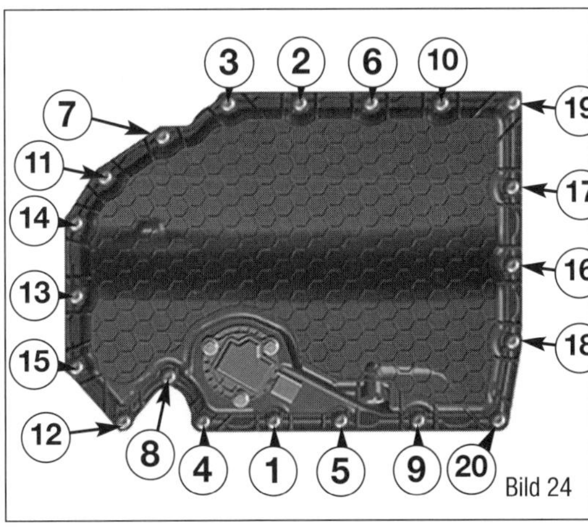

Bild 24
Ölwannenunterteil: 1-20 Reihenfolge zur Montage und zur Demontage der Schrauben.

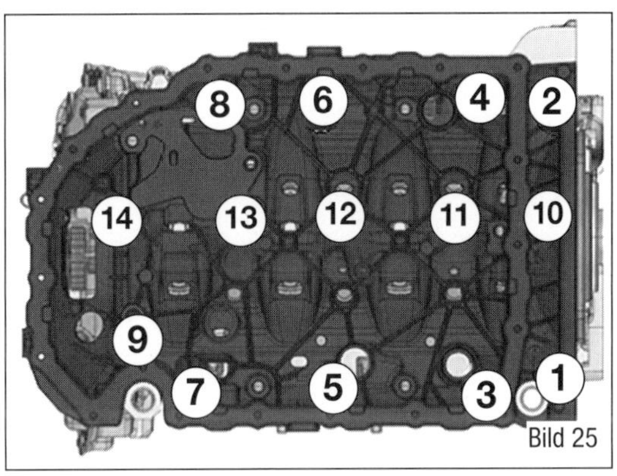

Bild 25
Ölwannenoberteil: 1-14 Reihenfolge zur Montage und zur Demontage der Schrauben.

Einbauen

⚠ Haltbarkeitsdatum des Silikon-Dichtmittels beachten. Das Ölwannenoberteil muss nach dem Auftragen des Silikon-Dichtmittels innerhalb 5 Minuten eingebaut werden. Schrauben, die mit Weiterdrehwinkel angezogen werden, ersetzen. Dichtringe, Dichtungen und selbstsichernde Muttern ersetzen.

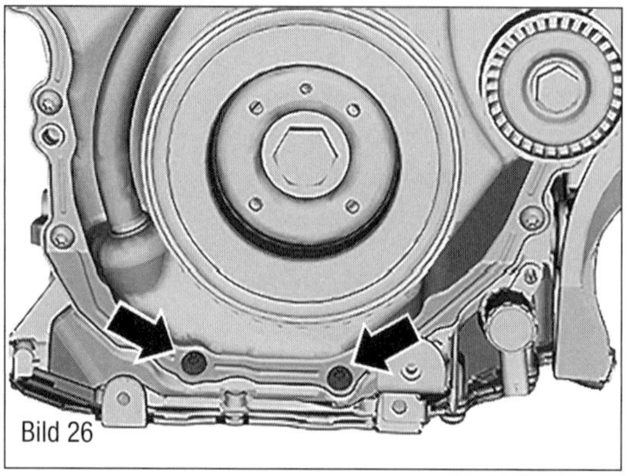

Bild 26
Pfeile = Schrauben

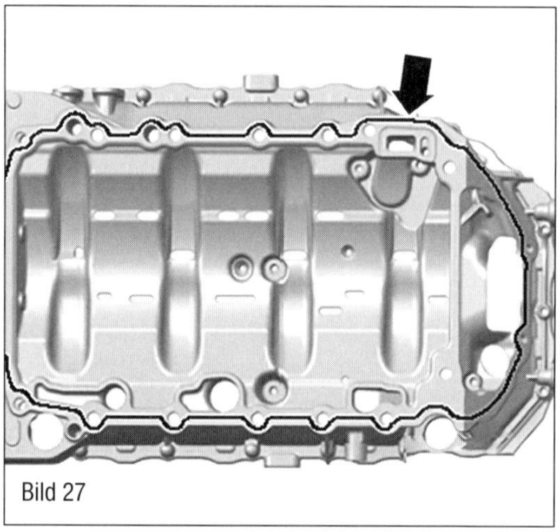

Bild 27
Lage der Dichtmasse auf der gereinigten Ölwanne (Pfeil).

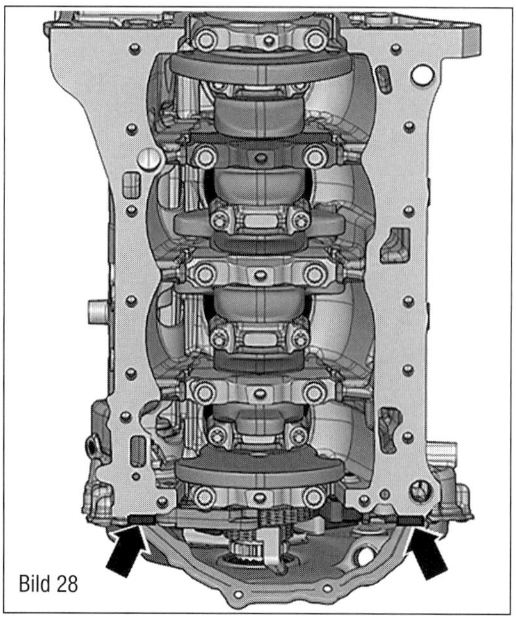

Bild 28
Pfeile Lage der Dichtmasse auf der gereinigten Motorblockfläche.

■ Dichtmittelreste am Zylinderblock mit einem Flachschaber entfernen.

■ Dichtmittelreste am Ölwannenoberteil z. B. mit rotierender Kunststoffbürste entfernen.

⚠ Verletzungsgefahr der Augen. Schutzbrille tragen!

☞ Prüfen Sie, ob die Abdeckung für Steuerketten verformt wurde. Dazu Ölwannenoberteil zuerst ohne Dichtmittel ansetzen und Spaltmaß zwischen Abdeckung und Ölwannenoberteil kontrollieren. Wird eine Verformung festgestellt und lässt sich die Abdeckung nicht mehr richten, ersetzen Sie die Abdeckung, nachdem das Ölwannenoberteil eingebaut wurde.

■ Dichtflächen reinigen, sie müssen öl- und fettfrei sein.

■ Prüfen Sie die Ölkanäle im Ölwannenoberteil und im Zylinderkurbelgehäuse auf Verschmutzung.

■ Tubendüse an der vorderen Markierung abschneiden (Durchmesser der Düse ca. 2 mm).

⚠ Verstopfungsgefahr des Schmiersystems durch überschüssiges Dichtmittel. Dichtmittelraupe nicht dicker als angegeben auftragen.

■ Silikon-Dichtmittel, wie in Bild 27 gezeigt (Pfeil), auf die saubere Dichtfläche am Ölwannenoberteil auftragen. Die Dicke der Dichtmittelraupe muss 2 bis 3 mm betragen.

■ Silikon-Dichtmittel, wie im Bild 28 gezeigt (Pfeile), zwischen Zylinderblock und Abdeckung unten für Steuerkette auftragen.

☞ Das Ölwannenoberteil muss nach dem Auftragen des Silikon-Dichtmittels innerhalb von 5 Minuten eingebaut werden. Die Dichtmittelraupe darf nicht dicker als vorgeschrieben sein, da sonst überschüssiges Dichtmittel in die Ölwanne gelangen und das Sieb im Ölansaugrohr verstopfen kann.

👁 Getriebeseitig müssen Ölwannenoberteil und Kurbelgehäuse bündig sein.

■ Ölwannenoberteil sofort ansetzen und Schrauben (1) bis (14) in der im Bild 25 gezeigten Reihenfolge festziehen.

1. Schrauben (1 bis 14) mit 8 Nm anziehen.
2. Schrauben (1 und 2) 180° weiterdrehen.
3. Schrauben (3 bis 9) 45° weiterdrehen.
4. Schraube (10) 180° weiterdrehen.
5. Schrauben (11 bis 14) 90° weiterdrehen.

■ Neue Schrauben (Pfeile im Bild 26) einschrauben. Anzugsdrehmomente 8 Nm +45°.

- Dichtflansch hinten einbauen.
- Ölpumpe einbauen.
- Neue Schwallsperre einsetzen und festschrauben.
- Ölwannenunterteil einbauen.

Der weitere Zusammenbau erfolgt sinngemäß in entgegengesetzter Reihenfolge zum Ausbau.

- Motoröl einfüllen und Ölstand prüfen.

Demontage der Ölpumpe

⚠ Zahnriemen nicht knicken, verdrehen oder durch scharfe Kanten beschädigen!

1,6-l- und 2,0-l-TDI-Motor

- Ölwanne ausbauen.
- Schrauben (Pfeile im Bild 29) herausdrehen, Ölpumpe (1) abnehmen. Die Schraube am Pumpenrad darf nicht gelöst werden.

Einbauen

Der Zusammenbau erfolgt sinngemäß in entgegengesetzter Reihenfolge zum Ausbau.

- Dichtungen nach Demontage ersetzen.
- Schrauben, die mit Weiterdrehwinkel festgezogen werden, nach Demontage ersetzen.
- Wenn in der Ölpumpe keine Passhülsen (Pfeile im Bild 30) vorhanden sind, Passhülsen einsetzen.
- Ölwanne einbauen.
- Motoröl einfüllen und Ölstand prüfen.

1,0-l-, 1,2-l-, 1,5-l- und 1,6-l-TSI-Motoren

Die Arbeitsschritte die die beschriebenen Motoren sind sehr ähnlich. Die Ölpumpe ist gleichzeitig der Flansch, der den Wellendichtring auf der Kurbelwellenseite aufnimmt.

- Batterie abklemmen.
- Zahnriemen wie beschrieben ausbauen.
- Die Ölwanne, beziehungsweise beim 1,6-l-Motor das Ölwannenunterteil, ausbauen.
- Beim 1,6-l-Motor zusätzlich das Ölwannenoberteil der zweiteiligen Ölwanne wie bereits beschrieben ausbauen.
- Befestigungsschrauben herausdrehen und die Spannrolle für den Keilrippenriemen abnehmen.
- Den Generator ausbauen.
- Den Dichtring für Kurbelwelle auf Riemenscheibenseite ausbauen.
- Befestigungsschrauben (1 und 3 im Bild 31) der Ölpumpe herausdrehen.

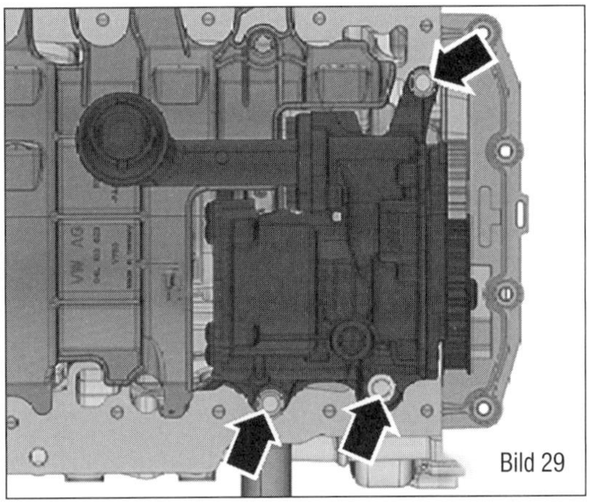
Bild 29

Bild 29
1,6l und 2,0l TDI:
1 Ölpumpe,
Pfeile Verschraubungen

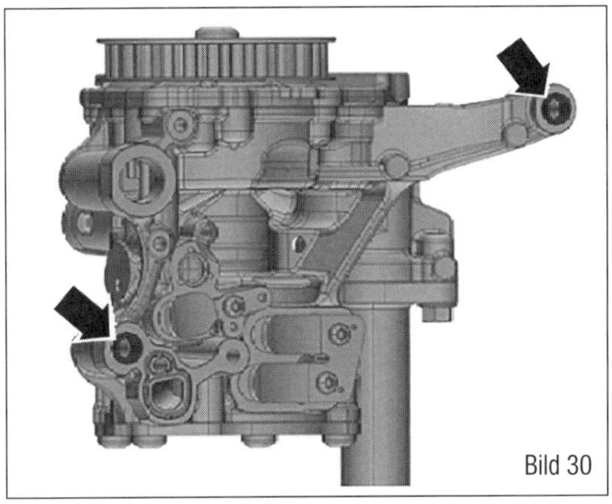
Bild 30

Bild 30
1,6l und 2,0l TDI:
Position der Passhülsen im Gehäuse der Ölpumpe

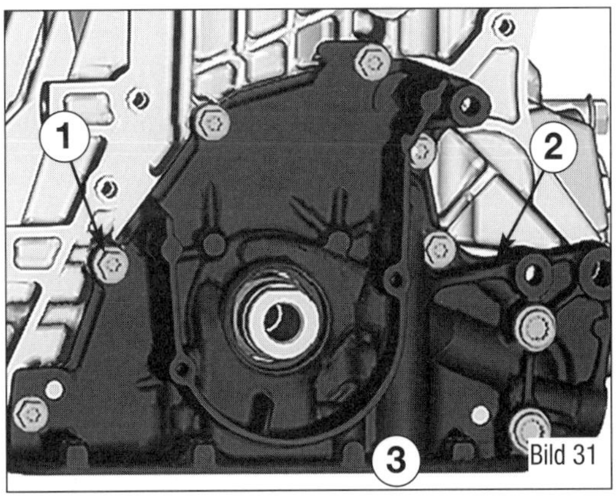

Bild 31

Bild 31
1,0-l-, 1,2-l-, 1,5-l- und 1,6-l-Motoren.
1 Schrauben
2 Ölpumpe
3 Schrauben

- Ölpumpe (2) gerade von den Passstiften am Zylinderblock abziehen.
- Dichtung (1 im Bild 32) von den Passstiften (Pfeile) nehmen.

Einbauen

- Neue Dichtung (1) auf die Passstifte (Pfeile) setzen.
- Zahnrad der Ölpumpe so drehen, dass 2 gegenüberliegende Aussparungen (Pfeile im Bild 33) wie in der Abbildung gezeigt stehen.
- Die Ölpumpe auf die Passstifte (Pfeile im Bild 32) schieben.

■ Neuen Dichtring für Kurbelwelle auf Riemenscheibenseite einbauen.
Die weitere Montage erfolgt sinngemäß in umgekehrter Reihenfolge.

1,4-l-TSI-Motoren
Die 1,4-l-Motoren haben eine zweiteilige Ölwanne und weisen einen Zahnriemenantrieb auf. Die Ölpumpe wird über eine Kette angetrieben.
■ Ölwannenunterteil ausbauen.
■ Abdeckung für Antriebskettenrad (1 im Bild 35) der Ölpumpe abclipsen (Pfeile).

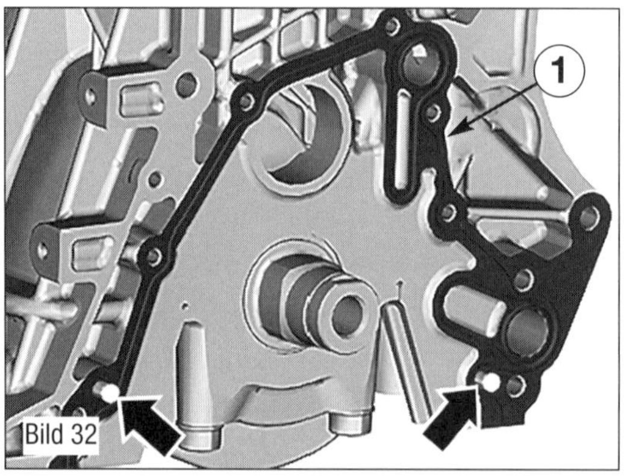

Bild 32
1,0-l-, 1,2-l-, 1,5-l- und 1,6-l-Motoren.
1 Dichtung
Pfeile = Passstifte

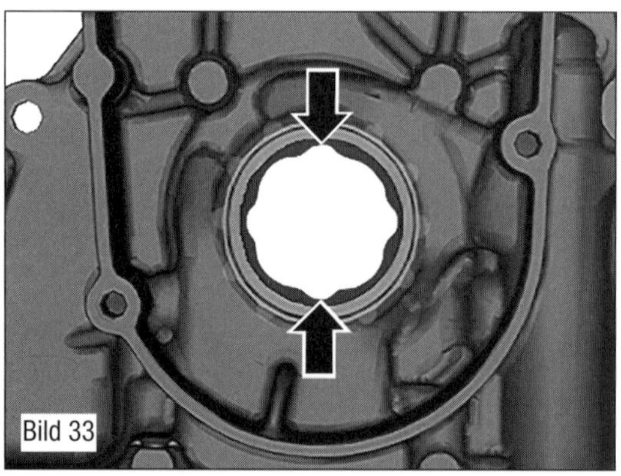

Bild 33
1,0-l-, 1,2-l-, 1,5-l- und 1,6-l-Motoren.
Position der gegenüberliegenden Aussparungen (Pfeile) der Ölpumpe.

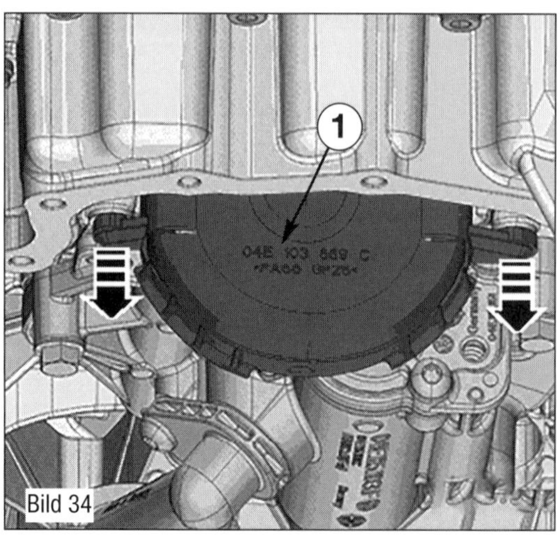

Bild 34
1,4-l-Motoren.
1 Abdeckung für die Antriebskette der Ölpumpe
Pfeile = Bewegungsrichtung zum Ausclipsen

Bild 35
1,4-l-Motoren.
1 Ölpumpe
Pfeile = Schrauben

■ Schrauben (Pfeile) herausdrehen.
■ Ölpumpe mit Antriebskettenrad unter der Antriebskette herausführen.

Einbauen
■ Prüfen, ob die Passhülsen (1) und (3) in die Ölpumpe eingesetzt sind.
■ Dichtung mit Sieb (2 im Bild 36) in die Ölpumpe einsetzen.
Der Einbau erfolgt sinngemäß in umgekehrter Reihenfolge.
■ Prüfen Sie die Leichtgängigkeit der Ölpumpe, dazu das Antriebskettenrad der Ölpumpe mit einem Finger durchdrehen. Eine schwergängige Ölpumpe ist zu ersetzen.
■ Ölpumpe mit Antriebskettenrad in die Antriebskette einsetzen und festschrauben.
■ Ölwannenunterteil einbauen.
■ Motoröl einfüllen und Ölstand prüfen.

1,8-l- und 2,0-l-TSI-Motoren
Die 1,8-l- und 2,0-l-Motoren haben eine zweiteilige Ölwanne und weist einen Zahnriemenantrieb auf. Die Ölpumpe ist unter der Schwallsperre verbaut (siehe Bild 16).
■ Ölwannenunterteil wie bereits beschrieben ausbauen.
■ Schraube (1 im Bild 37) herausdrehen und Schwallsperre (2) abziehen.
■ Feder des Kettenspanners mit Montagewerkzeug »T10118« (1 im Bild 38) in Pfeilrichtung herausziehen und mit Absteckwerkzeug »T40265« (2) sichern.
■ Die Schrauben (Pfeile im Bild 39) herausdrehen und die Ölpumpe abnehmen.

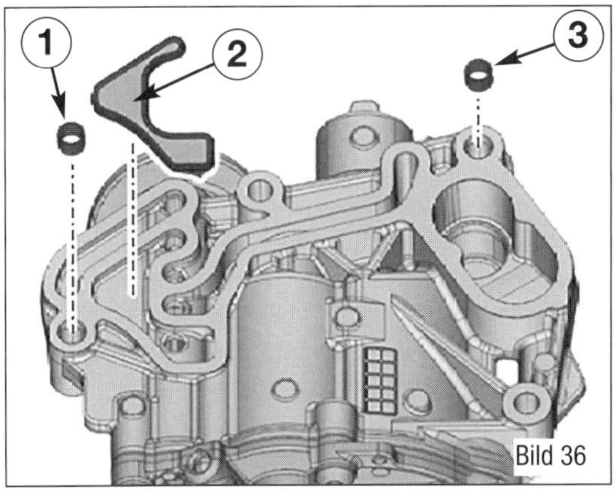

Bild 36

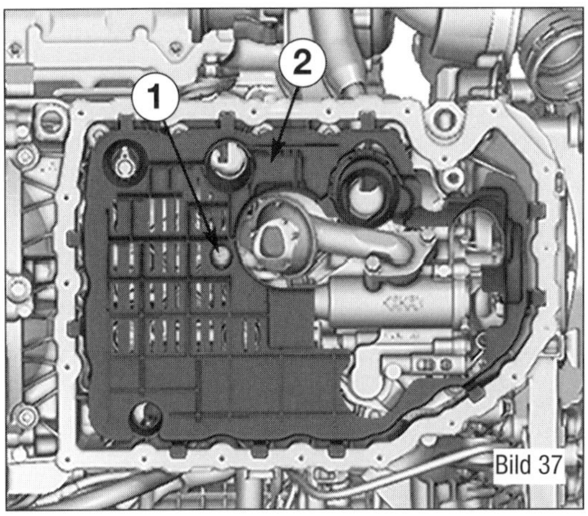

Bild 37

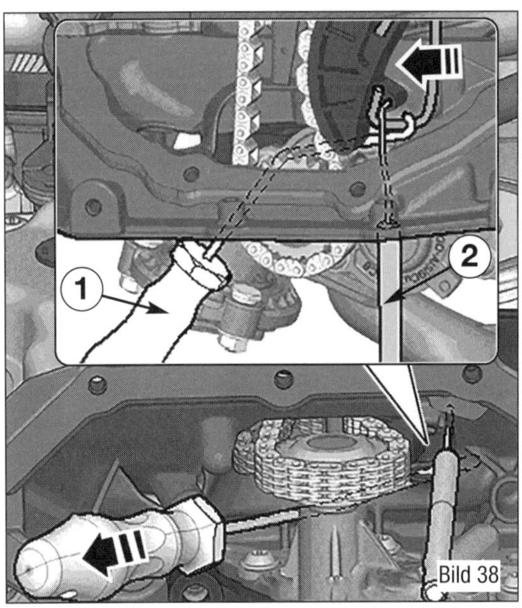

Bild 38

Der Einbau erfolgt in umgekehrter Reihenfolge. Es ist jedoch Folgendes zu beachten:

- Prüfen Sie, ob die beiden Passhülsen zur Zentrierung der Ölpumpe eingesetzt sind.
- Vor dem Einbau der Ölpumpe das Ölsieb, das Sieb in der Saugleitung und die Ölkanäle im Ölwannenoberteil auf Verschmutzung prüfen.
- Das Kettenrad der Ölpumpe in die Antriebskette legen und Ölpumpe einbauen.

⚠ Zerstörungsgefahr des Motors. Der folgende Arbeitsschritt muss eingehalten werden, sonst springt die Feder des Kettenspanners nicht in die Einbaulage!

- Die Feder des Kettenspanners mit Montagevorrichtung »T10118« in Pfeilrichtung herausziehen und Absteckwerkzeug »T40265« entfernen.

- Die Stellung der Feder des Kettenspanners prüfen.

Die Feder des Spanners (1 im Bild 40) muss sich am Anguss (2) des Ölwannenoberteils (Pfeil) abstützen.

- Den O-Ring auf die neue Schwallsperre stecken und mit Motoröl benetzen.
- Neue Schwallsperre einsetzen und festschrauben.
- Ölwannenunterteil einbauen.
- Motoröl einfüllen und Ölstand prüfen.

Öldruckschalter und Öldruck prüfen

Es werden ein üblicher Öldruckprüfer (z. B. V.A.G 1342) sowie ein Spannungsprüfer mit Leuchtdiode und den Messhilfsmitteln (Anschlusskabel) benötigt.
Der Öldruckschalter ist bei den einzelnen Motortypen an unterschiedlichen Stellen eingebaut (z. B. beim 1,4-l-TSI getriebeseitig unterhalb der beiden Nockenwellen-Verschlussdeckel).

Prüfablauf

- Prüfen Sie den Motorölstand.
- Stecker vom Öldruckschalter abziehen.
- Öldruckschalter ausbauen und in das Prüfgerät schrauben.
- Prüfgerät anstelle des Öldruckschalters in den Zylinderkopf einschrauben.
- Braune Leitung des Prüfgerätes an Masse (-) legen. Spannungsprüfer mit Hilfsleitungen (Kabelset) an Batterie plus (+) und Öldruckschalter anschließen (Prüfanordnung nach Bild 41).
- Motor anlassen und die LED und die Druckanzeige beobachten. Der Schaltpunkt des Öldruckschalters kann bereits beim Anlassen überschritten werden.
- Langsam die Drehzahl erhöhen.

Bild 36
1,4-l-Motoren.
1 Passhülse
2 Dichtung mit Sieb
3 Passhülse

Bild 37
1,4-l-Motoren.
1 Schraube
2 Schwallsperre

Bild 38
1 Montagewerkzeug T10118
2 Absteckwerkzeug T40265
Pfeile = Bewegungsrichtung

Bild 39
Pfeile = Schrauben

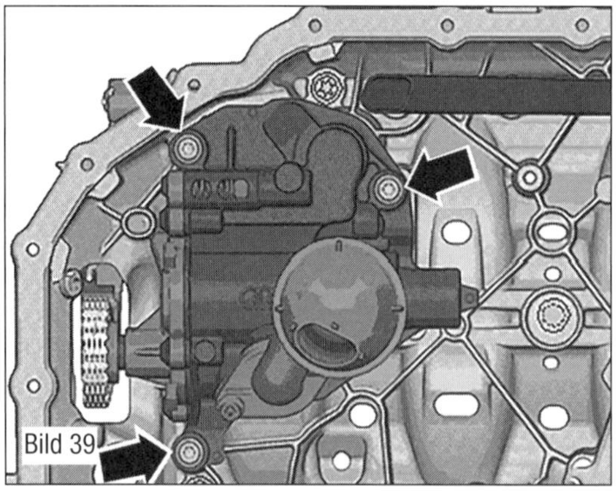

Bild 40
1 Spannerfeder
2 Anlage im Block
Pfeile = Lage der Feder

Bild 41
Prüfgerät von VW/AUDI.
1 Masseanschluss
2 Öldruckschalter

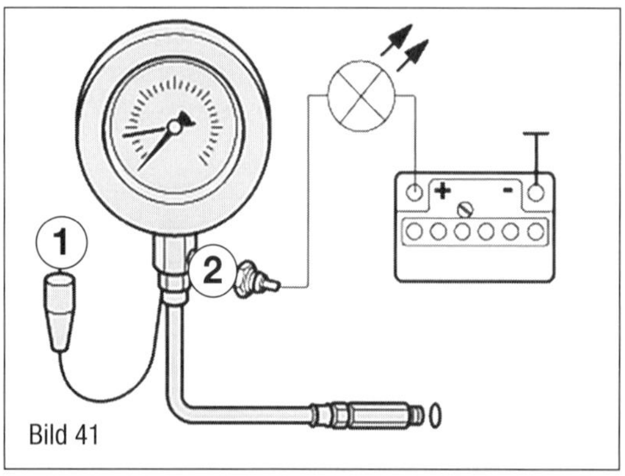

Bild 42
Prüfgerät aus dem Eigenbausortiment.

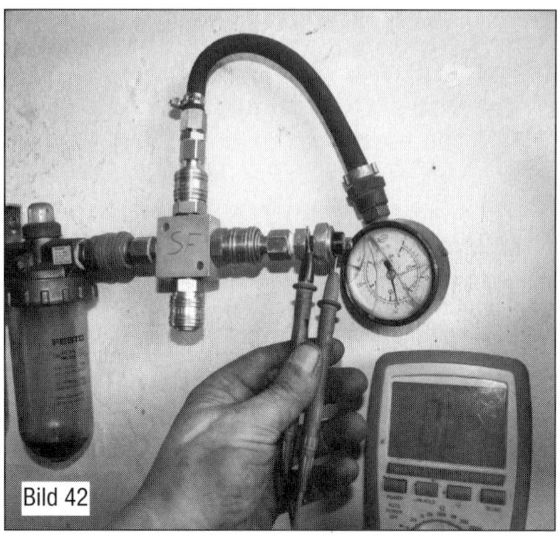

1,6-l- und 2,0-l-TDI-Motoren
Es ist wegen der Kupplungsschutzdrehzahl nicht möglich, bei Fahrzeugstillstand alle Schaltstufen der Öldruckregelung anzufahren. Aus diesem Grund muss der Öldruck mit dem Fahrzeugdiagnosetester geprüft werden.

- Fahrzeugdiagnosetester anschließen.
- Folgendem Pfad zur Öldruckprüfung folgen:

Antrieb
01 - 4-Zylinder Dieselmotor BOSCH - J623
17 – Schmierung Teilsysteme,
Randbedingungen Öldruck prüfen

Bei 0,3 bis 0,6 bar Überdruck muss die Leuchtdiode aufleuchten, andernfalls Öldruckschalter ersetzen.

- Drehzahl weiter erhöhen. Bei 2000/min und 80 °C Öltemperatur soll der Ölüberdruck mindestens 2,5 bar und maximal etwa 3,2 bar betragen.
- Bei höherer Drehzahl darf der Ölüberdruck 7,0 bar nicht überschreiten.

1,0-l- und TSI-Motoren
Der Öldruckgeber ist diagnosefähig. Die Prüfung des Öldruckgebers und des Öldrucks erfolgt über einen geeigneten Fahrzeugdiagnosetester. Anomalitäten werden im Ereignisspeicher gespeichert.

1,2-l- und 1,4-l-TSI-Motoren
Öldruckschalter reduzierter Öldruck prüfen (Brauner Öldruckschalter):

- Öldruckschalter für reduzierten Öldruck ausbauen.
- Öldruckprüfgerät »V.A.G 1342« an der Bohrung für Öldruckschalter einschrauben.
- Öldruckschalter für reduzierten Öldruck in die Bohrung am Öldruckprüfgerät »V.A.G 1342« einschrauben, um diese zu verschließen.
- Motor starten.

Öldruck im Leerlauf und bei 2000/min prüfen:
- Öldruck im Leerlauf: mindestens 0,6 bar.
- Öldruck bei 2000/min: mindestens 1,5 bar.

- Motor ausstellen.

Öldruck bei 3800/min prüfen:

- Elektrische Steckverbindung vom Ventil für Öldruckregelung abziehen.
- Motor starten.
- Motordrehzahl auf 3800/min erhöhen und den Öldruck auf dem Öldruckprüfgerät »V.A.G 1342« ablesen.

Öldruck bei 3800/min: mindestens 2,8 bar.

Wird der Sollwert unterschritten:

■ Elektrische Steckverbindung am Ventil für Öldruckregelung aufstecken.

■ Den Ereignisspeicher des Motorsteuergeräts abfragen und alle Ereigniseinträge mit dem Fahrzeugdiagnosetester löschen.

■ Ventil für Öldruckregelung mit dem Fahrzeugdiagnosetester prüfen.

Auch mechanische Schäden, z. B. Lagerschäden können die Ursache für zu geringen Öldruck sein. Wird kein Fehler festgestellt, ist die Ölpumpe zu ersetzen.

■ Zündung ausstellen.

■ Braune Leitung des Prüfgeräts an Masse (-) legen.

■ Spannungsprüfer »V.A.G 1527B« mit Hilfsleitungen aus Messhilfsmittel-Set »V.A.G 1594C« an Batterie plus (+) und Öldruckschalter für reduzierten Öldruck (braun) anschließen. Die Leuchtdiode darf nicht aufleuchten.

Wenn die Leuchtdiode aufleuchtet:

■ Den Öldruckschalter für reduzierten Öldruck ersetzen.

Wenn die Leuchtdiode nicht aufleuchtet:

■ Motor starten: Bei 0,3 bis 0,6 bar Überdruck muss die Leuchtdiode aufleuchten, andernfalls Öldruckschalter ersetzen.

Öldruckschalter prüfen (Blauer Öldruckschalter):

■ Motor abstellen.

■ Spannungsprüfer »V.A.G 1527B« mit Hilfsleitungen aus Messhilfsmittel-Set »V.A.G 1594C« an Batterie plus (+) und Öldruckschalter (blau) anschließen. Die Leuchtdiode darf nicht aufleuchten.

Wenn die Leuchtdiode aufleuchtet:

■ Den Öldruckschalter ersetzen.

Wenn die Leuchtdiode nicht aufleuchtet:

■ Elektrische Steckverbindung vom Ventil für Öldruckregelung abziehen.

■ Motor starten und Drehzahl erhöhen. Bei 2,15 bis 2,95 bar Überdruck muss die Leuchtdiode aufleuchten, andernfalls Öldruckschalter ersetzen.

■ Elektrische Steckverbindung am Ventil für Öldruckregelung aufstecken (Bild 31).

■ Öldruckschalter für reduzierten Öldruck einbauen.

■ Den Ereignisspeicher des Motorsteuergeräts mit dem Fahrzeugdiagnosetester abfragen und alle Ereigniseinträge löschen.

1,6-l-TSI-Motoren

Öldruck prüfen:

– Öldruck im Leerlauf: mindestens 1,0 bar.
– Öldruck bei 3000/min: mindestens 2,5 bar.
– Öldruck bei 4500/min: mindestens 3,0 bar.

Öldruckschalter prüfen:

Tipp: Der Öldruckschalter wird mit integriertem Dichtring abgedichtet. Der Dichtring eignet sich nicht zur Wiederverwendung, der Öldruckschalter muss nach dem Ausbau ersetzt werden.

■ Motor ausschalten.

■ Braune Leitung des Prüfgeräts an Masse (-) legen.

■ Den Spannungsprüfer mit einer Hilfsleitung an Batterie Plus (+) und Öldruckschalter anschließen. Die Leuchtdiode darf nicht aufleuchten. Wenn die Leuchtdiode aufleuchtet, muss der Öldruckschalter ersetzt werden.

Wenn die Leuchtdiode nicht aufleuchtet:

■ Motor anlassen und Drehzahl erhöhen.

■ Bei 0,3 bis 0,6 bar Ölüberdruck muss die Leuchtdiode aufleuchten, andernfalls muss der Öldruckschalter ersetzt werden.

1,8-l- und 2,0-l-TSI-Motoren

Die Ölpumpe ist geregelt und hat 2 Druckstufen. Die Druckstufen werden nacheinander geprüft. Während der Einlaufphase oder im Notlauf des Motors, fördert die Ölpumpe nur in der hohen Druckstufe. Der Öldruck ist von der Motoröltemperatur abhängig. Bei 80 °C Motoröltemperatur muss etwa der Mittelwert erreicht werden.

Prüfablauf:

■ Die elektrische Steckverbindung am Öldruckschalter für reduzierten Öldruck trennen.

■ Einen Putzlappen unter den Halter für Nebenaggregate legen, um austretendes Motoröl aufzufangen.

■ Den Öldruckschalter für reduzierten Öldruck (1 im Bild 43) herausschrauben.

■ Das Öldruckprüfgerät anstelle des Öldruckschalters in den Ölfilterhalter einschrauben.

■ Öldruckschalter für reduzierten Öldruck in das Öldruckprüfgerät einschrauben und elektrische Steckverbindung aufstecken.

■ Öldruckprüfgerät mit Masse verbinden.

■ Motor starten und Öldruck bei den angegebenen Drehzahlen prüfen:
- Öldruck im Leerlauf: 0,85 … 1,6 bar
- Öldruck bei 2000/min: 1,2 … 1,6 bar
- Öldruck bei 3700/min: 1,2 … 1,6 bar

■ Motor abstellen.

■ Geräuschdämpfung ausbauen.

■ Stecker (1) vom Ventil für Öldruckregelung abziehen (Bild 44). Kabel ausclipsen und nach unten verlegen, damit es nicht in den Riementrieb gerät. Bei abgezogenem Stecker fördert die Ölpumpe in der hohen Druckstufe.

■ Motor starten und Öldruck bei den angegebenen Drehzahlen prüfen:
Öldruck im Leerlauf: 0,85 … 4,0 bar

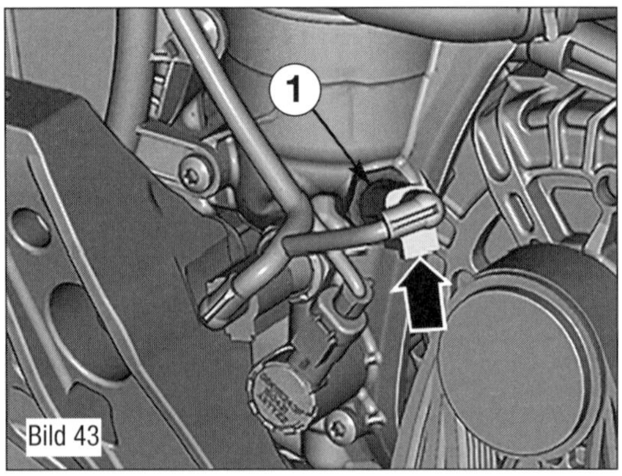

Bild 43
1,8-l- und 2,0-l-FSI.
1 Öldruckschalter
Pfeil = Raste im Steckkontakt

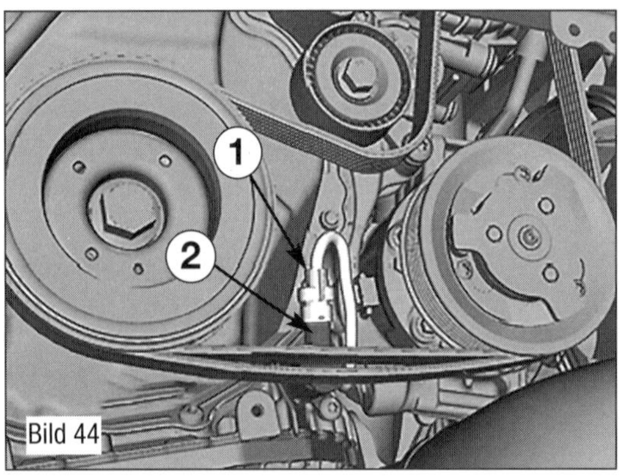

Bild 44
1,8-l- und 2,0-l-FSI.
1 Steckkontakt
2 Ventil zur Öldruckregelung

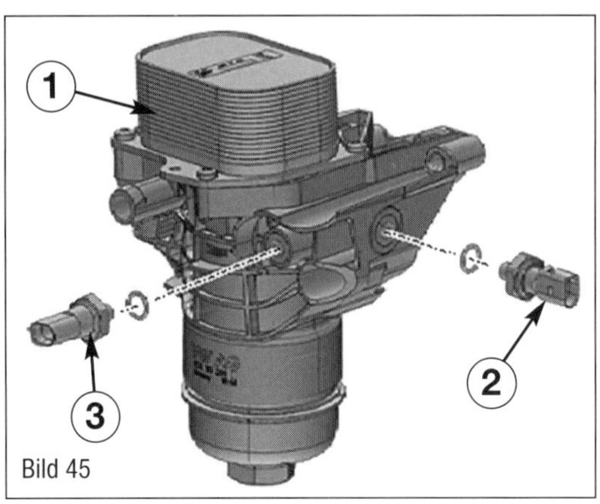

Bild 45
1,6-l- und 2,0-l-TDI- Motor.
1 Ölfiltergehäuse mit Ölkühler
2 Öldruckschalter für reduzierten Öldruck
3 Öldruckschalter

Öldruck bei 2000/min: 2,0 … 4,0 bar
Öldruck bei 3700/min: 3,0 … 4,0 bar

Zusammenbauen:

■ Öldrückschalter einbauen.

■ Stecker (1 im Bild 44) vom Ventil für Öldruckregelung aufstecken. Die Kabel wieder sorgfältig verlegen.

■ Geräuschdämpfung einbauen.

■ Ereignisspeicher des Motorsteuergeräts abfragen und alle Einträge löschen.

■ Ölstand prüfen.

Öldruckschalter aus- und einbauen

Der Arbeitsablauf für die einzelnen Motortypen ist sehr ähnlich. Wir stellen den Ablauf allgemeingültig vor und heben die Besonderheiten für die einzelnen Modelle hervor.

☞ Um austretendes Motoröl aufzufangen, legen Sie einen Lappen unter. Öldruckschalter nach Demontage ersetzen.

■ Motorabdeckungen ausbauen.

1,6-l- und 2,0-l-TDI-Motoren

Öldruckschalter ersetzen:

■ Lüfterzarge ausbauen.

■ Kühlerschutzmatte anbringen.

■ Schrauben herausdrehen und Abdeckung abnehmen.

■ Verrastung entriegeln und den Steckkontakt abziehen.

■ Öldruckschalter (3 beziehungsweise 2) herausschrauben. Um austretendes Motoröl aufzufangen, einen Lappen unterlegen.

☞ Nach dem Ausbau den Dichtring für Öldruckschalter ersetzen. Hierzu muss der Dichtring aufgeschnitten werden.

Der Einbau erfolgt sinngemäß in umgekehrter Reihenfolge.

■ Motorabdeckung einbauen.

■ Ölstand prüfen.

Öldruckschalter für reduzierten Öldruck aus- und einbauen:

■ Luftfiltergehäuse ausbauen.

■ Elektrische Steckverbindung (Pfeil) trennen.

■ Öldruckschalter für reduzierten Öldruck herausschrauben.

Der Einbau erfolgt sinngemäß in umgekehrter Reihenfolge.

1,0-l-, 1,2-l- und 1,4-l-TSI-Motoren
Beim 1,0-l-Motor wurden der Öldruckschalter (3 im Bild 46) und das Ventil für die Öldruckregelung (2) verbaut. Der 1,2-l-Motor ist lediglich mit dem Öldruckschalter (3) ausgerüstet. Der 1,4-l-Motor ist mit zwei Öldruckschaltern (1 und 3) und dem Ventil für die Öldruckregelung ausgestattet.

Öldruckschalter (3) aus- und einbauen:
- Elektrische Steckverbindung trennen.
- Das austretende Motoröl mit einem Lappen auffangen.
- Öldruckschalter (3) herausschrauben.

Öldruckschalter für (2) reduzierten Öldruck:
- Elektrische Steckverbindung trennen.
- Das austretende Motoröl mit einem Lappen auffangen.
- Öldruckschalter für reduzierten Öldruck (2) herausschrauben.

Der Einbau erfolgt jeweils in umgekehrter Reihenfolge.

1,5-l-TSI-Motoren
Öldruckschalter aus- und einbauen:
- Luftführungsrohr zwischen Ladeluftkühler und Saugrohr ausbauen.
- Stecker (1 und 3 im Bild 48) abziehen.
- Den elektrischen Leitungsstrang (Pfeil) lösen und frei legen.
- Ziehen Sie den Stecker vom Öldruckschalter (2) ab.
- Das austretende Motoröl mit einem Lappen auffangen.
- Drehen Sie den Öldruckschalter (3) heraus.

Der Einbau erfolgt in umgekehrter Reihenfolge.

1,6-l-Motoren
Öldruckschalter (3) aus- und einbauen:
- Elektrische Steckverbindung (2 im Bild 49) trennen.
- Das austretende Motoröl mit einem Lappen auffangen.
- Öldruckschalter (1) herausschrauben.

Der Einbau erfolgt in umgekehrter Reihenfolge.

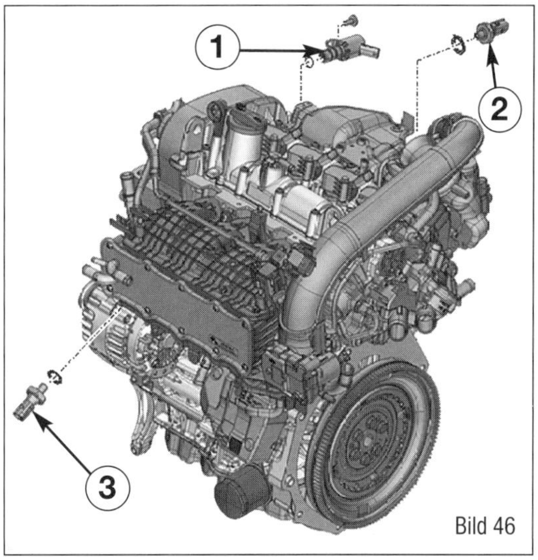

Bild 46
1,0-l- bis 1,4-l-TSI-Motor.
1 Ventil für Öldruckregelung
2 Öldruckschalter oder Öldruckgeber (1,2-l und 1,4-l)
3 Öldruckschalter für reduzierten Öldruck

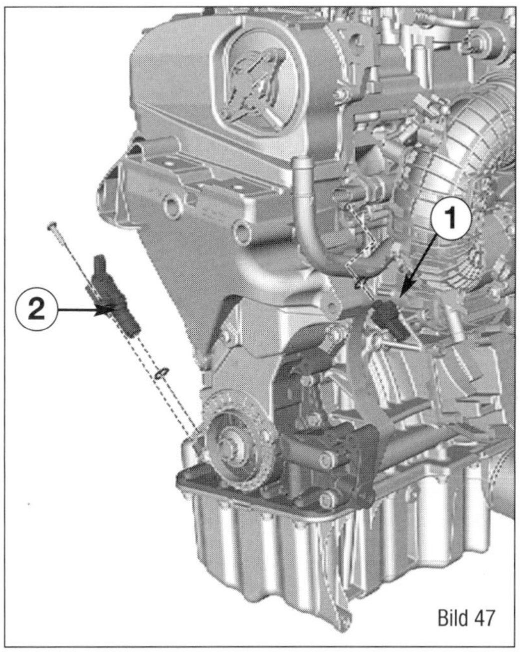

Bild 47
1,5-l-Motor.
1 Öldruckschalter
2 Ventil für Öldruckregelung

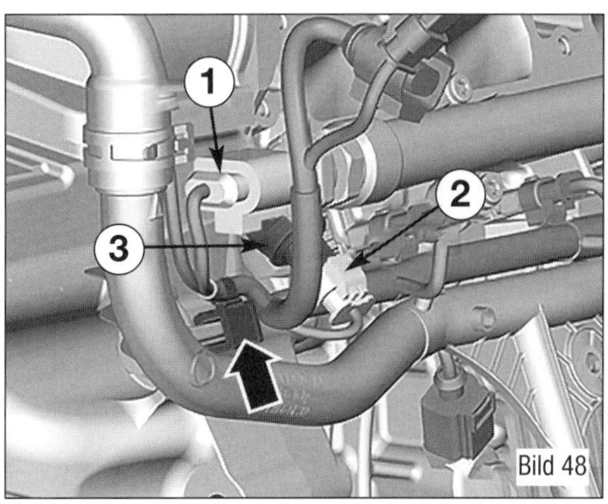

Bild 48
1,5-l-Motor.
1 Steckkontakt am Sammelrohr
2 Steckkontakt
3 Öldruckschalter
Pfeil = Halter am Leitungsstrang

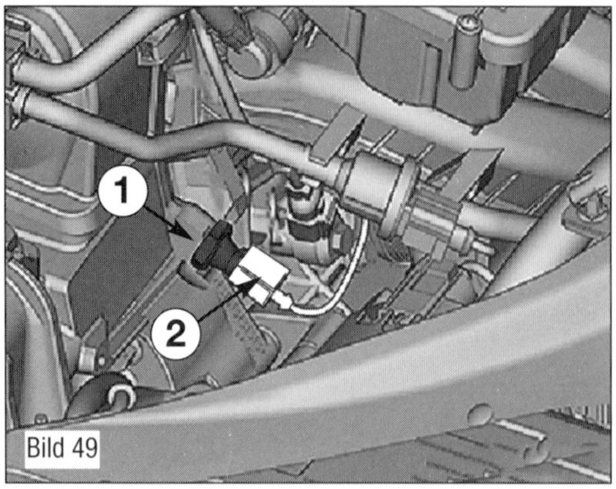

Bild 49
1,6-l-Motor.
1 Öldruckschalter
2 Steckkontakt

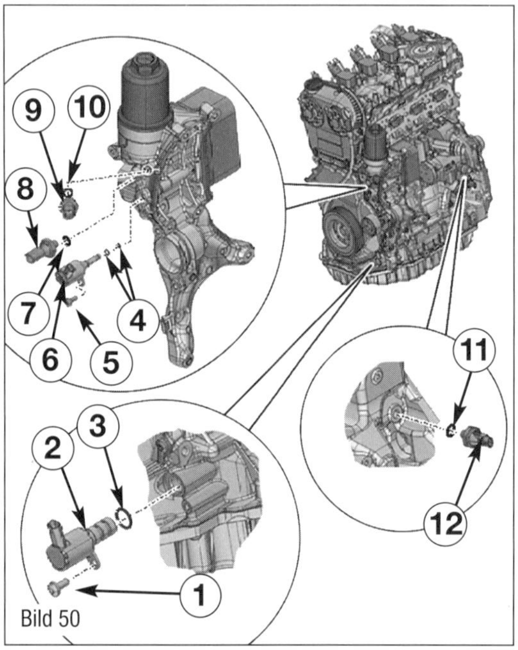

Bild 50
1,8-l- und 2,0-l-TSI-Motor
1 Schraube
2 Ventil für Öldruckregelung
3 O-Ring
4 O-Ringe
5 Schraube
6 Steuerventil für Kolbenkühldüsen
7 Dichtring
8 Öldruckschalter
9 Öldruckschalter für reduzierten Öldruck
10 Dichtring
11 Dichtring
12 Öldruckschalter Stufe 3

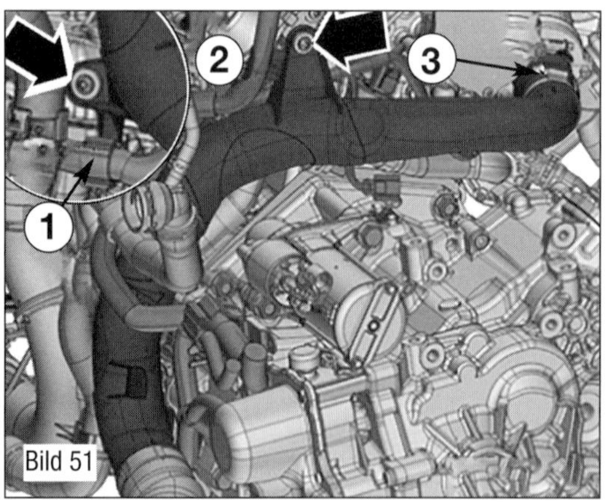

Bild 51
1,8-l- und 2,0-l-TSI-Motor.
1 elektrischer Leitungsstrang
2 elektrischer Leitungsstrang
3 Schlauchschelle
Pfeile = Schrauben

1,8-l- und 2,0-l-TSI-Motoren

Öldruckschalter aus- und einbauen:

■ Ziehen Sie den Stecker vom Öldruckschalter (8 im Bild 50) ab.
■ Das austretende Motoröl mit einem Lappen auffangen.
■ Drehen Sie den Öldruckschalter (8) heraus.

Öldruckschalter für reduzierten Öldruck aus- und einbauen:

■ Ziehen Sie den Stecker vom Öldruckschalter (9) ab.
■ Das austretende Motoröl mit einem Lappen auffangen.
■ Drehen Sie den Öldruckschalter (9) heraus.

Öldruckschalter Stufe 3 aus- und einbauen:

■ Geräuschdämpfungen ausbauen.
■ Das Luftfiltergehäuse ausbauen.
■ Die elektrischen Leitungsstränge (1 und 2 im Bild 51) am Luftführungsrohr freilegen.
■ Schraubschelle (3) lösen.
■ Schrauben (Pfeile) herausdrehen, Schraubschelle unten lösen und Luftführungsrohr ausbauen.
■ Elektrische Steckverbindung am Öldruckschalter, Stufe 3 (12 im Bild 50) trennen.
■ Schrauben herausdrehen und den Zahnriemenschutz abnehmen.
■ Öldruckschalter, Stufe 3 (12) herausschrauben.

Alle Öldruckschalter:

Der Einbau erfolgt für alle Öldruckschalter sinngemäß in umgekehrter Reihenfolge.

■ Motorabdeckung einbauen.
■ Ölstand prüfen.

6 Kühlsystem

Funktion des Kühlkreislaufs
Das Kühlsystem sorgt für die richtige Betriebstemperatur des Motors. Es besteht aufbauseitig aus Kühler, Ladeluftkühler, Luftführungshutze mit Kühlerlüftern und Ausgleichsbehälter für Kühlmittel. Motorseitig gehören Kühlmittelschläuche und Kühlmittelrohre sowie ein Netz aus kleinen, genau bemessenen Kanälen in Motorblock und Zylinder, in denen die in den Ausgleichsbehälter eingefüllte Kühlflüssigkeit zirkuliert, zum System. So entsteht ein Wassermantel, der die Verbrennungswärme über die Schläuche des Kühlsystems an den Kühler abführt. Welche Wege im jeweils konkreten Betriebszustand das Kühlmittel im Kühlsystem nimmt, hängt von der Temperatur des Motors ab. Zu den motorseitigen Aggregaten des Kühlsystems gehören ferner der Motorölkühler und der Kühler für Abgasrückführung. Diese Niedertemperatur-Abgasrückführung sorgt für die Reduzierung der NOx-Emissionen. Bei geschlossenem Kühlmittelregler (Thermostat) wird der Abgasrückführungs-Kühler direkt vom Motorkühler mit kaltem Kühlmittel versorgt. Aufgrund des dadurch größeren Temperaturgefälles kann eine größere Abgasmenge zurückgeführt werden. Somit können die Verbrennungstemperaturen und in deren Folge die Stickoxid-Emissionen in der Warmlaufphase des Motors weiter gesenkt werden. Eine mechanische Kühlmittelpumpe (»Wasserpumpe«) sorgt für den ständigen Kreislauf des Kühlmittels. Sie wird bei den TDI-Motoren von der Kurbelwelle über den Zahnriemen angetrieben, der das Nockenwellenrad und die Hochdruckpumpe des Einspritzsystems antreibt. Die elektrische Zusatzwasserpumpe wird vom Motorsteuergerät angesteuert und läuft nach Motorstart ständig mit. Ein Kühlmittelregler (Dehnstoff-Thermostat) hält die Kühlmitteltemperatur konstant. Das Kühlsystem steht unter einem Überdruck von etwa 1,2 bis 1,5 bar bei Betriebstemperatur. Dadurch und durch den Einsatz von Kühlmittelzusätzen erhöht sich der Siedepunkt der Kühlflüssigkeit von 100 °C auf rund 120 °C. Die höhere Temperatur ermöglicht einen wirtschaftlicheren und damit Kraftstoff sparenden Motorbetrieb. Wenn bei einem heißen Motor der Kühlmitteldruck 1,5 bar übersteigt, tritt das Überdruckventil am Ausgleichsbehälter in Aktion. Es öffnet dann und lässt zum Druckausgleich etwas Wasserdampf entweichen.

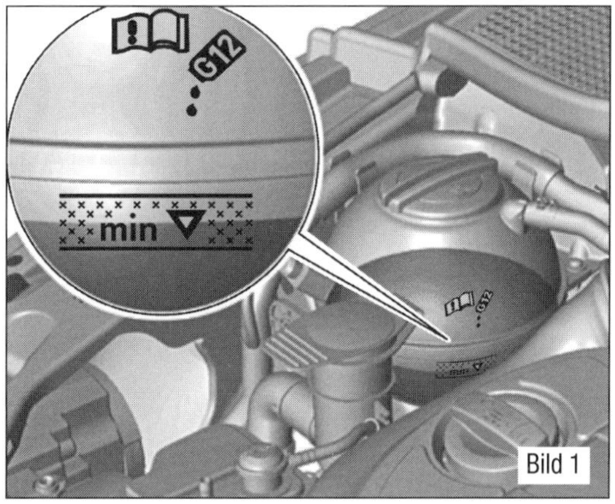

Bild 1
Kühlmittelstand am Kühlmittelausgleichsbehälter.

Sicht- und Funktionsprüfungen

Kühlmittelstand prüfen
- Der Kühlmittelstand wird bei kaltem Motor am Kühlmittel-Ausgleichsbehälter geprüft. Dieser Behälter befindet sich im Motorraum rechts hinten. Er ist meist mit den Markierungen »Max« und »Min« gekennzeichnet, auf jeden Fall mit der »Min«-Markierung und einer Markierungslinie für den maximalen Füllstand.
- Ist der Motor kalt, muss das Kühlmittel zwischen »Max« und »Min« (Bild 1), bei warmem Motor etwas über der Markierungslinie für maximalen Füllstand stehen.
- Bei nicht verbrauchsbedingtem Flüssigkeitsverlust muss die Ursache ermittelt und durch Reparatur beseitigt werden.

Frostschutz des Kühlmittels prüfen
Zur Frostschutzprüfung wird ein handelsüblicher Ansaugprüfer oder für genauere Prüfung ein so genanntes Refraktometer (VW: T10007, T10007 A) benötigt. Beim Ansaugprüfer wird der jeweilige Frostschutz in °C angezeigt. VW schreibt den Werkstätten aber vor, die Konzentration des Kühlmittelzusatzes bei der jüngsten Motorengeneration mit dem Refraktometer »T10007 A« entsprechend Bedienungsanleitung zu prüfen (Bilder 2 und 3). Die Skala »1« des Refraktometers bezieht sich auf die Kühlmittelzusätze G12, G12 plus, G12 Plus Plus und G11. Die Skala »2« bezieht sich nur zu verwendenden Kühlmittelzusatz G13.
- Prüfen Sie den Kühlmittelstand im Ausgleichsbehälter bei kaltem Motor.
- Den genauen Wert bei den Prüfungen liest

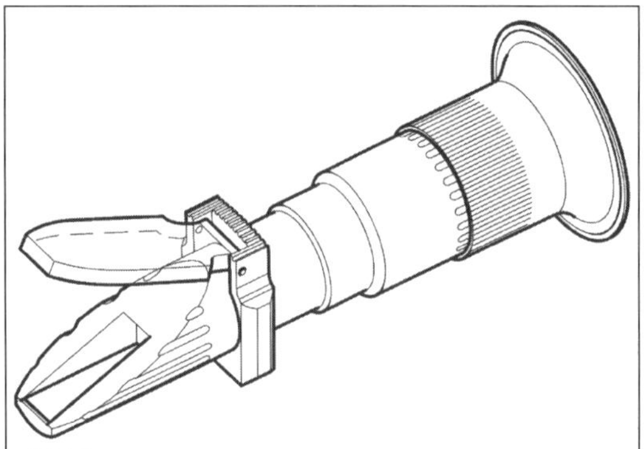

Bild 2
Refraktometer zur Frostschutzgehaltsprüfung.

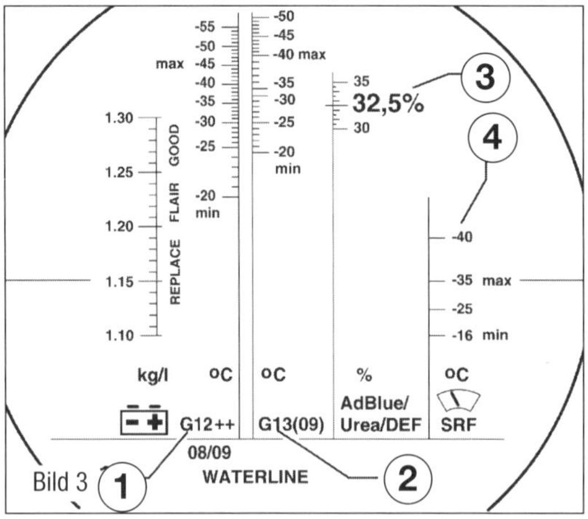

Bild 3
Sichtfeld des Refraktometers.
1 G12; G12 Plus, G12 Plus Plus und G11
2 G13
3 Ad Blue
4 Scheibenfrostschutz

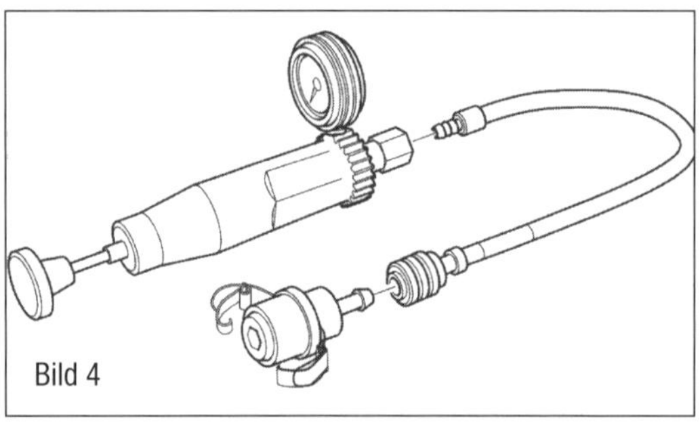

Bild 4
Kühlsystemprüfgerät V.A.G 1274 BCC.

man an der Hell-Dunkel-Grenze ab. Zur besseren Veranschaulichung der Hell-Dunkel-Grenze wird mit der Pipette ein Tropfen Wasser auf das Glas gebracht. Die Hell-Dunkel-Grenze ist dann deutlich an der »Waterline« zu erkennen (Bild 3). Der Frostschutz muss bis etwa -25 °C gewährleistet sein.

■ Bei zu geringem Frostschutz Kühlflüssigkeit ablassen und durch Kühlmittelzusatz G12 Plus Plus ergänzen.

■ Probefahrt durchführen und Frostschutz des Kühlmittels erneut prüfen. Kühlsystem auf Dichtigkeit prüfen. Zur Prüfung der Dichtheit des Kühlsystems und des Überdruckventils wird ein Kühlsystem-Prüfgerät (V.A.G 1274 B) einschließlich Adapter für Kühlsystem-Prüfgerät (V.A.G 1274/8 und V.A.G 1274/9) benötigt. Der Motor muss betriebswarm sein.

■ Verschlussdeckel vom Kühlmittel-Ausgleichsbehälter öffnen.

■ Adapter für Kühlsystemprüfgerät (V.A.G 1274/8) in den Kühlmittelausgleichsbehälter schrauben, Anschlussstück (V.A.G 1274 B/1) in den Adapter für Kühlsystemprüfgerät klemmen und das Anschlussstück über den mitgelieferten Verbindungsschlauch mit dem Kühlsystem-Prüfgerät (V.A.G 1274 B) verbinden (Bild 4).

■ Mit der Handpumpe des Kühlsystem-Prüfgerätes ca. 1,0 bar Überdruck erzeugen. Fällt der Druck ab: Undichte Stelle suchen und Fehler beseitigen. Bevor das Kühlsystemprüfgerät vom Verbindungsschlauch oder Anschlussstück getrennt wird, muss unbedingt der vorhandene Druck abgebaut werden. Dazu das Druckentlastungsventil am Kühlsystem-Prüfgerät drücken, bis das Druckmanometer den Wert »0« anzeigt. Überdruckventil im Verschlussdeckel des Kühlmittelbehälters prüfen.

■ Verschlussdeckel des Kühlmittel-Ausgleichsbehälters in den Adapter für Kühlsystemprüfgerät (V.A.G 1274/9) schrauben, Anschlussstück (V.A.G 1274 B/1) in den Adapter für Kühlsystemprüfgerät klemmen und das Anschlussstück über den mitgelieferten Verbindungsschlauch mit dem Kühlsystem-Prüfgerät verbinden.

■ Mit der Handpumpe des Kühlsystem-Prüfgerätes einen Überdruck von Max. 1,6 bar erzeugen. Das Überdruckventil darf noch nicht öffnen. Öffnet das Überdruckventil vorzeitig: Verschlussdeckel ersetzen.

■ Druck auf über 1,6 bar erhöhen. Das Überdruckventil muss öffnen. Öffnet das Überdruckventil nicht: Verschlussdeckel ersetzen.

Kühlmittel ablassen, ergänzen, auffüllen

Kühlmittel ablassen

Die wesentlichen Arbeitsschritte unterscheiden sich nicht in den einzelnen Motormodellen. Wir stellen Ihnen eine allgemeingültige Anweisung vor und führen die Besonderheiten der einzelnen Modelle auf.

■ Verschlussdeckel vom Kühlmittel-Ausgleichsbehälter öffnen.

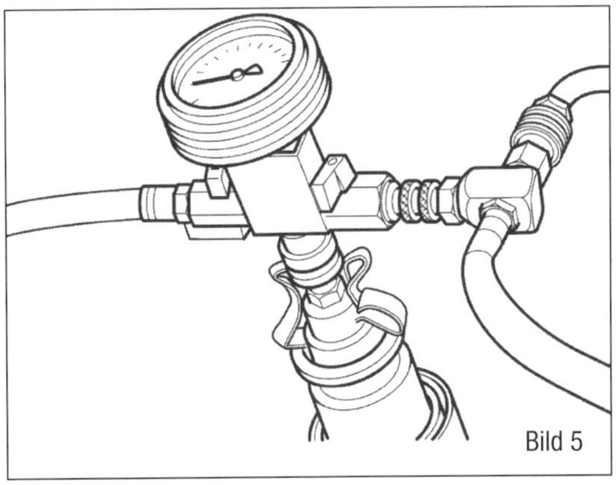

Bild 5
Füllgerät für den Kühlkreislauf bei VW/Audi.

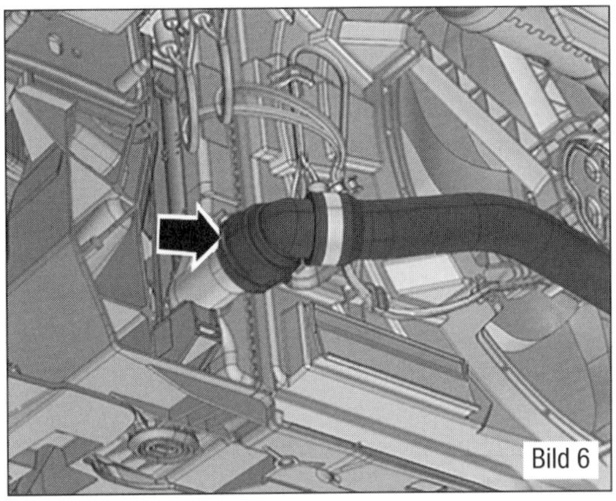

Bild 6
Version 1.
Pfeil = Halteklammern am Kühleranschluss rechts beziehungsweise links

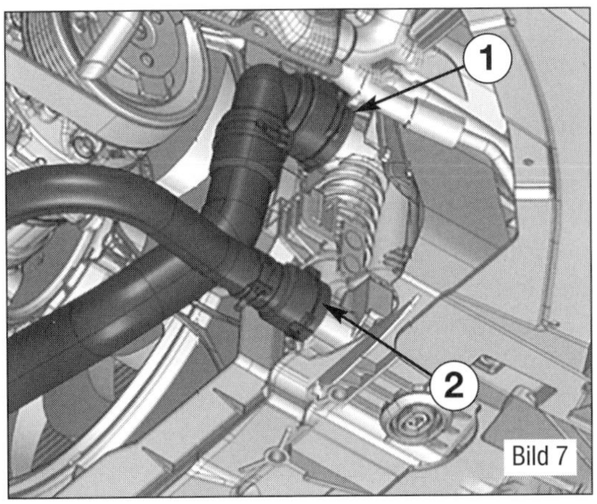

Bild 7
Version 2.
1 Halteklammer
2 Halteklammer

⚠ Bei warmem Motor steht das Kühlsystem unter Druck, beim Öffnen des Ausgleichsbehälters kann deshalb heißer Dampf bzw. heißes Kühlmittel entweichen. Überdruck abbauen, dazu Verschlussdeckel mit einem Lappen abdecken und vorsichtig öffnen. Schutzbrille und Schutzbekleidung tragen, um Augenverletzungen und Verbrühungen zu vermeiden.

- Fahrzeug anheben und Motorspritzschutz (Geräuschdämpfung) abschrauben.
- Auffangwanne für Werkstattkräne (z. B. VAS 6208) unter den Motor stellen.

1,6-l- und 2,0-l-TDI-Motor
Im Octavia wurden drei unterschiedliche Kühlervarianten eingebaut.

Fahrzeuge mit Kühler Version 1:

- Halteklammer (Pfeil im Bild 6) anheben, Kühlmittelschlauch links unten vom Kühler abbauen, Kühlmittel ablaufen lassen.
- Halteklammer anheben, Kühlmittelschlauch rechts unten vom Kühler für Ladeluft-Kühlkreislauf abbauen, Kühlmittel ablaufen lassen.

Fahrzeuge mit Kühler Version 2:

- Halteklammer (1 im Bild 7) anheben, Kühlmittelschlauch links unten vom Kühler abbauen, Kühlmittel ablaufen lassen.
- Halteklammer (2) anheben, Kühlmittelschlauch rechts unten vom Kühler für Ladeluft-Kühlkreislauf abbauen, Kühlmittel ablaufen lassen.

Fahrzeuge mit Kühler Version 3:

- Halteklammer (Pfeil im Bild 8) anheben, Kühlmittelschlauch links unten vom Kühler abbauen, Kühlmittel ablaufen lassen.
- Halteklammern (1), (2) anheben, Kühlmittelschläuche vom Kühler für Ladeluft-Kühlkreislauf abbauen, Kühlmittel ablaufen lassen.

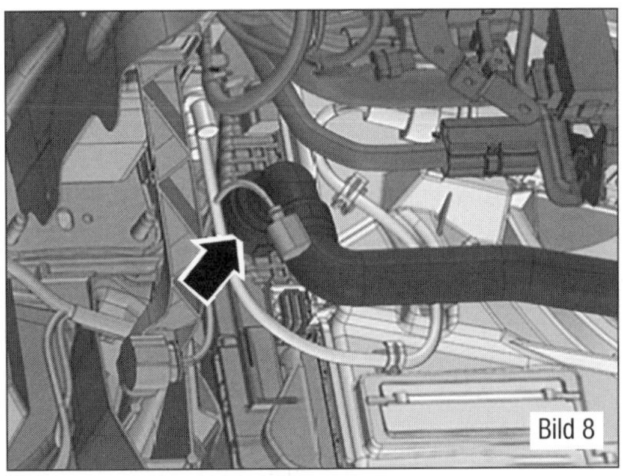

Bild 8
Version 3.
Pfeil = Halteklammer

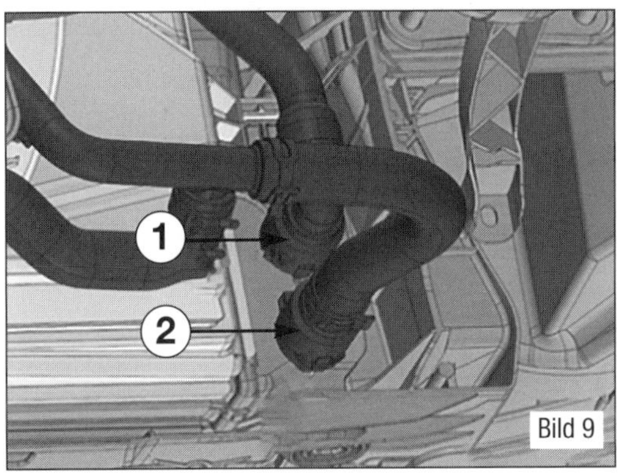

Bild 9
Version 3.
1 Halteklammer
2 Halteklammer

Fortsetzung für alle Fahrzeuge:

■ Schlauchschelle (Pfeil im Bild 10) lösen, Kühlmittelschlauch unten zur Heizungsunterstützungspumpe abbauen, Kühlmittel ablaufen lassen.

1,0-l-, 1,2-l-, 1,4-l-, 1,5-l- und 1,6-l-TSI-Motoren

■ Elektrische Steckverbindung (2 im Bild 11) am Kühlmitteltemperaturgeber am Kühlerausgang (3) trennen.

■ Halteklammer (1) anheben, Kühlmittelschlauch links unten vom Kühler abbauen, Kühlmittel ablaufen lassen.

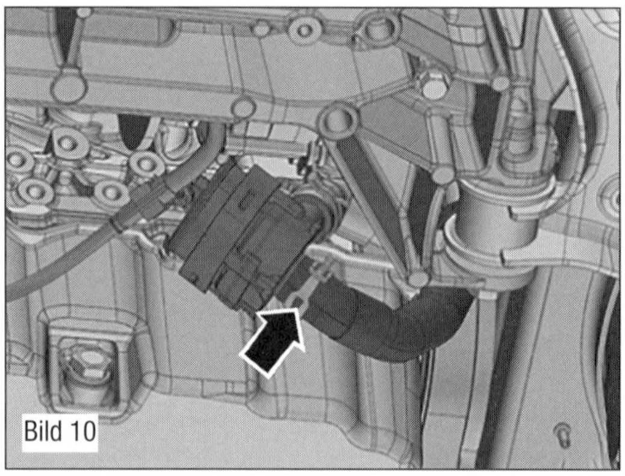

Bild 10

Version 3.
Pfeil = Schlauchschelle

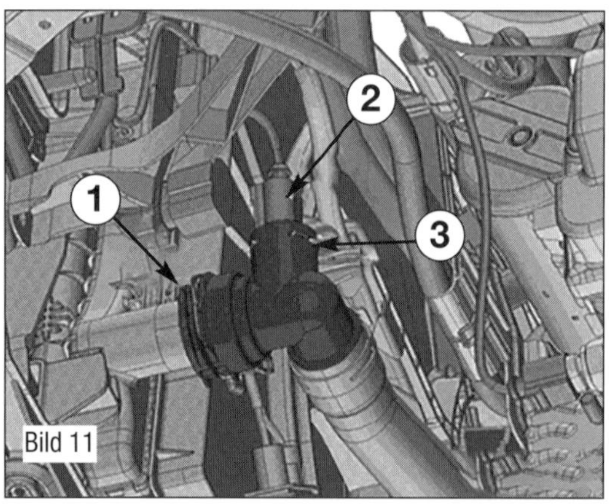

Bild 11

1,0-l-, 1,2-l-, 1,4-l-, 1,5-l- und 1,6-l-Motoren.
1 Halteklammer
2 Steckverbindung
3 Kühlmitteltemperaturgeber Kühlerausgang

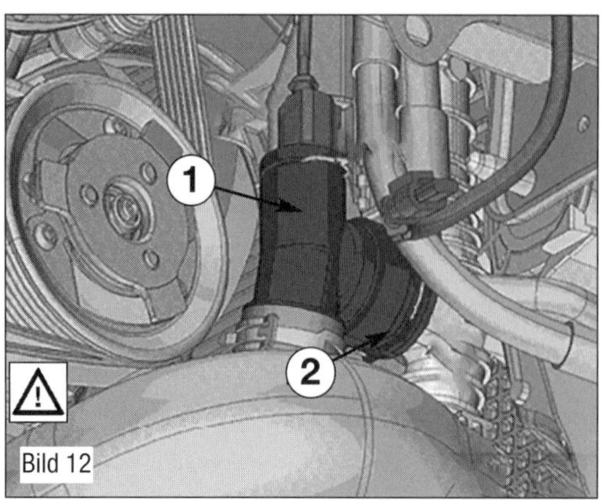

Bild 12

2,0-l-Motoren.
1 Steckkupplung und Kühlmitteltemperaturgeber
2 Halteklammer

■ Halteklammer anheben, Kühlmittelschlauch rechts unten vom Kühler für Ladeluft-Kühlkreislauf abbauen, restliches Kühlmittel ablaufen lassen.

2,0-l-TSI-Motoren

■ Kühlmittelschlauch (2 im Bild 12) rechts unten vom Kühler abbauen, Kühlmittel ablaufen lassen.

Fahrzeuge mit Standheizung:

■ Kühlmittelschläuche abbauen und restliches Kühlmittel ablaufen lassen.

Fahrzeuge mit Zusatzkühler links:

■ Halteklammern (1 im Bild 13) anheben, die Kühlmittelschläuche (2) abziehen und Kühlmittel ablaufen lassen.

Motorkühlsystem befüllen

⚠ Es darf nur destilliertes Wasser zur Mischung von Kühlmittelzusätzen verwendet werden. Durch die Verwendung von destilliertem Wasser wird der optimale Korrosionsschutz erreicht.

☞ Wurden Kühler, Wärmetauscher, Zylinderkopf oder Zylinderkopfdichtung ersetzt: gebrauchtes Kühlmittel vorschriftsmäßig entsorgen und nicht wiederverwenden!

■ Kühlmittelschlauch unten am Kühler einbauen und mit Halteklammer sichern.

■ Kühlmittelschläuche am Ölkühler und an der Pumpe 2 für Kühlmittelumlauf anschließen.

■ Geräuschdämpfung einbauen.

■ Zum Befüllen ist laut Werkstattunterlagen von VW ab Herbst 2010 ausdrücklich destilliertes Wasser (plus Frostschutz) vorgeschrieben. Bis dahin galt die Vorschrift »Leitungswasser mit dem vorgeschriebenen Frostschutzzusatz«. Nun also heißt es: »Durch die unterschiedlichen Inhaltsstoffe, die länderspezifisch und sogar regionalspezifisch sein können, hat Volkswagen entschieden, die Wasserqualität für Kühlsysteme zu definieren. Destilliertes Wasser erfüllt alle Anforderungen. Aus diesem Grund wird empfohlen, auch bei älteren Modellen das Kühlmittel bei Ergänzungen und Neubefüllungen mit destilliertem Wasser anzumischen. Bei neueren Fahrzeugtypen (ab Baujahr 2010) ist destilliertes Wasser zwingend vorgeschrieben.« Die Konzentration des Kühlmittels darf auch in der warmen Jahreszeit bzw. in warmen Ländern nicht

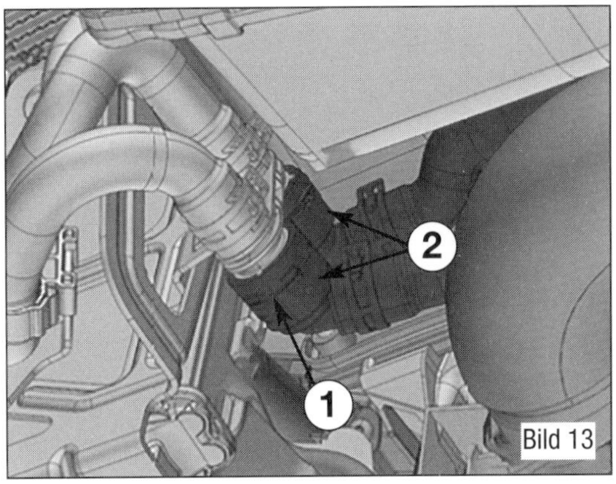

Bild 13

Bild 13
Fahrzeuge mit Zusatzkühler links.
1 Halteklammern
2 Kühlschläuche

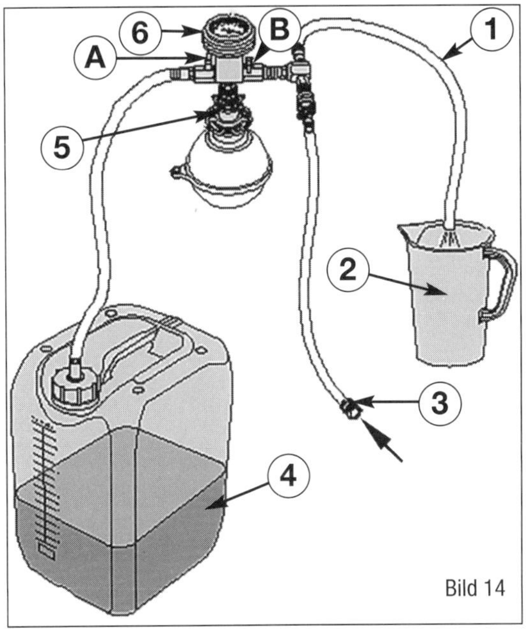

Bild 14

Bild 14
Füllsystem für Kühlmittel.
A und B Ventile
1 Abluftschlauch
2 Auffangbehälter
3 Druckluftschlauch
4 Kühlmittelbehälter 6096/1
5 Adapter 1274/8
6 Entlüftungsgerät 6096

durch Nachfüllen von Wasser verringert werden. Der Kühlmittelzusatz-Anteil muss mindestens 40% betragen. Ist ein stärkerer Frostschutz erforderlich, kann der Anteil von G12 plusplus erhöht werden, jedoch nur bis zu 60% (Frostschutz bis etwa -40 °C), da sich sonst der Frostschutz wieder verringert und außerdem die Kühlwirkung verschlechtert wird.

■ Zum Feststellen der aktuellen Frostschutzdichte wird das Refraktometer »T10007« (Bild 2) empfohlen.

Befüllen mit Gerät VAS 6096

■ Den Adapter für Ausgleichsbehälter V.A.G 1274/8 (5 im Bild 14) auf den Behälter schrauben.

■ Den Kühlmittelkreislauf mit dem Kühlsystem-Befüllgerät entsprechend Bedienungsanleitung mit mindestens 8 Litern vorgemischtem Kühlmittel (im Behälter) »VAS 6096/1« (4) im richtigen Mischungsverhältnis befüllen. Dazu werden die Ventile (A) und (B) bedient. Der Schlauch (3) wird an Druckluft (6 bis 10 bar Überdruck) angeschlossen.

■ Die Abluft durch den Schlauch (1) reißt eine geringe Menge Kühlmittel mit, die in einem offenen Behälter (2) aufgefangen wird.

Befüllen ohne Gerät

■ Das Kühlmittel langsam bis zur oberen Markierung des gerasterten Feldes am Ausgleichsbehälter auffüllen (Bild 1).

■ Ausgleichsbehälter verschließen. Den Motor starten und die Motordrehzahl für ca. 3 Minuten auf ca. 2000/min halten.

■ Motor danach im Leerlauf laufen lassen, bis der Lüfter anläuft.

■ Kühlmittelstand prüfen und ggf. ergänzen. Bei betriebswarmem Motor muss der Kühlmittelstand an der oberen Markierung, bei kaltem Motor in der Mitte des gerasterten Feldes liegen.

Kühler aus- und einbauen

■ Geräuschdämpfung oder den Unterfahrschutz ausbauen.

■ Kühlmittel ablassen.

1,6-l- und 2,0-l-TDI-Motoren

Auch hier tauchen wieder die drei im Octavia eingebauten unterschiedlichen Kühlervarianten auf.

■ Kühlmittel ablassen.

■ Stoßfängerabdeckung vorn ausbauen.

■ Schrauben (1 und 3 Bild 15) herausdrehen.

■ Verrastung entriegeln (Pfeil), Abdeckung (2) abnehmen.

■ Kühlmittelschlauch (2 im Bild 16) frei legen.

■ Verrastungen entriegeln (Pfeile), Luftführung Oberteil (1) abnehmen.

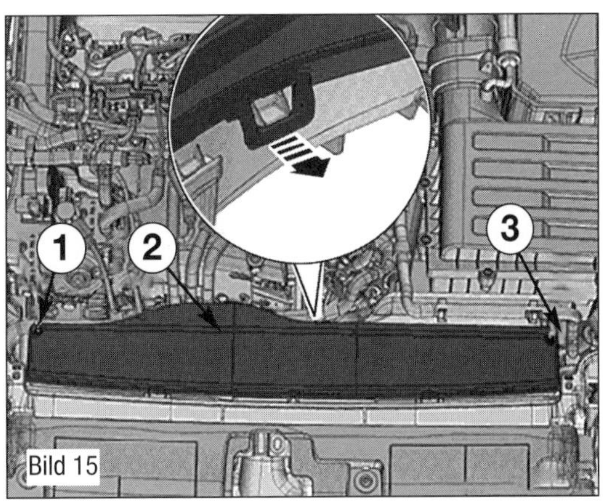

Bild 15

Bild 15
1,6-l- und 2,0-l-TDI-Motoren.
1 Schraube
2 Abdeckung
3 Schraube
Pfeil = Verrastung

Bild 16
1,6-l- und 2,0-l-TDI-Motoren.
1 Luftführungsoberteil
2 Kühlmittelschlauch
Pfeile = Verrastungen

Bild 17
1,6-l- und 2,0-l-TDI-Motoren.
1 Luftführungsunterteil
Pfeil = Schraube (links und rechts)

Bild 18
Kühlervariante 1.
1 Kühlerlager
2 Kondensator
3 Gummilager
4 O-Ring
5 Kühlmittelschlauch
6 Kühler für Kühlmittel
7 O-Ring
8 Kühlmittelschlauch
9 Clip
10 O-Ring
11 Temperaturfühler
12 Kühlmittelschlauch
13 O-Ring
14 Kühlmittelschlauch
15 O-Ring
16 Kühler für Ladeluft-Kühlkreislauf

Bild 19
Kühlervariante 2.
1 Kühlerlager
2 Kondensator
3 Gummilager
4 O-Ring
5 Kühlmittelschlauch
6 Kühlmittelschlauch
7 O-Ring
8 Kühler für Kühlmittel
9 Kühlmittelschlauch
10 O-Ring
11 Kühlmittelschlauch
12 O-Ring
13 Kühler für Ladeluft-Kühlkreislauf

Bild 20
Kühlervariante 3.
1 Kondensator
2 Kühlerlager
3 Gummilager
4 Kühlmittelschlauch
5 O-Ring
6 Kühlmittelschlauch
7 O-Ring
8 Kühler für Ladeluft-Kühlkreislauf
9 Kühlmittelschlauch
10 O-Ring
11 Kühlmittelschlauch
12 O-Ring
13 Kühler für Kühlmittel

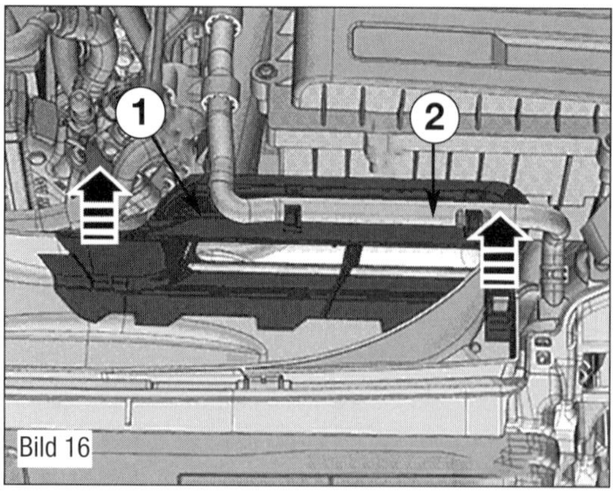
Bild 16

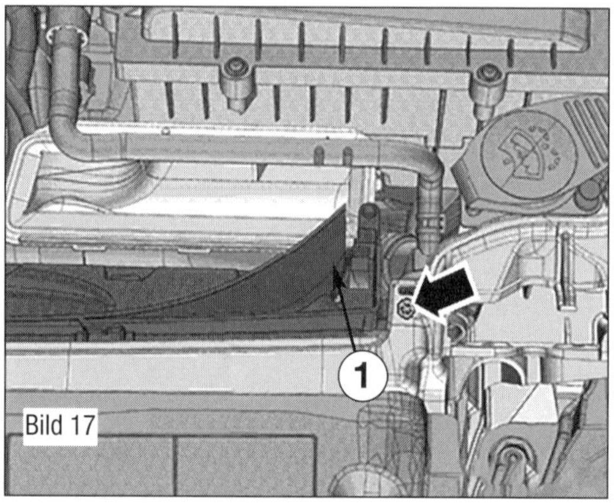
Bild 17

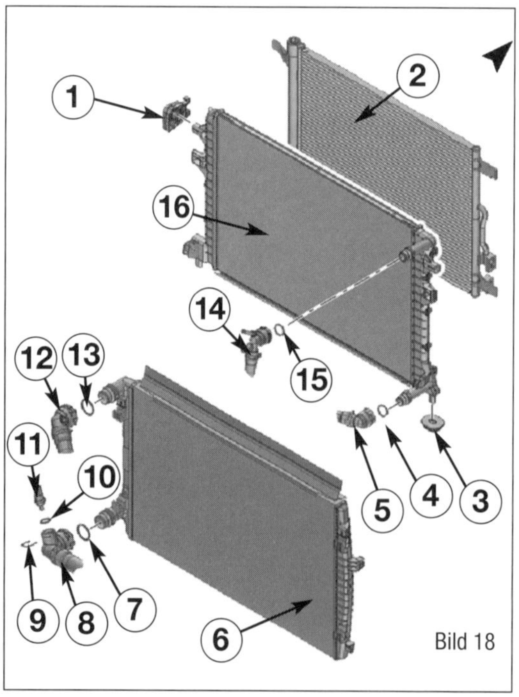
Bild 18

- Links und rechts Schraube (Pfeil im Bild 17) herausdrehen.
- Unterteil (1) der Luftführung ausclipsen und abnehmen.
- Lüfterzarge ausbauen.

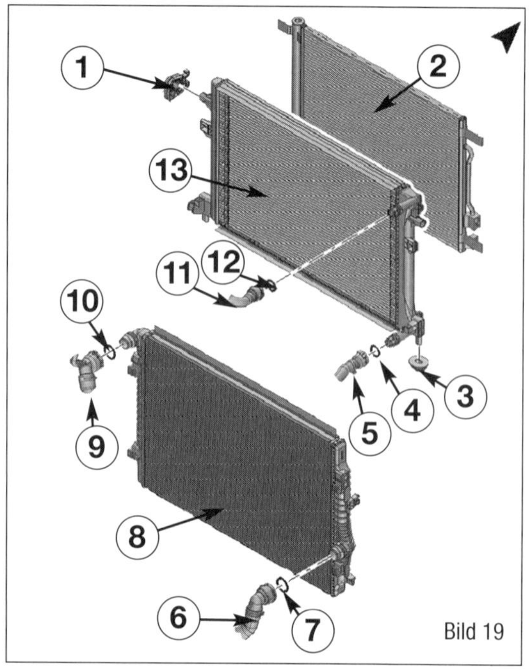
Bild 19

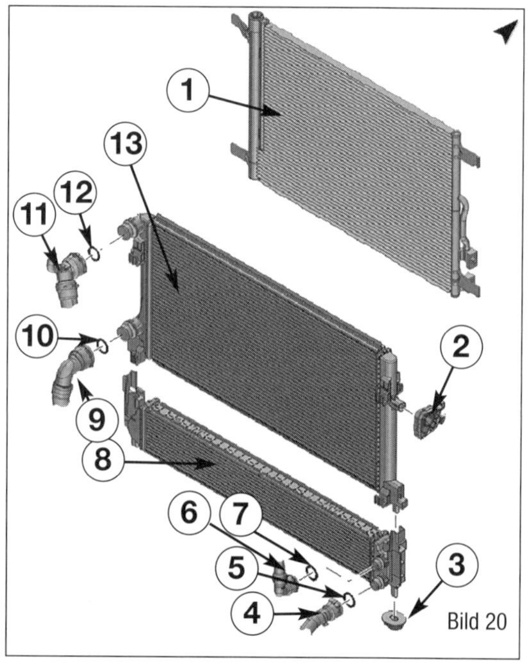
Bild 20

Fahrzeuge mit Kühler Version 1 und 2:

- Halteklammer anheben, Kühlmittelschlauch rechts (14 im Bild 18, bzw. 11 im Bild 19) oben vom Kühler für Ladeluft-Kühlkreislauf abbauen.

Fahrzeuge mit Kühler Version 3:

- Halteklammer anheben, Kühlmittelschlauch links unten (9 im Bild 20) vom Kühler abbauen.
- Halteklammern anheben, und die Kühlmittelschläuche vom Kühler für Ladeluft-Kühlkreislauf (4 und 6) abbauen.

Fortsetzung für alle Fahrzeuge:

■ Halteklammer oben links anheben, Kühlmittelschlauch vom Kühler abbauen.

■ Links und rechts die Verrastungen des Kühlerlagers zusammendrücken.

■ Den Kühler für Kühlmittel oben etwas zum Motor drücken.

Tipp: Falls die Verrastung des Kühlerlagers bricht, muss das Kühlerlager nicht ersetzt werden. Die Verrastung kann dann durch eine spezielle Schraube ersetzt werden.

■ Links und rechts Luftführung (2 im Bild 18) nach unten ausclipsen (Pfeil B).

■ Links und rechts Verrastungen entriegeln (Pfeil A), Kondensator (3) vom Kühler für Ladeluft-Kühlkreislauf (1) aushängen.

■ Kondensator zum Schlossträger festbinden.

Fahrzeuge mit Kühler Version 1 und 2:

■ Links und rechts Verriegelungslaschen (rechts und links etwa mittig) für Kühler gleichzeitig drücken und Kühler für Kühlmittel vom Kühler für Ladeluft- Kühlkreislauf abnehmen.

■ Kondensator am Schlossträger festbinden.

Fahrzeuge mit Kühler Version 3:

■ Verrastungen (unten am Wasserkühler) am Kühler für Ladeluft-Kühlkreislauf entriegeln.

■ Kühler für Ladeluft-Kühlkreislauf vom Kühler für Kühlmittel abbauen und aushängen.

■ Beide Kühler abnehmen.

1,0-l-, 1,4-l-, 1,5-l- und 1,6-l-TSI-Motoren

■ Kühlmittel ablassen.

■ Lüfterzarge ausbauen.

■ Stoßfängerabdeckung vorn ausbauen.

■ Halteklammer anheben, Kühlmittelschlauch rechts oben vom Kühler für Ladeluft-Kühlkreislauf (14 im Bild 18) trennen.

■ Halteklammer anheben, Kühlmittelschlauch oben links (9) vom Kühler abbauen.

■ Verrastung entriegeln für Kühlerlager oben zusammendrücken.

■ Den Kühler teilweise in den Motorraum kippen.

Tipp: Falls die Verrastung des Kühlerlagers bricht, muss das Kühlerlager nicht ersetzt werden. Die Verrastung kann dann durch eine spezielle Schraube ersetzt werden.

Für Fahrzeuge mit Klimaanlage:

Achtung: Der Kältemittelkreislauf der Klimaanlage darf nicht geöffnet werden. Um Beschädigungen am Kondensator sowie an den Kältemittelleitungen oder -schläuchen zu vermeiden, ist darauf zu achten, dass die Leitungen und Schläuche nicht überdehnt, geknickt oder verbogen werden.

■ Links und rechts Verrastungen entriegeln (Pfeil A im Bild 21), Kondensator vom Kühler für Ladeluft-Kühlkreislauf (1) aushängen.

■ Kondensator zum Schlossträger festbinden.

Fortsetzung für alle Fahrzeuge:

■ Kühler für Kühlmittel zusammen mit Kühler für Ladeluft-Kühlkreislauf aus dem Fahrzeug herausnehmen.

■ Links und rechts Verriegelungslaschen (Bild 22) für Kühler gleichzeitig drücken und den Kühler für Kühlmittel vom Kühler für Ladeluft-Kühlkreislauf abnehmen.

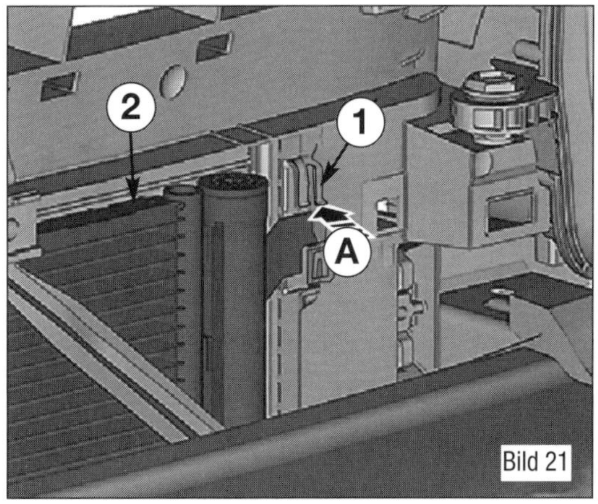

Bild 21
Klimakondensator am Kühler.
1 Raste
2 Klimakondensator
A (Pfeil) = Bewegungsrichtung

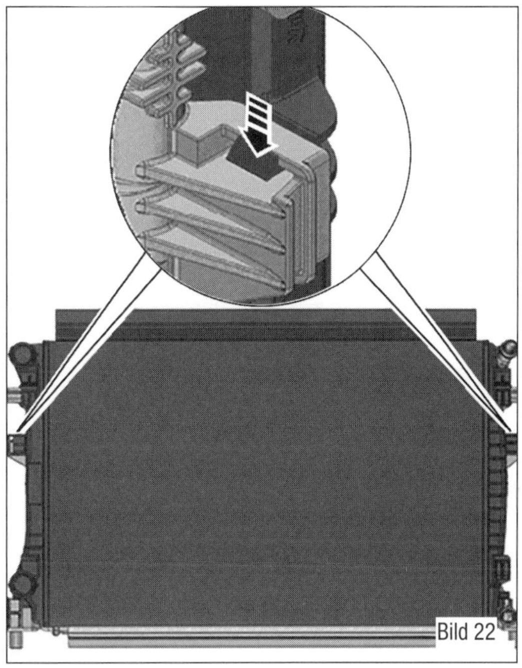

Bild 22
Wasserkühler und Ladeluftkühler Versionen 1 und 2.
Pfeil = Bewegungsrichtung zum Auslösen der Verrastung

Sichtprüfung

Messen

1,2-l-TSI-Motoren
Auch hier tauchen wieder die drei im Octavia eingebauten unterschiedlichen Kühlervarianten auf.

- Kühlmittel ablassen.
- Stoßfängerabdeckung vorn ausbauen.

Fahrzeuge mit Kühler Version 1:

- Halteklammer anheben, Kühlmittelschlauch rechts (14 im Bild 18) oben vom Kühler für Ladeluft-Kühlkreislauf abbauen.

Fahrzeuge mit Kühler Version 2 und 3:

- Halteklammer anheben und Kühlmittelschlauch (11 im Bild 19; beziehungsweise 6 im Bild 20) rechts oben vom Kühler für Ladeluft-Kühlkreislauf abbauen.
- Der Kühlmittelschlauch rechts unten ist bereits abgezogen.

Fortsetzung für alle Fahrzeuge:

- Halteklammer oben links anheben, Kühlmittelschlauch oben links vom Kühler abbauen.
- Links und rechts die Verrastungen des Kühlerlagers zusammendrücken.
- Den Kühler für Kühlmittel oben etwas zum Motor drücken.

Falls die Verrastung des Kühlerlagers bricht, muss das Kühlerlager nicht ersetzt werden. Die Verrastung kann dann durch eine spezielle Schraube ersetzt werden.

- Links und rechts Verrastungen entriegeln (Pfeil A im Bild 21), Kondensator vom Kühler für Ladeluft-Kühlkreislauf (1) aushängen.
- Kondensator zum Schlossträger festbinden.

Fahrzeuge mit Kühler Version 1:

- Links und rechts Sicherungsrasten (Pfeil im Bild 22) für Kühler gleichzeitig drücken und Kühler für Kühlmittel vom Kühler für Ladeluft-Kühlkreislauf aushängen.

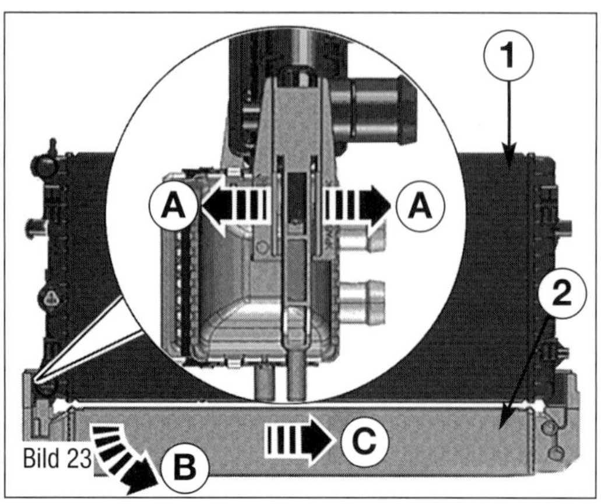

Bild 23

Wasserkühler und Ladeluftkühler Version 3.

1 Kühler für Kühlmittel
2 Kühler für Ladeluft
A Bewegungsrichtung zum Entsichern
B Bewegungsrichtung zum Lösen des Ladeluftkühlers
C Bewegungsrichtung zum Verschieben des Ladeluftkühlers

1,8-l- und 2,0-l-TSI-Motoren

- Die Lüfterzarge ausbauen.
- Die Stoßfängerabdeckung vorn ausbauen.
- Anschließend die Schrauben der Luftführung herausdrehen.
- Die Verrastung entriegeln und die Luftführung oben und unten abnehmen.
- Links und rechts Verrastungen entriegeln (Pfeil A im Bild 21), Kondensator vom Kühler für Ladeluft-Kühlkreislauf (1) aushängen.
- Kondensator zum Schlossträger festbinden.
- Halteklammer (Pfeil im Bild 20) anheben, Kühlmittelschlauch oben links vom Kühler abbauen.
- Wenn vorhanden, Frischluftklappe ausbauen.
- Führungsprofil Mitte (A im Bild 16) am Schlossträger abbauen (Pfeile).
- Links und rechts die Verrastungen (Pfeile im Bild 17) des Kühlerlagers mit einem Seitenschneider abkneifen. Kühler für Kühlmittel oben etwas zum Motor drücken.

Das Kühlerlager wird beim Einbau wiederverwendet. Es wird dann mit dem Schlossträger verschraubt.

Für Fahrzeuge mit Klimaanlage:
Der Kältemittelkreislauf der Klimaanlage darf nicht geöffnet werden. Um Beschädigungen am Kondensator sowie an den Kältemittelleitungen oder -schläuchen zu vermeiden, ist darauf zu achten, dass die Leitungen und Schläuche nicht überdehnt, geknickt oder verbogen werden.

- Links und rechts Verrastungen entriegeln (Pfeil A im Bild 21), Kondensator vom Kühler für Ladeluft-Kühlkreislauf (1) aushängen.
- Kondensator zum Schlossträger festbinden.

Fortsetzung für alle Fahrzeuge:

- Links und rechts Verriegelungslaschen für Kühler drücken (Pfeil im Bild 18) und Kühler für Kühlmittel vom Ladeluftkühler abnehmen.
- Ladeluftkühler sichern.

Einbau für alle Motoren
Der Einbau erfolgt sinngemäß in umgekehrter Reihenfolge.

Lüfter und Zarge aus- und einbauen

Auch für diesen Reparaturabschnitt finden sich im Octavia gleich vier unterschiedliche Bauvarianten. Die Montagearbeiten unterscheiden sich kaum, wir möchten Ihnen aber trotzdem mit der bildlichen Darstellung eine Übersicht über den Aufbau ermöglichen.

■ Motorabdeckungen und die Geräuschdämmung oben und unten ausbauen.

1,5-l-, 2,0-l-TDI und 1,5-l-TSI-Motoren

■ Schrauben (1 und 3 im Bild 15) herausdrehen.

■ Verrastung entriegeln (Pfeil) und die Abdeckung (2) abnehmen.

■ Kühlmittelschlauch (2 im Bild 16) lösen.

■ Verrastungen entriegeln (Pfeile) und das Luftführungsoberteil (1) abnehmen.

■ Links und rechts die Schraube (Pfeil im Bild 17) herausdrehen.

■ Unterteil (1) der Luftführung ausclipsen und abnehmen.

■ Elektrische Steckverbindung für Kühlerlüfter trennen.

■ Links und rechts Verriegelungslaschen für Lüfterzarge gleichzeitig drücken und Lüfterzarge nach unten vom Kühler abnehmen.

1,0-l-, 1,2-l-, 1,4-l-TSI-Motoren

■ Schlauchschelle lösen, Luftführungsschlauch vom Luftfiltergehäuse abbauen.

■ Links und rechts Schraube herausdrehen, die Luftführung am Schlossträger ausclipsen und abnehmen.

■ Elektrische Steckverbindung für Kühlerlüfter trennen.

Fahrzeuge mit Kühler Version 1 und 2:

■ Eine Auffangwanne für das Kühlmittel unterstellen.

■ Die Halteklammer lösen und Kühlmittelschlauch rechts unten vom Kühler für Ladeluft-Kühlkreislauf abbauen und das Kühlmittel ablaufen lassen.

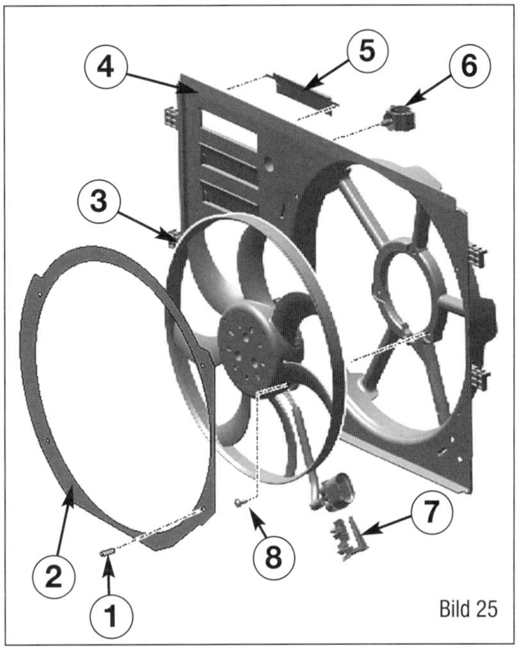

Bild 25
Zarge und Singlelüfter in Variante 2.
1 Bolzen
2 Ring (Bund) für Luftführungskanal
3 Kühlerlüfter
4 Lüfterzarge
5 Staudruckklappe
6 Befestigungsschelle
7 Halter
8 Schraube

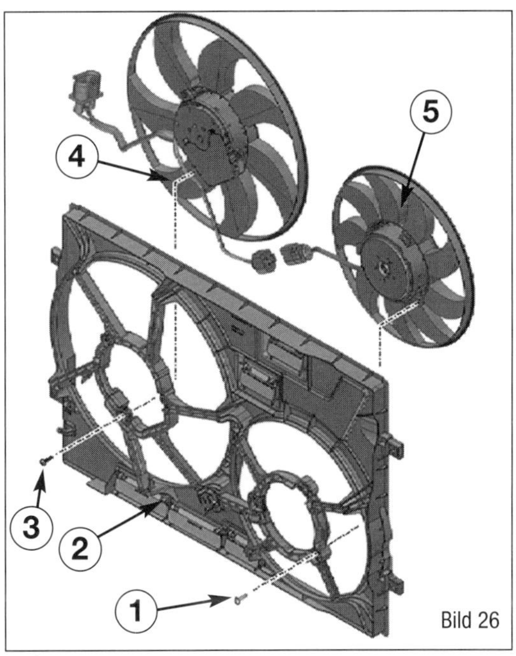

Bild 26
Zarge und Doppellüfter in Variante 1.
1 Schraube
2 Lüfterzarge
3 Schraube
4 Kühlerlüfter
5 Kühlerlüfter 2

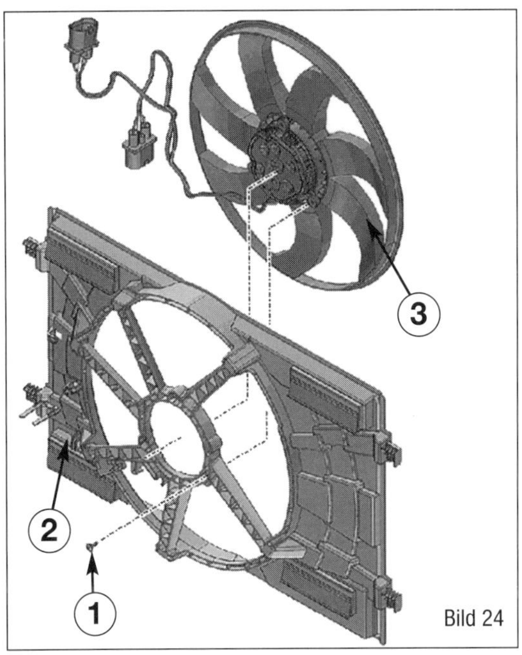

Bild 24
Zarge und Singlelüfter in Variante 1.
1 Schraube
2 Lüfterzarge
3 Kühlerlüfter

Bild 27
Zarge und Doppellüfter in Variante 2.
1 Schraube
2 Lüfterzarge
3 Schraube
4 Kühlerlüfter
5 Kühlerlüfter 2
6 Schraube

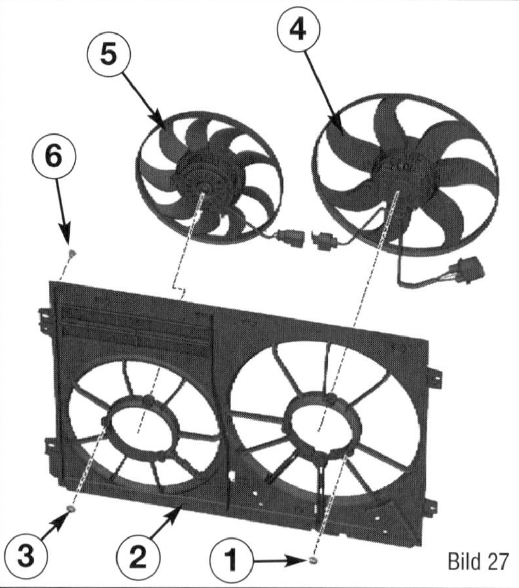

Bild 27

Fortsetzung für alle Fahrzeuge:
- Links und rechts Verriegelungslaschen für Lüfterzarge gleichzeitig drücken und Lüfterzarge nach oben vom Kühler abnehmen.

1,0-l-TSI-Motor:
- Lüfterzarge dabei auf einer Seite ca. 45° nach oben drehen.

1,2-l-Fahrzeuge mit Kühler Version 1 und 2:
- Lüfterzarge nach unten aus dem Fahrzeug herausnehmen.

1,2-l-Fahrzeuge mit Kühler Version 3:
- Lüfterzarge teilweise nach rechts schieben und nach oben aus dem Fahrzeug abnehmen. Der Einbau erfolgt sinngemäß in umgekehrter Reihenfolge.
- Kühlmittel kontrollieren und soweit erforderlich auffüllen.
- Funktion der Lüftermotoren über den Stellgliedtest mit dem Tester oder durch den Warmlauf des Motors prüfen.

1,6-l-Motoren
- Vor Beginn der Arbeiten im Bereich der Lüfterzarge elektrische Steckverbindungen des Lüfters trennen.
- Stecker vom Kühlerlüfter abziehen, dazu die Sicherung nach oben schieben und die Entriegelungstaste ebenfalls nach oben drücken.
- Links und rechts Sicherungsrasten für Lüfterzarge gleichzeitig drücken und Lüfterzarge in Pfeilrichtung ausheben.
- Lüfterzarge nach unten aus dem Fahrzeug herausnehmen.

2,0-l-TSI-Motoren
- Luftfiltergehäuse ausbauen.
- Elektrische Steckverbindung für Kühlerlüfter trennen.
- Luftführungsschlauch links unten zum Ladeluftkühler demontieren.
- Links und rechts Verriegelungslaschen für Lüfterzarge gleichzeitig drücken.
- Die Lüfterzarge nach oben vom Kühler abziehen und nach unten herausnehmen.

Lüftermotor ausbauen
- Lüfterzarge ausbauen.
- Elektrische Steckverbindung zu den Elektromotoren trennen.
- Schrauben des Lüftermotors herausdrehen.
- Kühlerlüfter abnehmen.

Kühlmittelpumpe (Wasserpumpe) aus- und einbauen

- Lassen Sie das Kühlmittel wie beschrieben ab.
- Bauen Sie den Keilrippenriemen wie bereits im Kapitel 4 beschrieben aus.

1,6-l- und 2,0-l-TDI-Motoren
- Bauen Sie den Zahnriemen wie beschrieben aus. Es wäre auch ausreichend den Zahnriemen von der Nockenwelle abzunehmen. Der Arbeitsaufwand wird hierdurch nicht deutlich geringer, aber das Risiko in Sachen hineinfallende Teile und zum Einstellen der Steuerzeiten wird größer.
- Schraube (3 im Bild 28) herausdrehen und das Kühlmittelventil für Zylinderkopf (2) abnehmen.
- Die Schrauben (Pfeile) herausdrehen, Kühlmittelpumpe (1) abnehmen.

1,0-l-, 1,2-l-, 1,4-l- und 1,6-l-TSI-Motoren:
- Das Kühlmittel wie bereits beschrieben ablassen.
- Geräuschdämpfung oben und unten wie beschrieben ausbauen.

1,0-l-Motor:
- Den Anschlussstutzen am Abgasturbolader abbauen.

1,2-l- und 1,4-l-Motor:
- Batterieträger ausbauen.
- Schlauchschellen lösen, Luftführungsrohr zum Luftfilter ausbauen.

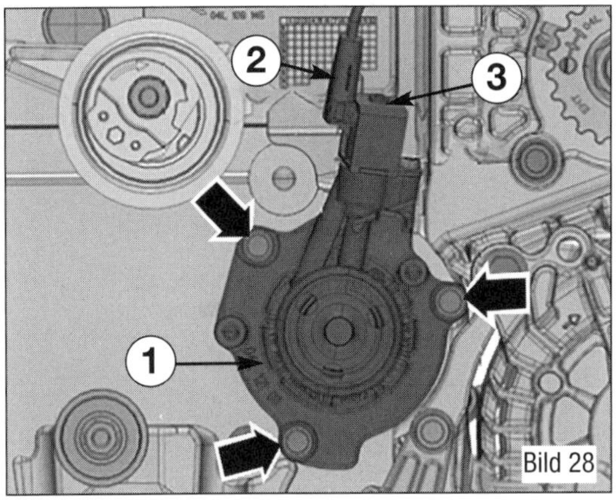

Bild 28
Geregelte Wasserpumpe am 1,6-l- und 2,0-l-TDI-Motor.
1 Kühlmittelpumpe
2 Kühlmittelventil
3 Schraube
Pfeile = Schrauben

- Luftführungsschläuche zum Turbolader am Luftführungsrohr frei legen.
- Stecker vom Ladedruckgeber abziehen.
- Verrastungen am Turbolader mit Entriegelungswerkzeugen »T10527« und »T10527/1« entriegeln.
- Luftführungsrohr abnehmen.
- Entriegelungstasten drücken, Schlauch zum Aktivkohlebehälter abbauen.
- Schrauben an der Befestigung am Zylinderkopf herausdrehen und den Schlauch für Kurbelgehäuseentlüftung abnehmen.

1,0-l-, 1,2-l- und 1,4-l-Motor:
- Elektrischen Leitungsstrang (1 im Bild 30) und Kühlmittelschlauch (2) seitlich frei legen.

1,6-l-Motor:
- Elektrischen Leitungsstrang am Zahnriemenschutz der Kühlmittelpumpe frei legen.

Weiter für alle Motoren:
- Schlauchschellen (Pfeile) lösen und Kühlmittelschläuche abbauen.
- Schrauben (11 im Bild 29) herausdrehen und Zahnriemenschutz (7) für den Zahnriemen für die Kühlmittelpumpe abnehmen.
- Schrauben in der Reihenfolge (5 im Bild 31) bis (1) lösen und herausdrehen.
- Kühlmittelpumpe mit Zahnriemen abnehmen.

Einbauen:

Tipp: Der Zahnriemen für Kühlmittelpumpenantrieb ist nach dem Ausbau immer zu ersetzen.

- Dichtung für Kühlmittelreglergehäuse (Pfeile) ersetzen. Auf richtigen Sitz der Dichtung (Pfeile) achten.
- Dichtung für Kühlmittelpumpe mit Kühlmittel benetzen.

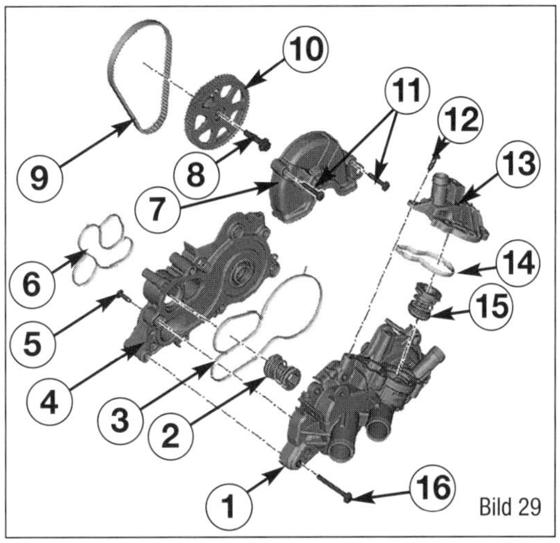

Bild 29
Wasserpumpe über dem Getriebe am Zylinderkopf beim 1,0-l-bis 1,4-l-TSI und 1,6-l-MPI-Motor.
1 Kühlmittelreglergehäuse
2 Kühlmittelregler
3 Dichtung
4 Kühlmittelpumpe
5 Schraube
6 Dichtung
7 Zahnriemenschutz
8 Schraube
9 Zahnriemen
10 Zahnriemenrad
11 Schraube
12 Schraube
13 Deckel
14 Dichtung
15 Kühlmittelregler
16 Schraube

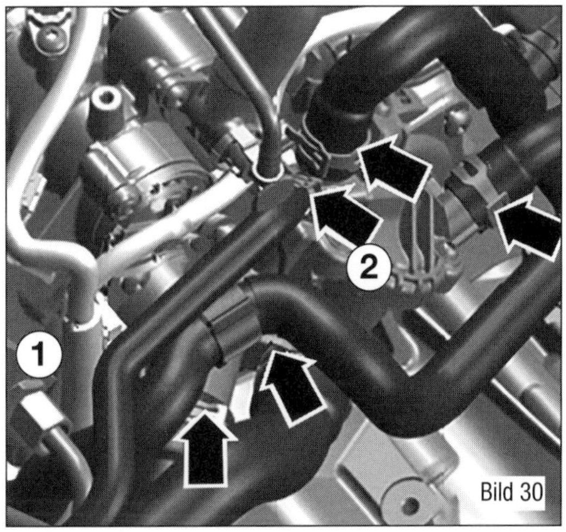

Bild 30
1,0-l-TSI-Motoren.
1 Elektrischer Leitungsstrang
2 Kühlmittelschlauch
Pfeile = Schellen

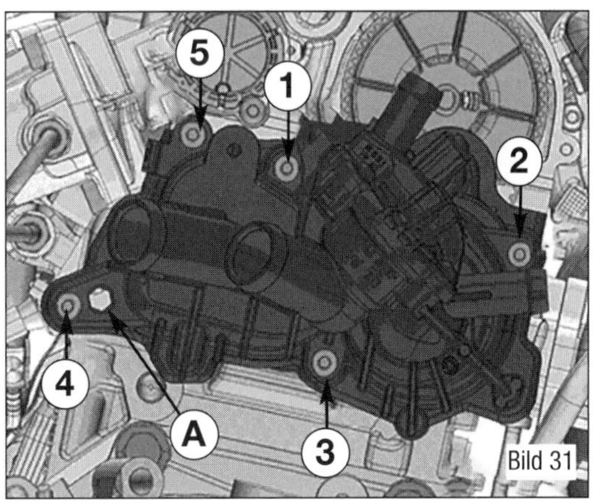

Bild 31
1,0-l-TSI-Motoren.
1-5 Anzugsreihenfolge der Schrauben
A Sechskant zum Vorspannen des Zahnriemens

Achtung: Die folgenden Arbeitsschritte zum Einbau der Kühlmittelpumpe sind unbedingt in der angegebenen Reihenfolge einzuhalten. Dadurch wird das korrekte Spannen des Zahnriemens gewährleistet. Gefahr von vorzeitigem Verschleiß des Zahnriemens oder der Kühlmittelpumpe.

Sichtprüfung Messen

Die folgenden Arbeitsschritte sind unter Zuhilfenahme eines zweiten Mechanikers durchzuführen.

■ Kolben des Zylinder 1 auf »OT« für Arbeiten am Zahnriementrieb wie bereits beschrieben einstellen.

■ Zahnriemen mittig zwischen die Führungen auf das Zahnriemenrad der Kühlmittelpumpe auflegen.

■ Kühlmittelpumpe in Einbaulage bringen.

■ Kühlmittelpumpe mit den Befestigungsschrauben am Zylinderkopf ansetzen.

■ Schrauben in der genannten Reihenfolge voranziehen:

Stufe	Reihenfolge (Bild 31)	Drehmoment
1	1 - 5	Handfest
2	1 - 5	10 Nm

■ Alle Schrauben wieder 1 Umdrehung lösen.

■ Einen Drehmomentschlüssel mit Stecknuss Innensechskant SW 10 Pos. (A) an der Kühlmittelpumpe ansetzen.

■ Kühlmittelpumpe am Innensechskant mit einer 10-mm-Stecknuss mit Verlängerung und Drehmomentschlüssel mit 30 Nm im Uhrzeigersinn vorspannen.

Zwecks besserer Handhabung den Drehmomentschlüssel senkrecht ansetzen und nicht mit der anderen Hand abstützen. Um eine zu hohe Riemenspannung zu vermeiden, darf der Drehmomentschlüssel nicht »überdrückt« werden.

■ Die Kühlmittelpumpe unter Vorspannung halten.

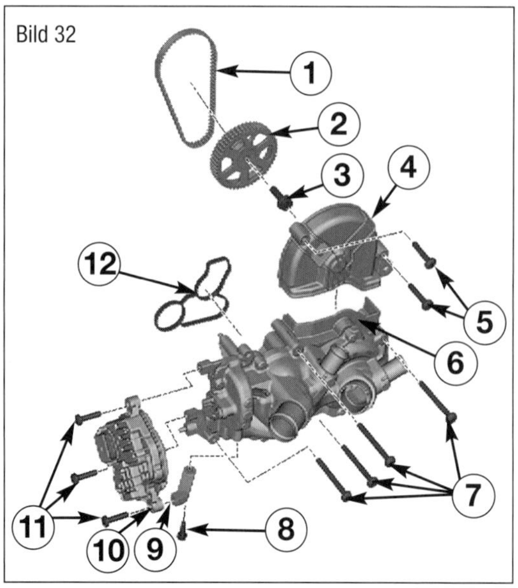

Bild 32
Wasserpumpe über dem Getriebe am Zylinderkopf.
1 Zahnriemen
2 Zahnriemenrad
3 Schraube
4 Zahnriemenschutz
5 Schraube
6 Kühlmittelpumpe
7 Schraube
8 Schraube
9 Halter
10 Modul für Motortemperaturregelung
11 Schraube
12 Dichtung

■ Dabei durch einen zweiten Mechaniker die Schrauben für Kühlmittelpumpe in der genannten Reihenfolge festziehen:

Stufe	Reihenfolge (Bild 31)	Drehmoment
3	2, 1, 5	10 Nm
4	3, 4, 5, 1, 2	12 Nm

Der weitere Einbau erfolgt sinngemäß in umgekehrter Reihenfolge.

1,5-l-TSI-Motoren

■ Das Kühlmittel wie beschrieben ablassen.

■ Das Luftfiltergehäuse ausbauen.

■ Den Batterieträger ausbauen.

■ Luftführungsrohr zwischen Ladeluftkühler und Abgasturbolader ausbauen.

■ Öffnungen am Getriebe mit Putzlappen abdecken, damit keine Flüssigkeit in das Kupplungsgehäuse laufen kann.

■ Schraube (A im Bild 33) vom Kühlmittelrohr (1) herausdrehen.

■ Schlauchschellen am Kühlmittelrohr lösen und die Schraube am für Halter des Kühlmittelrohres herausdrehen.

■ Die Schlauchschellen lösen und die Kühlmittelschläuche von der Kühlmittelpumpe abziehen.

■ Halteclips für Leitungsstrang am Zahnriemenschutz der Kühlmittelpumpe lösen.

■ Die Schrauben (5 im Bild 32) herausdrehen und Zahnriemenschutz (4) abnehmen.

■ Den Stecker (A im Bild 34) vom Modul für Motortemperaturregelung abziehen.

■ Die Schraube (B) vom Halter für Kühlmittelrohr unter der Kühlmittelpumpe herausdrehen.

■ Die Schrauben in der Reihenfolge (4) bis (1) lösen und herausdrehen.

■ Die Kühlmittelpumpe zusammen mit dem Zahnriemen abnehmen.

Einbauen:

Der Zahnriemen für Kühlmittelpumpenantrieb ist nach dem Ausbau immer zu ersetzen.

■ Dichtung für Kühlmittelpumpe ersetzen. Auf richtigen Sitz der Dichtung achten.

■ Dichtung für Kühlmittelpumpe mit Kühlmittel benetzen.

■ Den Zahnriemen mittig zwischen die Führungen auf das Zahnriemenrad der Kühlmittelpumpe auflegen.

■ Die Kühlmittelpumpe in Einbaulage bringen.

Die Stifte (2 im Bild 35) an der Kühlmittelpumpe (3) müssen in die Öffnungen (1) am Zylinderkopf eingreifen.

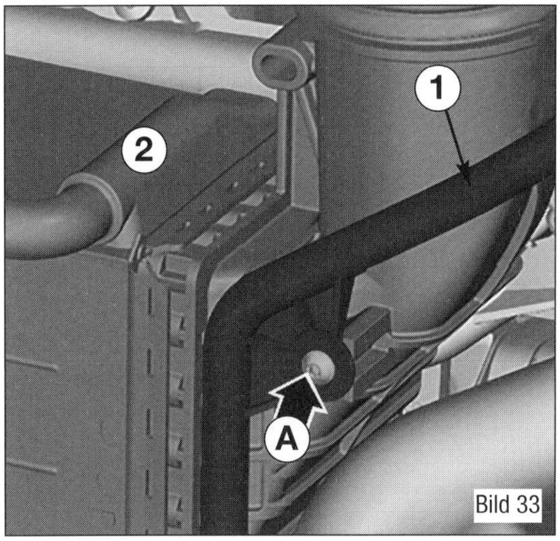

Bild 33

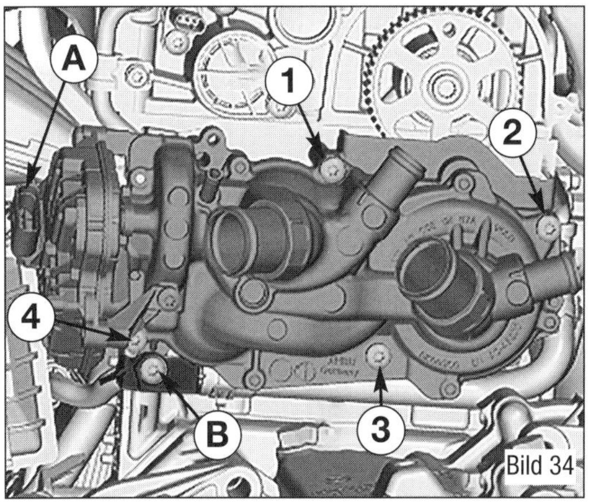

Bild 34

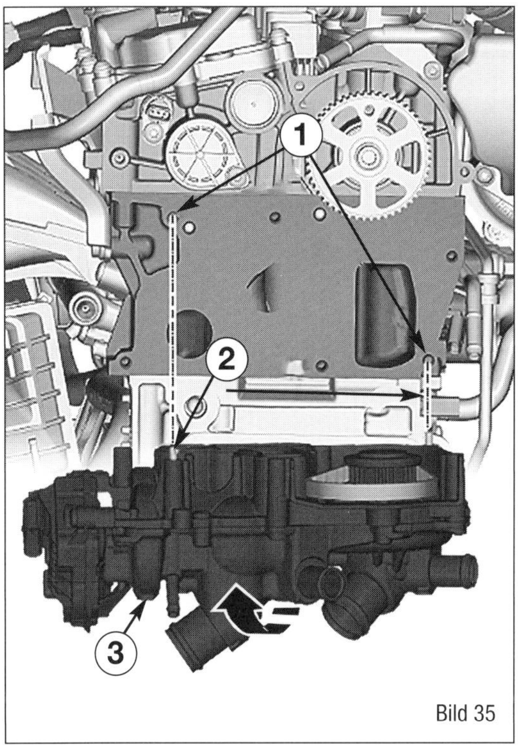

Bild 35

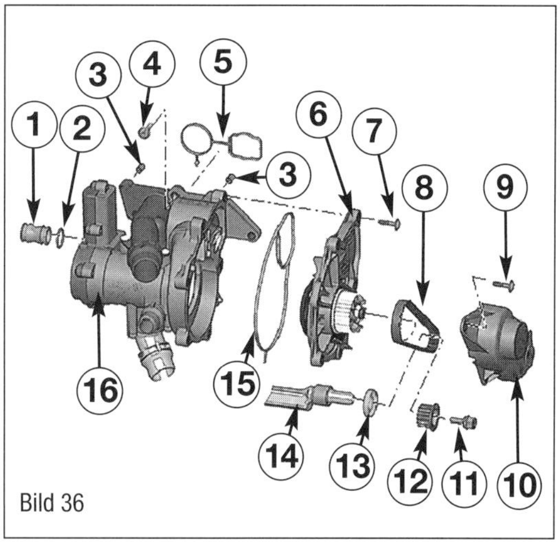

Bild 36

Tipp: Dank der Zentrierstifte der Kühlmittelpumpe wird der Zahnriemen automatisch gespannt.

- Die Kühlmittelpumpe mit den Befestigungsschrauben am Zylinderkopf ansetzen.
- Zahnriemen am Zahnriemenrad Nockenwelle auflegen.
- Schrauben in der Reihenfolge (1 bis 4 im Bild 34) mit 12 Nm festziehen. Wenn das Modul für Motortemperaturregelung abgebaut wurde, muss möglicherweise die Kühlmittelpumpenwelle in Einbaulage gedreht werden.

Der weitere Einbau erfolgt sinngemäß in umgekehrter Reihenfolge.

1,8-l- und 2,0-l-TSI-Motoren

- Luftfiltergehäuse ausbauen.
- Elektrische Leitungsstränge (1 im Kapitel 5 Bild 50) und (2) am Luftführungsrohr frei legen.
- Schraubschelle (3) lösen.
- Schrauben (Pfeile) herausdrehen.
- Schlauchschelle am Ladeluftkühler lösen und Ladeluftschlauch mit Luftführungsrohr nach unten ausbauen.
- Links und rechts Schraube (Pfeil im Kapitel 6 Bild 17) herausdrehen.
- Unterteil (1) der Luftführung ausclipsen und abnehmen.
- Drosselklappensteuereinheit ausbauen.
- Halteklammer anheben, oberen Kühlmittelstutzen abziehen und zur Seite drücken.
- Steckverbindungen (2 im Bild 26), (3) und (4) trennen. Befestigungsschrauben (1) herausdrehen und Halter zur Seite legen.
- Elektrische Steckverbindung (1 im Bild 38) am Öldruckschalter (2) trennen.

Bild 33
1 Kühlmittelrohr
2 Ladeluftkühler
A Schraube

Bild 34
1-4 Anzugsreihenfolge der Schrauben
A Steckkontakt
B Schraube für den Halter unter der Kühlmittelpumpe

Bild 35
Kühlmittelpumpe bis 1,5-l-TSI-Motor.
1 Öffnungen (Bohrungen)
2 Stifte
3 Kühlmittelpumpe

Bild 36
Wasserpumpe beim 1,8-l- und 2,0-l-TSI-Motor.
1 Verbindungsstutzen
2 O-Ring
3 Passstift
4 Schraube
5 Dichtung
6 Kühlmittelpumpe
7 Schraube
8 Zahnriemen
9 Schraube
10 Zahnriemenschutz
11 Schraube
12 Antriebsrad
13 Dichtring für Ausgleichswelle für Einlassnockenwelle
14 Ausgleichswelle
15 Dichtung
16 Stellelement für Motortemperaturregelung

Sichtprüfung Messen

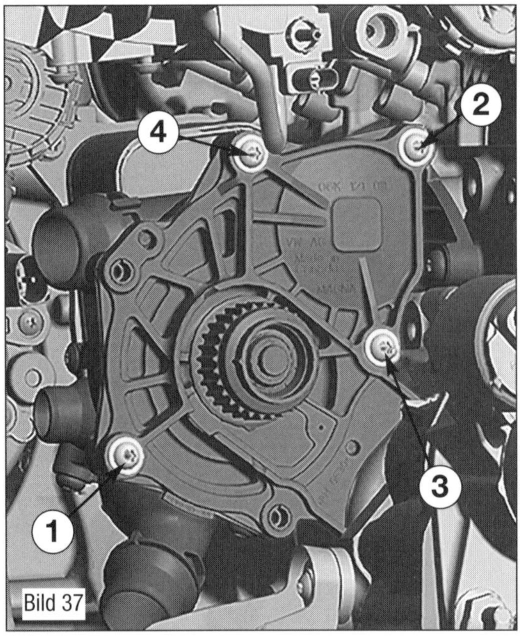

Bild 37

Bild 37
Wasserpumpe beim 1,8-l- und 2,0-l-TSI Motor. Die Nummerierung ist für die Anzugsreihenfolge für Montage und Demontage wichtig.
1-4 Schrauben

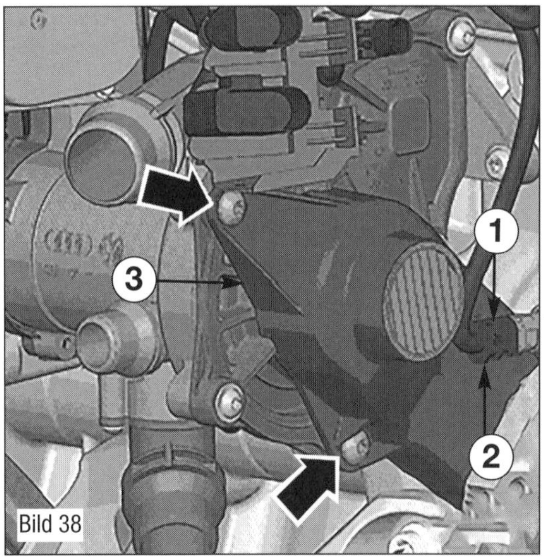

Bild 38

Bild 38
Wasserpumpe beim 1,8-l- und 2,0-l-TSI-Motor.
1 Stecker Öldruckschalter
2 Öldruckschalter
3 Zahnriemenabdeckung

■ Schrauben (9 im Bild 36) herausdrehen und Zahnriemenschutz (10) abnehmen.
■ Schrauben (1 bis 4 im Bild 37) lösen und Zahnriemen von der Kühlmittelpumpe abnehmen.
■ Schrauben (1) bis (4) herausdrehen und Kühlmittelpumpe vom Stellelement für Motortemperaturregelung abnehmen.

Der Einbau erfolgt sinngemäß in umgekehrter Reihenfolge.

■ Wenn eine neue Kühlmittelpumpe eingebaut wurde, müssen Sie die Schutzkappe am Antriebsrad abziehen.
■ Kühlmittel auffüllen. Gebrauchtes Kühlmittel nicht wiederverwenden.

Kühlmittelumlaufpumpe (elektrisch) aus- und einbauen
In allen Modellen sind heute elektrische Kühlmittelpumpen verbaut, ob nun für die Ladeluftkühlung, die Kühlkreislaufzirkulation, für die Heizungsunterstützung oder die Standheizung. Die Montagearbeiten sind oftmals sehr ähnlich. Der Einbauort der Pumpe für Kühlmittelumlauf befindet sich oft unterhalb des Saugrohres. Der Einbauort der Pumpen kann aber je nach Motorvariante und Ausrüstung unterschiedlich sein. Wir stellen Ihnen an dieser Stelle eine allgemeingültige Arbeitsbeschreibung vor.

■ Geräuschdämpfung oder den Unterfahrschutz ausbauen.
■ Überdruck abbauen, dazu Verschlussdeckel für Kühlmittelausgleichsbehälter mit Lappen abdecken und vorsichtig öffnen.
■ Wärmeschutzmanschette soweit verbaut öffnen.
■ Stecker entriegeln und abziehen.
■ Wasserschläuche mit Schlauchklemmen bis 40 mm verschließen.
■ Schellen öffnen, Kühlmittelschläuche abziehen.
■ Befestigungsschraube(n) herausdrehen und die Pumpe vom Halter nehmen.

Der Einbau erfolgt sinngemäß in umgekehrter Reihenfolge.

Temperaturregler und Thermostate

Die Begriffe erscheinen auf den ersten Blick etwas verwirrend. Wir benennen die herkömmlichen, mechanischen Regelventile als Thermostat und die elektrisch angesteuerten Ventile, wie die im 1,5-l-Motor und im 1,8-l- sowie dem 2,0-l-TSI-Motor verbauten, als Temperaturregler.

1,6-l- und 2,0-l-TDI-Motoren
■ Kühlmittel ablassen.
■ Schrauben am Luftführungsrohr über dem Getriebe herausdrehen.
■ Schraubschelle lösen und Luftführungsrohr abnehmen.
■ Die Lüfterzarge wie beschrieben ausbauen
■ Die Kühlerschutzmatte am Fahrzeug anbringen.

Bild 39

Bild 39
Thermostat bei der TDI-Variante 1.
1 O-Ringe
2 Anschlussstutzen
3 O-Ring
4 Kühlmittelrohr vorn unten
5 Dichtring
6 O-Ring
7 Kühlmittelpumpe
8 O-Ringe
9 Schraube
10 Kühlmittelventil für Zylinderkopf
11 Schraube
12 Halteklammer
13 Halteklammer
14 O-Ring
15 Dichtring
16 Schraube
17 Kühlmittelreglergehäuse
18 O-Ring
19 Kühlmittelregler
20 Schraube
21 Anschlussstutzen

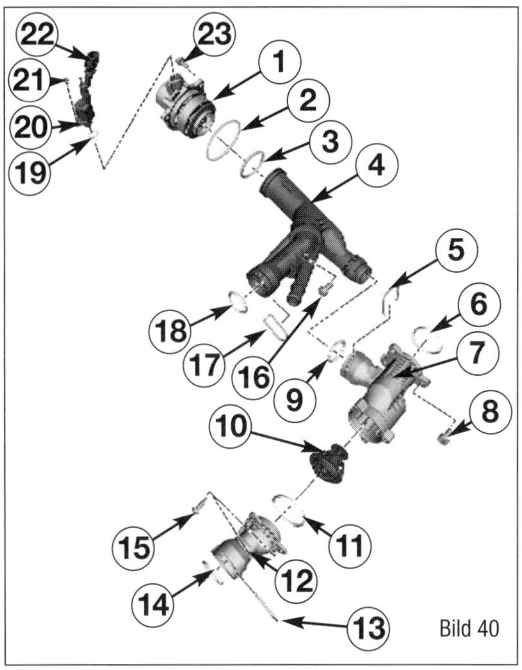

Bild 40

Bild 40
Thermostat bei der TDI-Variante 2.
1 Kühlmittelpumpe
2 O-Ring
3 O-Ring
4 Kühlmittelrohr vorn unten
5 Halteklammer
6 Dichtring
7 Kühlmittelreglergehäuse
8 Schraube
9 O-Ring
10 Kühlmittelregler
11 O-Ring
12 Anschlussstutzen
13 Halteklammer
14 O-Ring
15 Schraube
16 Schraube
17 Halteklammer
18 O-Ring
19 O-Ring
20 O-Ring
21 Schraube
22 Kühlmittelventil für Zylinderkopf
23 Schraube

Variante 1 (Bild 39):

- Rastnase von oben mit einem Schraubendreher in Pfeilrichtung (B im Bild 41) entriegeln.
- Den Anschlussstutzen (1) in Pfeilrichtung (A) drehen und abziehen.
- Den Kühlmittelregler abnehmen.

Der Einbau erfolgt sinngemäß in umgekehrter Reihenfolge.

- Dichtfläche für O-Ring reinigen und glätten.
- O-Ring mit Kühlmittel benetzen.
- Kühlmittelregler (2 im Bild 42) in das Kühlmittelreglergehäuse einsetzen. Die Haltenasen müssen in die Führungen eingreifen (3).
- Kühlmittel kontrollieren und wenn erforderlich auffüllen.

Variante 2 (Bild 40):

- Kühlmittel-Anschlussstutzen vorn abbauen.
- Kühlmittelrohre vorn ausbauen.
- Schlauchschelle oben lösen und den Kühlmittelschlauch vom Kühlmittelreglergehäuse abziehen.
- Mutter (5 im Bild 44) herausdrehen und Halter (6) von der Doppelschraube (4) abnehmen.
- Schrauben (3) und (4) herausdrehen.
- Abstützung abnehmen und Leitungsstrang zur Seite drücken.
- Klammer anheben, Kühlmittelschlauch am Stutzen (12 im Bild 40) abbauen.
- Schrauben (15) herausdrehen.
- Anschlussstutzen (12) abziehen.
- Kühlmittelregler (10) abnehmen.

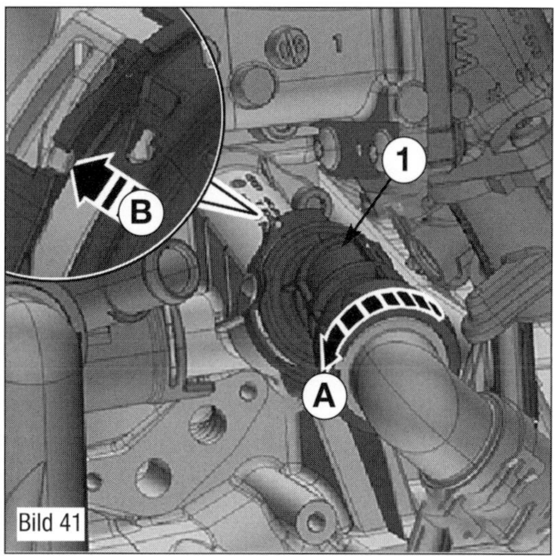

Bild 41

Bild 41
1,6-l- und 2,0-l-TDI-Variante 1.
1 Anschlussstutzen
A Öffnungsrichtung
B Verriegelung

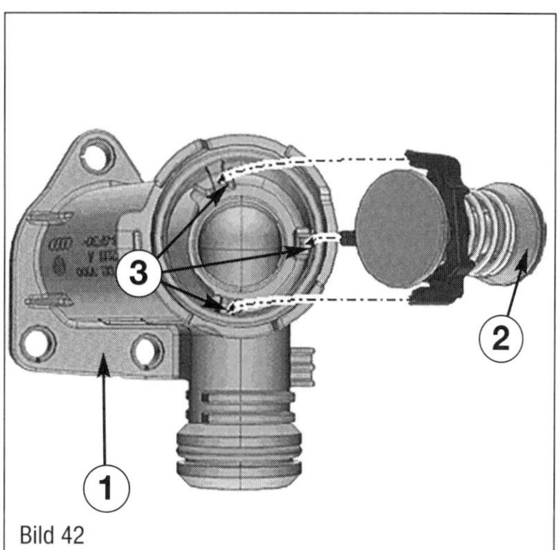

Bild 42

Bild 42
1,6-l- und 2,0-l-TDI-Variante 1.
1 Reglergehäuse
2 Thermostat (Kühlmittelregler)
3 Haltenasen

Bild 43
1,6-l- und 2,0-l-TDI-Variante 2.
1 Thermostat (Kühlmittelregler)
2 Thermostat, mit Führungen

Bild 44
1,6-l- und 2,0-l-TDI-Variante 2.
1 Schraube
2 Schraube
3 Schraube
4 Schraube
5 Mutter
6 Halter
7 Schraube
8 Kühlmittelreglergehäuse

Bild 45
1,0-l-, 1,2-l-, 1,4-l-TSI und 1,6-l-MPI-Motoren »großer Kreislauf«.
1-5 Anzugsfolge der Schrauben
A Zentrierbolzen

Bild 46
1,0-l-, 1,2-l-, 1,4-l-TSI und 1,6-l-MPI-Motoren »großer Kreislauf«.
1 Kühlmittelpumpe
2 Thermostat (Kühlmittelregler)

Bild 47
1,0-l-, 1,2-l-, 1,4-l-TSI und 1,6-l-MPI-Motoren »kleiner Kreislauf«.
1 Kühlmittelreglergehäuse
2 Deckel
3 Kühlmittelschlauch,
4 Schlauchschelle
Pfeile = Schrauben

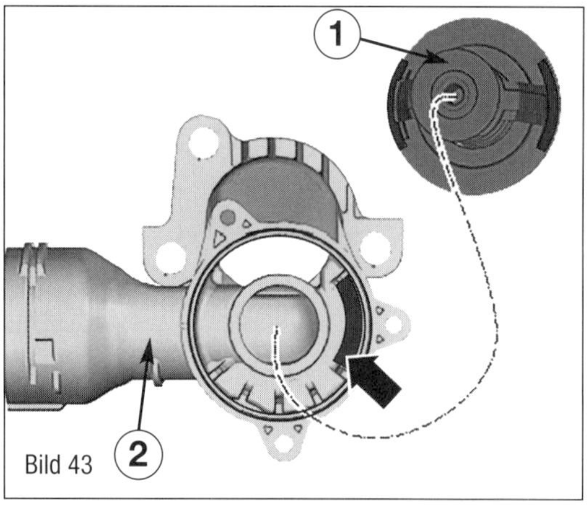
Bild 43

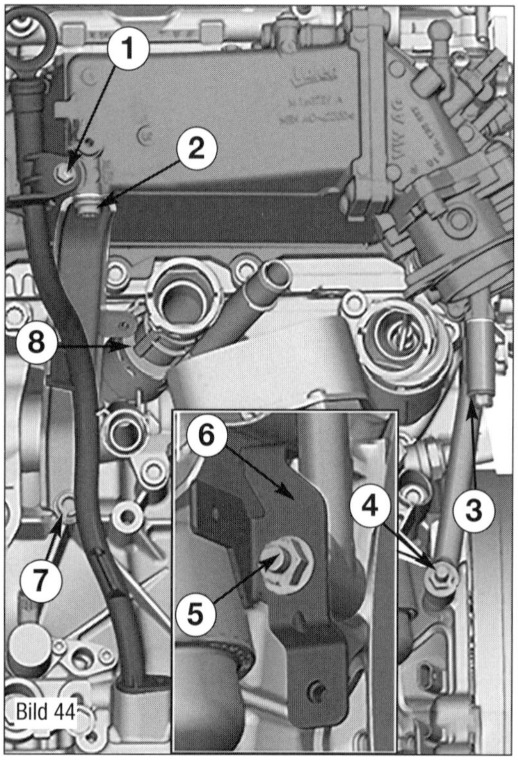
Bild 44

Der Einbau erfolgt sinngemäß in umgekehrter Reihenfolge.

- Dichtfläche für O-Ring reinigen und glätten.
- O-Ring mit Kühlmittel benetzen.
- Kühlmittelregler (10) in das Kühlmittelreglergehäuse (7) einsetzen. Die Führungen am Kühlmittelregler (1 im Bild 43) müssen in der Führung (Pfeile 3) des Gehäuses (2) sitzen.
- Kühlmittel kontrollieren und wenn erforderlich auffüllen.

1,0-l-, 1,2-l-, 1,4-l-TSI- und 1,6-l-MPI-Motoren

Für diese Motoren wurden zwei Thermostate verbaut. Sie regeln den großen und den kleinen Kühlkreislauf getrennt voneinander.

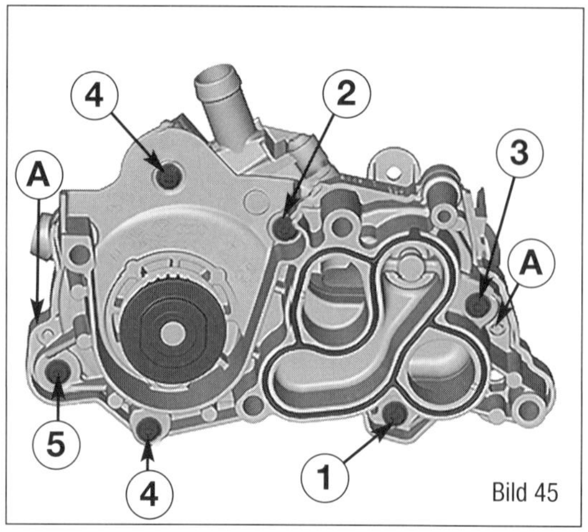
Bild 45

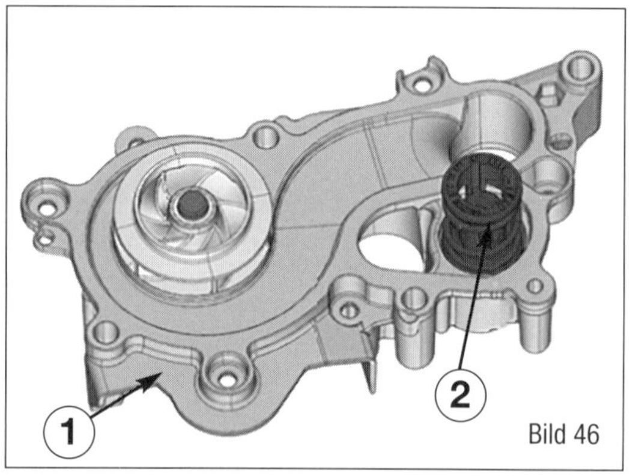
Bild 46

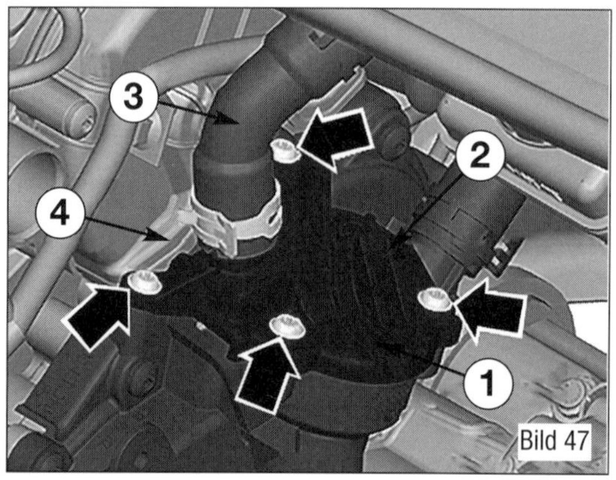
Bild 47

Thermostat für den großen Kühlkreislauf:

- Kühlmittelpumpe wie beschrieben ausbauen.
- Die Schrauben in der Reihenfolge (5 bis 1 im Bild 45) herausdrehen.
- Die Kühlmittelpumpe vom Kühlmittelreglergehäuse abziehen.
- Kühlmittelregler (2 im Bild 46) von der Kühlmittelpumpe (1) abnehmen.

Der Einbau erfolgt sinngemäß in umgekehrter Reihenfolge.

- Dichtung (12 im Bild 32) ersetzen.

■ Die Dichtung mit Kühlmittel benetzen.
■ Das Kühlmittelreglergehäuse an der Kühlmittelpumpe ansetzen.

Die Zentrierbolzen am Kühlmittelreglergehäuse müssen in die Führungen (A im Bild 45) an der Kühlmittelpumpe eingesetzt werden.

■ Die Schrauben für Kühlmittelreglergehäuse festziehen.
■ Die Kühlmittelpumpe wieder einbauen.
■ Das Kühlmittel auffüllen.

Thermostat für den kleinen Kühlkreislauf:

■ Das Luftfiltergehäuse ausbauen.
■ Das Kühlmittel wie beschrieben ablassen.
■ Die Entriegelungstasten drücken, und den Schlauch zum Aktivkohlebehälter abziehen.
■ Die Kühlmittelpumpe mit einem Lappen abdecken.

Bei Berührung des Dichtrings für Kühlmittelpumpe mit Motoröl kann es zur chemischen Beschädigung des Dichtrings für Kühlmittelpumpe kommen.

■ Die Schrauben herausdrehen und den Schlauch für Kurbelgehäuseentlüftung abnehmen.
■ Schlauchschelle (4 im Bild 47) lösen und Kühlmittelschlauch (3) abbauen.
■ Schrauben (Pfeile) herausdrehen und Deckel (2) vom Kühlmittelreglergehäuse abnehmen.
■ Den Kühlmittelregler mit Schlüssel »T10508« (2 im Bild 48) ausbauen.

Den Schlüssel »T10508« leicht herunterdrücken und dabei (in Pfeilrichtung) drehen.

Der Einbau erfolgt sinngemäß in umgekehrter Reihenfolge.

■ Den Thermostaten (Kühlmittelregler) einsetzen, dabei muss der Zentrierstift in der Führung im Kühlmittelreglergehäuse sitzen.
■ Kühlmittelregler mit Schlüssel »T10508« einbauen.
■ Schlüssel »T10508« leicht herunterdrücken und dabei gegen die Pfeilrichtung bis zum Anschlag drehen.
■ Die Dichtung grundsätzlich ersetzen.
■ Die Dichtung mit Kühlmittel benetzen.
■ Das Kühlmittel auffüllen.

1,5-l-TSI-Motoren

Hier handelt es sich um eine Regeleinheit, die vom Motorsteuergerät angesteuert wird.

■ Zündung ausschalten.

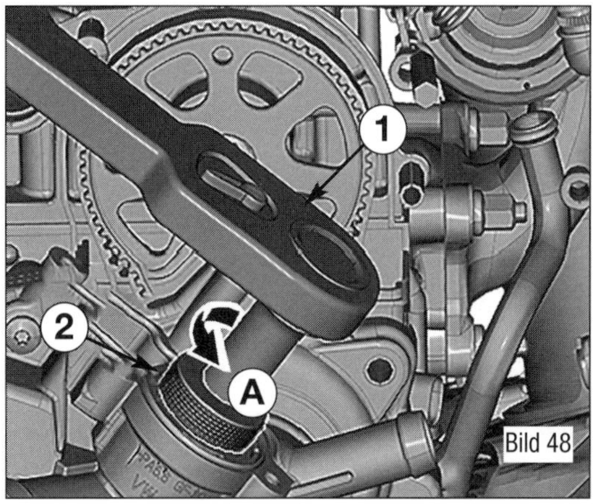

Bild 48
1,0-l-, 1,2-l-, 1,4-l-TSI- und 1,6-l-MPI-Motoren »kleiner Kreislauf«.
1 Ratsche
2 Schlüssel T10508
A Drehrichtung zum Lösen

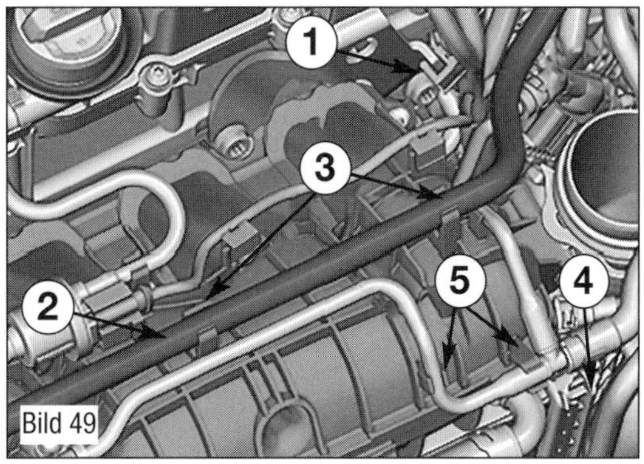

Bild 49
1 Halter
2 Kraftstoffleitung
3 Saugrohr
4 Befestigungsschraube
5 Halter am Saugrohr

■ Batterie abklemmen.
■ Luftfiltergehäuse ausbauen.
■ Luftführungsrohr zwischen Ladeluftkühler und Abgasturbolader ausbauen.
■ Halter (1 im Bild 49) für den elektrischen Leitungsstrang lösen und seitlich ablegen.
■ Kraftstoffleitung (2) von den Haltern am Saugrohr (3) abnehmen und seitlich ablegen.
■ Befestigungsschraube (4) für Kühlmittelrohr vom Ladeluftkühler herausdrehen und das Rohr seitlich ablegen.
■ Kühlmittelrohr von den Haltern (5) am Saugrohr abnehmen und das Rohr seitlich ablegen.
■ Elektrischen Leitungsstrang vom Ladeluftkühler lösen und den Stecker am Modul für Motortemperaturregelung abziehen.
■ Leitungsstrang zur Seite andrücken, sodass die untere Schraube für Modul für Motortemperaturregelung zugänglich ist.
■ Schraube (4 im Bild 50) mit Einsteckwerkzeug »T10572« und Torx Bit T30 »T10573« herausdrehen.
■ Schrauben (1 und 3) für Modul für Motortemperaturregelung (2) herausdrehen.
■ Leitungsstrang nach vorn ziehen.
■ Modul für Motortemperaturregelung gerade von der Welle der Kühlmittelpumpe abziehen.

Bild 50
1,8-l- und 2,0-l-TSI-Motoren.
1 Kühler für Kühlmittel
2 Kühlmitteltemperaturgeber am Kühlerausgang
3 Stellelement für Motortemperaturregelung
4 Zylinderkopf/Zylinderblock
5 Drossel
6 Standheizung
7 Kühlmittelausgleichsbehälter
8 Verschlussdeckel für Kühlmittelausgleichsbehälter
9 Rückschlagventil
10 Abgasrohr
11 Abgasturbolader
12 Wärmetauscher
13 Drossel
14 Rückschlagventil
15 Pumpe für Kühlmittelnachlauf
16 Kühlmitteltemperaturgeber
17 Absperrventil für Kühlmittel
18 Drossel
19 Kühlmittelpumpe
20 Rückschlagventil

Der Einbau erfolgt sinngemäß in umgekehrter Reihenfolge.

■ Wenn nötig, die Kühlmittelpumpe prüfen.

■ Zunächst Leistungsstellelement (10 im Bild 32) an die Kühlmittelpumpenwelle ansetzen.

☞ Das Leistungsstellelement für Modul für die Motortemperaturregelung passt nur in einer Stellung auf die Welle der Kühlmittelpumpe. Wenn nötig, die Kühlmittelpumpenwelle in Einbaulage verdrehen.

■ Anschließend die Bohrung am Leistungsstellelement an den Rändelstift (Passstift) der Kühlmittelpumpe ansetzen.

■ Schrauben für Modul für Motortemperaturregelung eindrehen.

■ Schrauben mit Drehmomentschlüssel auf 4,2 Nm festziehen.

1,8-l- und 2,0-l-TSI-Motoren

Das Kühlsystem dieser Motoren ist recht aufwendig gestaltet und kann leicht unübersichtlich werden.

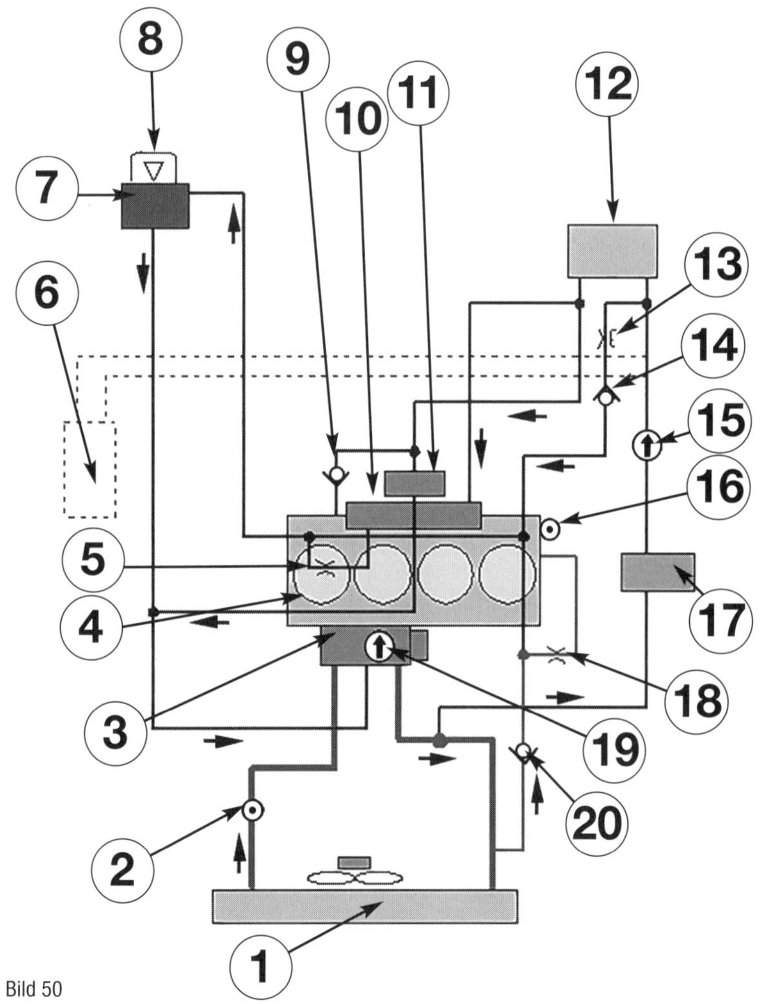

Bild 50

Absperrventil (Bauteil 17 im Bild 51) für Kühlmittel (elektrisch) aus- und einbauen:

■ Luftfiltergehäuse ausbauen.

■ Schlauchschelle (2 im Bild 52) lösen.

■ Schraube (1) herausdrehen, Luftführungsrohr links etwas nach links drücken.

■ Elektrische Steckverbindung (2 im Bild 30) trennen.

■ Kühlmittelschläuche am Absperrventil für Kühlmittel mit Schlauchklemmen »3094« abklemmen.

☞ Putzlappen unterlegen, um austretendes Kühlmittel aufzufangen.

■ Schlauchschellen (1 im Bild 53) lösen, Kühlmittelschläuche abbauen.

■ Schraube (Pfeile) herausdrehen, Absperrventil für Kühlmittel abnehmen.

Der Einbau erfolgt sinngemäß in umgekehrter Reihenfolge.

■ Prüfen Sie nach der Montage den Kühlmittelstand und füllen Sie eventuell etwas Kühlmittel nach.

Stellelement für Motortemperaturregelung (Bauteil 3 im Bild 51) für Kühlmittel (elektrisch) aus- und einbauen:

Bei diesen Motoren gibt es keinen Thermostaten im herkömmlichen Sinn mehr. Die Temperaturregelung erfolgt über ein Stellelement. Auch die Temperaturregelung für das Automatikgetriebe wird so realisiert.

■ Kühlmittelpumpe ausbauen.

■ Drosselklappensteuereinheit ausbauen.

■ Das Kühlmittelrohr über dem Generator vom Saugrohr abschrauben.

■ Halteklammern (2 im Bild 53) anheben und die Kühlmittelschläuche abbauen.

■ Elektrische Steckverbindung (3 im Bild 54) vom Stellelement für Motortemperaturregelung abziehen.

■ Schrauben in der Reihenfolge (1 bis 5 im Bild 55) herausdrehen.

■ Stellelement für Motortemperaturregelung von den Zentrierbolzen nehmen und vom Motorölkühler abziehen.

Der Einbau erfolgt sinngemäß in umgekehrter Reihenfolge.

■ O-Ringe (4 im Bild 56) mit Kühlmittel benetzen.

■ Prüfen Sie, ob die beiden Passstifte im Zylinderblock vorhanden sind, falls nicht, bitte einsetzen.

- Das Verbindungsstück (2) in den Motorölkühler (1) einsetzen.
- Das Stellelement für Motortemperaturregelung (3) auf das Verbindungsstück (2) aufsetzen und auf die Passstifte im Zylinderblock verschieben.
- Die Schrauben des Stellelements für Motortemperaturregelung in der Reihenfolge (1 bis 5 im Bild 55) mit 9 Nm festziehen.
- Die Kühlmittelpumpe einbauen.
- Kühlsystem wie bereits beschrieben auffüllen und entlüften.

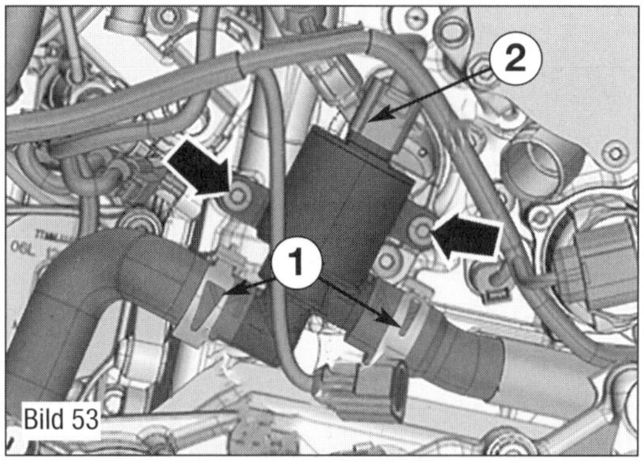

Bild 53
1,8-l- und 2,0-l-TSI-Motoren (Absperrventil für Kühlmittel 17 im Bild 50).
1 Schellen
2 Steckverbindung
Pfeile = Schrauben

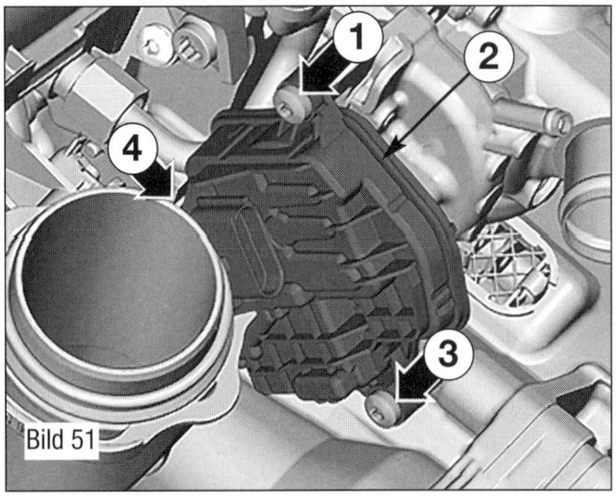

Bild 51
1,5-l-TSI-Motoren.
1 Schraube
2 Motortemperaturregler
3 Schraube
4 Schraube

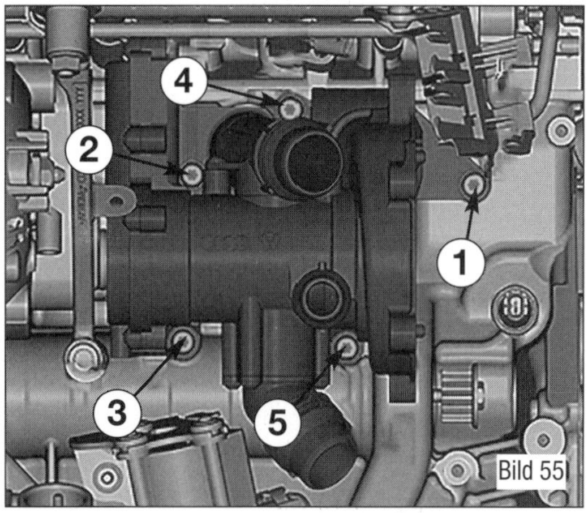

Bild 55
1,8-l- und 2,0-l-TSI-Motoren 1,8-l- und 2,0-l-TSI-Motoren (Stellelement für Motortemperaturregelung 3 im Bild 51).
1-5 Anzugreihenfolge der Schrauben

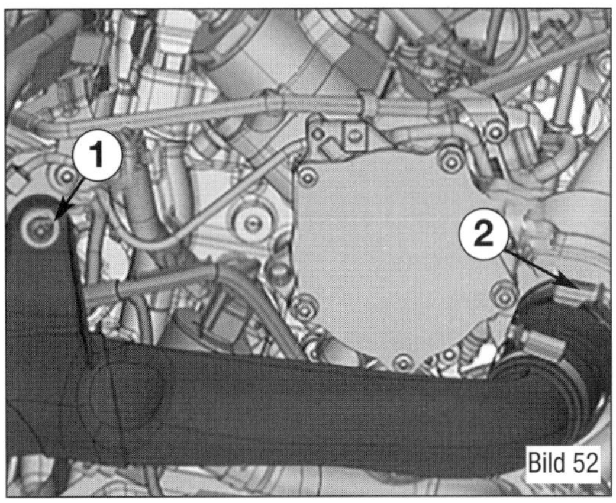

Bild 52
1,8-l- und 2,0-l-TSI-Motoren.
1 Schraube
2 Schelle

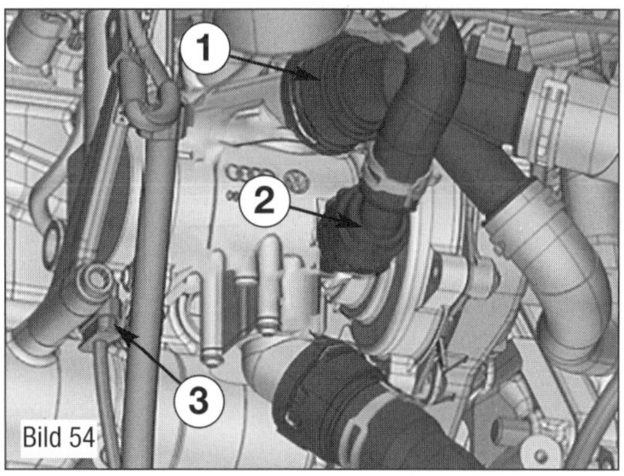

Bild 54
1,8-l- und 2,0-l-TSI-Motoren (Stellelement für Motortemperaturregelung 3 im Bild 50).
1 Halteklammer
2 Halteklammern
3 elektrische Steckverbindung

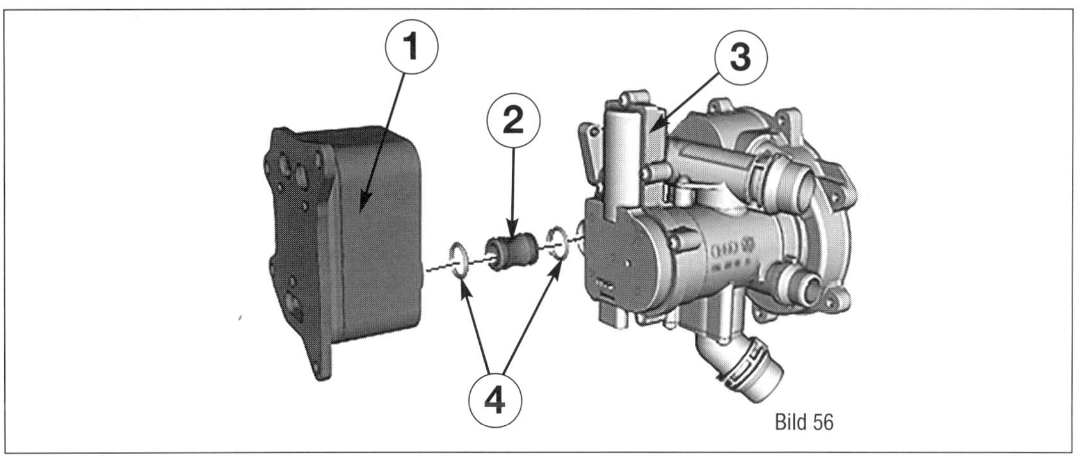

Bild 56
1,8-l- und 2,0-l-TSI-Motoren (Absperrventil für Kühlmittel bei Automatikgetrieben).
1 Motorölkühler
2 Verbindungsstück
3 Stellelement für Motortemperaturregelung
4 O-Ringe

7 Kraftstoffversorgung

Bauteile der Anlage und Arbeiten am Kraftstoffsystem

Sicherheit geht vor

⚠ Der Kraftstoffdruck im Hochdruckrohr beim Benziner kann bis zu 120 bar betragen! Beim Diesel können es sogar bis zu 2000 bar werden. Beachten Sie die Sicherheitsmaßnahmen zum Druckabbau im Hochdruckbereich. Die Kraftstoffvorlaufleitung steht unter Druck! Tragen Sie Schutzbrille und Schutzbekleidung, um Verletzungen und Hautkontakt zu vermeiden. Vor dem Lösen von Schlauchverbindungen Putzlappen um die Verbindungsstelle legen. Dann durch vorsichtiges Abziehen des Schlauchs Druck abbauen.

⚠ Aus Sicherheitsgründen muss vor dem Öffnen des Kraftstoffsystems die Stromzufuhr zur Kraftstoffpumpe unterbrochen werden. Die Kraftstoffpumpe wird sonst beim Öffnen der Fahrertür aktiviert. Nutzen Sie eine der folgenden Möglichkeiten, um die Stromzufuhr zu unterbrechen.

⚠ Wichtig zu wissen für die Arbeit an dieser Reparaturgruppe ist die Tatsache, dass es automatische Ein- und Ausschaltfunktionen für die Kraftstoffpumpe gibt. Die Crash-Kraftstoffabschaltung soll die Gefahr eines Fahrzeugbrandes nach einem Crash reduzieren, indem die Kraftstoffpumpe abgeschaltet wird. Kurzzeitiges Einschalten der Pumpe beim Öffnen der Tür soll andererseits eine Komfortverbesserung des Startverhaltens beim Motor bewirken. Dabei wird die Kraftstoffpumpe 2 Sekunden lang angesteuert, damit sich im Kraftstoffsystem Druck aufbaut. Weil die Kraftstoffpumpe beim Einschalten der Zündung und durch den Türkontaktschalter der Fahrertür aktiviert wird, muss vor dem Öffnen des Kraftstoffsystems aus Sicherheitsgründen, wenn die Batterie nicht abgeklemmt wird, der Anschlussstecker von der Kraftstoff-Fördereinheit abgezogen oder die Sicherung für die Ansteuerung der Kraftstofffördereinheit aus dem Sicherungshalter entfernt werden.

Die Anlage im Überblick

Wichtigste Bauteile des Systems der Kraftstoffversorgung sind der Kraftstoffbehälter (Tank), in den der Kraftstoff über Tankklappeneinheit und Einfüllstutzen eingebracht wird, die in den Tank eingebaute Kraftstofffördereinheit (Kraftstoffpumpe), der Kraftstofffilter und die Kraftstoffleitungen (Bild 1). Die Vorlaufleitung (die untere Leitung über dem Verschlussring der Fördereinheit) ist schwarz gekennzeichnet, die Rücklaufleitung (im Bild die obere) ist blau. Es gibt kaum Merkmale, durch die sich die durchaus unterschiedlichen Tankanlagen für Diesel- und Benzinermodelle mit 0,5 bar oder 6 bar Niederdrucksystem voneinander unterscheiden lassen. Die Einbauposition der Komponenten unterscheidet sich nicht. Erfahrungsgemäß werden der Ersatz oder auch Arbeiten am Tanksystem sich auf die Intankpumpe oder den Kraftstoffgeber beschränken. Der Austausch der kompletten Tankanlage ist möglich, aber aufwendig und kommt sehr selten vor.

Kraftstoffdämpfe absaugen

Beim Aus- und Einbau des Gebers für die Kraftstoffvorratsanzeige oder der Kraftstoffpumpe aus gefüllten Kraftstoffbehältern muss bereits vor Beginn der Arbeiten in der Nähe der Montageöffnung des Kraftstoffbehälters zum Absaugen der Kraftstoffgase der Abgasschlauch einer eingeschalteten Abgas-Absauganlage gelegt werden. Alternativ kann ein Radiallüfter mit Motor außerhalb des Luftstroms und Fördervolumen größer als 15 m^3/h verwendet werden. Kraftstoffleitungen sind mit Schnellverschlüssen gesichert. Kraftstoffschläuche dürfen nur mit Federbandschellen gesichert werden. Die Verwendung von Klemm- oder Schraubschellen ist nicht zulässig.

Kraftstoffbehälter entleeren

Das Entleeren des Tanks mit dem Absauggerät wird vor allem dann erforderlich, wenn die Kraftstoffpumpe nicht arbeitet. Wir erläutern das Vorgehen bei fast gefülltem und bei weniger vollem Kraftstoffbehälter. Die Unterscheidung von Diesel zum Benzinmotor ist für die Arbeiten fast nicht relevant.

⚠ Hautkontakt mit Kraftstoff vermeiden! Kraftstoffbeständige Handschuhe tragen!

Kraftstoffbehälter entleeren bei intakter Kraftstoffpumpe

Kraftstoffbehälter über die verbaute Intankpumpe entleeren:

Dieser Arbeitsschritt dient lediglich dazu, die Kraftstoffpumpe bei stehendem Motor laufen zu lassen. Die Kraftstoffpumpe darf nicht »trocken« laufen.

■ Ziehen Sie die Vorlaufleitung (1 im Bild 2) ab, fangen ausfließenden Kraftstoff mit einem Putzlappen auf.

■ Kraftstoffabsauggerät (VAS 5190) mit Adapter zur Kraftstoffabsaugung (VAS 5190 /3) an die Kraftstoffvorlaufleitung (1) anschließen.

■ Fahrzeugdiagnosetester anschließen und die geführte Funktion Kraftstoffbehälter entleeren durchführen. Wenn erforderlich diese Funktion wiederholen.

■ Absperrhahn am Kraftstoffabsauggerät »VAS 5190« öffnen, bis der Kraftstoffbehälter entleert ist.

Kraftstoffpumpe nicht intakt

Entleeren zum Ausbau des Tankgebers:

■ Im Abstand vom Ende des Absaugschlauchs vom Kraftstoffabsauggerät »VAS 5190» eine Markierung (Pfeil im Bild 3) auf den Schlauch machen. Dazu Isolierband verwenden. Der Abstand beträgt für Fahrzeuge mit Mehrlenkerhinterachse 945 mm und für Fahrzeuge mit Verbundlenkerhinterachse 1010 mm.

■ Tankklappen öffnen.

■ Den Bereich um den Kraftstoffeinfüllstutzen reinigen.

■ Den Tankdeckel abschrauben.

Die Masseleitung vom Kraftstoffabsauggerät an einer blanken Stelle der Karosserie befestigen.

■ Den Absaugschlauch vom Kraftstoffabsauggerät so weit in den Kraftstoffbehälter schieben, bis die zuvor angebrachte Markierung (Pfeil) mit dem Einfüllstutzen (2) abschließt.

■ Den Kraftstoffbehälter durch den Einfüllstutzen so weit wie möglich entleeren.

Am unteren Ende des Einfüllstutzens befindet sich eine Klappe (1) im Kraftstoffbehälter, die durch den Absaugschlauch nicht beschädigt werden darf. Deshalb den Schlauch nur bis zu der zuvor angebrachten Markierung (Pfeil im Bild 3) einschieben. Wenn sich beim Herausziehen des Absaugschlauchs dieser an der Rückschlagklappe verklemmt, den Absaugschlauch nicht gewaltsam herausziehen. In diesem Fall die Kraftstofffördereinheit ausbauen und die Rückschlagklappe von Hand offenhalten. Dabei gewährleisten, dass der Arm nicht mit Kraftstoff in Berührung kommt.

■ Absaugschlauch vorsichtig herausziehen.

Wenn kein Kraftstoff mehr abgesaugt wird, ist der Kraftstoffbehälter nur so weit entleert, dass der Geberflansch gefahrlos geöffnet werden kann.

Vollständiges Entleeren:

■ Tankgeber ausbauen.

■ Saugschlauch des Kraftstoffabsauggeräts »VAS 5190« so tief wie möglich in den Kraftstoffbehälter stecken.

■ Kraftstoff mit dem Kraftstoffabsauggerät »VAS 5190« vollständig absaugen.

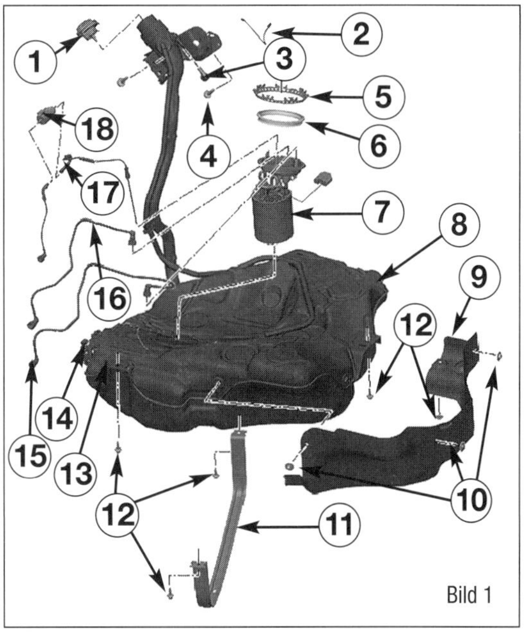

Bild 1

Bild 1
Tankanlage im Octavia.
1 Verschlussdeckel
2 Masseverbindung
3 Entlüftungsendstück
4 Schraube
5 Verschlussring
6 Dichtring
7 Kraftstoffpumpe
8 Kraftstoffbehälter
9 Wärmeschutzblech
10 Klemmscheibe
11 Spannband
12 Schraube
13 Halter
14 Halter
15 Kraftstoffrücklaufleitung
16 Kraftstoffvorlaufleitung
17 Kraftstoffleitung
18 Dosierpumpe Standheizung

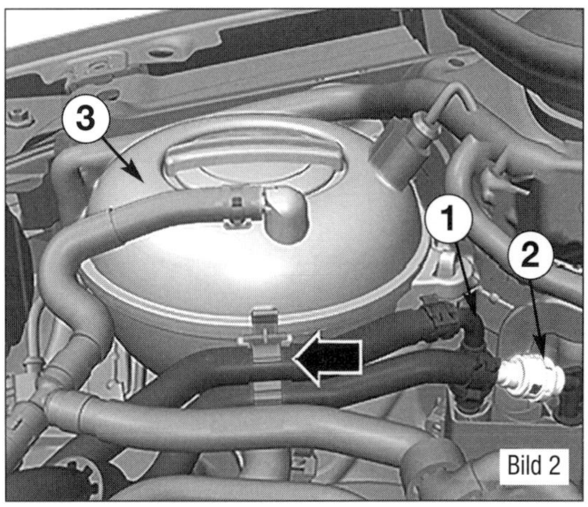

Bild 2

Bild 2
Leitungsanschlüsse im Motorraum.
1 Kraftstoffvorlaufleitung (Schwarz)
2 Kraftstoffrücklaufleitung (Blau)
3 Kühlmittelbehälter
Pfeil = Halterung

Sichtprüfung Messen

Bild 3
Absaugschlauch im Tankstutzen.
1 Klappe
2 Tankstutzen
3 Absaugschlauch VAS 5190
Pfeil = Markierung

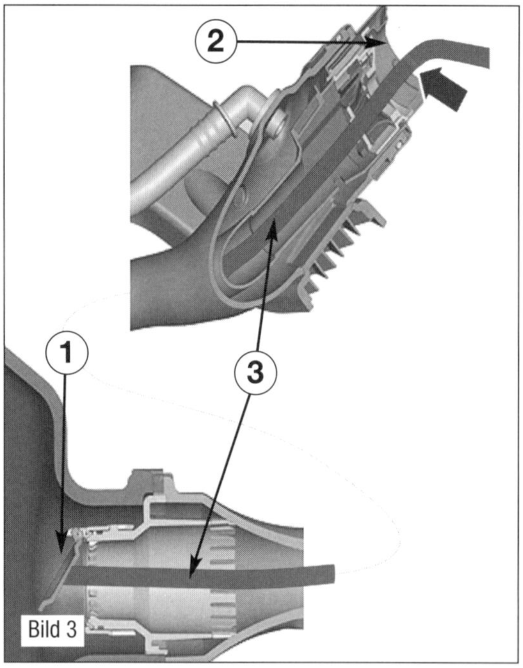

Bild 3

Bild 4
1 Kraftstoffpumpe
2 Dichtring
3 Verschlussring
4 Kraftstoffvorlaufleitung
5 Steuergerät für Kraftstoffpumpe
6 elektrische Steckverbindung
7 elektrische Steckverbindung
8 elektrische Steckverbindung
9 Kraftstoffrücklaufleitung
10 Geber für Kraftstoffvorratsanzeige

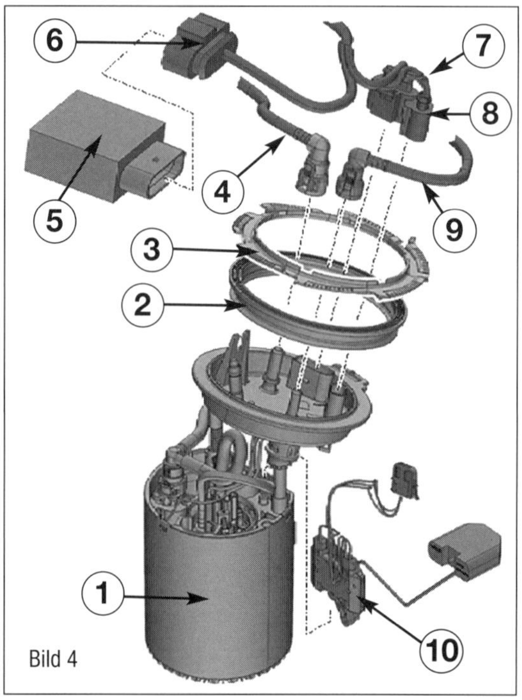

Bild 4

Kraftstofffördereinheit im Tank aus- und einbauen

Soll die Kraftstofffördereinheit getauscht werden, ist zuvor die Kraftstoffpumpe zu prüfen (Funktion, Spannungsversorgung, Kraftstoffdruck und Haltedruck sowie Kraftstofffördermenge, Stromaufnahme). Prüfen Sie zuerst die Steckverbindung 5-polig auf festen Sitz, indem Sie am Stecker ziehen, ohne die Verriegelung zu betätigen. War der Stecker nicht richtig gesteckt, kann er einen Fehler verursacht haben. Damit soll u. a. auch ein Fehltausch der Kraftstofffördereinheit vermieden werden. Diese komplexen Prüfungsarbeiten erfordern eine Reihe von Prüf- und Messgeräten wie Druckmessgerät (V.A.G 1318) mit verschiedenen Adaptern, Mengenvergleichsmessgerät (V.A.G 1348) und einen Fahrzeugdiagnosetester, die in der heimischen Garage kaum vorhanden sein dürften. Eventuell hilft eine Mietwerkstatt. Wir halten für diese Prüfung eine Fachwerkstatt für die beste Empfehlung.

⚠ Kraftstoffsystem steht unter Druck! Tragen Sie Schutzbrille und Schutzhandschuhe, um Verletzungen und Hautkontakt zu vermeiden. Vor dem Lösen von Schlauchverbindungen Putzlappen um die Verbindungsstelle legen. Dann durch vorsichtiges Abziehen des Schlauchs Druck abbauen.

- Der Kraftstoffbehälter darf maximal 1/3 gefüllt sein. Damit ist sichergestellt, dass der Füllstand unterhalb des Flansches der Kraftstofffördereinheit liegt.
- Sitzbank ausbauen und die Abdeckung von der Kraftstofffördereinheit abnehmen.
- Elektrische Steckverbindung (7 und 8 im Bild 4) am Verschlussflansch der Kraftstofffördereinrichtung entriegeln und abziehen.
- Falls vorhanden, elektrische Steckverbindung für die Dosierpumpe der Standheizung am Verschlussflansch aushängen und zur Seite legen.
- Fixierlasche (2 im Bild 5) mit dem Finger zwischen Bodenblech und Kraftstoffbehälter hochdrücken Pfeil (A).
- Gleichzeitig das Steuergerät für Kraftstoffpumpe (1) vorsichtig am elektrischen Leitungsstrang (3) aus der Aufnahme herausziehen Pfeil (B).
- Das Steuergerät für Kraftstoffpumpe zwischen Kraftstoffbehälter und Bodenblech nach innen herausnehmen.
- Steuergerät für Kraftstoffpumpe zusammen mit elektrischem Leitungsstrang freilegen.
- Steckverschluss der Kraftstoffleitung (7 im Bild 4) am Verschlussflansch trennen.

⚠ Die Kraftstoffleitung steht unter Druck! Verletzungsgefahr der Augen und der Haut durch Kraftstoff. Schutzbrille und Schutzbekleidung tragen, um Verletzungen und Hautkontakt zu vermeiden. Vor dem Lösen von

Schlauchverbindungen Putzlappen um die Verbindungsstelle legen. Dann durch vorsichtiges Öffnen der Verbindungsstelle Druck abbauen.

- Falls vorhanden, Kraftstoffleitung zur Dosierpumpe für die Standheizung am Verschlussflansch abbauen. Dazu die untere Schlauchschelle lösen.
- Verschlussring mit dem Schlüssel »T10202« öffnen.
- Flansch der Kraftstoffförderereinheit vorsichtig anheben.
- Verschlussflansch (Kraftstoffförderereinheit) ein Stück aus der Öffnung des Kraftstoffbehälters ziehen.
- Dichtring (2 im Bild 4) an der Öffnung des Kraftstoffbehälters abnehmen.
- Kraftstoffförderereinheit mit dem Geber für Kraftstoffvorratsanzeige vorsichtig aus der Öffnung des Kraftstoffbehälters herausziehen. Dabei entsprechend verdrehen und kippen.

Es besteht Gefahr durch auslaufenden Kraftstoff aus der noch gefüllten Kraftstoffförderereinheit. Lappen zum Auffangen von Kraftstoff unterlegen.

Beim Herausnehmen der Kraftstoffförderereinheit darauf achten, dass der Schwimmerarm des Kraftstoffvorratsgebers nicht verbogen wird.

Wenn die Förderereinheit ersetzt werden soll, muss die alte Förderereinheit vor dem Entsorgen entleert werden. Bitte die Entsorgungsvorschriften beachten.

Kraftstoffbehälter auf Verunreinigungen prüfen.

Der Einbau erfolgt sinngemäß in umgekehrter Reihenfolge. Dabei ist Folgendes zu beachten:

- Steckkupplungen trennen.
- Dichtring bei Beschädigung ersetzen.
- Dichtring (2 im Bild 4) der Kraftstoffförderereinheit trocken in die Öffnung des Kraftstoffbehälters einsetzen.
- Beim Einsetzen der Kraftstoffförderereinheit darauf achten, dass der Geber für die Kraftstoffvorratsanzeige nicht verbogen wird.
- Dichtring (2) auf der Innenseite mit Kraftstoff benetzen.
- Verschlussflansch (Kraftstoffförderereinheit (1 im Bild 4) gegen die Federkraft nach unten drücken.
- Den Verschlussflansch in Einbaulage bringen. Der Pfeil (3 im Bild 5) auf dem

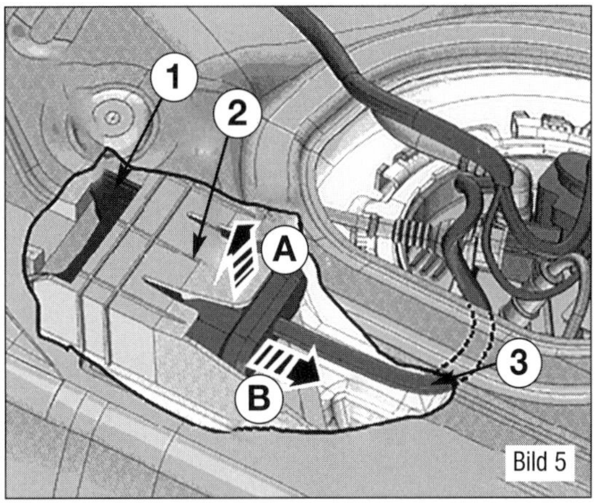

Bild 5

Bild 5
Steuergerät der Kraftstoffpumpe.
1 Steuergerät für die Kraftstoffpumpe
2 Fixierlasche
3 elektrischer Leitungsstrang
A Bewegungsrichtung zum Lösen der Lasche
B Bewegungsrichtung zum Herausziehen des Steuergerätes

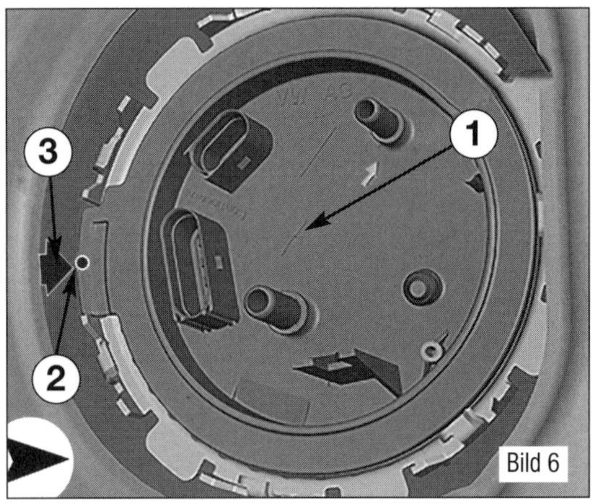

Bild 6

Bild 6
1 Kraftstoffförderereinheit
2 Markierung
3 Pfeil auf dem Tank

Kraftstoffbehälter muss zu der Markierung (2) am Verschlussflansch (1) zeigen.

Beim Einsetzen des Verschlussflansches darf der Dichtring nicht beschädigt oder zerquetscht werden.

- Verschlussring mit dem Schlüssel »T10202« festziehen.
- Kraftstoffleitung am Verschlussflansch bis zum hörbaren Einrasten aufstecken.
- Falls vorhanden, Kraftstoffleitung zur Dosierpumpe für Standheizung am Verschlussflansch einbauen.
- Steckverbindung an der Kraftstoffförderereinheit anschließen.
- Falls vorhanden, elektrische Steckverbindung für die Dosierpumpe der Standheizung am Verschlussflansch einhängen.
- Den festen Sitz, der Stecker durch Gegenziehen prüfen!
- Nach dem Einbau der Kraftstoffförderereinheit Fahrzeug mit mindestens 5 Liter Kraftstoff betanken.

Bild 7
Kraftstoffvorratsgeber an der Kraftstoffpumpe.
1 Rastnasen
2 Steckverbindung
3 Rastnasen
A Pfeil Halter
B Entriegeln der Rastnase
C herrausziehen des Vorratsgebers

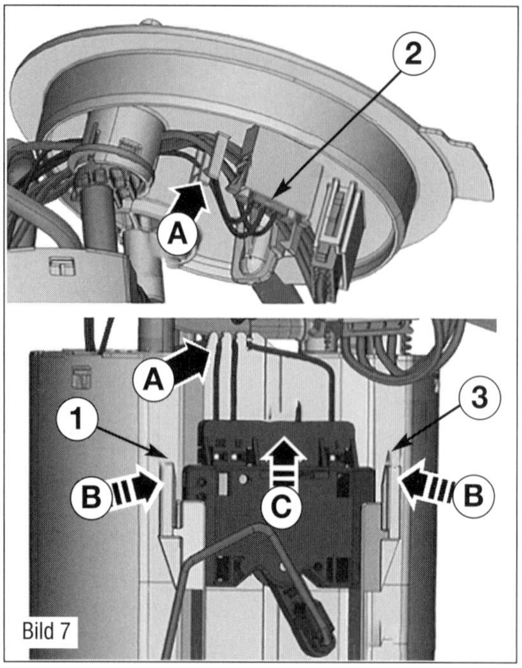

Bild 7

Bild 8
Kraftstoffvorratsgeber an der Saugstrahlpumpe.
1 Kraftstoffvorratsgeber
2 Einheit
3 Stecker
A Führungsnase
B Bewegungsrichtung zum Abziehen

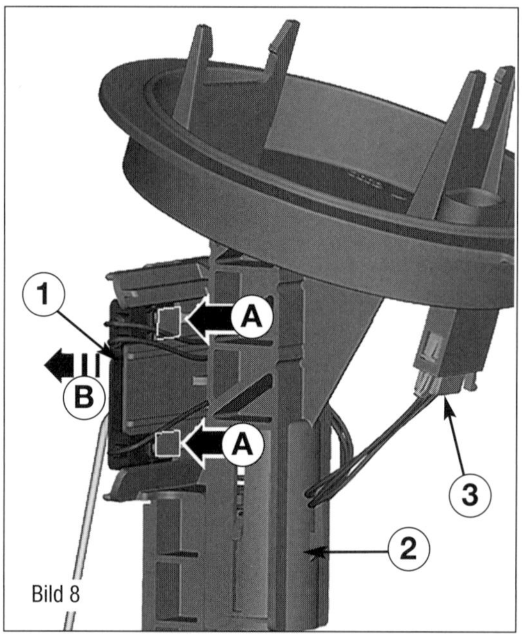

Bild 8

Geber für Kraftstoffvorratsanzeige aus- und einbauen

Die Montagearbeiten für die einzelnen Modelle unterscheiden sich nur unwesentlich. Die hier beschriebenen Arbeitsschritte können als Arbeitsschema für alle Modelle übernommen werden. Bei Fahrzeugen mit geteilten Tankräumen (Allrad) ist in dem abgeteilten Tankraum eine Saugstrahlpumpe verbaut. Die Montagearbeiten unterscheiden sich aber auch hier nur geringfügig.

- Kraftstofffördereinheit ausbauen.
- Elektrische Steckverbindung (2 im Bild 7 bzw. 3 im Bild 8) am Verschlussflansch trennen und dabei das Sperren der Stecker entriegeln.
- Elektrische Leitungen am Halter (Pfeil A im Bild 7) aushängen und freilegen.
- Rastnasen (1 im Bild 8) und (3) an den Laschen entriegeln.

Kraftstoffgeber an der Kraftstoffpumpe:

- Den Geber für Kraftstoffvorratsanzeige nach oben (C im Bild 7) herausziehen.

Kraftstoffgeber an der Saugstrahlpumpe:

- Den Geber für Kraftstoffvorratsanzeige zur Seite (B im Bild 8) herausziehen.

Der Einbau erfolgt in umgekehrter Reihenfolge.

Kraftstofftank aus- und einbauen

- Vordersitze ganz nach vorn fahren.
- Zündung ausschalten.
- Rücksitzbank ausbauen.
- Kraftstoffbehälter entleeren.
- Abdeckung für Montageöffnung ausbauen
- Elektrische Steckverbindungen (7 und 8 im Bild 4) am Verschlussflansch trennen und dabei die Steckerverriegelung entriegeln.
- Falls vorhanden, elektrische Steckverbindung für die Dosierpumpe der Standheizung trennen, dabei die Steckerverriegelung entriegeln.
- Fixierlasche (2 im Bild 5) mit dem Finger zwischen Bodenblech und Kraftstoffbehälter hochdrücken Pfeil (A).
- Gleichzeitig das Steuergerät für Kraftstoffpumpe Pos. (1) vorsichtig am elektrischen Leitungsstrang (3) aus der Aufnahme herausziehen Pfeil (B).
- Steuergerät für Kraftstoffpumpe zwischen Kraftstoffbehälter und Bodenblech nach innen herausnehmen.
- Tankklappe öffnen.
- Bereich um den Kraftstoffeinfüllstutzen reinigen.
- Verschlussdeckel für den Kraftstoffeinfüllstutzen (Tankdeckel) abschrauben.
- Falls vorhanden, den Deckel des Reduktionsmitteltanks abschrauben.

☞ Um zu verhindern, dass Schmutz eindringt, die Öffnung des Kraftstoffeinfüllstutzens mit einem sauberen Putzlappen verschließen.

- Die Tankklappeneinheit ausbauen.
- Das Hinterrad rechts abbauen.
- Die Radhausschale hinten rechts ausbauen.

Fahrzeuge mit Verbundlenkerachse:

- Den Bremssattel Hinterrad rechts abbauen und seitlich ablegen.
- Die Steckverbindung am ABS-Drehzahlfühler Hinterrad rechts trennen und Leitung von den Haltern an der Hinterachse lösen.

Fahrzeuge mit SCR-System:

- Einfüllrohr für den Reduktionsmitteltank abbauen.
- Schrauben (Pfeile im Bild 9) vom Kraftstoffeinfüllstutzen (2) herausschrauben.

Fahrzeuge ohne SCR-System:

- Schrauben für den Kraftstoffeinfüllstutzen herausdrehen.

Fahrzeuge mit Standheizung:

- Kraftstoffleitung zur Standheizung abziehen.

Fortsetzung für alle Fahrzeuge:

- Hinterteil der Abgasanlage ausbauen.
- Fahrtrichtung am Spannband (8 im Bild 11) kennzeichnen.
- Schraube (A) herausschrauben.
- Aufhängung und Abgasanlage abnehmen.
- Schraube (B) herausdrehen und Spannband abnehmen.
- Zum Abfangen einen Motor und Getriebeheber unter das Fahrzeug stellen und den Kraftstoffbehälter abstützen.
- Schrauben (C) und (D) herausdrehen.

Tipp: Bei Fahrzeugen mit Verbundlenkerachse ist eine zusätzliche Verschraubung verbaut. Zum Abnehmen des Kraftstoffbehälters wird ein 2. Mechaniker benötigt.

- Kraftstoffbehälter mit Motor- und Getriebeheber absenken.
- Kraftstoffbehälter durch entsprechendes Schwenken in die Seite nach unten absenken.
- Einfüllstutzen zwischen Hinterachse und Karosserie durchziehen.
- Kraftstoffbehälter (8 im Bild 12) mit Motor- und Getriebeheber absenken.
- Kraftstoffbehälter durch entsprechendes Schwenken in die Seite nach unten absenken.
- Einfüllstutzen (7) zwischen Hinterachse und Karosserie durchziehen.

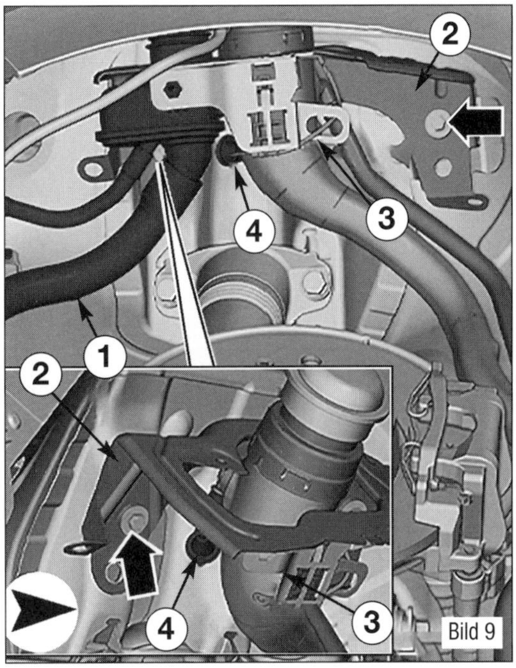

Bild 9
Tankeinfüllstutzen.
1 Einfüllstutzen Reduktionsmittel
2 Kraftstoffeinfüllstutzen
3 Klammer
4 Entlüftungsstück
Pfeil = Schrauben

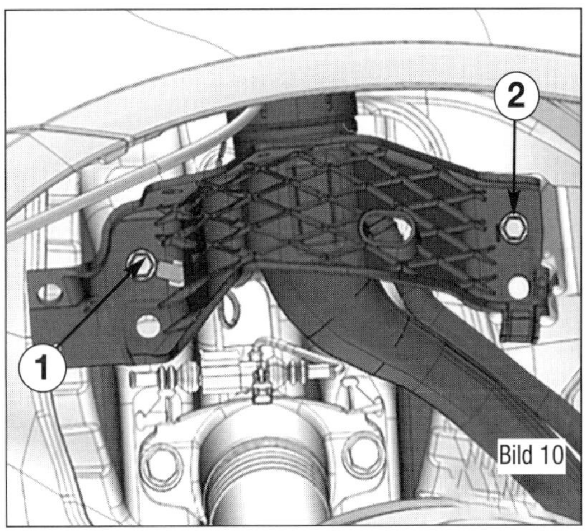

Bild 10
1 und 2 Schrauben

Einbauen

- Die Dichtringe, die demontiert wurden, grundsätzlich ersetzen.
- Beim Anschließen der elektrischen Steckverbindungen am Tankfördermodul (14) auf sichere Verrastung achten.
- Die Einbaulage des Entlüftungsendstücks (4) prüfen.
- Stecker des Massebands (5) auf Korrosion prüfen ggf. Korrosion entfernen.
- Auf festen Sitz der Steckverbindungen achten. Der Stecker muss fest auf dem Blechring aufgeschoben sein. Die Kontaktnase muss am Kraftstoffbehälter eingehängt und mit der Distanzbuchse gesichert sein.

Achtung: Es besteht Explosionsgefahr durch elektrostatische Aufladung.

Bild 11

Tank beim Fronttriebler.

1 Verkleidung Hinterachse
2 Mutter
3 Kraftstoffbehälter
4 Halter
5 Förderleitung für Reduktionsmittel
6 Unterbodenverkleidung
7 Unterbodenverkleidung hinten
8 Spannband
9 Mutter
10 Tunnelbrücke
11 Wärmeschutzblech
12 Unterbodenverkleidung hinten
13 Schraube
14 Abgasanlage
A Schraube
B Schraube
C Schraube
D Schraube

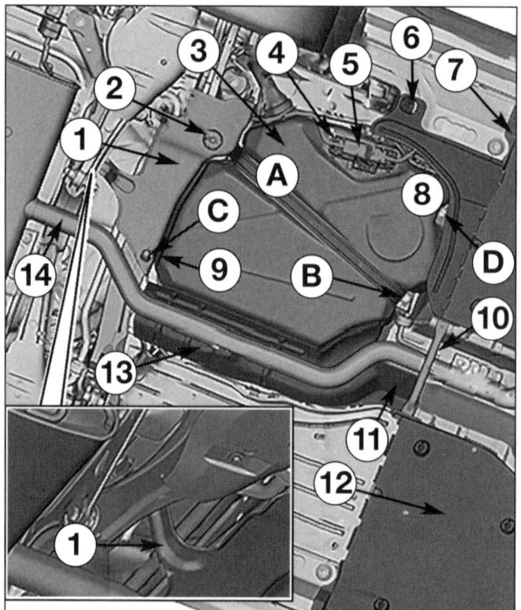

Bild 11

Bild 12

Tank in der Montageübersicht (Frontantrieb und Mehrlenkerhinterachse).

1 Verschlussdeckel
2 Schraube
3 Dichtung
4 Entlüftungsendstück
5 Masseverbindung
6 Schraube
7 Einfüllrohr
8 Kraftstoffbehälter
9 Klemmscheibe
10 Wärmeschutzblech
11 Schraube
12 Spannband
13 Dichtring
14 Kraftstoffpumpe
15 Vorlaufleitung
16 Rücklaufleitung
17 Verschlussring
18 Tankklappeneinheit

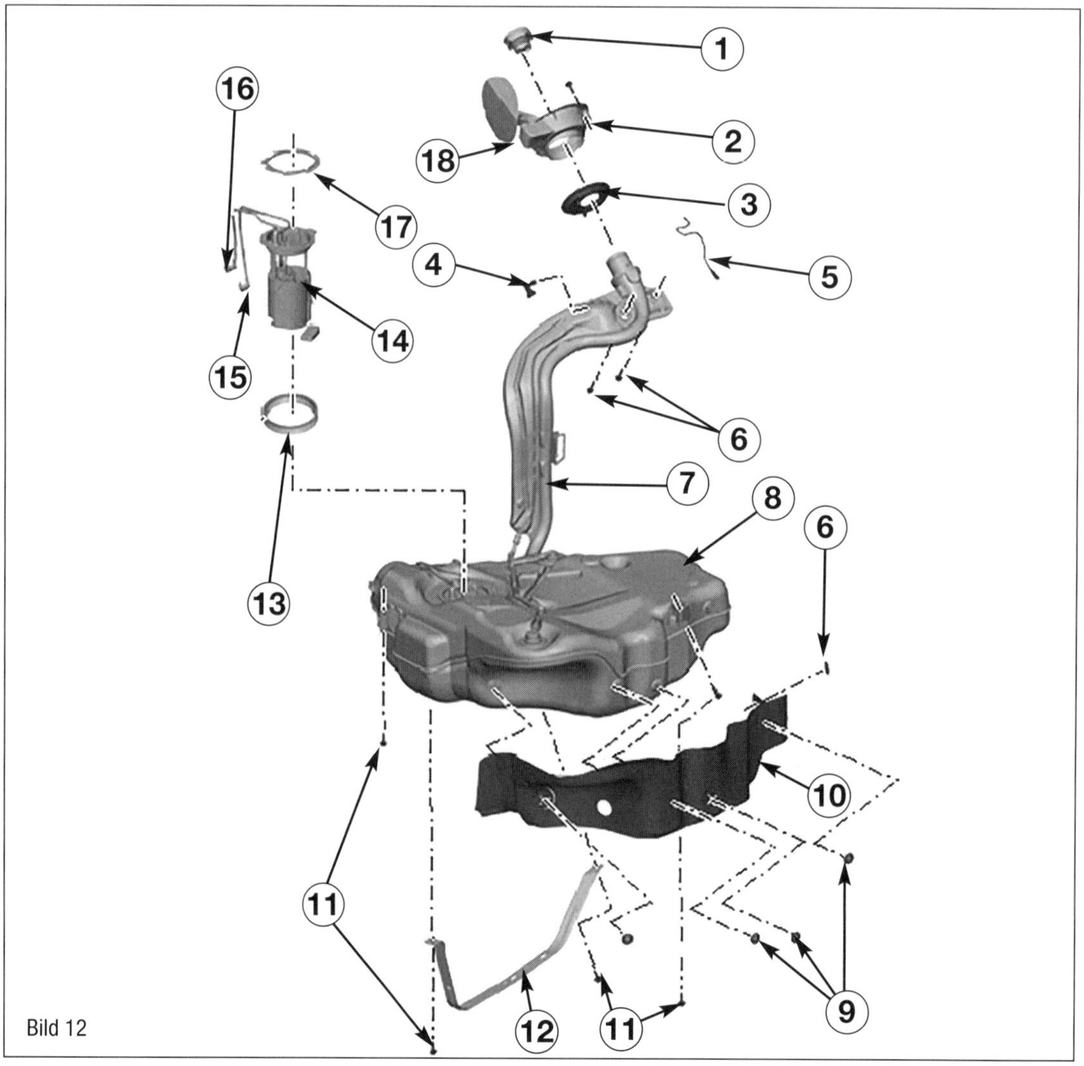

Bild 12

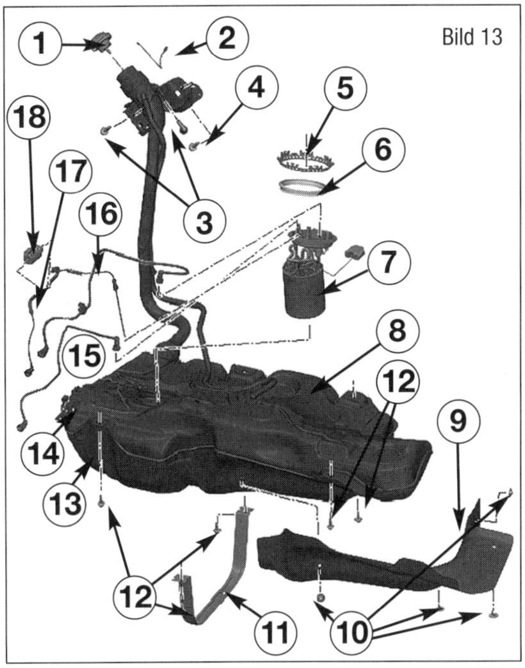

Bild 13

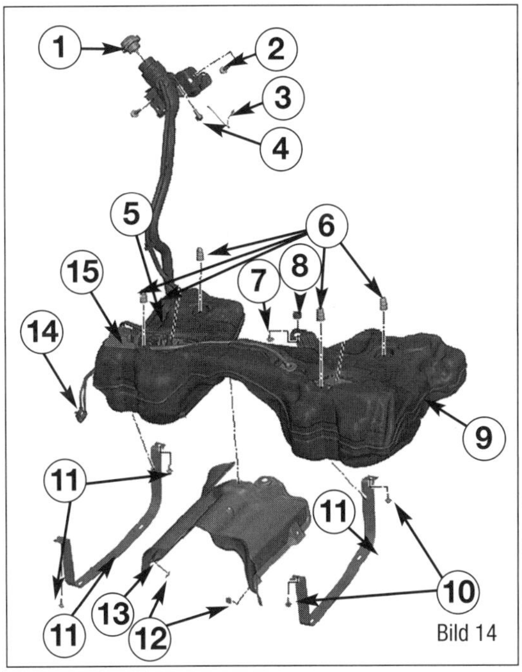

Bild 14

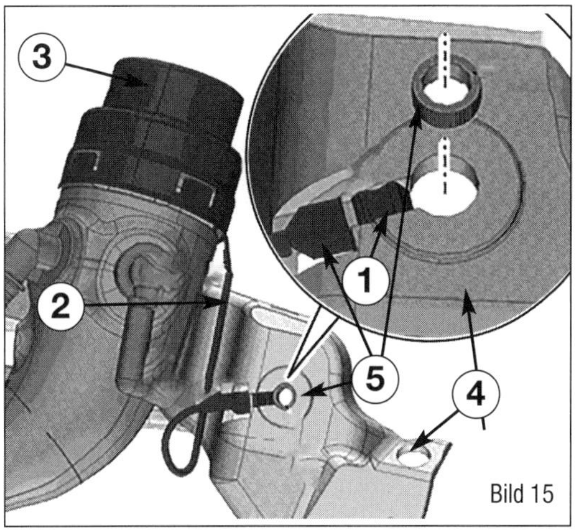

Bild 15

- Die Masseverbindung (2) wie im Bild 15 gezeigt verlegen.
- Auf festen Sitz der Steckverbindung achten.
- Kontaktnase (1) der Masseverbindung in die Befestigungsbohrung am Kraftstoffbehälter (4) einhängen und Distanzhülse (5) eindrücken.
- Nach dem Einbau die elektrische Verbindung mit einem Ohmmeter prüfen. Verbindung des Blechrings am Kraftstoffeinfüllstutzen zu einer blanken Stelle an der Karosserie prüfen. Der Sollwert muss etwa 0 Ohm betragen.

- Prüfen, ob die Kraftstoffleitungen am Kraftstoffbehälter eingeclipst sind.
- Kraftstoffbehälter mit Spannbändern mit dem Motor- und Getriebeheber an der Fahrzeugunterseite positionieren.
- Beim Positionieren des Kraftstoffbehälters darauf achten, dass der Kraftstoffeinfüllstutzen korrekt in die Öffnung an der Karosserie eingeführt wird.

Der weitere Einbau erfolgt sinngemäß in umgekehrter Reihenfolge.

- Mindestens 5 Liter Kraftstoff nachfüllen.

Es besteht Explosionsgefahr des Kraftstoffbehälters! Nach dem Einbau eines neuen oder vollkommen entleerten Kraftstoffbehälters muss umgehend eine Mindestmenge von 5 Liter Kraftstoff eingefüllt werden. Die Kraftstoffpumpe darf in einen vollkommen leeren Kraftstoffbehälter nicht anlaufen.

Bild 13
Tank in der Montageübersicht (Frontantrieb und Verbundlenkerhinterachse).
1 Verschlussdeckel
2 Masseverbindung
3 Schraube
4 Entlüftungsendstück
5 Verschlussring
6 Dichtring
7 Kraftstoffpumpe
8 Kraftstoffbehälter
9 Wärmeschutzblech
10 Klemmscheibe
11 Spannband
12 Schraube, 13 Halter
14 Halter
15 Kraftstoffrücklaufleitung
16 Kraftstoffvorlaufleitung
17 Kraftstoffleitung
18 Dosierpumpe für die Standheizung

Bild 14
Tank in der Montageübersicht (Allradantrieb).
1 Verschlussdeckel
2 Schraube
3 Masseverbindung
4 Entlüftungsendstück
5 Kraftstoffpumpe
6 Gummipuffer
7 Schraube
8 Führung
9 Kraftstoffbehälter
10 Schraube
11 Spannband
12 Klemmscheibe
13 Wärmeschutzblech
14 Kraftstoffleitungen
15 Halter

Bild 15
Erdungs- oder Masseanschluss am Tankstutzen.
1 Kontaktnase
2 Stecker
3 Gewindering
4 Befestigungsbohrung
5 Distanzhülse

Bild 1
1 Kraftstoffbehälter
2 Kraftstofffilter
3 Zusatzkraftstoffpumpe
4 Filtersieb
5 Kraftstofftemperaturgeber
6 Hochdruckpumpe
7 Ventil für Kraftstoffdosierung
8 Regelventil für Kraftstoffdruck
9 Hochdruckspeicher (Rail)
10 Kraftstoffdruckgeber
11 Druckhalteventil
12 Einspritzventile (Piezo-Injektoren),

Bild 2
1 Schutzleiste
2 Kraftstoffrücklaufleitungen
3 Anbindung
4 Kraftstoffrücklaufleitung
5 Hochdruckleitungen
6 Regelventil für Kraftstoffdruck
7 Hochdruckspeicher (Rail)
8 Kraftstofftemperaturgeber
9 Kraftstoffvorlaufleitung
10 Hochdruckpumpe
11 Schraube
12 Halter
13 Kraftstoffvorlaufleitung
14 Kraftstoffdruckgeber
15 Schraube
16 Spannpratze
17 Mutter
18 Abdeckung für Einspritzeinheit
19 Schraube, 20 Einspritzdüse (Piezo-Injektor)
21 Hochdruckleitung

8 Kraftstoffaufbereitung und Einspritzung

Gemischaufbereitung, Einspritzung und (Selbst-)Zündung werden durch elektronisch gesteuerte Einspritzsysteme realisiert. Die Aufladung über Abgasturbolader gehört zur Ausrüstung der Motoren, egal ob diese der Gattung »Diesel« oder »Benzin« angehören. Die Benzin TSI-Motoren haben eine direkte Benzineinspritzung.

TDI-Motoren

Die TDI-Motoren haben direkte Kraftstoffeinspritzung über Hochdruckspeicher »Common Rail« (Bild 1) mit Aufladung über Abgasturbolader. Der Kraftstoff für die TDI, Diesel mit einer Cetanzahl (CZ) von mindestens 51, wird von der Fördereinheit im Tank über Vorlaufleitung und Kraftstofffilter zur Hochdruckpumpe geschafft. Diese drückt ihn ins »Common Rail«, das Kraftstoffsammler- und Verteilerrohr und von dort in die Piezo-Injektoren, die hier als Einspritzventil zum Einsatz kommen. Kraftstoffvor- und Rücklaufleitungen sind aus besonders druckfestem Material gefertigt.

Hauptkomponenten der Anlage
Einige Anmerkungen zu einzelnen Komponenten der Einspritzanlage gemäß Bild 2. Das Schema zeigt die Anlage für die 2,0-l-TDI-Motoren. Das Ventil für Kraftstoffdosierung an der Hochdruckpumpe darf nicht geöffnet werden. Wenn die Kraftstoff-Hochdruckpumpe (10) erneuert wurde, muss eine Kraftstofferstbefüllung vorgenommen werden, auf jeden Fall muss Trockenlauf vermieden werden. Die Einspritzventile (20), bei den TDI von Anfang an Piezo-Injektoren, die Vorteile gegenüber magnetisch angesteuerten Dieselinjektoren haben, werden als Bauteil (»N«) durchnummeriert von 30 bis 33. Der Injektor für Zylinder 1 ist demnach »N30«, der Injektor für Zylinder 4 ist »N33«. Die Kraftstoffrücklaufleitungen (2) dürfen nicht zerlegt werden. Sie dürfen nur komplett mit Druckhalteventil erneuert werden. Dieses Druckhalteventil hat die Aufgabe, in den Kraftstoffrücklaufleitungen immer einen Restdruck (Steuermenge) von ca. 1 bar zu halten. Die Piezo-Injektoren benötigen diese Steuermenge für ihre Funktion. Das Druckhalteventil ist innerhalb der Kraftstoffrücklaufleitungen kurz vor der (Metall-)Rücklaufleitung einzubauen. Nach Austausch (Ventil plus Leitungen) muss der Motor für ca. 2 Minuten im Leerlauf laufen, um das Kraftstoffsystem zu entlüften. Anschließend müssen die Kraftstoffrücklaufleitungen auf Dichtigkeit geprüft werden.
Der Kraftstoffkühler muss nicht zwingend eingebaut sein. Auch das separate Vorwärmventil muss nicht eingebaut sein. Die Komponenten in der Montage-Übersicht Bild 1 vermitteln einen Eindruck von der konkreten Umsetzung des Schemas in Funktionsgruppen und Bauteile. Wir geben hier einige

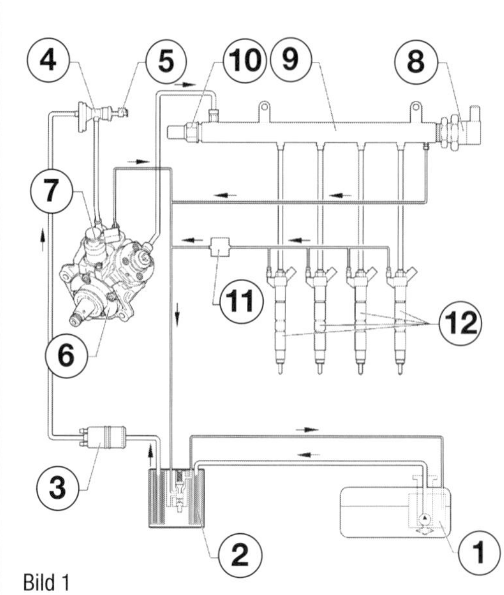

Bild 1

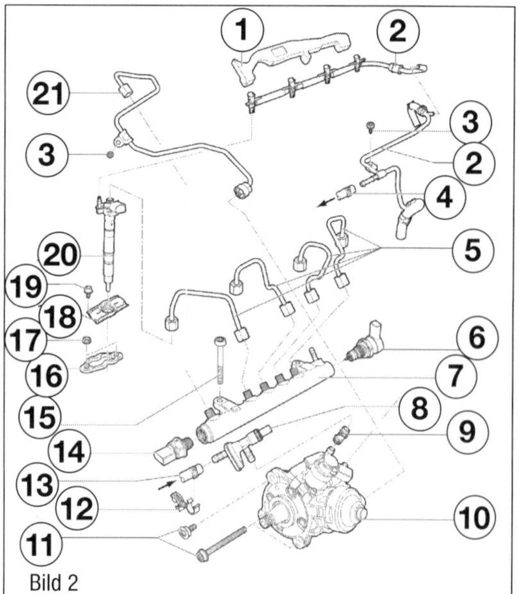

Bild 2

der direkt aufs Bauteil bezogenen Arbeitshinweise von Škoda wieder, um auf die Sensibilität des Systems aufmerksam zu machen. Daran darf nur mit Kenntnis, Sachverstand und Fingerspitzengefühl gearbeitet werden. Hochdruckleitung (21) verläuft zwischen Hochdruckpumpe und Rail-Element (Common Rail, Hochdruckspeicher). Sie muss spannungsfrei eingebaut werden. Die Hochdruckleitung kann wiederverwendet werden, wenn ihr Dichtkonus ohne Beanstandungen auf Verformungen und Risse geprüft wurde und wenn die Leitungsbohrung nicht verformt, verengt oder beschädigt ist. Korrodierte Leitungen dürfen nicht mehr verwendet werden. Die Hochdruckleitungen (5) verlaufen zwischen dem Rail-Element (Hochdruckspeicher (7) und den Einspritzventilen (Piezo-Injektoren Bild 20). Sie dürfen nicht vertauscht und müssen spannungsfrei eingebaut werden. Bei Wiederverwendung der Hochdruckleitungen nach den zu (5) genannten Überprüfungen muss ihre zylinderspezifische Kennzeichnung beachtet werden. Bei Beschädigung der Dichtungen an den Injektoren muss die Zylinderkopfhaube ersetzt werden.

TSI-Motoren

FSI - Konzept

Bei einem konventionellen Einspritzsystem für Ottomotoren befindet sich das Einspritzventil im Saugrohr vor dem Einlassventil. Diese Systeme werden dann Saugrohreinspritzer »SRE« genannt. »Direkteinspritzung« bezeichnet ein Verfahren zur Kraftstoffeinspritzung für Dieselmotoren und Ottomotoren. Bei der Direkteinspritzung wird dagegen der Kraftstoff direkt in den Zylinder-Brennraum eingespritzt. Unterschiede zum Dieselmotor bestehen auch in dem deutlich geringeren Einspritzdruck. Der Einspritzdruck beim Saugrohrbenziner ist bei etwa 3,5 - 5 bar angesiedelt. Der »TSI«-Benziner spritzt in einem Bereich von 100 –200 bar ein, der Common-Rail Diesel im Bereich 1600 – 2000 bar. Bei beiden Motorentypen wird der Einspritzdruck steigen, um die Verwirbelung und den Kraftstoffverbrauch oder auch die Leistung und das Drehmoment zu verbessern.

Durch die direkte Einspritzung sollte eigentlich eine Ladungsschichtung erreicht werden, wodurch der Motor mit Sauerstoffüberschuss besonders sparsam betrieben werden kann.

Zwar wurde aufgrund der schwierigen Gemischbildung und Alltagsproblemen zunehmend auf die Schichtladung verzichtet, die entwickelten Vorteile des Gemischbildungsverfahrens durch Turbolader und/oder Kompressor und die verringerte Motor-Reibleistung sind der Trend in der jüngeren Motorenentwicklung in der Volkswagengruppe.

FSI und TSI

Die Bezeichnungen sind ähnlich lautend und klingen sportlich dynamisch. Was dahintersteckt, sind Abkürzungen für die Motorentechnologie aus der englischen Sprache.

FSI

»Fuel-Stratified-Injektion« bedeutet Kraftstoff-Schichteinspritzung. Hier findet sich die eigentliche Idee des Systems noch in der Namensgebung wieder.

TSI

»Twincharged-Stratified-Injection verweist ursprünglich nur auf die doppelt aufgeladenen Motoren. Ab Modelljahr 2008 wurden auch die bisherigen nur turbogeladenen Motoren mit Benzindirekteinspritzung als »Turbocharged Stratified Injection TSI in unterschiedlichen Modellen eingesetzt.

Anlagentypen und Hinweise zur Arbeit

Typen der Einspritz- und Zündanlagen:
Die elektronische Zündung ohne Verteiler hat bei den durchweg Vierzylindermotoren eine Zündfolge von 1-3-4-2. Je nach Motor, vor allem hinsichtlich der Leistungsstufe, und nach aktuellem Entwicklungsstand werden im Octavia verschiedene elektronisch gesteuerte Systeme verwendet.

Hinweise zur Arbeit an der Einspritzung

- Das Motorsteuergerät ist mit Eigendiagnose ausgestattet. Vor Reparaturen sowie zur Fehlersuche ist als Erstes der Fehlerspeicher abzufragen. Ebenso sind die Unterdruckschläuche und Anschlüsse zu prüfen (Falschluft).
- Das Kraftstoffsystem steht unter Druck. Schutzbrille und Schutzbekleidung tragen. Vor dem Lösen von Schlauchverbindungen einen sauberen Putzlappen um die Verbindungsstelle legen. Dann vorsichtig Druck abbauen.
- Zur einwandfreien Funktion der elektrischen Bauteile ist eine Spannung von mindestens 11,5 V erforderlich.

■ Vor dem Öffnen des Kraftstoffsystems Zündung ausschalten und Masseband der Batterie abklemmen (»Elektrische Anlage«) oder die zutreffenden Sicherungen (für Kraftstoffpumpe oder Steuergerät) aus den Sicherungshaltern entfernen. Das Ab- und Anklemmen der Batterie darf nur bei ausgeschalteter Zündung erfolgen, da sonst das Motorsteuergerät beschädigt werden kann.

⚠ Zündleitungen bei laufendem Motor oder bei Anlassdrehzahl nicht berühren und nicht abziehen.

☞ Leitungen der Anlage auch Messgeräteleitungen, nur bei ausgeschalteter Zündung ab- und anklemmen.

■ Wenn TSI-Motoren mit Anlassdrehzahl betrieben werden sollen, ohne dass sie anspringen: Sicherung für Steuergerät der Kraftstoffpumpe aus dem Sicherungshalter entfernen, alle Zündkerzenstecker von den Zündkerzen abziehen.

■ Kraftstoffschläuche im Motorraum dürfen nur mit Federbandschellen gesichert werden. Die Verwendung von Klemm- oder Schraubschellen ist nicht zulässig.

■ Keine silikonhaltigen Dichtmittel verwenden.

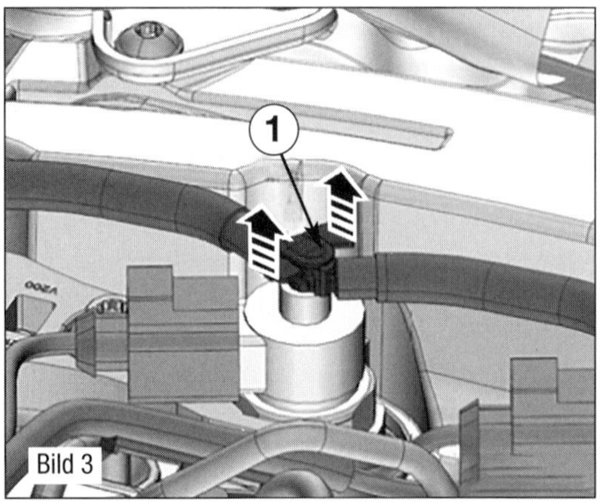

Bild 3
1 Rücklaufanschluss
Pfeil = Demontagerichtung

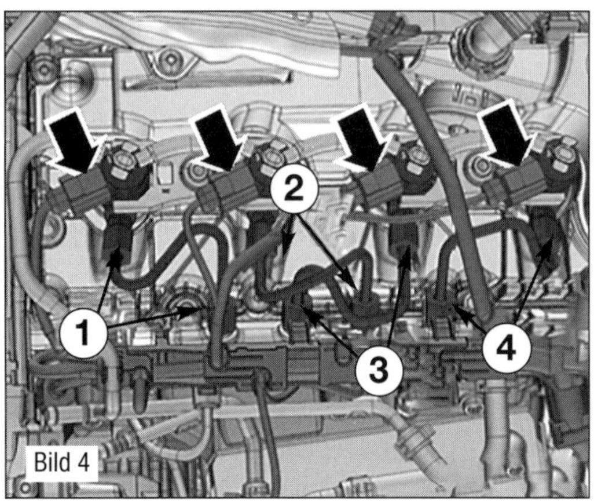

Bild 4
1 - 4 Überwurfmuttern
Pfeile = elektrischer Anschluss

⚠ Vom Motor angesaugte Spuren von Silikonbestandteilen werden im Motor nicht verbrannt und schädigen die Lambdasonde.

■ Prüf- und Messgeräte an Bord bei Probefahrten sind immer auf dem Rücksitz zu befestigen und durch eine zweite Person auch von dort zu bedienen. Wenn die Prüf- und Messgeräte vom Beifahrersitz aus bedient werden, könnte es bei einem Unfall durch das Auslösen des Beifahrer-Airbags zu Verletzungen der dort sitzenden Person kommen.

■ Springt der Motor nach Fehlersuche, Reparatur oder Prüfungen von Bauteilen nur kurz an und geht dann aus, kann das daran liegen, dass die Wegfahrsicherung das Motorsteuergerät sperrt. Dann muss das Steuergerät mit dem Diagnosetester angepasst werden (VAS 505x: »Geführte Funktion«).

Einspritzdüsen wechseln

1,6-l- und 2,0-l-TDI-Injektor wechseln

■ Motorabdeckung ausbauen.

■ Geräuschdämpfung abnehmen.

■ Rücklaufleitungs-Anschlüsse an den Einspritzeinheiten abziehen, dazu Entriegelungen nach oben ziehen (Pfeile im Bild 3).

■ Elektrische Steckverbindungen (Pfeile im Bild 4) an den Einspritzeinheiten trennen.

■ Überwurfmuttern der jeweiligen Hochdruckleitungen (1) bis (4) herausdrehen und die entsprechenden Hochdruckleitungen abnehmen.

■ Offene Leitungen und Anschlüsse mit sauberen Blindstopfen verschließen.

■ Schraube (1 im Bild 6) herausdrehen. Reihenfolge zum Ausbau der Einspritzeinheiten: Zuerst Einspritzeinheit an Zylinder »2«, dann »1« beziehungsweise an Zylinder »4«, dann »3« ausbauen.

■ Abzieher »T10055« mit dem Adapter »T10537« beziehungsweise dem Adapter »T10415« ansetzen, wie in der Abbildung 5 beziehungsweise 6 gezeigt, und Einspritzeinheiten nach oben herausziehen.

■ Spannpratze vor Entnahme der Einspritzeinheit abnehmen.

☞ Um die Dichtlippe nicht zu beschädigen, Einspritzeinheiten mit Drehbewegungen herausziehen.

■ Ausgebaute Einspritzeinheiten auf einem sauberen Lappen ablegen.

☞ Zum Entfernen der Rußpartikel auf der Dichtfläche der Einspritzeinheit den Schacht der Einspritzeinheit im Zylinderkopf mit Reinigungs-Set »VAS 6811« reinigen.

Einbauen neuer Einspritzeinheiten:
Beim Einbau einer neuen oder gebrauchten Einspritzeinheit müssen folgende Teile ersetzt werden:
- Schraube für Spannpratze,
- Kupferdichtring,
- O-Ring für den Schacht der Einspritzeinheit,
- O-Ring für den Kraftstoffrücklaufanschluss.

Einbauen gelaufener Einspritzeinheiten:
- Sprühen Sie die Spitze der Einspritzeinheit mit einem Rostlösespray ein. Nach ca. 5 Minuten entfernen Sie mit einem Lappen die Ruß- bzw. Ölpartikel.
- Zum Demontieren des alten Kupferdichtrings von der Einspritzeinheit den Dichtring vorsichtig in einen Schraubstock spannen, bis der Kupferdichtring gerade am Durchdrehen zwischen den Spannbacken gehindert wird. Einspritzeinheit mit leicht drehenden und ziehenden Bewegungen von Hand aus dem Kupferdichtring ziehen.
- Reinigen Sie die Ablagerung unterhalb des Kupferdichtringes.
- Ersetzen Sie den Dichtring für die Einspritzeinheit, nutzen Sie dazu die Montagehülse »T10377«.

Fortsetzung für gelaufene und neue Einspritzeinheiten:
- O-Ringe der Einspritzeinheiten mit Montageöl, Motoröl oder Dieselkraftstoff bestreichen.
- Bauen Sie die Einspritzeinheiten ein.
- Ziehen Sie die Überwurfmuttern der Hochdruckleitungen zunächst handfest an. Achten Sie auf spannungsfreien Sitz.
- Motorabdeckung einbauen.

Nach dem Erneuern einer oder mehreren Einspritzeinheiten muss die Anpassung der Korrekturwerte für die neuen Einspritzeinheiten ins Motorsteuergerät geschrieben werden.
- Kraftstoffsystem befüllen/entlüften.
- Motorabdeckung einbauen.

1,0-l-TSI-Motoren

Hier finden sich wieder zwei unterschiedliche Bauvarianten der Einspritzdüsen.

- Luftfiltergehäuse ausbauen.
- Geräuschdämpfung ausbauen.

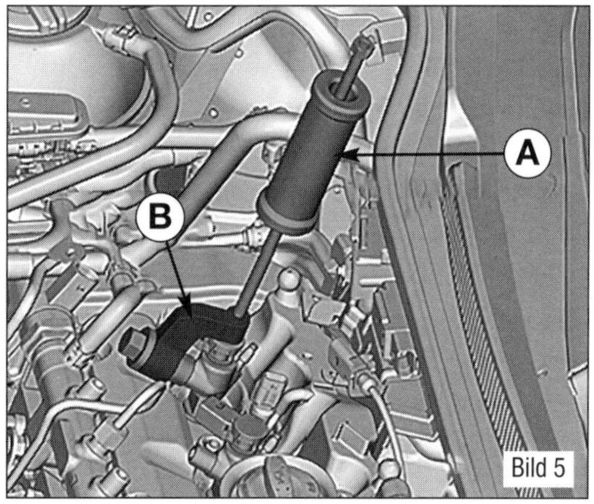

Bild 5
Einspritzsystem Delphi.
A Abzieher T10055
B Adapter T10537

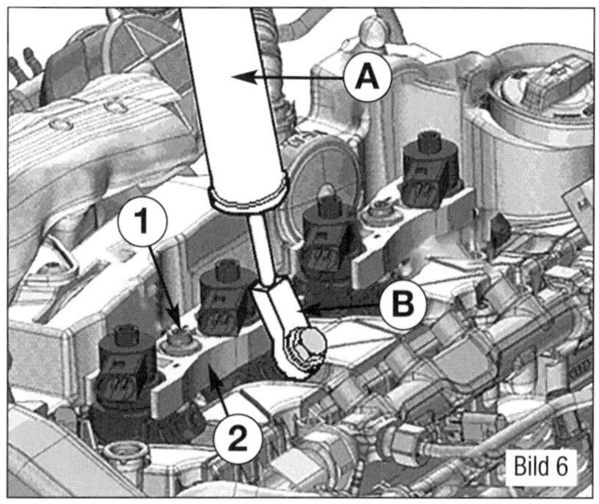

Bild 6
Einspritzsystem Bosch.
1 Schraube
2 Spannpratzen
A Abzieher T10055
B Adapter T10415

- Auffangwanne zum Unterstellen und zum Kühlmittel ablassen.
- Luftführungsrohr zum Turbolader ausbauen.
- Entriegelungstasten drücken und Unterdruckleitung abziehen.
- Entriegelungstasten drücken und den Schlauch zum Aktivkohlebehälter abziehen und freilegen.
- Steckverbindung der Drosselklappensteuereinheit trennen.
- Schraube am Saugrohr herausdrehen und Kühlmittelrohr freilegen.
- Schlauchschellen (Pfeile im Bild 7) lösen und Kühlmittelschläuche abziehen.
- Kraftstoffleitung (2) und Kühlmittelleitung (1) vom Saugrohr ausclipsen.
- Kraftstoffleitung (2) und Kühlmittelleitung (1) seitlich frei legen.
- Die Lüfterzarge wie beschrieben ausbauen.
- Den Kühler mit Kühlerschutzmatte abdecken.
- Steckverbindung des Saugrohrgebers trennen.
- Den Schlauch für die Kurbelgehäuseentlüftung abziehen.

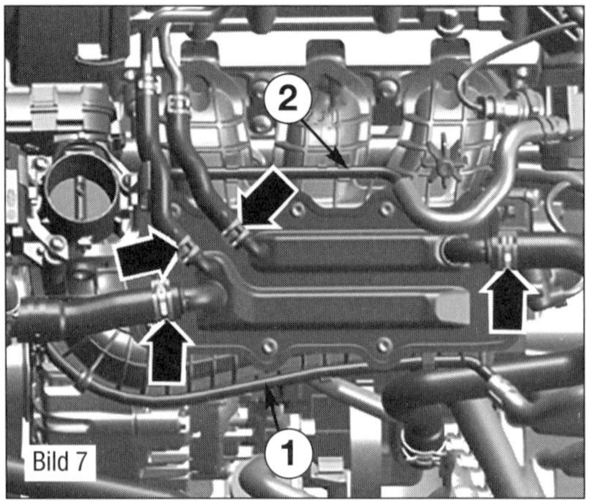

Bild 7
1,0-l-TSI Saugrohr.
1 Kühlmittelleitung
2 Kraftstoffleitung
Pfeile = Schlauchschellen

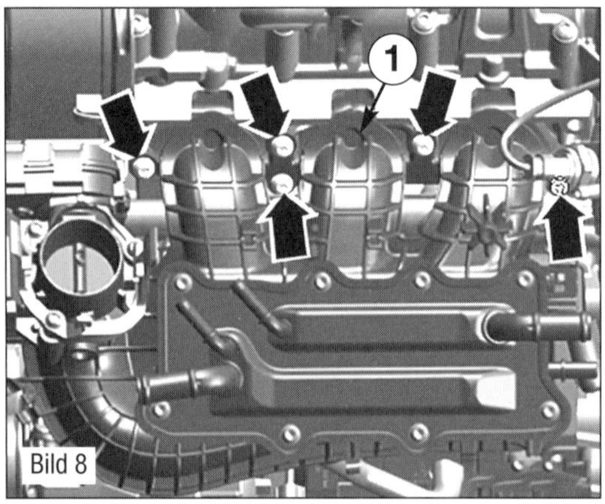

Bild 8
1,0-l-TSI Saugrohr.
1 Saugrohr
Pfeile = Schrauben

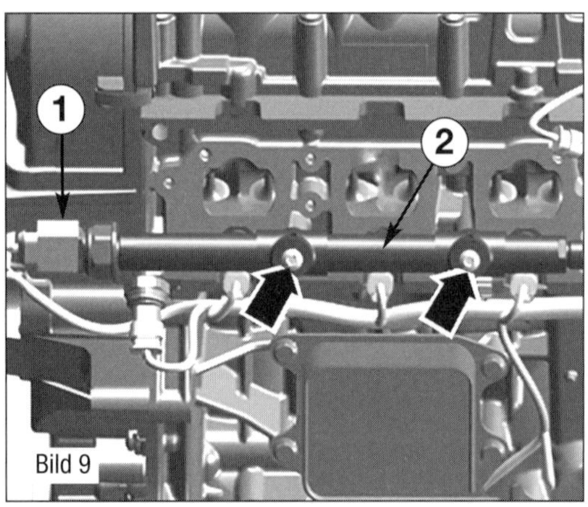

Bild 9
1,0-l-TSI Verteilerrohr in Variante 1.
1 elektrische Steckverbindung
2 Kraftstoffverteiler
Pfeile = Schrauben

■ Die Schlauchschellen lösen und Kühlmittelschläuche unten am Saugrohr abziehen.
■ Hochdruckrohr zwischen Hochdruckpumpe und Verteilerrohr ausbauen. Die Leitung verschließen, damit kein Schmutz in das Kraftstoffsystem gelangen kann.

⚠ Um den Kraftstoffdruck abzubauen, vor dem Öffnen des Kraftstoffsystems sauberen Lappen um die Verbindungsstelle legen und Verbindungsstelle vorsichtig lösen.

⚠ Gefahr von Funktionsstörungen durch Verschmutzung.

Bauvariante 1:
■ Elektrische Steckverbindung (1 im Bild 9) trennen.
■ Um austretenden Kraftstoff aufzufangen, einen Lappen unterlegen.
■ Schrauben (Pfeile) herausdrehen, Kraftstoffverteiler von den Einspritzventilen vorsichtig abziehen.

Bauvariante 2:
■ Elektrische Steckverbindungen (Pfeile im Bild 10) trennen.
■ Um austretenden Kraftstoff aufzufangen, einen Lappen unterlegen.
■ Steckverbindung am betreffenden Einspritzventil trennen.

Bauvariante des Einspritzventils 1:
■ Stützring (5 im Bild 12) mit einem Schraubendreher vom Einspritzventil abhebeln.
■ O-Ring (4) vom Einspritzventil (2) abnehmen.
■ Schlaghülse »T10133/18« über das Einspritzventil schieben.
■ Vorsichtig ein paar Prellschläge auf die Schlaghülse ausführen, um das Einspritzventil zu lösen.

Bauvariante des Einspritzventils 2:
■ Dichtring (1 im Bild 13) und Distanzring (2) vorsichtig mit Demontagewerkzeug »T10498« ausbauen.
■ Druckelement »T10581/3« über dem Einspritzventil aufsetzen. Das Druckelement »T10581/3« darf nicht am Stützring (4) anliegen.
■ Vorsichtig ein paar Prellschläge auf das Druckelement »T10581/3« ausführen, um das Einspritzventil zu lösen.

Weiter für beide Bauvarianten:
■ Abzieher »T10133/19« (3 im Bild 11) in die Nut am Einspritzventil einsetzen.
■ Demontagewerkzeug »T10133/16 A« (2) am Abzieher (3) aufsetzen.

☞ Zerstörungsgefahr des Einspritzventils. Beim Nichtbeachten des Drehmoments droht die Zerstörung des Einspritzventils. Wird das Grenzdrehmoment 5 Nm erreicht, ohne dass sich das Einspritzventil löst, das Ausziehwerkzeug wieder abnehmen und nochmals beginnen mit der Schlaghülse »T10133/18« das Einspritzventil zu lösen.

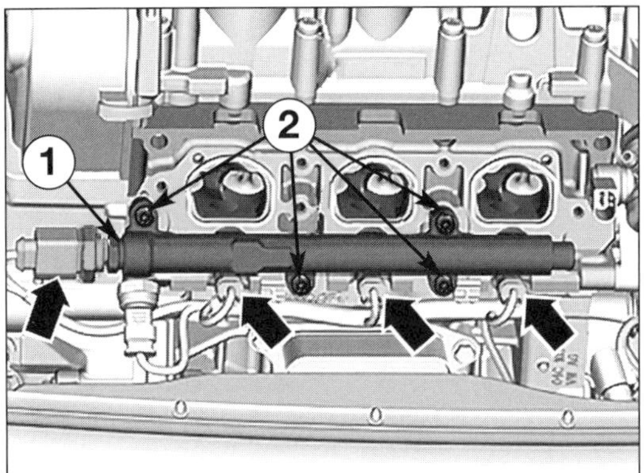

Bild 10

■ Einspritzventil durch Hineindrehen der Schraube (1 im Bild 11) herausziehen.
■ Den Arbeitsablauf an jedem Einspritzventil wiederholen.

Stützring ersetzen Bauvariante 2:
■ Alten Stützring (2 im Bild 14) mit einem geeigneten Schraubendreher vom Einspritzventil (1) abziehen.
■ Neuen Stützring (2) in die Nut (Pfeil) einsetzen und einschieben. Das geöffnete Teil des Stützrings zeigt dabei zum Stecker.

Einspritzventil zerlegen:
■ Stützring (5 im Bild 12) und Distanzring (3) abziehen.
■ Alten Brennraumdichtring (1) vorsichtig entfernen, dazu den Ring mit Messer aufschneiden und entfernen. Der Brennraumdichtring ist immer vor dem Wiedereinbau des Einspritzventils zu ersetzen.

Einspritzventil einbauen:
■ Bohrung im Zylinderkopf mit einer Nylonzylinderbürste reinigen.
■ Beim Wiedereinbau eines Einspritzventils die Nut für den Brennraumdichtring und den Schaft des Einspritzventils mit einem sauberen Tuch von Verbrennungsrückständen reinigen.
■ Montagekegel »T10133/5« mit dem neuen Brennraumdichtring (6 im Bild 13) auf das Einspritzventil (5) aufsetzen.
■ Brennraumdichtring mit der Montagehülse »T10133/6« so weit wie möglich auf den Montagekegel »T10133/5« aufschieben.
■ Montagehülse »T10133/6« umdrehen, Brennraumdichtring bis in die Dichtringnut schieben.

Beim Aufschieben auf das Einspritzventil wird der Brennraumdichtring

Bild 10
1,0-l-TSI Verteilerrohr in Variante 2.
1 Kraftstoffverteiler
2 Schrauben
Pfeile = elektrische Steckverbindung

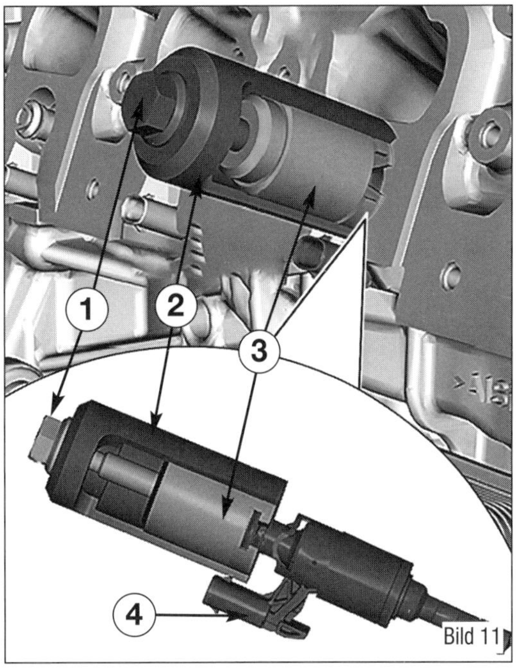

Bild 11

Bild 11
1 Schraube
2 Demontagewerkzeug T10133/16A
3 Abzieher T10133/19
4 Einspritzdüse

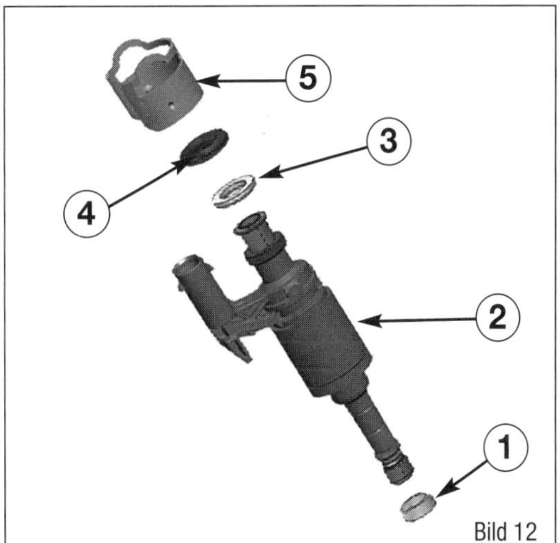

Bild 12

Bild 12
Einspritzdüse Variante 1 in der Montageübersicht.
1 Brennraumdichtring
2 Einspritzdüse
3 Distanzring
4 O-Ring
5 Stützring

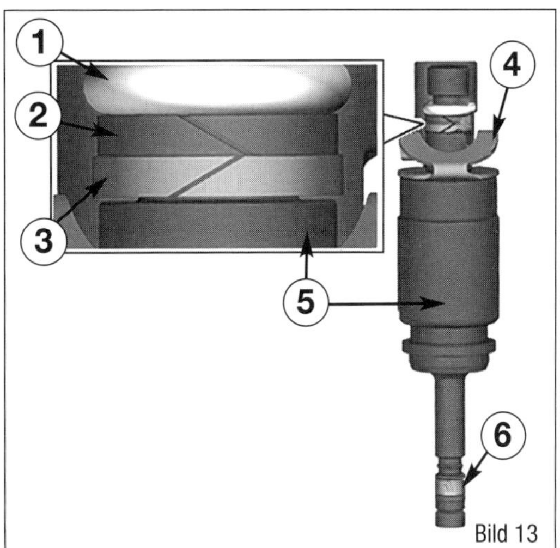

Bild 13

Bild 13
Einspritzdüse Variante 2 in der Montageübersicht.
1 O-Ring
2 Distanzring
3 Distanzring (nicht immer verbaut)
4 Stützring
5 Einspritzventil
6 Brennraumdichtring

Sichtprüfung Messen

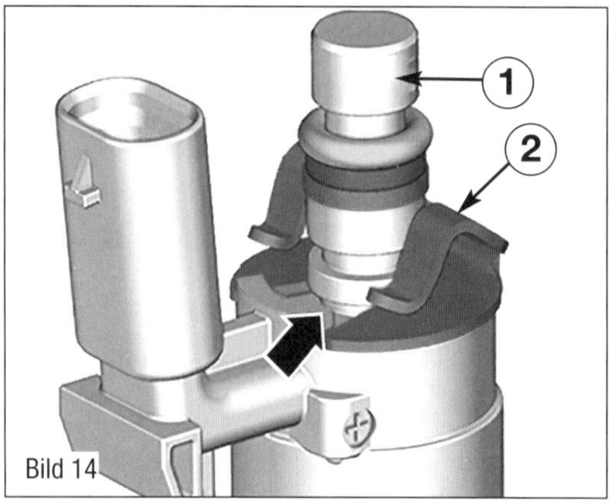

Bild 14
Einspritzdüse Variante 2.
1 Einspritzdüse
2 Stützring
Pfeil = Nut

aufgeweitet. Er muss deshalb nach dem Aufschieben in 2 Schritten wieder verengt werden, wie nachfolgend beschrieben.

■ Kalibrierhülse »T10133/7« mit einer leichten Drehbewegung (etwa 180°) bis zum Anschlag auf das Einspritzventil drücken.

■ Kalibrierhülse »T10133/7« in entgegengesetzter Drehbewegung wieder abziehen.

■ Kalibrierhülse »T10133/8« mit einer leichten Drehbewegung (etwa 180°) bis zum Anschlag auf das Einspritzventil drücken.

■ Kalibrierhülse »T10133/8« in entgegengesetzter Drehbewegung wieder abziehen.

■ Stützring (5 im Bild 12) und Distanzring (3) auf das Einspritzventil (2) aufsetzen.

■ Vor Einbau des Einspritzventils (2) neuen O-Ring (4) mit sauberem Motoröl benetzen. Der Brennraumdichtring (1) darf nicht eingeölt werden.

■ Die Einspritzventile von Hand bis zum Anschlag in die Bohrungen des Zylinderkopfes (öl- und fettfrei) drücken. Auf die korrekte Lage der Einspritzventile im Zylinderkopf achten.

☞ Die Einspritzventile müssen sich leicht einsetzen lassen, gegebenenfalls noch warten, bis sich der Brennraumdichtring genügend zusammengezogen hat.

■ Auf korrekten Sitz und Einbaulage der Einspritzventile im Zylinderkopf achten. Der elektrische Anschluss des Einspritzventils muss in die dafür vorgesehene Aussparung im Zylinderkopf eingreifen.

■ Den Kraftstoffverteiler einbauen.

■ Nach Ersatz der Einspritzventile müssen diese neu angepasst werden.

1,2-l- und 1,4-l-TSI-Motoren

■ Luftfiltergehäuse ausbauen.

■ Geräuschdämpfung ausbauen.

■ Auffangwanne zum Unterstellen und zum Kühlmittel ablassen.

■ Schlauchkupplung der Kraftstoffleitung im Bereich des Kühlmittelvorratsbehälters zuerst nach unten drücken, dann Entriegelungstasten drücken.

■ Die Schlauchkupplung mit gedrückten Entriegelungstasten abziehen.

■ Die Entriegelungstaste am Schlauch für Aktivkohlebehälter drücken und mit gedrückten Entriegelungstasten abziehen.

⚠ Um den Kraftstoffdruck abzubauen, vor dem Öffnen des Kraftstoffsystems sauberen Lappen um die Verbindungsstelle legen und Verbindungsstelle vorsichtig lösen.

⚠ Gefahr von Funktionsstörungen durch Verschmutzung.

■ Schläuche am Halter am Zahnriemenschutz frei legen.

■ Luftfiltergehäuse ausbauen.

■ Unterdruckschlauch am Luftführungsrohr lösen und frei legen.

■ Luftführungsschläuche am Ladeluftrohr frei legen.

■ Stecker vom Ladedruckgeber abziehen.

■ Verrastungen mit Entriegelungswerkzeugen »T10527« und »T10527/1« entriegeln und das Luftführungsrohr zum Turbolader abnehmen.

■ Schraube vorne links am Saugrohr herausdrehen und Schlauchschelle lösen.

■ Den Kühlmittelschlauch abziehen.

■ Die beiden anderen Kühlmittelschläuche vom Kühlmittelrohr ebenfalls abziehen.

■ Entriegelungstasten drücken und den Schlauch zum Aktivkohlebehälter abziehen.

■ Kraftstoffvorlaufleitung und Kühlmittelleitung am Saugrohr ausclipsen und zur Seite drücken.

■ Elektrische Steckverbindung (2 im Bild 15) vom Kraftstoffdruckgeber trennen.

■ Elektrische Steckverbindung vom Öldruckschalter (5) ebenfalls trennen.

■ Magnetventil 1 für Aktivkohlebehälter (3) vom Saugrohr abziehen und etwas nach unten drücken.

■ Schlauchschellen (2 im Bild 16) lösen und Kühlmittelschläuche abziehen.

■ Schrauben (Pfeile) herausdrehen.

■ Saugrohr (1) abnehmen.

■ Hochdruckrohr zwischen Hochdruckpumpe und Verteilerrohr ausbauen. Die Leitung verschließen, damit kein Schmutz in das Kraftstoffsystem gelangen kann.

⚠ Um den Kraftstoffdruck abzubauen, vor dem Öffnen des Kraftstoffsystems sauberen Lappen um die Verbindungsstelle legen und Verbindungsstelle vorsichtig lösen.

⚠ Gefahr von Funktionsstörungen durch Verschmutzung.

☞ Um austretenden Kraftstoff aufzufangen, einen Lappen unterlegen.

■ Schrauben am Kraftstoffverteiler herausdrehen (ähnlich Bild 10) und den Kraftstoffverteiler von den Einspritzventilen abziehen.

■ O-Ring (4 im Bild 12) vom Einspritzventil (2) abnehmen.

■ Elektrische Steckverbindung am betreffenden Einspritzventil trennen.

■ Stützring (5) mit einem Schraubendreher vom Einspritzventil abhebeln.

■ Schlaghülse »T10133/18« über das Einspritzventil schieben.

■ Vorsichtig ein paar Prellschläge auf die Schlaghülse ausführen, um das Einspritzventil zu lösen.

☞ Zum Herausziehen des Einspritzventils einen Drehmomentschlüssel verwenden und 5 Nm am Drehmomentschlüssel einstellen. Abzieher »T10133/19« an der Rille am Einspritzventil ansetzen. Demontagewerkzeug »T10133/16 A« am Abzieher aufsetzen.

■ Das Einspritzventil durch Hineindrehen der Schraube (1) herausziehen. Wird das Grenzdrehmoment »5 Nm« erreicht, ohne dass sich das Einspritzventil löst, nehmen Sie das Ausziehwerkzeug wieder ab und beginnen Sie nochmals mit der Schlaghülse das Einspritzventil zu lösen. Den Arbeitsablauf an jedem Einspritzventil wiederholen.

⚠ Bei Nichtbeachten des Drehmoments droht die Zerstörung des Einspritzventils.

⚠ Der Brennraumdichtring ist immer vor dem Wiedereinbau des Einspritzventils zu ersetzen.

■ Dichtung für Saugrohrunterteil abnehmen.

Einspritzventil zerlegen:

■ Stützring (5 im Bild 12) und Distanzring (3) abziehen.

■ Alten Brennraumdichtring (1) vorsichtig entfernen, dazu den Ring mit Messer aufschneiden und entfernen. Der Brennraumdichtring ist immer vor dem Wiedereinbau des Einspritzventils zu ersetzen.

☞ Darauf achten, dass die Nut des Einspritzventils nicht beschädigt wird. Bei Beschädigungen der Nut muss das Einspritzventil ersetzt werden.

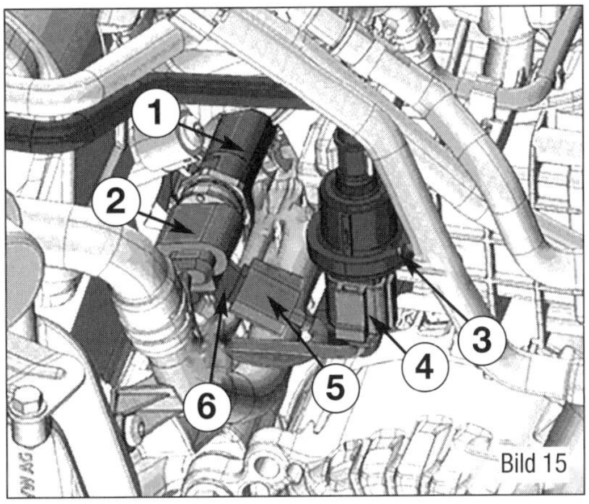

Bild 15
1 Verteilerrohr
2 Stecker
3 Magnetventil Aktivkohlebehälter
4 Stecker
5 Stecker
6 Öldruckschalter

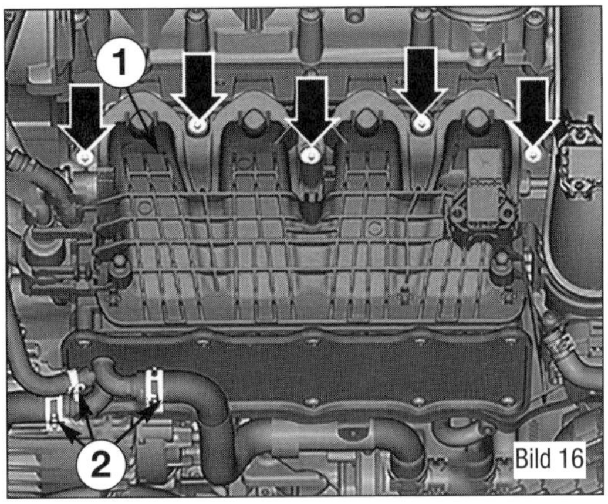

Bild 16
1 Saugrohr
2 Schlauchschellen
Pfeile = Schrauben

Einspritzventil einbauen:

■ Bohrung im Zylinderkopf mit einer Nylonzylinderbürste reinigen.

■ Beim Wiedereinbau eines Einspritzventils die Nut für den Brennraumdichtring und den Schaft des Einspritzventils mit einem sauberen Tuch von Verbrennungsrückständen reinigen.

■ Montagekegel »T10133/5« mit dem neuen Brennraumdichtring (6 im Bild 13) auf das Einspritzventil (5) aufsetzen.

■ Brennraumdichtring mit der Montagehülse »T10133/6« so weit wie möglich auf den Montagekegel »T10133/5« aufschieben.

■ Montagehülse »T10133/6« umdrehen, Brennraumdichtring bis in die Dichtringnut schieben.

☞ Beim Aufschieben auf das Einspritzventil wird der Brennraumdichtring aufgeweitet. Er muss deshalb nach dem Aufschieben in 2 Schritten wieder verengt werden, wie nachfolgend beschrieben.

■ Kalibrierhülse »T10133/7« mit einer leichten Drehbewegung (etwa 180°) bis zum Anschlag auf das Einspritzventil drücken.

■ Kalibrierhülse »T10133/7« in entgegengesetzter Drehbewegung wieder abziehen.

■ Kalibrierhülse »T10133/8« mit einer leichten Drehbewegung (etwa 180°) bis zum Anschlag auf das Einspritzventil drücken.
■ Kalibrierhülse »T10133/8« in entgegengesetzter Drehbewegung wieder abziehen.
■ Stützring (5 im Bild 12) und Distanzring (3) auf das Einspritzventil (2) aufsetzen.
■ Vor Einbau des Einspritzventils (2) neuen O-Ring (4) mit sauberem Motoröl benetzen. Der Brennraumdichtring (1) darf nicht eingeölt werden.
■ Die Einspritzventile von Hand bis zum Anschlag in die Bohrungen des Zylinderkopfes (öl- und fettfrei) drücken. Auf die korrekte Lage der Einspritzventile im Zylinderkopf achten.

☞ Die Einspritzventile müssen sich leicht einsetzen lassen, gegebenenfalls noch warten, bis sich der Brennraumdichtring genügend zusammengezogen hat.

■ Auf korrekten Sitz und Einbaulage der Einspritzventile im Zylinderkopf achten. Der elektrische Anschluss des Einspritzventils muss in die dafür vorgesehene Aussparung im Zylinderkopf eingreifen.
■ Den Kraftstoffverteiler einbauen.
■ Nach Ersatz der Einspritzventile müssen diese neu angepasst werden.

1,5-l-TSI-Motoren

■ Luftführungsrohr zwischen Ladeluftkühler und Abgasturbolader ausbauen.
■ Unterdruckschlauch vom Saugrohr abziehen.
■ Arretierung entriegeln und Unterdruckleitungsanschluss vom Saugrohr abziehen.
■ Kraftstoffvorlaufleitung von den Klammern am Saugrohr lösen.

Fahrzeuge ohne Drucksensor für Luftspülung des Aktivkohlefilters:

■ Clips der Leitung vom Saugrohr lösen.
■ Stecker am Magnetventil für Aktivkohlebehälter abziehen.
■ Entriegelungstasten gleichzeitig drücken und den Schlauch von der Kurbelgehäuseentlüftung abziehen.
■ Die Leitung von der Führung am Saugrohr lösen.

Fahrzeuge mit Drucksensor für Luftspülung des Aktivkohlefilters:

■ Steckverbindungen und trennen.
■ Clips der Leitung vom Saugrohr lösen.
■ Schlauchclips öffnen.
■ Entlüftungsleitung abziehen, dazu beidseitig die Entriegelungstasten drücken.
■ Die Entlüftungsleitung vom Saugrohr lösen.
■ Das Magnetventil für Aktivkohlebehälter abnehmen.

Fortsetzung für alle Fahrzeuge:

■ Schraube aus dem Saugrohr herausdrehen und das Kühlmittelrohr aus dem Saugrohr ausclipsen.
■ Kühlmittelrohr, Schläuche und elektrische Leitungen seitlich ablegen.
■ Luftführungsrohr zwischen Ladeluftkühler und Saugrohr ausbauen.
■ Drosselklappensteuereinheit ausbauen.
■ Verbindungsschraube zwischen Saugrohr und Ladeluftkühler herausdrehen.
■ Schelle öffnen und Kühlmittelschlauch aus dem Saugrohr aushängen.
■ Befestigungsschrauben (Pfeile im Bild 17) am Saugrohr (1) abschrauben.

☞ Befestigungsschrauben vor dem Herausnehmen mit geeigneten Mitteln gegen Herausfallen sichern!

■ Saugrohr aus den Aufnahmen am Ladeluftkühler herausschieben und abnehmen.
■ Luftfiltergehäuse ausbauen.
■ Luftführungsrohr zwischen Ladeluftkühler und Abgasturbolader ausbauen.
■ Hochdruckrohr zwischen Hochdruckpumpe und Verteilerrohr ausbauen. Die Leitung verschließen, damit kein Schmutz in das Kraftstoffsystem gelangen kann.

⚠ Um den Kraftstoffdruck abzubauen, vor dem Öffnen des Kraftstoffsystems sauberen Lappen um die Verbindungsstelle legen und Verbindungsstelle vorsichtig lösen.

⚠ Gefahr von Funktionsstörungen durch Verschmutzung.

⚠ Um austretenden Kraftstoff aufzufangen, einen Lappen unterlegen.

■ Dichtring (1 im Bild 13) und Distanzring (2) vorsichtig mit Demontagewerkzeug »T10498« ausbauen.
■ Druckelement »T10581/3« über dem Einspritzventil aufsetzen. Das Druckelement »T10581/3« darf nicht am Stützring (4) anliegen.
■ Vorsichtig ein paar Prellschläge auf das Druckelement »T10581/3« ausführen, um das Einspritzventil zu lösen.
■ Grundplatte »T10581/1« (3 im Bild 18) mit Rändelschrauben »T10581/2« (1) einbauen, wie gezeigt. Zum Anschrauben am Zylinderkopf die Bohrungen für Kraftstoffverteiler verwenden.

■ Abzieher »T10581/4« (2) in die Nut am Einspritzventil (4) einsetzen.
■ Demontagewerkzeug »T10133/16A« (5) über den Abzieher »T10581/4» (2) einschieben.
■ Schraube (6) für Demontagewerkzeug »T10133/16A« in den Abzieher »T10581/4« (2) einschrauben.
■ Demontagewerkzeug »T10133/16A« (5) ausgleichen und auf die Grundplatte »T10581/1« (3) aufsetzen. Das Demontagewerkzeug »T10133/16A« (5) muss sich an der Grundplatte »T10581/1« (3) abstützen.
■ Demontagewerkzeug »T10133/16A« (5) drehen, sodass an der Grundplatte »T10581/1« (3) möglichst größte Anlagefläche entsteht.
■ Schraube (6) leicht von Hand anziehen.
■ Einspritzventil durch Hineindrehen der Schraube (6) mit einem Drehmomentschlüssel (5 Nm) herausziehen.

⚠ Beim Nichtbeachten des Drehmoments droht die Zerstörung des Einspritzventils. Wird das Grenzdrehmoment 5 Nm erreicht, ohne dass sich das Einspritzventil löst, das Ausziehwerkzeug wieder abnehmen und nochmals beginnen mit dem Druckelement »T10581/3« das Einspritzventil zu lösen.

■ Arbeitsablauf an jedem Einspritzventil wiederholen.

Einspritzventil zerlegen:
■ Stützring (5 im Bild 12) und Distanzring (3) abziehen.
■ Alten Brennraumdichtring (1) vorsichtig entfernen, dazu den Ring mit Messer aufschneiden und entfernen. Der Brennraumdichtring ist immer vor dem Wiedereinbau des Einspritzventils zu ersetzen.

Einspritzventil einbauen:
■ Bohrung im Zylinderkopf mit einer Nylonzylinderbürste reinigen.
■ Beim Wiedereinbau eines Einspritzventils die Nut für den Brennraumdichtring und den Schaft des Einspritzventils mit einem sauberen Tuch von Verbrennungsrückständen reinigen.
■ Montagekegel »T10133/5« mit dem neuen Brennraumdichtring (6 im Bild 13) auf das Einspritzventil (5) aufsetzen.
■ Brennraumdichtring mit der Montagehülse »T10133/6« so weit wie möglich auf den Montagekegel »T10133/5« aufschieben.
■ Montagehülse »T10133/6« umdrehen, Brennraumdichtring bis in die Dichtringnut schieben.

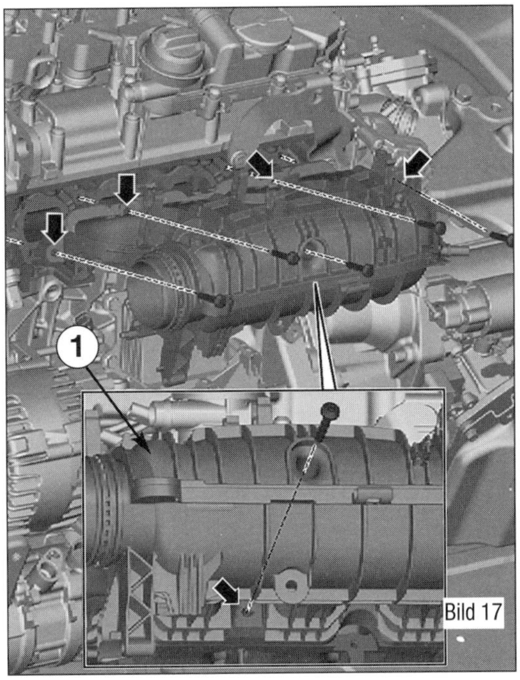

Bild 17
Einspritzventil beim 1,5-l-TSI ausbauen.
1 Saugrohr
Pfeile = Einbauposition der Schrauben

☞ Beim Aufschieben auf das Einspritzventil wird der Brennraumdichtring aufgeweitet. Er muss deshalb nach dem Aufschieben in 2 Schritten wieder verengt werden, wie nachfolgend beschrieben.

■ Kalibrierhülse »T10133/7« mit einer leichten Drehbewegung (etwa 180°) bis zum Anschlag auf das Einspritzventil drücken.
■ Kalibrierhülse »T10133/7« in entgegengesetzter Drehbewegung wieder abziehen.
■ Kalibrierhülse »T10133/8« mit einer leichten Drehbewegung (etwa 180°) bis zum Anschlag auf das Einspritzventil drücken.
■ Kalibrierhülse »T10133/8« in entgegengesetzter Drehbewegung wieder abziehen.
■ Stützring (5 im Bild 12) und Distanzring (3) auf das Einspritzventil (2) aufsetzen.
■ Vor Einbau des Einspritzventils (2) neuen O-Ring (4) mit sauberem Motoröl benetzen. Der Brennraumdichtring (1) darf nicht eingeölt werden.
■ Die Einspritzventile von Hand bis zum Anschlag in die Bohrungen des Zylinderkopfes (öl- und fettfrei) drücken. Auf die korrekte Lage der Einspritzventile im Zylinderkopf achten.

☞ Die Einspritzventile müssen sich leicht einsetzen lassen, gegebenenfalls noch warten, bis sich der Brennraumdichtring genügend zusammengezogen hat.

■ Auf korrekten Sitz und Einbaulage der Einspritzventile im Zylinderkopf achten. Der elektrische Anschluss des Einspritzventils muss in

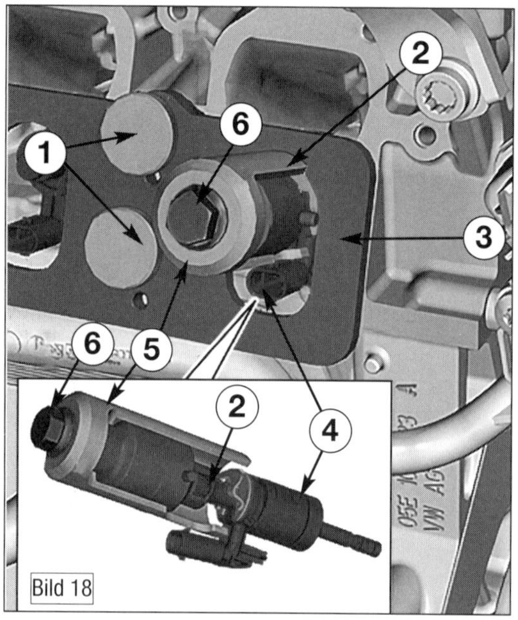

Bild 18

Bild 18
Einspritzventil beim 1,5-l-TSI ausbauen.
1 Rändelschrauben T10581/2
2 Abzieher T10581/4
3 Grundplatte T10581/1
4 Einspritzventil
5 Demontagewerkzeug T10133/16A
6 Schraube

die dafür vorgesehene Aussparung im Zylinderkopf eingreifen.

■ Den Kraftstoffveteiler einbauen.

■ Nach Ersatz der Einspritzventile müssen diese neu angepasst werden.

1,6-l-MPI-Motoren

■ Luftfiltergehäuse ausbauen:

■ Stecker für Einspritzventile (1 im Bild 18) entriegeln und abziehen.

⚠ Um den Kraftstoffdruck abzubauen, vor dem Öffnen des Kraftstoffsystems einen sauberen Lappen um die Verbindungsstelle legen und Verbindungsstelle vorsichtig lösen.

■ Schlauchkupplung der Kraftstoffvorlaufleitung im Bereich des Kühlmittelausgleichsbehälters trennen.

■ Schelle für Kraftstoffvorlaufleitung im Bereich des Kühlmittelausgleichsbehälters öffnen und Kraftstoffvorlaufleitung abnehmen.

■ Schelle für Kraftstoffvorlaufleitung am oberen Zahnriemenschutz öffnen und Kraftstoffvorlaufleitung abnehmen.

■ Leitung mit geeigneten Stopfen verschließen, damit kein Schmutz in das Kraftstoffsystem gelangt.

■ Schrauben aus dem Saugrohr herausdrehen und den Kraftstoffverteiler (1) zusammen mit den Einspritzventilen aus dem Saugrohr herausziehen.

■ Halteklammer (4) des auszubauenden Einspritzventils in Pfeilrichtung (A) vorsichtig abziehen.

■ Einspritzventil aus dem Kraftstoffverteiler in Pfeilrichtung (B) herausziehen.

Der Einbau erfolgt sinngemäß in umgekehrter Reihenfolge.

■ Die Dichtringe (4) ersetzen.

■ Die Dichtringe vor dem Einbau leicht mit sauberem Motoröl benetzen.

■ Auf richtigen Sitz der Dichtringe achten.

■ Den Kraftstoffverteiler im Bereich der Befestigung kräftig niederdrücken und Schrauben 2 Gewindegänge eindrehen.

■ Anschließend die Schrauben gleichmäßig über Kreuz festziehen.

1,8-l- und 2,0-l-TSI-Motoren

Die Montagearbeiten bei diesen Motorentypen fällt deutlich aufwendiger aus. Bei einigen Motortypen sind neben den Brennraum-Einspritzventilen zusätzlich Saugrohr-Einspritzventile verbaut. Wir gehen in den folgenden Beschreibungen den Montagearbeiten für beide Ventile nach.

Saugrohr ausbauen:

☞ Wird das Saugrohr ausgebaut oder ersetzt, muss das Potenziometer für Saugrohrklappe an das Motorsteuergerät angepasst werden.

■ Batterie abklemmen.

■ Motorabdeckung ausbauen.

■ Schrauben am Kühlwasserrohr über dem Generator herausdrehen.

■ Geräuschdämpfung oben und unten wie bereits beschrieben ausbauen.

■ Kühlmittelschlauch unter dem Klimakompressor lösen.

■ Stecker am Ladedruckgeber abziehen.

■ Schrauben herausdrehen, die Schlauchschelle für Luftführungsschlauch lösen und Luftführungsschlauch von der Drosselklappensteuereinheit nach unten abziehen.

■ Kabelführungen am Luftführungsrohr lösen.

■ Die Schlauchschelle lösen und die Befestigungsschrauben herausdrehen.

■ Schlauchschelle lösen und den Ladeluftschlauch links mit Luftführungsrohr nach unten ausbauen.

■ Saugrohrstütze ausbauen, dazu Mutter und Schraube abschrauben.

■ Gummilager der Saugrohrstütze am Saugrohr ausbauen.

■ Die Steckkontakte für das Potenziometer für Saugrohrklappe, den Kraftstoffdruckgeber, die Einspritzventile MPI, den Saugrohrgeber, den Hallgeber der Nockenwelle und die Drosselklappensteuereinheit abziehen.

- Steckverbindungen unterhalb des Saugrohres trennen.
- Stecker und den Unterdruckschlauch vom Ventil für die Saugrohrklappe abziehen.
- Kabelführung (Pfeil im Bild 20) entriegeln und etwas nach oben ziehen.
- Schrauben (3) und (6) herausdrehen und das Kühlmittelrohr etwas nach oben ziehen.

⚠ Das Kraftstoffsystem steht unter Druck. Verletzungsgefahr durch herausspritzenden Kraftstoff! Tragen Sie eine Schutzbrille und Schutzhandschuhe.

- Druck abbauen. Dazu einen sauberen Lappen um Verbindungsstelle (4) legen und Verbindungsstelle vorsichtig öffnen.
- Kraftstoffschlauch (5) zur Seite legen.
- Schlauchschelle (4) lösen und Kraftstoffleitung abbauen.
- Schraube der Schelle (12 im Bild 21) und die Überwurfmuttern zur Pumpe und zum Kraftstoffverteilerrohr herausdrehen.
- Die Hochdruckleitung (10) abnehmen.
- Schrauben (Pfeile im Bild 22) und Muttern (1) und (2) herausdrehen.
- Saugrohr (3) vom Zylinderkopf abziehen.
- Die Schrauben des Steckerhalters am Saugrohr herausdrehen.
- Saugrohr vom Zylinderkopf abnehmen.
- Offene Teile des Motors abdecken.

Brennraumeinspritzventile einbauen:

- Bohrungen der Hochdruck-Einspritzventile im Zylinderkopf vor dem Einbau der Einspritzventile gründlich mit einer passenden Nylonbürste reinigen.
- Das Einspritzventil von Hand bis zum Anschlag in die Bohrung des Zylinderkopfes eindrücken (öl- und fettfrei). Auf die korrekte Lage der Einspritzventile im Zylinderkopf achten. Die Nase am Einspritzventil und die Bohrung im Zylinderkopf müssen übereinstimmen.

☞ Das Einspritzventil muss sich leicht einsetzen lassen, wenn erforderlich warten, bis der Brennraumdichtring sich soweit zusammengezogen hat.

- Stützring auf das Einspritzventil setzen.
- O-Ringe mit sauberem Motoröl benetzen.
- Kraftstoffverteiler einbauen.

Einspritzventile MPI aus- und einbauen:

☞ Der Arbeitsablauf kann nicht für Motoren mit Kennbuchstaben DLBA, DKTB angewendet werden. Hier sind keine MPI-Einspritzventile verbaut.

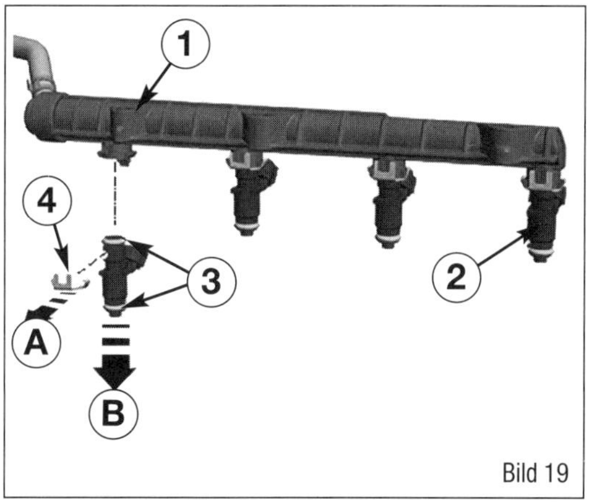

Bild 19
Einspritzventile beim 1,6-l-MPI-Motor.
1 Kraftstoffverteiler
2 Einspritzventile
3 O-Ringe
4 Halteklammer
A Pfeilrichtung zum Abziehen der Halteklammer
B Pfeilrichtung zum Herausziehen der Einspritzventile

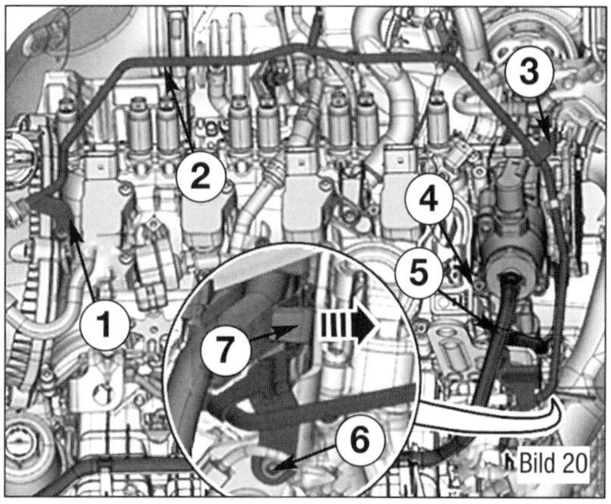

Bild 20
1,8-l- und 2,0-l-TSI-Motoren.
1 Schraube
2 Kühlmittelrohr
3 Schraube
4 Schlauchschelle
5 Kraftstoffschlauch
6 Schraube
7 Kabelführung

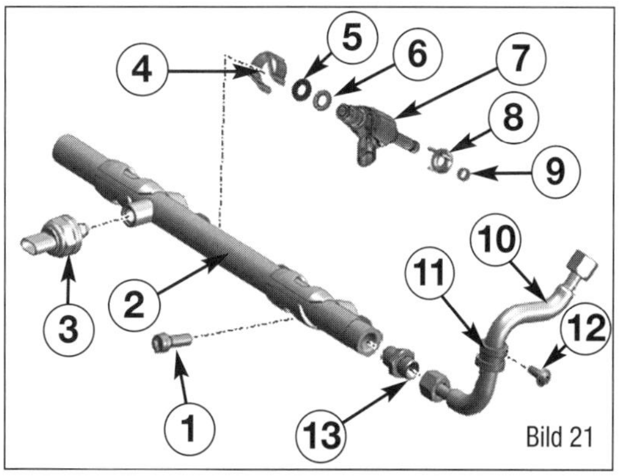

Bild 21
Kraftstoffverteilerrohr für die Direkteinspritzung.
1 Schraube
2 Kraftstoffverteiler
3 Kraftstoffdruckgeber
4 Stützring
5 O-Ring
6 Distanzring
7 Einspritzventil
8 Eingelegte Scheibe
9 Brennraumdichtring
10 Hochdruckleitung
11 Schelle
12 Schraube
13 Anschlussstutzen

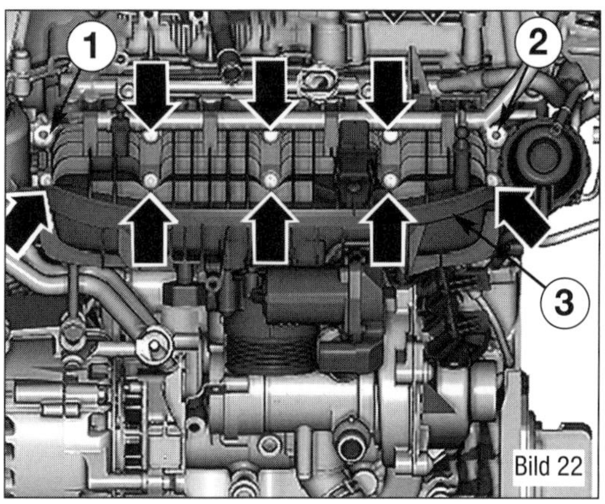

Bild 22
Saugrohr beim 1,8-l- und 2,0-l-TSI.
1 Mutter
2 Mutter
3 Saugrohr
Pfeile = Schrauben

Sichtprüfung Messen

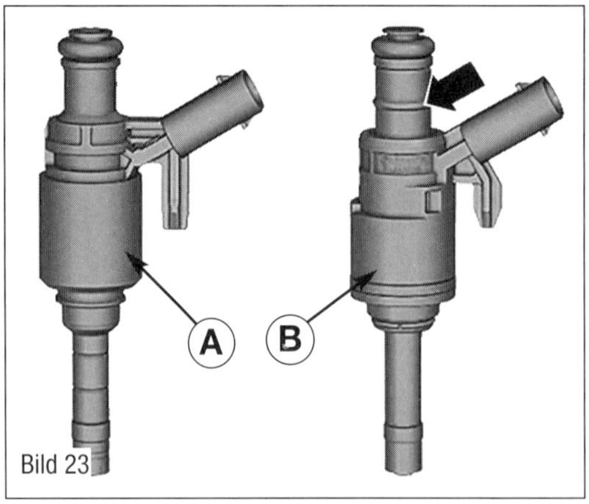

Bild 23
Unterschiedliche Bauweise der Einspritzventile der Direkteinspritzung.
A Version 1
B Version 2
Pfeil = Aussparung

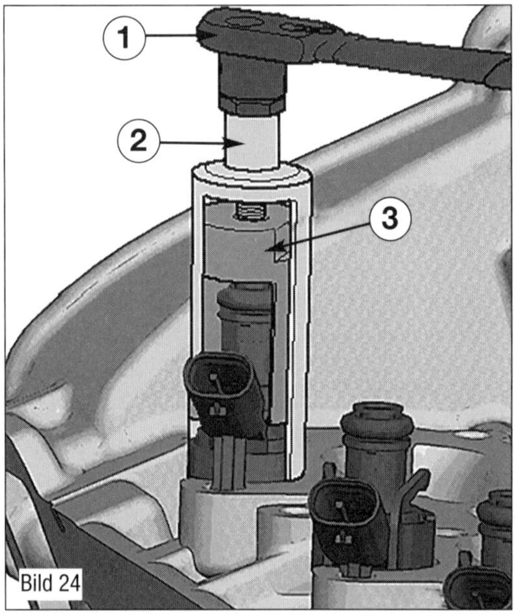

Bild 24
Ausziehen der Einspritzventile Bauweise »A«.
1 Drehmomentschlüssel
2 Abzieher T10133/16A
3 Abzieher T10133/2A

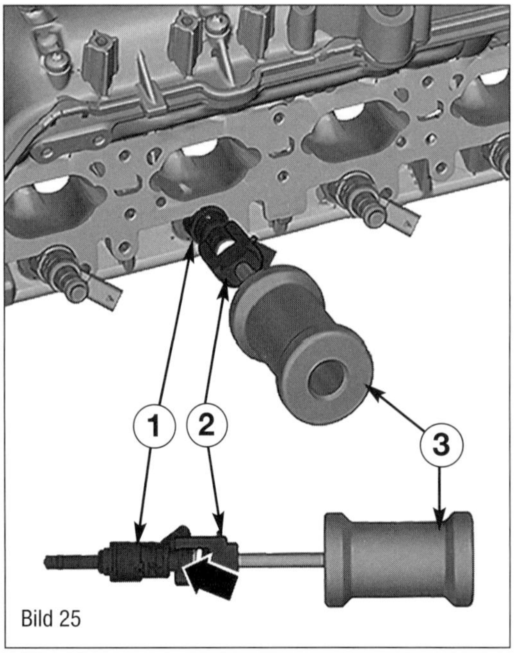

Bild 25
Ausziehen der Einspritzventile Bauweise »B«.
1 Einspritzventil
2 Abzieher
3 Schlaghammer

- Motorabdeckung ausbauen.
- Verrastungen (7) entriegeln und Leitungsführung vom Halter vom Ventil abziehen.
- Schrauben (3) des Kühlmittelrohrs oben (2) herausschrauben.
- Die Stecker für den Kraftstoffdruckgeber für Niederdruck, den Saugrohrgeber und die Einspritzventile MPI abziehen.
- Den elektrischen Leitungsstrang (4) vom Kraftstoffverteiler lösen.
- Die Schrauben (1) und (6) am Kraftstoffverteiler herausdrehen.
- Schraube am Steckerhalter herausdrehen.
- Den Kraftstoffverteiler mit Einspritzventilen vorsichtig nach oben herausziehen.
- Die Steckverbindung des Einspritzventils trennen, die Halteklammer (8 im Bild 26) abziehen und das Einspritzventil (10) vom Kraftstoffverteiler abnehmen.

Einbauen

- O-Ringe für Einspritzventil ersetzen. O-Ringe vor dem Einbau mit sauberem Motoröl benetzen.
- Stecker an den Einspritzventilen aufstecken.
- Kraftstoffverteiler mit den Einspritzventilen in die Bohrung im Saugrohr von Hand bis zum Anschlag eindrücken (öl- und fettfrei).

Der weitere Einbau erfolgt in umgekehrter Reihenfolge.

- Kraftstoffverteiler einbauen.

Glühkerzen wechseln

1,6-l- und 2,0-l-TDI-Motor

- Motorabdeckung ausbauen.
- Halteklammern vom elektrischen Leitungsstrang öffnen und wie folgt die elektrischen Steckverbindungen von den Glühstiftkerzen abziehen.
- Zange »3314« (1 im Bild 29) mit der Zangennut (Pfeil A) am Bund der Stützhülse (Pfeil B) ansetzen, wie in der Abbildung gezeigt.
- Glühkerzenstecker vorsichtig von den Glühkerzen abziehen.

⚠ Beschädigungsgefahr der Stützhülsen. Zange »3314« (1) zum Abziehen der Glühkerzenstecker nur so weit zusammendrücken, dass sie den Bund der Stützhülse sicher greift, ohne diese zu beschädigen.

Glühkerze ohne Brennraumdruckgeber:

- Glühkerzen den Gelenkschlüssel

Schlüsselweite 10 »3220« lösen und von Hand herausschrauben.

Glühkerze mit Brennraumdruckgeber:

■ Glühkerzen mit dem Steckeinsatz 12 mm »VAS 6454« lösen und von Hand herausschrauben.

Weiter für alle Bauarten:

■ Reinigen Sie den Glühstiftkanal im Zylinderkopf (es darf kein Schmutz in den Zylinder fallen).

Beispiel zum Reinigen:

Groben Schmutz mit einem Staubsauger aussaugen. Sprühen Sie einen Bremsenreiniger oder einen geeigneten Reiniger in den Glühstiftkanal, kurz einwirken lassen und mit Pressluft ausblasen. Reinigen Sie anschließend den Glühstiftkanal mit einem Öl benetzten Lappen.

Schutzbrille tragen!

■ Glühkerzen mit Gelenkschlüssel Schlüsselweite 10 »3220« lösen und von Hand herausschrauben.

Der Einbau erfolgt sinngemäß in umgekehrter Reihenfolge, dabei Folgendes beachten:

■ Glühkerzenstecker wieder auf die Glühkerzen aufstecken. Dabei auf den festen Sitz der Glühkerzenstecker achten.

■ Motorabdeckung einbauen.

Zündsystem am TSI

Ein weiterer Teil des Systems ist die Zündanlage. Alle Ottomotoren haben keinen Zündtrafo, sondern auf jeder Zündkerze eine Zündspule mit Leistungsendstufe (Bild 30). Die Spulen sind in der Zylinderreihenfolge benannt: Spule 1 = N70, Spule 2 = N127, Spule 3 = N291, Spule 4 = N292.

Die Zündspulen lassen sich bei warmem Motor leichter herausziehen. Das beim Verbau der Zündspulen verwendete Fett gibt die Zündspulen bzw. Zündkerzenstecker bei warmem Motor leichter frei.

Zündkerzen ausbauen 1,0-l-, 1,2-l-, und 1,4-l-TSI-Motoren

1,0-l-Zylinder 1 sowie 1,2-l-, 1,4-l- und 1,6-l-TSI Zylinder 2, 3, 4:

■ Schlauchschellen lösen und das Luftführungsrohr oben ausbauen.

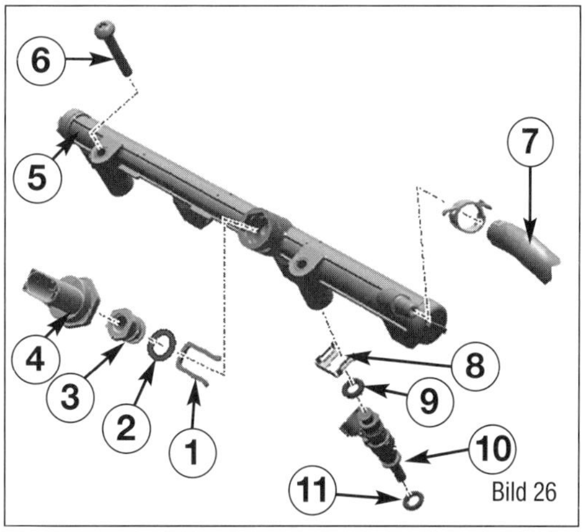

Bild 26
Kraftstoffverteilerrohr für die Saugrohreinspritzung.
1 Halteclip
2 O-Ring
3 Adapter
4 Kraftstoffdruckgeber
5 Kraftstoffverteiler
6 Schraube
7 Kraftstoffvorlaufleitung
8 Halteclip
9 O-Ring
10 Einspritzventil
11 O-Ring

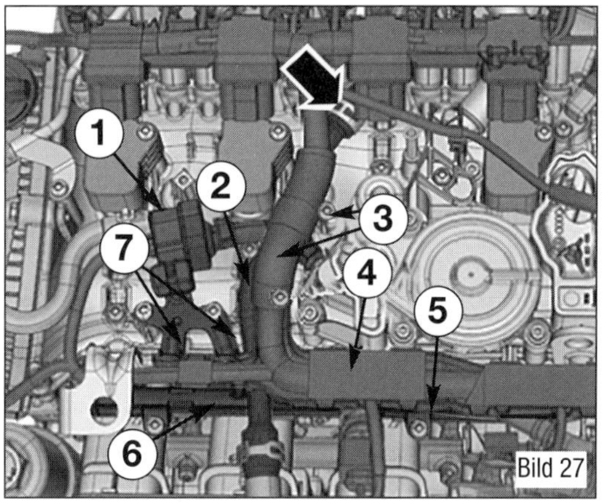

Bild 27
Einbaulage des Kraftstoffverteilerrohrs der Saugrohreinspritzung.
1 Ventil
2 Kühlmittelrohrs oben
3 Schrauben
4 Leitungsstrang
5 Schraube
6 Schraube
7 Verrastungen

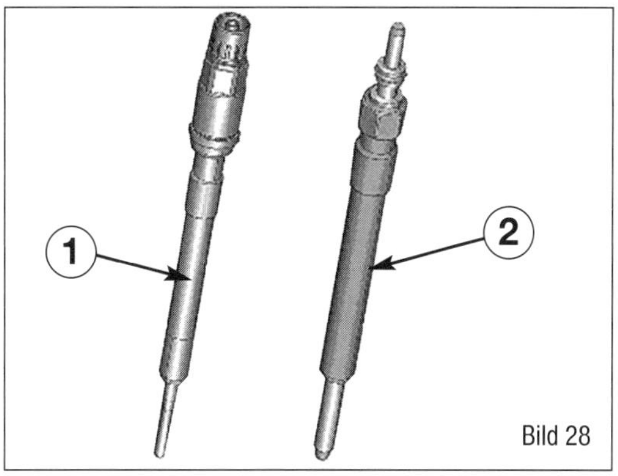

Bild 28
Bauweisen der Glühkerzen.
1 Glühkerze mit Geber für Innendruck des Zylinders
2 Glühkerze ohne Brennraumdruckgeber

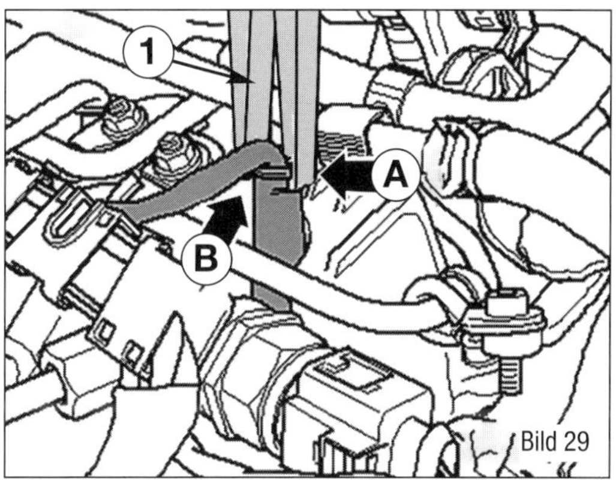

Bild 29
Demontage Anschlusskabel.
1 Zange 3314
A Zangennut
B Bund der Abstützhülse

Sichtprüfung Messen

Bild 30
1,0-l-, 1,2-l- 1,4-l- und 1,6-l-Zündsystem in der Übersicht.
1 Schraube
2 Klopfsensor
3 Zündkerze
4 Zündspule mit Leistungsendstufe
5 Schraube
6 Schraube
7 Hallgeber
8 O-Ring
9 Schraube
10 Hallgeber
11 O-Ring
12 Geberrad
13 Dichtflansch Getriebeseite
14 Motordrehzahlgeber
15 Schraube

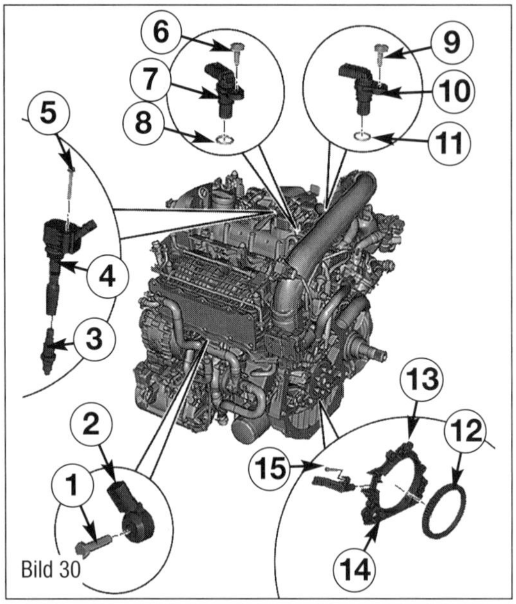

Bild 30

Bild 31
1,5-l-Zündsystem in der Übersicht.
1 Zündkerze
2 Zündkerzenstecker
3 Zündspule mit Leistungsendstufe
4 Schraube
5 Schraube
6 Positionsgeber für Auslassnockenwelle
7 O-Ring
8 O-Ring
9 Positionsgeber für Einlassnockenwelle
10 Schraube
11 Dichtflansch Getriebeseite
12 Geberrad
13 Stopfen
14 Schraube
15 Motordrehzahlgeber
16 Schraube
17 Klopfsensor

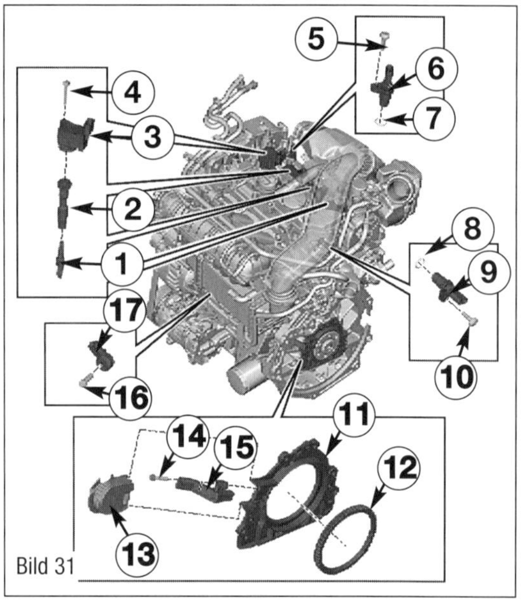

Bild 31

Bild 32
1,8-l- und 2,0-l- Zündsystem in der Übersicht.
1 Schraube
2 Klopfsensor
3 Zündkerze
4 Steckverbindung
5 Zündspule mit Leistungsendstufe
6 Schraube
7 Mutter
8 Schraube
9 Hallgeber
10 O-Ring
11 O-Ring
12 Hallgeber
13 Schraube
14 O-Ring
15 Motordrehzahlgeber
16 Schraube

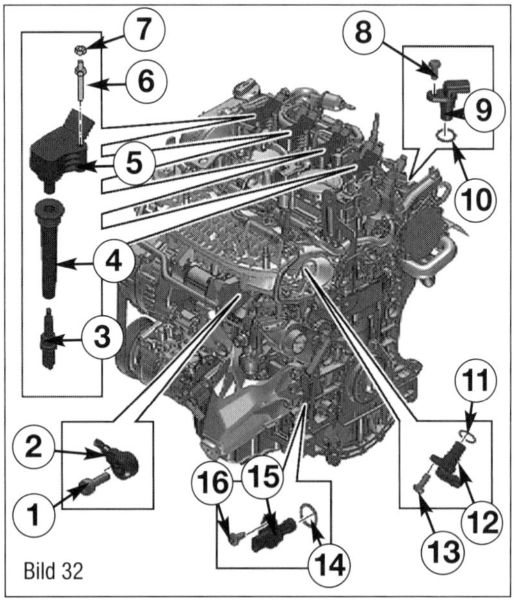

Bild 32

1,0-l-Zylinder 2 und 3:
■ Luftfiltergehäuse ausbauen.

Fortsetzung für alle Zündspulen:
■ Elektrische Steckverbindung an der Zündspule trennen.
■ Die Befestigungsschrauben (5 im Bild 30) der Zündspulen herausdrehen.
■ Abzieher »T10530« bis zum Anschlag in die Bohrung der Zündspule (4) drücken.
■ Rändelmutter in Pfeilrichtung festziehen.
■ Zündspule am Abzieher »T10530« nach oben aus dem Nockenwellengehäuse ziehen.

Zündkerzen ausbauen 1,5-l-TSI
■ Motorabdeckung ausbauen.
■ Das Luftführungsrohr zwischen Ladeluftkühler und Abgasturbolader ausbauen.

Zündspule Zylinder 3:
■ Die Entriegelungstaste am Schlauch für Kurbelgehäuseentlüftung drücken und den Schlauch abziehen.
■ Die Schraube herausdrehen und den Schlauch vom Abgasturbolader abnehmen.

Fortsetzung für alle Zündspulen:
■ Steckverbindung an der Zündspule trennen.
■ Schraube (4 im Bild 31) herausschrauben.
■ Abzieher »T10530« in die Bohrung der Zündspule (3) bis Anschlag einschieben.
■ Die Mutter des Abziehers festziehen und die Zündspule aus dem Nockenwellengehäuse herausziehen.

Zündkerzen ausbauen 1,8-l und 2,0-l-TSI
■ Motorabdeckung ausbauen.
■ Wenn vorhanden, Masseleitungen an den Zündspulen abschrauben.
■ Die Stecker entriegeln und alle Stecker gleichzeitig von den Zündspulen abziehen.
■ Befestigungsschraube der auszubauenden Zündspule herausschrauben.
■ Abzieher »T10530« in die Bohrung der Zündspule einsetzen.
■ Rändelmutter im Uhrzeigersinn drehen, bis sich der Abzieher festklemmt.
■ Mit dem Abzieher »T10530« die Zündspule vorsichtig, senkrecht nach oben herausziehen.

Zündkerzen einbauen (alle Motoren)
Der Einbau erfolgt in umgekehrter Reihenfolge, dabei bitte Folgendes beachten:

- Alle Zündspulen mit Zündkerzenstecker locker in den Zündkerzenschacht stecken.
- Zündspulen zu den Steckverbindungen ausrichten und alle Steckverbindungen gleichzeitig auf die Zündspulen aufstecken.
- Zündspulen gleichmäßig mit der Hand auf die Zündkerzen drücken (kein Schlagwerkzeug benutzen).

Tipp: Zündspule mit Leistungsendstufe und Zündkerzenstecker sind für den Reparaturfall einzeln erhältlich. Der Zündkerzenstecker wird von Hand von der Zündspule abgezogen.

Kraftstofffilter wechseln

1,6-l- und 2,0-l-TDI-Motoren

Achtung: Verbrennungsgefahr durch sehr heißen Kraftstoff. Die Temperatur der Kraftstoffleitungen bzw. des Kraftstoffes kann im Extremfall bis zu 100 °C betragen. Vor dem Öffnen von Leitungsverbindungen Kraftstoff abkühlen lassen, da akute Verbrühungsgefahr besteht. Schutzhandschuhe tragen. Schutzbrille tragen. Weiterhin besteht Verletzungsgefahr durch unter hohem Druck stehenden Kraftstoff. Um den Druck im Kraftstoffsystem abzubauen, sauberen Lappen um die Verbindungsstelle legen und Verbindungsstelle vorsichtig lösen. Achten Sie bitte darauf, dass kein Dieselkraftstoff auf andere Bauteile im Motorraum gelangt. Gegebenenfalls sofort reinigen!

Achtung: Vor dem Öffnen des Systems Putzlappen um das Filtergehäuse legen!

- Zündung ausschalten.
- Schrauben (4 im Bild 33) herausdrehen und Filtergehäusedeckel (3) mit angeschlossenen Kraftstoffschläuchen zur Seite anheben.
- Filtereinsatz (2) aus dem Kraftstofffiltergehäuse (1) entnehmen.
- Filtereinsatz (2) zentriert in das Filtergehäuse (1) einsetzen.
- Schrauben für Filtergehäuse (4) einschrauben und mit Anzugsdrehmoment anziehen.
- Kraftstoffsystem befüllen/entlüften. Fangen Sie eventuell abtropfende Kraftstoff mit einem geeigneten Lappen auf.

Der Einbau erfolgt in umgekehrter Reihenfolge. Dabei ist Folgendes zu beachten:

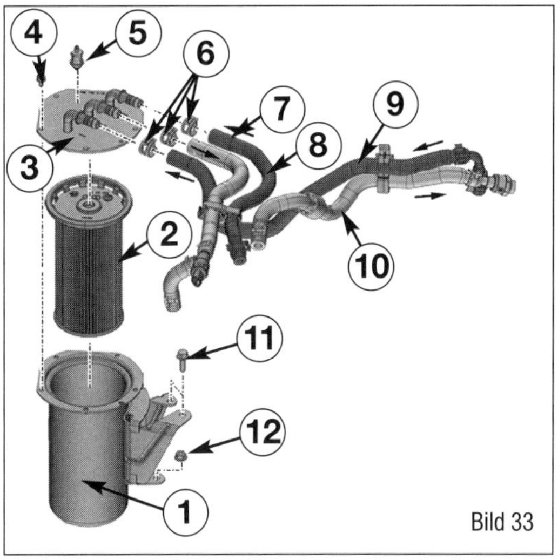

Bild 33

Bild 33
1 Filtergehäuse
2 Filtereinsatz
3 Gehäusedeckel
4 Schraube
5 Halter
6 Schellen
7 Rücklauf
8 Vorlauf
9 Rücklauf Pumpe
10 Vorlauf Pumpe
11 Schraube
12 Mutter

- Kraftstoffschläuche müssen knickfrei verlegt werden.
- Vor- und Rücklaufleitung nicht vertauschen (Rücklaufleitung blau bzw. mit blauer Markierung, Vorlaufleitung weiß, bzw. weiße Markierung). Achten Sie auf festen Sitz der Kraftstoffschläuche.
- Kraftstoff- und Kühlmittelschläuche wieder in die Halterungen clipsen.
- Entlüften Sie das Kraftstoffsystem.

TSI-Motoren

Das Druckbegrenzungsventil und der Kraftstofffilter sind im Kraftstoffflansch auf der linken Seite im Tank integriert und können nicht einzeln ersetzt werden. Die Montagearbeiten haben wir bereits für den »Kraftstofffördereinheit« abgearbeitet.

Luftfilter wechseln

Tipp: Beim Ausblasen des Luftfiltergehäuses mit Pressluft ist Folgendes zu beachten: Zur Vermeidung von Funktionsstörungen bitte die kritischen luftführenden Motorbauteile wie Luftmassenmesser, Lufteinlassrohre usw. mit einem sauberen Putzlappen ab. Schlauchstutzen und Schläuche für Ladeluftsystem müssen vor dem Montieren öl- und fettfrei sein. Verwenden Sie keine silikonhaltigen Gleitmittel bei der Montage.

- Stellen Sie den Motor ab.

TDI-Motoren und 1,2-l-, 1,4-l-, 1,5-l, und 2,0-l-TSI sowie 1,6-l-MPI-Motoren

- Ziehen Sie den Unterdruckschlauch soweit verbaut vom Luftfilteroberteil (8 im Bild 34) ab.

Bild 34
Luftfilter beim TDI.
1 Luftführung
2 Schraube
3 Luftführungsunterteil
4 Luftführungsoberteil
5 Abdeckung
6 Schraube
7 Schraube
8 Luftfilteroberteil
9 Entlüftungsschlauch
10 Federklemme
11 Ansaugschlauch
12 Schraubschelle
13 Schraube
14 Luftmassenmesser
15 O-Ring
16 Luftfiltereinsatz
17 Einsatz
18 Luftfilterunterteil
19 Gummilager
20 O-Ring
21 Entwässerungsrohr

Bild 35
Luftfilter beim 1,0-l-FSI.
1 Luftfilteroberteil
2 Schelle
3 Gummilager
4 Luftfilterunterteil
5 Schraube
6 Wasserablaufschlauch
7 Sieb
8 Gummipuffer
9 Schraube
10 Luftführungsschlauch
11 Schelle
12 Schraube
13 Luftführungsunterteil
14 Wasserablaufschlauch
15 Abdeckung
16 Schraube
17 Luftfiltereinsatz
18 Schlauch

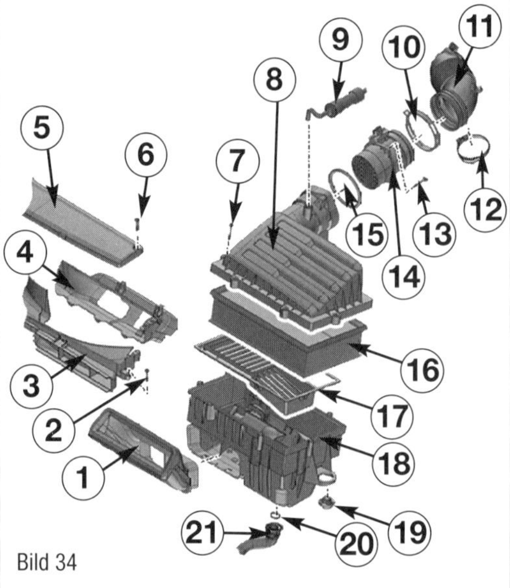

Bild 34

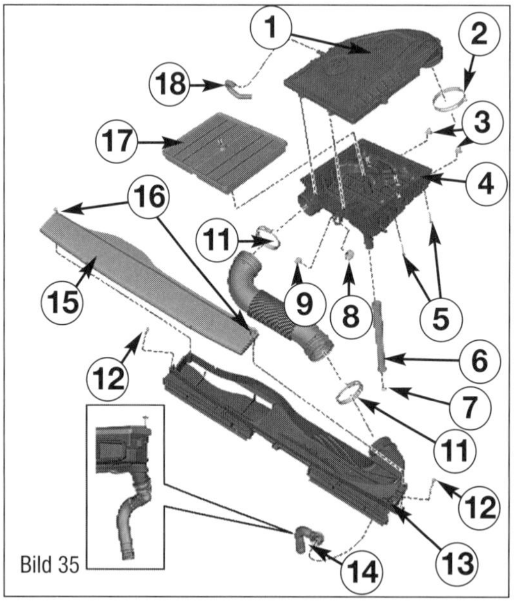

Bild 35

■ Befestigungsschrauben (7) vom Luftfilteroberteil herausschrauben und das Luftfilteroberteil mit der gesamten Luftführung zur Seite anheben.
■ Luftfiltereinsatz (16) und Schneesieb (17) (wenn verbaut) herausnehmen.

☞ Das Schneesieb ist nicht bei allen Fahrzeugen verbaut.

Montage:
■ Gehäuse, Luftmassenmesser und Wasserabläufe auf Verschmutzung prüfen, gegebenenfalls reinigen.
■ Schneesieb (wenn verbaut) in Luftfilterunterteil (18) einsetzen.
■ Luftfiltereinsatz (16) zentriert in die Aufnahme im Luftfilterunterteil (18) einsetzen.
■ Luftfilteroberteil (8) sorgfältig und ohne größere Kräfte auf Luftfilterunterteil (18) aufsetzen und mit den Befestigungsschrauben (7) verschrauben.

1,0-l-TSI-Motoren
■ Den Luftführungsschlauch vom Luftfilteroberteil abziehen.
■ Die Schlauchschellen (11) zur Luftführung zum Motor und vom Lufteinlass in der Fahrzeugfront lösen.
■ Luftfiltergehäuse nach oben von den Kugelbolzen abziehen.
■ Luftführungen am Luftfiltergehäuse abziehen.
■ Luftfiltergehäuse entnehmen und um 180° gedreht ablegen.
■ Schrauben der Luftfilterunterseite herausschrauben.
■ Luftfilteroberteil (1) abnehmen und Luftfiltereinsatz (17) herausnehmen.

Montage:
■ Gehäuse, Luftmassenmesser und Wasserabläufe auf Verschmutzung prüfen, gegebenenfalls reinigen.
■ Luftfiltereinsatz zentriert in die Aufnahme im Luftfilteroberteil einsetzen.
■ Luftfilterunterteil auf Luftfilteroberteil aufsetzen und mit Schrauben (1) zusammenschrauben.

Der weitere Zusammenbau erfolgt sinngemäß in umgekehrter Reihenfolge.

Fahrzeugdiagnosetester einsetzen

Oft kann man an den elektronisch gesteuerten Einspritzsystemen nur dann selbst Hand anlegen, wenn man über einen Diagnosetester verfügt. Das Steuergerät kann viele Fehler an elektrischen Teilen der Einspritz- und Zündanlage per Selbstdiagnose erkennen und sie in einem Fehlerspeicher ablegen. Es wird auch abgespeichert, ob es sich um permanente Fehler oder um sporadische Mängel handelt.

Diagnosegeräte
Zum Abfragen des Fehlerspeichers aber wird das Diagnosegerät benötigt. Volkswagen-Werkstätten verwenden das schon mehrmals erwähnte VAS 505x, aber mit geeigneter

Software und gewisser Kenntnis der Funktions- und Vorgehensweise sind auch andere Werkstattsysteme zu verwenden, wie das System »VCDS« das in vielen Mietwerkstätten vorhanden ist. Die Firma PCI Tuning bietet auf Internetseiten Fehlerbeschreibungen und das Vorgehen mit dem VCDS anbieten.

Anschluss am Fahrzeug

- Schließen Sie ein Erhaltungsladegerät an die Batterie an.
- Stecken Sie den Stecker der Diagnoseleitung auf den Diagnoseanschluss (Bild 36).
- Schalten Sie den Fahrzeugdiagnosetester ein.
- Zündung einschalten.
- Folgen Sie den Anzeigen auf dem Bildschirm, um die gewünschten Funktionen zu starten.

Fehlerspeicher auslesen (am Beispiel »Motor«)

Die meisten Fahrzeugtester arbeiten »Menügeführt«. Das bedeutet, Sie werden mit der Displayanzeige oder der Bildschirmanzeige durch einzelne Menüpunkte geführt, indem Sie diese mit Cursor oder Maustaste anwählen. Die Menüpunkte hängen wesentlich von den freigegebenen Funktionen des Steuergerätes ab und weiterhin natürlich auch von der Ausarbeitung durch den Testerhersteller. Für die VW/Audi-Scene hat sich der VAG-Com als verbreiteter Standardtester durchgesetzt. Wir zeigen Ihnen am Bespiel der Fehlerspeicherauslese für das Motorsteuergerät die wirklich einfache Vorgehensweise. Die Vorgehensweise

Bild 36
VAG-COM oder VCDS mit Laptop.

verändert sich für andere Steuergeräte und auch Funktionen so unwesentlich.

- Schließen Sie ein Erhaltungsladegerät an die Batterie an.
- Stecken Sie den Stecker der Diagnoseleitung auf den Diagnoseanschluss.
- Klicken Sie auf die Taste »Verbaut«.
- Klicken Sie auf die Taste »01 Motorelektronik(1 im Bild 37)«.
- Klicken Sie auf die Taste »Fehlerspeicher 02«. (1 im Bild 38) Nun werden Ihnen die Fehler, soweit vorhanden, als Text angezeigt.
- Sie können die Fehleranzeige speichern, drucken oder kopieren. Sie sollten in jedem Fall den Fehler vermerken, um diesem vielleicht einmal nachgehen zu können. Die Erfahrung zeigt, dass man sich den Fehler auf Dauer nicht im Kopf merken kann.
- Anschließend können Sie den einzelnen oder alle Fehler mit einem Klick löschen.
- Schalten Sie die Zündung aus.
- Ziehen Sie den Tester aus der Diagnosedose.

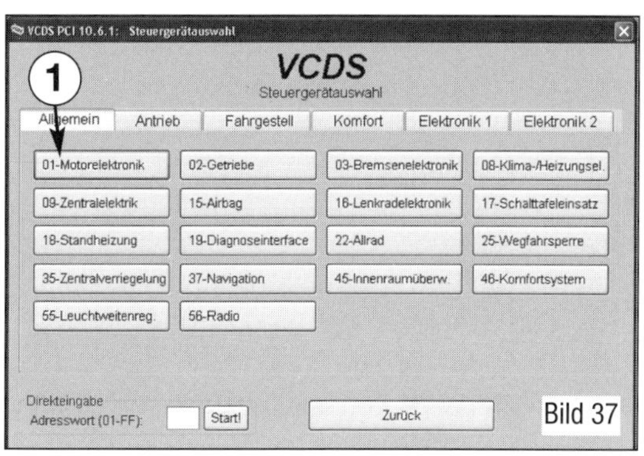

Bild 37
1 Anwahl zum Motorsteuergerät

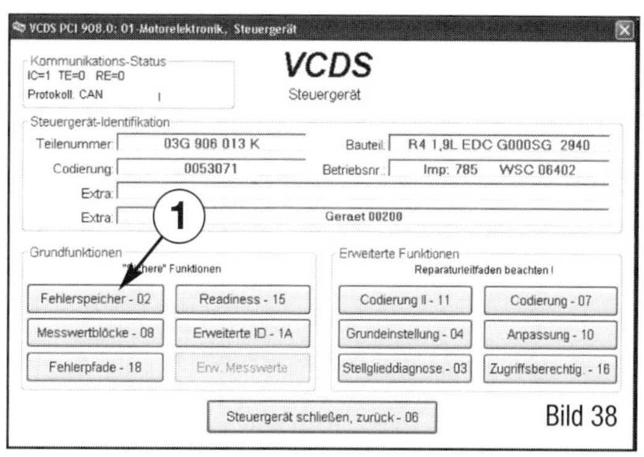

Bild 38
1 Anwahl zum Auslesen des Fehlerspeichers

9 Abgasanlage

Die Abgas- oder Auspuffanlage am Unterboden des Octavia reinigt mit Partikelfilter plus Oxidationskatalysator und Abgasvorrohr oder mit Katalysator und Abgasvorrohr die Verbrennungsabgase. Sie leitet sie mit geringem Gegendruck ins Abgasrohr mit Schalldämpfer und Endrohr zum Fahrzeugheck (Bilder 4 und 5). Der Schalldämpfer reduziert die Verbrennungsgeräusche auf ein Minimum. Der Differenzdruckgeber und der Abgastemperaturgeber mit Regelsystem tragen dazu bei, die Motorleistung zu optimieren. Der Auspuff moderner Pkw ist für mehr als 60.000 Kilometer gut, wobei die Lebensdauer natürlich auch von den Einsatzbedingungen des Fahrzeugs abhängt. Ist man überwiegend auf kurzen Strecken unterwegs, fallen mehr Kondensat, Ruß und aggressive Säuren im Innern der Anlage an als beim Langstreckenbetrieb mit voll durchgewärmtem Motor. Das Abgasvorrohr ist seltener als die anderen Teile vom Rost bedroht, weil dort die Verbrennungsgase noch mit Temperaturen zwischen 800 und 1000 °C einströmen. Danach verlieren die Abgase an Temperatur und sind am Endrohr nur noch 150 bis 300 °C heiß. Dort tritt das meiste Kondenswasser aus. Es mischt sich mit Verbrennungsrückständen zu aggressiven Säuren und lässt das Auspuffblech von innen nach außen durchrosten. Falls das Endrohr nicht aus besonders korrosionsbeständigem Material hergestellt wurde, ist Arbeit angesagt: Ausbau des alten und Einbau eines neuen Abgasrohrs mit Schalldämpfer.

Hinweise und Regeln für Arbeiten an der Auspuffanlage

Reparaturen an durchgerosteten Auspuffanlagen, z. B. mit Auspuffkitt und Bandagen, haben nur kurzzeitig Erfolg. Das Blech bricht bald neben der Reparaturstelle. Werkstätten wechseln Auspuffanlagen meist komplett aus. Vor weiteren Arbeiten daher Zustand der Anlage genau prüfen und dann entscheiden, ob einzelne Teile oder das ganze System erneuert werden sollen. Die Abgasanlage hinten kann, bei der Demontage abgestützt, komplett mit Schalldämpfer ausgebaut werden.

Wird nach gründlicher Prüfung an der Abgasanlage gearbeitet, sollten folgende Grundregeln beachtet werden:

- Bei einer Demontage darf die Abgasanlage keinesfalls herunterfallen. Dabei könnten wichtige Teile beschädigt werden.
- Dichtungen und selbstsichernde Muttern immer ersetzen.
- Verschraubungen der Auspuffanlage lassen sich beim nächsten Mal leichter lösen, wenn die Gewinde beim Einbau mit hochhitzefestem Kupferfett bestrichen werden.

⚠ Werden Partikelfilter oder Differenzdruckgeber gewechselt, muss der Differenzdruckgeber zwingend über den Fahrzeugdiagnosetester angepasst werden (Tester erforderlich).

☞ Werden Partikelfilter ausgebaut und ersetzt, müssen die Altteile vorschriftsmäßig entsorgt werden. Sie dürfen nicht wie Schrott behandelt werden, weil sie wertvolles Edelmetall enthalten, das wieder in den Produktionsprozess eingebracht werden kann.

- Für Arbeiten an Lambdasonden gilt: Nur das Gewinde mit Heißschraubenpaste »G 052 112 A3« fetten. An die Schlitze des Sondenkörpers darf kein Fett kommen. Aus- und Einbau am besten mit Ringschlüsselsatz für Lambdasonde »3337«. Dichtring bei Undichtigkeit aufkneifen und ersetzen, festziehen mit 50 bzw. 55 Nm.
- Alle Schlauchverbindungen mit Schlauchschellen sichern, die dem Serienstand entsprechen.
- Alle Kabelbinder, die beim Ausbau gelöst werden, sind beim Einbau an der gleichen Stelle wieder anzubringen.
- Nach Montagearbeiten an der Abgasanlage darauf achten, dass die Anlage nicht verspannt wird und ausreichend Abstand zum Aufbau hat. Gegebenenfalls Doppelschelle lösen und Schalldämpfer und Abgasrohr so ausrichten, dass überall ausreichend Abstand zum Aufbau vorhanden ist und die Aufhängungen gleichmäßig belastet werden.
- Nach getaner Arbeit immer Motorprobelauf durchführen und die Auspuffanlage auf Dichtheit prüfen. Ansonsten gelten für Arbeiten an Abgasanlage und Abgasrückführung hinsichtlich Sauberkeit und Sicherheit die Vorschriften, die auch für Arbeiten an Motor, Kraftstoff- oder Einspritzsystem üblich sind.

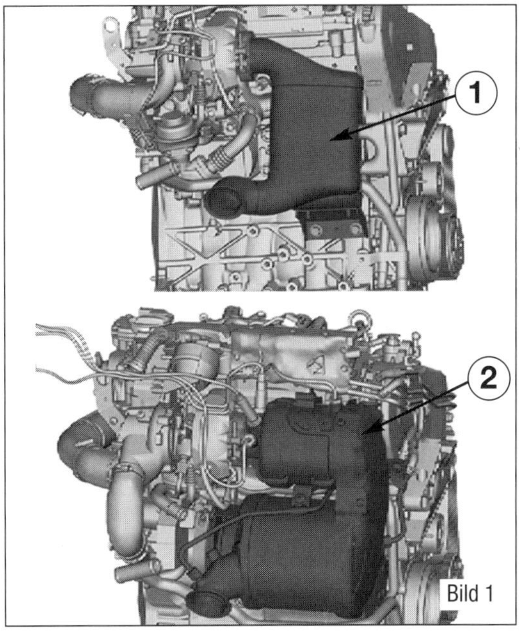

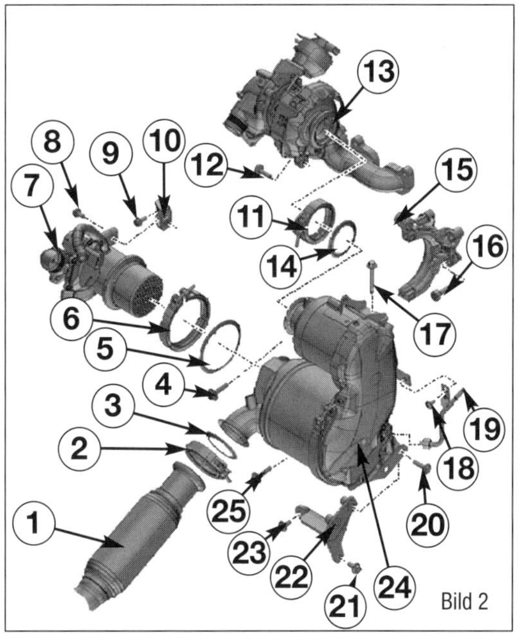

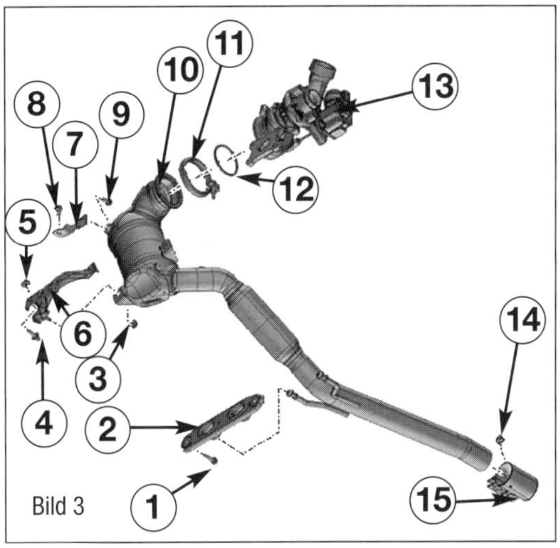

Bild 1
Abgassysteme TDI-Motoren.
1 Partikelfilter oder Katalysator Fahrzeuge mit Abgasnorm EU4
2 Abgasreinigungsmodul, Fahrzeuge mit Abgasnorm EU5 und EU6

Bild 2
Abgasreinigungsmodul TDI-Motoren.
1 Abgasvorrohr
2 Schraubschelle
3 Dichtung
4 Schraube
5 Dichtung
6 Schraubschelle
7 Kühler AGR
8 Schraube
9 Schraube
10 Halter
11 Schraubschelle
12 Schraube
13 Abgasturbolader
14 Dichtung
15 Halter
16 Schraube
17 Schraube
18 Schraube
19 Messrohr
20 Schraube
21 Schraube
22 Halter
23 Schraube
24 Abgasreinigungsmodul
25 Schraube

Bild 3
Abgassystem beim 1,0-l- bis 1,4-l-TSI-Motor.
1 Schraube
2 Halter
3 Mutter
4 Schraube
5 Mutter
6 Halter
7 Halter
8 Schraube
9 Schraube
10 Abgasvorrohr mit Katalysator
11 Schraubschelle
12 Dichtung
13 Abgasturbolader
14 Mutter
15 Klemmhülse

Zustand der Auspuffanlage kontrollieren

■ Fahrzeug auf einer Hebebühne anheben oder absolut rüttelsicher aufbocken. Es darf nicht kippeln, wenn heftig an den Rohren der Auspuffanlage gedreht oder gezerrt wird. Die Aufhängungen und Gummiösen dürfen keine Schäden aufweisen.
■ Zur Kontrolle die Abgasanlage an den Schraubbefestigungen rütteln. Komponenten auf Brüchigkeit, Einrisse oder sonstige Schäden überprüfen, bei Bedarf ersetzen.
■ Wenn sich beim Demontieren eine Verschraubung nicht lösen lässt, mit rostlösendem Mittel behandeln oder durch Überdrehen abreißen. Beim Festziehen von Verschraubungen z. B. am Abgaskrümmer die Reihenfolge von innen nach außen und über Kreuz einhalten.
■ Wenn Teile der Anlage schon einmal ersetzt wurden, trennt man die Steckverbindung der Rohrenden am besten in erwärmtem Zustand. Schweißbrenner oder Propangasbrenner verwenden und Feuerlöscher bereithalten.
■ Schalldämpfer mit einem Hammer rundum gründlich abklopfen, auch an den Stirnseiten (Übergang von den Töpfen zu den Rohren). Nicht zu zaghaft hämmern. Klingt es bei jedem Schlag hell, ist das Blech noch gesund. Wird das Klopfgeräusch an manchen Stellen dumpfer, ist die Außenhaut bereits geschwächt und wird bald durchbrechen.

Tipp: Ein sehr dumpfer Auspuffton und Knallen im Schiebebetrieb können auf einen durchgerosteten Auspuff hinweisen.

■ Dichtheit der Auspuffanlage prüfen (nachfolgende Anleitung).

Abgasanlage auf Dichtheit prüfen

■ Motor anlassen und im Leerlauf drehen lassen.
■ Auspuffendrohr für die Dauer der Dichtheitsprüfung verschließen (Lappen, Stöpsel). Der Motor kann ausgehen. Grundsätzlich sollten Sie keine lauten Zischgeräusche wahrnehmen können.
■ Verbindungsstellen Zylinderkopf/Abgaskrümmer, Abgasturbolader/Abgasvorrohr usw.

Sichtprüfung Messen

Bild 4
Auspuffanlage beim TDI.
1 Dichtung
2 Klemmhülse
3 Abgasvorrohr
4 Halter
5 Schraube
6 Abgasklappensteuereinheit
7 Klemmhülse vorn
8 Halteschlaufe
9 Schäkel
10 Mutter
11 Tunnelbrücke hinten
12 Tunnelbrücke vorn
13 Mittel- und Hinterteil der Abgasanlage
14 Koppelstelle für den Reparaturfall

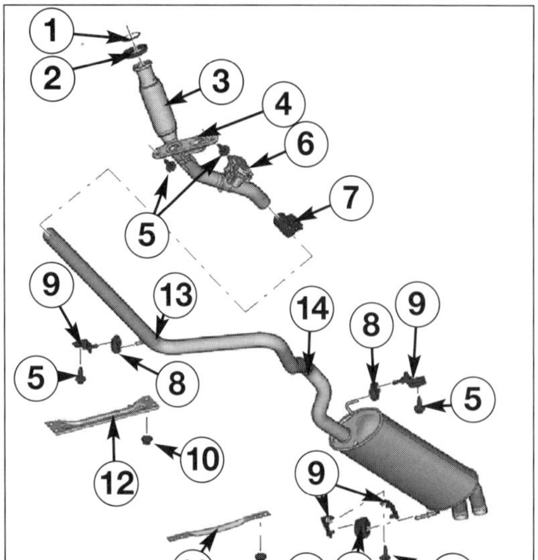

Bild 4

Bild 5
Auspuffanlage beim TSI.
1 Halteschlaufe
2 Halter
3 Schraube
4 Halter
5 Halteschlaufe
6 Mittel- und Nachschalldämpfer
7 Schraube
8 Halteschlaufe
9 Halter

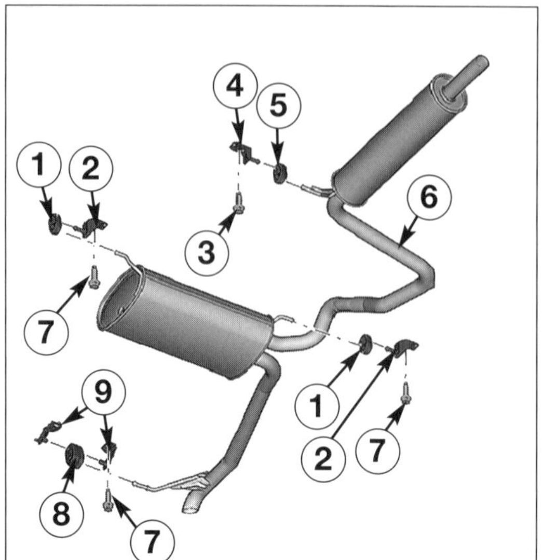

Bild 5

durch Abhören auf Dichtheit prüfen. Gibt es zischelnde Geräusche an Verbindungsstellen, ist die Anlage an der Geräuschstelle undicht. ✻Festgestellte Undichtigkeiten beseitigen.

Abgasvorrohr und Schalldämpfer aus- und einbauen

⚠ Unfallgefahr durch das Gewicht der Schalldämpfer. Zum Abnehmen der Schalldämpfer ist ein 2. Mechaniker erforderlich.

1,6-l- und 2,0-l-TDI-Motoren

■ Geräuschdämpfung für Motor und Tunnel ausbauen.

Fahrzeuge mit Frontantrieb:

■ Tunnelbrücke vorn ausbauen.

Fahrzeuge mit NOx-Geber:

■ NOx-Geber 2 »G687« vom Abgasvorrohr abbauen.

Fahrzeuge mit Abgasklappensteuereinheit:

■ Falls vorhanden, die Wärmeschutzmanschette von der Steckverbindung abnehmen.

■ Elektrische Steckverbindung entriegeln und trennen.

Für Fahrzeuge mit Motorkennbuchstaben CUUA, CUUB, DFSA, DFSB:

■ Elektrische Steckverbindung am Einspritzventil für Reduktionsmittel trennen.

■ Schelle lösen und Einspritzventil für Reduktionsmittel abnehmen.

■ Unterbodenverkleidung links ausbauen.

■ Elektrische Steckverbindung am Steuergerät für NOx-Geber trennen.

■ Steuergerät für NOx-Geber von der Halterung abnehmen.

■ Den Leitungsstrang frei legen.

■ Tunnelbrücke vorn ausbauen

Fortsetzung für alle Fahrzeuge:

■ Klemmhülse (7 im Bild 4) lösen und nach hinten schieben.

■ Schrauben am Halter des Vorrohres herausdrehen.

■ Schraube der Klemmschelle lösen und am Katalysator die Klemmschelle abnehmen.

■ Das Abgasvorrohr abnehmen.

Die Montage erfolgt sinngemäß in umgekehrter Reihenfolge.

■ Richten Sie die Auspuffanlage aus.

■ Prüfen Sie die Dichtigkeit der Auspuffanlage.

1,0-l-, 1,2-l-, 1,4-l-, 1,5-l- und 1,6-l-Motoren

☞ Bei Ersatz des Mittel- bzw. Nachschalldämpfers wird die Hinterachse nicht ausgebaut. Zum einzelnen Ersetzen des Mittelschalldämpfers oder Nachschalldämpfers ist im Verbindungsrohr eine Koppelstelle (3 im Bild 6) vorgesehen. Die Koppelstelle ist durch eine Eindrückung auf dem Umfang des Abgasrohrs gekennzeichnet.

■ Wenn vorhanden, Unterbodenverkleidung

hinten links ausbauen.

■ Tunnelbrücke hinten ausbauen.

■ Klemmhülse vor dem Vorschalldämpfer lösen und nach hinten schieben.

■ Wenn noch Original, dann das Abgasrohr an der Trennstelle/Koppelstelle entsprechend der Markierung durchtrennen.

■ Links und rechts Schraube (1 und 5) herausdrehen und den Schalldämpfer (4) abnehmen.

Die Montage erfolgt sinngemäß in umgekehrter Reihenfolge.

■ Richten Sie die Auspuffanlage aus.

■ Prüfen Sie die Dichtigkeit der Auspuffanlage.

1,8-l- und 2,0-l-TSI-Motoren

■ Unterbodenverkleidung hinten links ausbauen.

■ Falls vorhanden, Geber für Fahrzeugniveau hinten ausbauen.

■ Die Schrauben des Gebers für Fahrzeugniveau herausdrehen und den Sensor gegen Beschädigung sichern.

■ Die Klemmhülse vor dem Vorschalldämpfer lösen und nach hinten schieben.

■ Tunnelbrücke hinten unter dem Vorschalldämpfer ausbauen.

■ Aufhängung vorne (soweit vorhanden) am Endschalldämpfer aushängen und Aufhängung hinten vom Aufbau abschrauben.

■ Wenn noch Original, dann das Abgasrohr an der Trennstelle/Koppelstelle entsprechend der Markierung durchtrennen.

■ Den Schalldämpfer abnehmen mit einem zweiten Mechaniker.

Der Einbau erfolgt sinngemäß in umgekehrter Reihenfolge.

■ Dichtungen und selbstsichernde Muttern ersetzen.

■ Die Abgasanlage spannungsfrei einrichten (folgt später).

■ Prüfen Sie die Dichtigkeit der Auspuffanlage.

Abgasanlage spannungsfrei einrichten

Der Motor und die Auspuffanlage muss zum Ausrichten kalt sein.

■ Beide Verschraubungen der Klemmhülse vorn lösen.

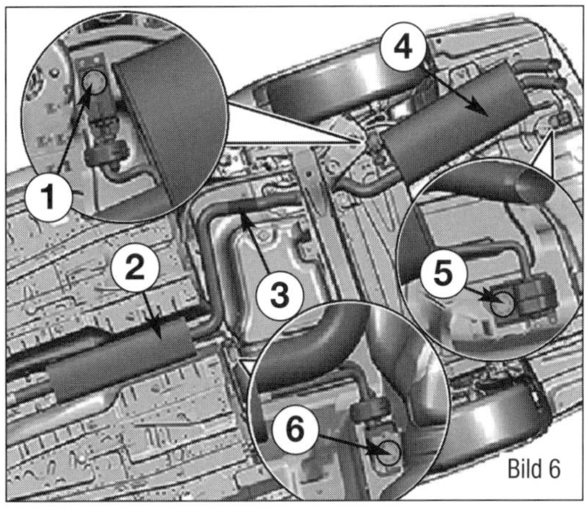

Bild 6
Auspuffanlage demontieren.
1 Schraube
2 Vorschalldämpfer
3 Trennstelle/Koppelstelle
4 Endschalldämpfer
5 Schraube
6 Schraube

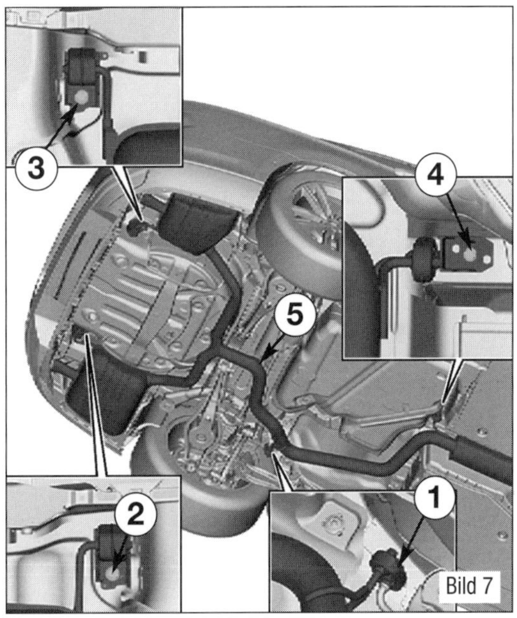

Bild 7
Auspuffanlage demontieren.
1 Halteschlaufe
2 Schraube
3 Schraube
4 Schraube
5 Schalldämpfer/Auspuffrohr(e)

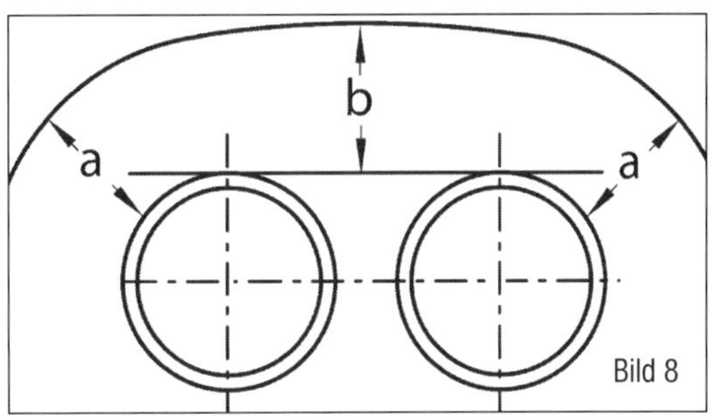

Bild 8
Die Abstandmaße zum Schalldämpferrohr müssen annähernd gleich ausfallen.
a Abstand zur Seite,
b Abstand nach oben

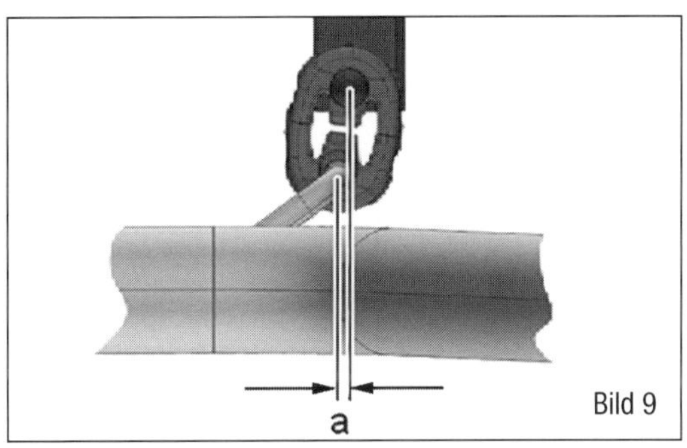

Bild 9
Vorspannung an der Halteschlaufe am Abgasrohr (a) = 5 mm

Sichtprüfung Messen

Bild 10
TDI-Motoren.
1 Hohlschraube
2 Ölvorlaufleitung
3 Schraube
4 Überwurfmutter
5 Abgastemperaturgeber 1
6 Schraube
7 Schraube
8 Wärmeschutzblech
9 O-Ring
10 Pulsationsdämpfer
11 Schraube
12 Anschlussstutzen
13 Schraube
14 O-Ring
15 Halter
16 Schraube
17 Wärmeschutzblech
18 Abgasturbolader
19 Dichtung
20 Mutter
21 Halter
22 Schraube
23 Dichtung
24 O-Ring
25 Ölrücklaufleitung
26 Schraube
27 Rippschraube
28 Dichtringe

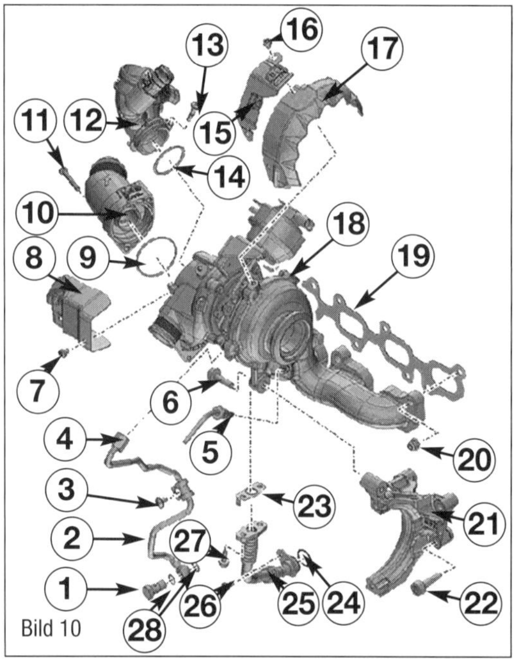

Bild 10

Bild 11
Verschlauchung zum Turbolader.
1 Schraube
2 Schraube
3 Schlauchschelle
4 Schlauchschelle
5 elektrische Steckverbindung
6 Schelle

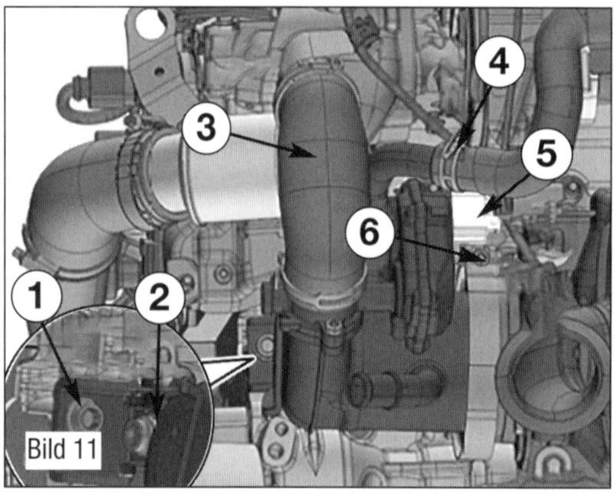

Bild 11

■ Die Abgasanlage so weit nach vorn drücken, bis die Vorspannung an der Halteschlaufe am Abgasrohr (a) = 5 mm beträgt (Bild 9).
■ Klemmhülse vorn wieder anziehen.

Abgasendrohre ausrichten:
■ Nachschalldämpfer so ausrichten, dass zwischen Stoßfängerausschnitt und Abgasendrohren ein gleichmäßiger Abstand entsteht.
■ Zum Ausmitteln der Abgasendrohre Aufhängung des Nachschalldämpfers lösen.

Arbeiten am Aufladesystem

Fast alle Modelle des Octavia sind mit Turboladern ausgerüstet. Die sich ergebende Mehrleistung und das steigende Drehmoment erlauben den Einsatz von Motoren mit kleinerem Hubraum bei erstaunlichen Fahrleistungswerten.

⚠ Wenn am Abgasturbolader ein mechanischer Schaden (beispielsweise ein zerstörtes Verdichterrad) festgestellt wird, genügt es nicht, nur den Abgasturbolader zu ersetzen. Um Folgeschäden zu vermeiden, müssen folgende Arbeiten durchgeführt werden:
■ Luftfiltergehäuse, Luftfiltereinsatz und Luftführungsschläuche auf Verunreinigungen prüfen.
■ Gesamte Ladeluftstrecke und Ladeluftkühler auf Fremdkörper prüfen.
*Wenn Fremdkörper im Ladeluftsystem festgestellt werden, Ladeluftstrecke reinigen und gegebenenfalls Ladeluftkühler ersetzen.

⚠ Bringen Sie alle Wärmeschutzmanschetten beim Einbau wieder an der gleichen Stelle an.

☞ Nach Einbau von Neuteilen (Motor/Teilmotor, Zylinderkopf, Nockenwellengehäuse oder Abgasturbolader) ist die Öldruckregelung für ca. 1000 km auf die hohe Druckstufe einzugrenzen. Dadurch wird der höheren Reibung beim Einlaufen neuer Bauteile Rechnung getragen sowie der optimale Abtransport von Partikeln aus dem Einlaufverschleiß gewährleistet. Dazu den Fahrzeugdiagnosetester anschließen, Zündung einschalten und folgende Menüpunkte anwählen:

■ 01 - Motorelektronik
■ Geführte Funktionen
■ Anpassungen
■ Öldruckregelung/Einfahrfunktion aktivieren.

Ausbau des Turboladers 1,6-l- und 2,0-l-TDI-Motor
■ Gelenkwelle rechts ausbauen.
■ Motorabdeckung ausbauen.
■ Kühlmittel ablassen.
■ Abgasvorrohr ausbauen.
■ Kühlmittelrohr hinten ausbauen.
■ Kühlmittelrohre links ausbauen.

Fahrzeuge mit Standheizung:
■ Kühlmittelleitungen an der Stirnwand abbauen.

Linkslenker mit Abgas-Drucksensor und/oder Differenzdruckgeber:
■ Differenzdruckgeber und Drucksensor für Abgas von der Zylinderkopfhaube abbauen.

Fahrzeuge mit SCR-System:
■ Einspritzventil für Reduktionsmittel von der Abgasreinigungsanlage abbauen und mit angeschlossenen Leitungen zur Seite legen.

Fortsetzung für alle Fahrzeuge:
■ Elektrische Steckverbindungen an der Stirnwand trennen und elektrische Leitungen seitlich ablegen.
■ Falls vorhanden, Kühlmittelrohr am Abgasturbolader und am Motor ausbauen.
■ Stecker am Kühlmitteltemperaturgeber am Zylinderkopf entriegeln, abziehen und den Leitungsstrang freilegen.
■ Das Kühlmittelrohr ausclipsen und zur Seite drücken.

Fahrzeuge mit Abgasnorm EU4 (CRVC):
■ Katalysator ausbauen.
■ Kühler für Abgasrückführung ausbauen.

Fahrzeuge mit Wasserrohr über der Abgasreinigungsanlage:
■ Schlauchschelle öffnen und den Kühlmittelschlauch vom Kühlmittelrohr abziehen.
■ Die beiden Schrauben herausdrehen und Kühlmittelleitung zur Seite schwenken.

Fahrzeuge mit Allradantrieb:
■ Kühler für Abgasrückführung ausbauen.

Fahrzeuge mit Frontantrieb:
■ Die Wärmeschutzmanschette zur Seite drücken, elektrische Steckverbindung (5 im Bild 11) trennen.
■ Die Schlauchschelle (3) lösen, Luftführungsschlauch abbauen.
■ Schlauchschelle (4) lösen, Kühlmittelschlauch abbauen.
■ Schraube (1) mit Steckeinsatz einem XZN 10 »T10501« herausdrehen, Schraube (2) lösen.

Fortsetzung für alle Fahrzeuge:
■ Abgastemperaturgeber (5 im Bild 10) ausbauen
■ Schraube (1 im Bild 11) lösen und Schraubschelle abnehmen.
■ Schrauben (20 und 21 im Bild 2) herausdrehen, Abgasreinigungsmodul und Kühler für Abgasrückführung nach hinten drücken.
■ Schraube und Überwurfmutter der Öldruckleitung herausdrehen und die Ölrücklaufleitung abnehmen.

Bild 12
1,6-l- und 2,0-l-TDI-Motoren.
Pfeile = Muttern

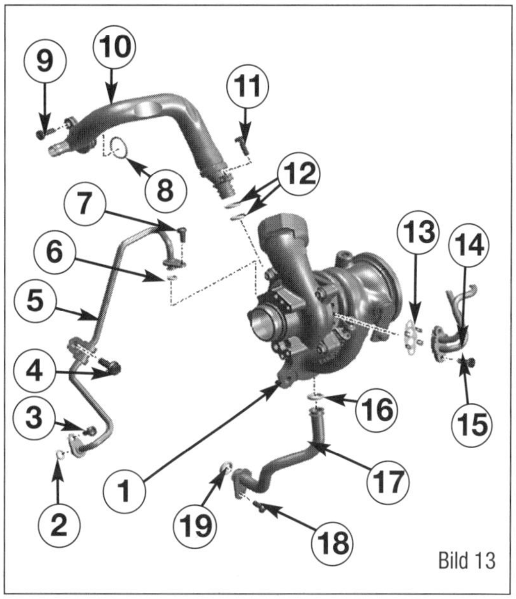

Bild 13
1,0-l-TSI-Motor.
1 Abgasturbolader
2 O-Ring
3 Schraube
4 Schraube
5 Ölvorlaufleitung
6 O-Ring
7 Schraube
8 O-Ring
9 Schraube
10 Schlauch
11 Schraube
12 O-Ring
13 Dichtung
14 Kühlmittelleitung
15 Schraube
16 O-Ring
17 Ölrücklaufleitung
18 Schraube
19 O-Ring

Es werden zwei unterschiedliche Halter für den Partikelfilter verbaut. Die Montagearbeiten unterscheiden sich nicht wesentlich.
■ Schrauben des Partikelfilters (15 im Bild 2) herausdrehen und Halter für Abgasreinigungsmodul abnehmen.
■ Schrauben (7) herausdrehen, Wärmeschutzblech (8) abnehmen.
■ Unterdruckschlauch von der Unterdruckdose des Abgasturboladers abziehen.
■ Muttern (Pfeile im Bild 12) herausdrehen, Abgasturbolader mit Abgaskrümmer vom Zylinderkopf abnehmen und nach oben herausnehmen.

Der Einbau erfolgt sinngemäß in umgekehrter Reihenfolge, dabei Folgendes beachten:
■ Dichtringe, Dichtungen, O-Ringe und selbstsichernde Muttern müssen nach Demontage ersetzen werden.
■ Befüllen Sie den Abgasturbolader am An-

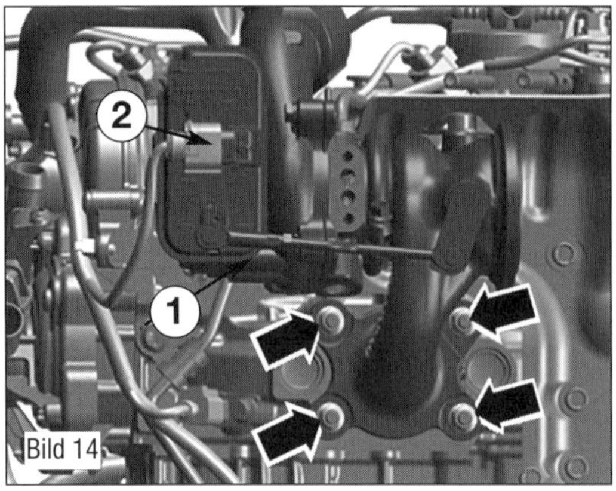

Bild 14
1,0-l-TSI-Motor,
1 Turbolader
2 elektrischer Anschluss
Pfeile = Muttern

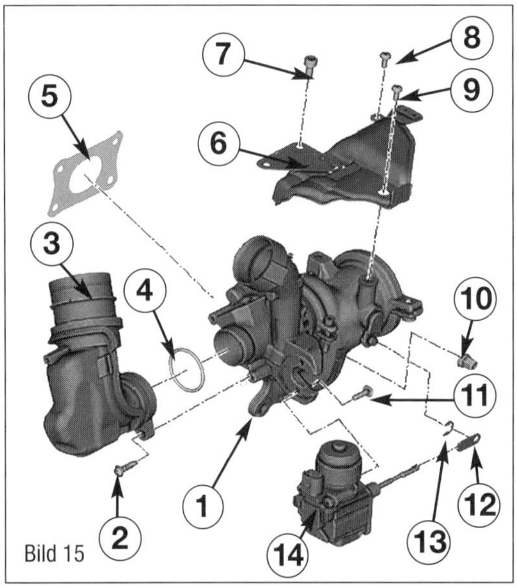

Bild 15
1,2-l- und 1,4-l-TSI-Motor.
1 Abgasturbolader
2 Schraube
3 Stutzen
4 O-Ring
5 Dichtung
6 Wärmeschutzblech
7 Schraube
8 Schraube
9 Schraube/Mutter
10 Mutter
11 Schraube
12 Betätigungshebel
13 Sicherungsklammer
14 Ladedrucksteller

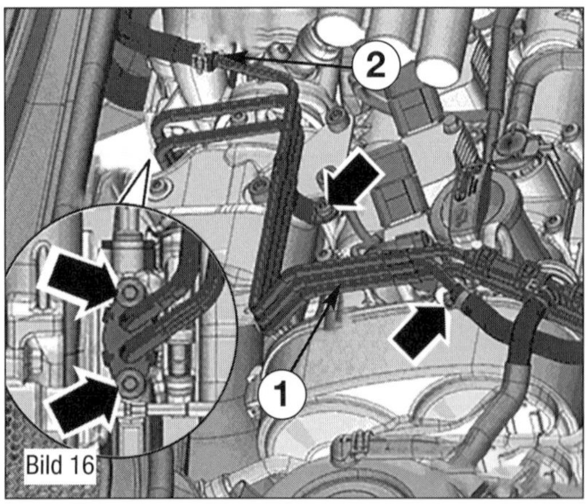

Bild 16
1,2-l- und 1,4-l-TS
I-Motor.
1 Kühlmittelleitungen
2 Schlauchschelle
Pfeile = Schrauben

schlussstutzen für Ölvorlaufleitung mit Motoröl.

- Schlauchstutzen sowie Luftführungsrohre und -schläuche müssen vor dem Montieren frei von Öl und Fett sein. Sichern Sie alle Schlauchverbindungen mit Schlauchschellen, die dem Serienstand entsprechen.
- Um die Ölversorgung des Abgasturboladers sicherzustellen, lassen Sie den Motor nach Einbau des Abgasturboladers etwa 1 Minute im Leerlauf laufen, nicht gleich hochdrehen.

Ausbau des Turboladers 1,0-l-TSI-Motor

- Anschlussstutzen am Abgasturbolader abbauen.
- Katalysator vom Motor abbauen und an die Karosserie hochbinden.
- Halteschrauben herausdrehen und Ölvorlaufleitung (5 im Bild 13) und Rücklaufleitung (17) abnehmen.
- Kühlmittelschläuche (14) mit den Schlauchklemmen bis 25 mm abklemmen.
- Die Schrauben (15) herausdrehen, Kühlmittelleitungen (14) zur Seite drehen.
- Steckverbindung für Abgasturbolader (2) trennen.
- Muttern (Pfeile im Bild 14) herausdrehen und Abgasturbolader (1) abnehmen.

Bei Wiedereinbau des verwendeten Abgasturboladers den ursprünglichen Dichtring zwischen Turbolader und Stutzen abnehmen. Dazu einen Schraubendreher in die Nut/Aussparung schieben und den Dichtring herausnehmen.

Der Einbau erfolgt in umgekehrter Reihenfolge, dabei ist Folgendes zu beachten:

- Dichtungen und O-Ringe ersetzen.
- Abgasturbolader am Anschlussstutzen für Ölvorlaufleitung mit Motoröl befüllen.
- Um die Ölversorgung des Abgasturboladers sicherzustellen, den Motor nach Einbau des Abgasturboladers etwa 1 Minute im Leerlauf laufen lassen, nicht gleich hochdrehen.
- Kühlmittelmenge prüfen.

Ausbau des Turboladers 1,2-l- und 1,4-l-TSI-Motor

- Kühlmittel ablassen.
- Wärmeschutzblech für Gelenkwelle rechts abbauen.
- Wärmeschutzmanschette abnehmen.
- Elektrische Steckverbindung am Öldruckschalter für reduzierten Öldruck trennen.
- Schrauben herausdrehen, die Ölvorlaufleitung und Ölrücklaufleitung abnehmen.
- Schraube herausdrehen, Schraubschelle zum Katalysator abnehmen.
- Schraube und Muttern herausdrehen, den Katalysator von seinem Halter am Motorblock

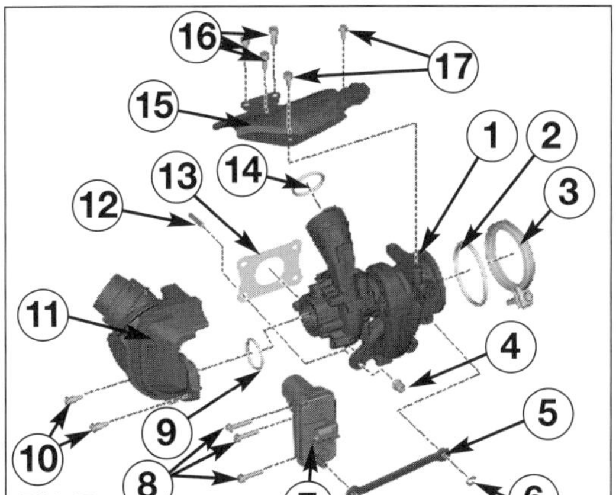

Bild 17

lösen und den Katalysator hochbinden.
- Schlauchschellen am Luftführungsrohr zum Luftfilter lösen, Luftführungsrohr ausbauen.
- Luftführungsschläuche am Luftführungsrohr freilegen.
- Entriegelungstasten drücken und den Schlauch zum Aktivkohlebehälter abziehen.
- Schrauben herausdrehen und den Schlauch für Kurbelgehäuseentlüftung abnehmen.
- Elektrische Steckverbindung zum Ladedrucksteller trennen.
- Schrauben (2 im Bild 15) herausdrehen und Stutzen (3) abnehmen.
- Schlauchschelle (2 im Bild 16) lösen und Kühlmittelschlauch abbauen.
- Schrauben (Pfeile) herausdrehen und Kühlmittelleitungen (1) zur rechten Seite schwenken.
- Schrauben herausdrehen und Halter mit Wärmeschutzblech am Turbolader abnehmen.
- Muttern (Pfeile im Bild 14) herausdrehen und Abgasturbolader abnehmen.

Der Einbau erfolgt in umgekehrter Reihenfolge, dabei ist Folgendes zu beachten:
- Dichtungen und O-Ringe ersetzen.
- Abgasturbolader am Anschlussstutzen für Ölvorlaufleitung mit Motoröl befüllen.
- Um die Ölversorgung des Abgasturboladers sicherzustellen, den Motor nach Einbau des Abgasturboladers etwa 1 Minute im Leerlauf laufen lassen, nicht gleich hochdrehen.
- Kühlmittelmenge prüfen.

Ausbau des Turboladers 1,5-l-TSI-Motor
Hier wurden zwei unterschiedliche Turbolader verbaut. Der DHFA ist mit einem VTG-Lader bestückt.

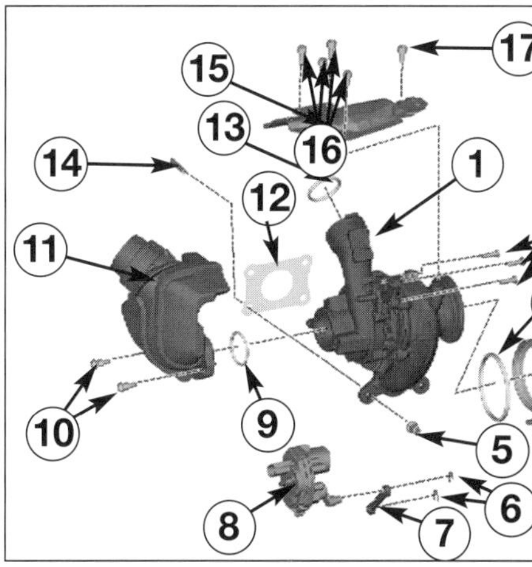

Bild 18

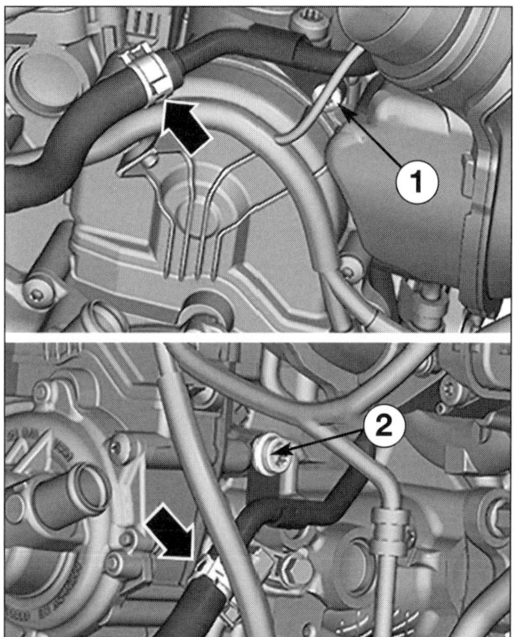

Bild 19

- Kühlmittel ablassen.
- Wärmeschutzblech für Gelenkwelle rechts abbauen.
- Motorabdeckung ausbauen.
- Luftführungsrohr zwischen Ladeluftkühler und Abgasturbolader ausbauen.
- Anschlussstutzen am Abgasturbolader ausbauen.
- Modul für Ladedruckregelung ausbauen.
- Entriegelungstaste am Schlauch für Kurbelgehäuseentlüftung drücken und Schlauch vom Ventildeckel abziehen.
- Schraube herausdrehen und den Schlauch für Kurbelgehäuseentlüftung vom Abgasturbolader abnehmen.
- Wärmeschutzblech oben über dem Abgasturbolader und Katalysator abbauen.

Bild 17
1,5l TSI-Motor
mit Bypasslader:
1 Abgasturbolader
2 Dichtring
3 Schraubschelle
4 Mutter
5 Betätigungshebel
6 Sicherungsklammer
7 Modul für Ladedruckregelung
8 Schraube
9 O-Ring
10 Schraube
11 Stutzen
12 Schraube
13 Dichtung
14 O-Ring
15 Wärmeschutzblech
16 Schraube

Bild 18
1,5l TSI-Motor
mit VTG-Lader:
1 Abgasturbolader,
2 Schraube,
3 Dichtring,
4 Schraubschelle,
5 Mutter,
6 Sicherungsklammer,
7 Betätigungshebel,
8 Modul für Ladedruckregelung,
9 O-Ring,
10 Schraube,
11 Stutzen,
12 Dichtung,
13 O-Ring,
14 Schraube,
15 Wärmeschutzblech,
16 Schraube,
17 Schraube

Bild 19
1,5l TSI-Motor:
1 Schraube,
2 Schraube,
Pfeile Schellen

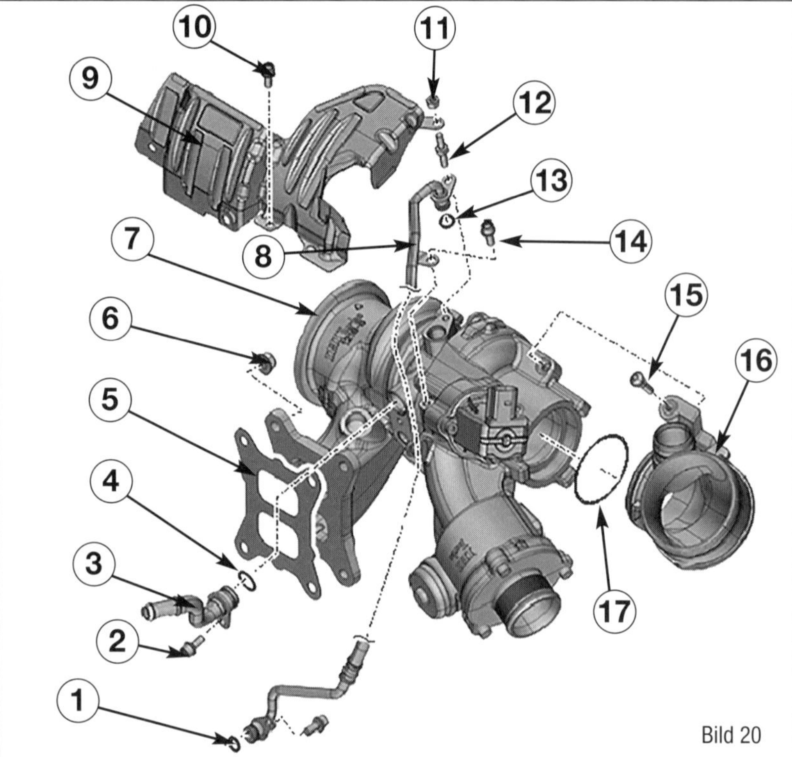

Bild 20

Bild 20
1,5-l-TSI-Motor mit Bypasslader.
1 Abgasturbolader
2 Dichtring
3 Schraubschelle
4 Mutter
5 Betätigungshebel
6 Sicherungsklammer
7 Modul für Ladedruckregelung
8 Schraube
9 O-Ring
10 Schraube
11 Stutzen
12 Schraube
13 Dichtung
14 O-Ring
15 Wärmeschutzblech
16 Schraube
17 Schraube

Die Schraube rechts (in Fahrtrichtung gesehen) ist nicht in allen Fahrzeugen verbaut.

■ Eine geeignete Auffangwanne zum Auffangen der Flüssigkeiten, unterstellen.
■ Die Schrauben herausdrehen und Wärmeschutzblech für Gelenkwelle rechts, falls vorhanden, abnehmen.
■ Die Befestigungsschrauben für Kühlmittelrohre (1 und 2 im Bild 19) herausdrehen.
■ Kühlmittelschläuche zu den Kühlmittelrohren mit Schlauchklemmen bis 25 mm abklemmen.
■ Schlauchschellen (Pfeile) lösen und Kühlmittelschläuche abziehen.
■ Einbaulage der Schraubschelle zwischen Abgasturbolader und Katalysator kennzeichnen.
■ Schraubschelle lösen und abnehmen.
■ Die Schraubverbindungen für Katalysator zwischen Halter und Motor lösen.
■ Katalysator an Karosserie hochbinden, sodass das Drahtnetz des Entkopplungselements nicht beschädigt wird.
■ Einen Lappen unter die Ölleitung legen, um Öl aufzufangen.
■ Schrauben herausdrehen und die Ölvorlaufleitung abnehmen.
■ Die Schrauben am Motorblock herausdrehen und die Ölrücklaufleitung abnehmen.
■ Muttern (Pfeile im Bild 14) herausdrehen und Abgasturbolader abnehmen.

Der Einbau erfolgt sinngemäß in umgekehrter Reihenfolge, dabei ist Folgendes zu beachten:
■ Alle Dichtungen, Dichtringe, O-Ringe und Befestigungsmuttern ersetzen.
■ O-Ringe vor dem Einbau leicht mit sauberem Motoröl benetzen.
■ Abgasturbolader ansetzen und Muttern einschrauben.
■ Ölrücklaufleitung auf den Motor und auf Abgasturbolader aufsetzen.
■ Ölrücklaufleitung ausrichten und Schrauben handfest anziehen.
■ Abgasturbolader durch den Anschlussstutzen der Ölvorlaufleitung mit Motoröl befüllen.
■ Ölvorlaufleitung auf den Motor und auf Abgasturbolader aufsetzen.
■ Ölvorlaufleitung ausrichten und Schrauben handfest anziehen.
■ Muttern und Schrauben festziehen.
■ Schraubschelle zwischen Abgasturbolader und Katalysator ersetzen.
■ Schraubschelle zwischen Abgasturbolader und Katalysator in die vorher gekennzeichnete Einbaulage einbauen.
■ Alle Wärmeschutzmanschetten wieder an der gleichen Stelle installieren.
■ Alle Schlauchverbindungen mit Schlauchschellen, die dem Serienzustand entsprechen, sichern.
■ Kühlmittelstand prüfen.
■ Um die Ölversorgung des Abgasturboladers sicherzustellen, den Motor nach Einbau des Abgasturboladers etwa 1 Minute im Leerlauf laufen lassen, nicht gleich hochdrehen.
■ Wenn ein neuer Abgasturbolader mit Ladedrucksteller eingebaut wurde, muss das Motorsteuergerät an den Ladedrucksteller mit einem Fahrzeugdiagnosetester angepasst werden.

Ausbau des Turboladers 1,8-l- und 2,0-l-TSI-Motor
■ Kühlmittel ablassen.
■ Abgasvorrohr mit Katalysator ausbauen.
■ Luftfiltergehäuse mit Luftführungsrohr zum Abgasturbolader ausbauen.
■ Lambdasonde vor Katalysator ausbauen.

Fahrzeuge mit Partikelfilter:
■ Schrauben sowie Muttern herausdrehen und das Wärmeschutzblech ausbauen.

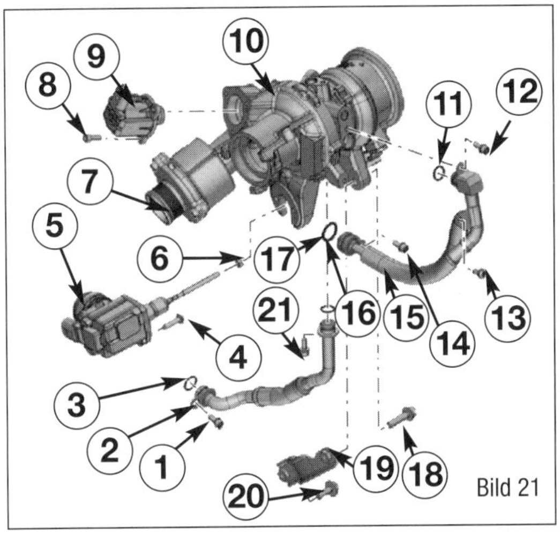

Bild 21
Turbolader 1,8l und 2,0l TSI
Ansicht zum Kopf hin:
1 Schraube,
2 Ölrücklaufleitung,
3 O-Ring,
4 Schraube,
5 Ladedrucksteller,
6 Mutter,
7 Stutzen,
8 Schraube,
9 Umluftventil für Turbolader,
10 Abgasturbolader,
11 O-Ring,
12 Schraube,
13 Schraube,
14 Schraube,
15 Kühlmittelrücklaufleitung,
16 O-Ring,
17 O-Ring,
18 Schraube,
19 Halter,
20 Schraube,
21 Schraube

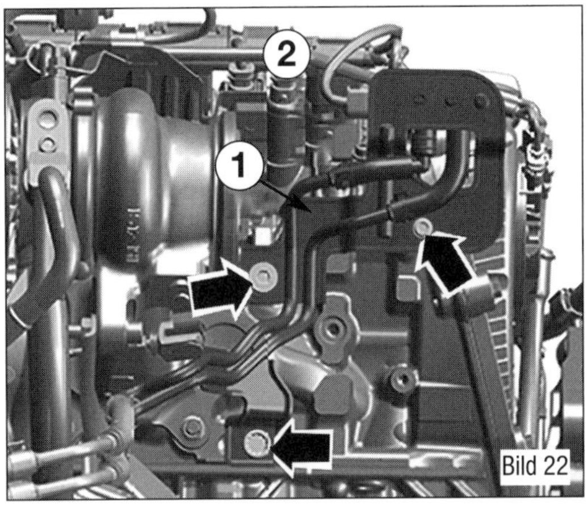

Bild 22
1 Druckleitung,
2 Steckverbindungen,
Pfeile Schrauben

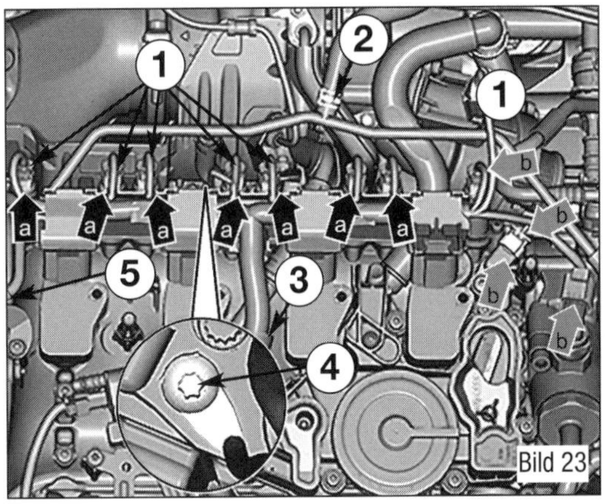

Bild 23
1 Stecker,
2 Schlauchschelle,
3 Halter,
4 Schraube,
5 Kühlmittelschlauch,
Pfeile »a« Verrastungen,
Pfeile »b« Stecker

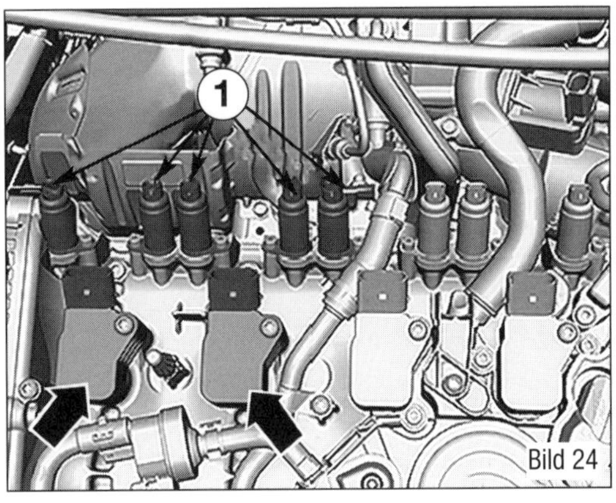

Bild 24
1 Stellelemente für Nockenwellenverstellung,
Pfeile Zündspulen

- Schrauben (Pfeile im Bild 22) herausdrehen, Steckverbindungen (2) trennen, Druckleitung (1) nach hinten ablegen.
- Schlauchschelle (2 im Bild 52 des Kapitels 6) lösen, Schraube (1) am Luftführungsrohr herausdrehen, Luftführungsrohr vom Abgasturbolader abziehen.
- Kühlmittelschlauch (5 im Bild 23) abziehen.
- Stecker der Nockenwellenversteller abziehen.
- Halter (3) öffnen.
- Wenn vorhanden, Schraube (4) für Masseleitung herausdrehen.
- Schlauchschelle (2) lösen und den Kühlmittelschlauch (2) abziehen.
- Die Stecker (Pfeile b) abziehen.
- Verrastung (Pfeile a) entriegeln, und den Leitungsschacht nach oben vom Halter abnehmen.
- Schrauben der Kühlmittelleitung zum Turbolader herausdrehen und das Kühlmittelrohr zur Seite schwenken. Die Biegeform der Kühlmittelrohre nicht verändern.
- Stellelemente für Nockenverstellung (1 im Bild 24) ausbauen.
- Schrauben und die Mutter am Wärmeschutzblech herausdrehen und das Wärmeschutzblech abnehmen.
- Schraube Stütze am Turbolader zum Motorblock oben herausdrehen, die untere Schraube nur lösen. Den Halter für Abgasturbolader abnehmen.
- Elektrische Steckverbindungen am Turbolader trennen.
- Entriegelungstasten am Schlauch für die Kurbelgehäuseentlüftung drücken und den Schlauch abziehen.
- Schrauben an den Anschlussstutzen herausdrehen und die Anschlussstutzen für Kühlmittel (15 im Bild 21) abziehen.
- Die Schrauben an den Anschlussstutzen herausdrehen und die Ölvorlaufleitung und die Ölrücklaufleitung abziehen.
- Muttern im Bild 14 herausdrehen.
- Abgasturbolader vom Zylinderkopf abnehmen und nach oben herausheben.

Der Einbau erfolgt sinngemäß in umgekehrter Reihenfolge, dabei ist Folgendes zu beachten:

Ersetzen Sie Dichtringe, Dichtungen, O-Ringe und selbstsichernde Muttern. Die

Stiftschrauben des Abgasturboladers mit Heißschraubenpaste einstreichen.

- Befüllen Sie den Abgasturbolader am Anschlussstutzen der Ölvorlaufleitung mit Motoröl.
- Schlauchstutzen und Schläuche für Ladeluftsystem müssen vor dem Montieren öl- und fettfrei sein.
- Sichern Sie alle Schlauchverbindungen mit Schlauchschellen, die dem Serienstand entsprechen.
- Abgasvorrohr mit Katalysator einbauen.
- Abgasanlage spannungsfrei einrichten.
- Kühlmittel auffüllen.
- Ölstand prüfen.

Wechsel der Druckdose am Turbolader
Nicht immer muss gleich der ganze Turbolader ersetzt werden. Ein typischer Fehler am Turbolader ist neben einer schwergängigen Mechanik ein Riss in der Membrane der Verstellerdose. Oftmals schon durch ein »zischendes Geräusch« zu lokalisieren. In vielen Fällen muss die Dichtheit und die Betätigung mit Unterdruckbeaufschlagung am Anschluss geprüft werden.
Für die TDI-Motoren erfolgt die Verstellung mittels Unterdruck. Hier finden sich zwei unterschiedliche Bauvarianten. Die Vorgehensweise unterscheidet sich nicht. Bei den 1,0-l-, 1,2-l-, 1,4-l- und 1,5-l-TSI-Motoren erfolgt die Verstellung elektrisch per Servo wie auch beim 2,0-l-TSI. Grundsätzlich muss bei allen Verstellern die Grundeinstellung mit einem geeigneten Diagnosetester erfolgen.

TDI-Motoren:

- Elektrische Steckverbindung am Positionseber für Ladedrucksteller trennen.
- Den Unterdruckschlauch von der Unterdruckdose des Abgasturboladers abziehen.

Beim Ab- und Anbauen des Sicherungsrings ist die Krafteinwirkung auf das Hebelgestänge möglichst gering zu halten. Das Herunterdrücken des Sicherungsrings z. B. mit einem großen Schraubendreher kann zur Schädigung des Abgasturboladers führen.

- Sicherungsring abbauen.
- Schrauben der Druckdose herausdrehen.
- Regelstange am Verstellhebel aushängen und Druckdose mit Positionsgeber für Ladedrucksteller abnehmen.

1,0-l-, 1,2-l-, 1,4-l- und 1,5-l-TSI-Motoren:

Es können unterschiedliche Ladedrucksteller-Varianten verbaut worden sein.

- Zündung ausstellen.
- Elektrische Steckverbindung trennen.
- Sicherungsklammer abnehmen.
- Die Schrauben herausdrehen, Ladedrucksteller abnehmen.

Der Einbau erfolgt sinngemäß in umgekehrter Reihenfolge, dabei ist Folgendes zu beachten:

- Die Befestigungsschrauben und die Sicherungsklammer sind zu ersetzen.

Version mit Ladedrucksteller mit einstellbarem Gestänge:

- Gewinde des Ladedruckstellers auf Mittelstellung in das Gelenkstück einschrauben.
- Ladedrucksteller mit Fahrzeugdiagnosetester einstellen.
- Sollwert durch Drehen des Gestänges einstellen.
- Kontermutter mit 6 Nm festziehen und mit Siegellack sichern.

1,8-l- und 2,0-l-TSI-Motoren:
Der Ladedrucksteller ist nicht als Ersatzteil lieferbar. Der Wechsel ist somit nicht vorgesehen.

10 Kraftübertragung

Getriebetypen beim Octavia III

Zum System der Kraftübertragung bei Fahrzeugen mit Schaltgetriebe gehören Getriebe, Kupplung und Achsantrieb. Damit alle Akteure perfekt zusammenarbeiten und die vom Motor produzierte Leistung an die Antriebsräder übertragen, sind sie durch Gelenke, Wellen und Zahnräder miteinander verbunden. Welche Kraft tatsächlich an den Rädern benötigt wird, hängt davon ab, was dem Fahrzeug während der Fahrt abverlangt wird. Der Motor bietet jedoch nur in einem begrenzten Drehzahlbereich eine verwertbare Leistung an. Damit der Wagen beim Beschleunigen und bei Bergfahrten trotzdem genügend Zugkraft entwickelt, ist das Getriebe nötig. Mit seinen verschiedenen Gängen gewährleistet es eine jeweils passende Übersetzung. Im Octavia werden je nach Motor vier verschiedene Getriebe verbaut. Gerade beim Ersetzen des Getriebes aus dem Gebrauchtmarkt ist es wichtig, die Getriebe unterscheiden zu können.

Bedeutung der Getriebekennung
Auf dem Getriebeblock von oben sichtbar ist im Bereich des Pfeils 1 im Bild 1 die Kennnummer eingeschlagen. Diese Kennnummer finden Sie auch auf dem Fahrzeugdatenträger im Fahrzeug oder im Serviceplan.

Kennbuchstaben	Fertigung		
	Tag	Monat	Jahr
PHB	22	01	4

Dieses Getriebe, dessen Nummer wir als Beispiel verwendet haben, trägt also die Kennnummer »PHB« und wurde am 22.01.2004 gebaut. Wird ein Getriebe gebraucht verbaut, sollte die Verwendung nach Motortyp geprüft werden. Ein anderes Getriebe kann vielleicht mechanisch passen, kann aber die Fahrdynamik und die Motordrehzahl und damit auch den Verbrauch beeinflussen.

Getriebe OAH (5-Gang Schaltgetriebe)	
Fahrzeug (Bauzeitraum)	5-Gang OAH Kennbuchstaben
TSI 1,2 l / 63 kW (11/12 - 11/13)	PKG
TSI 1,2 l / 77 kW (05/13 - 05/15)	NHW

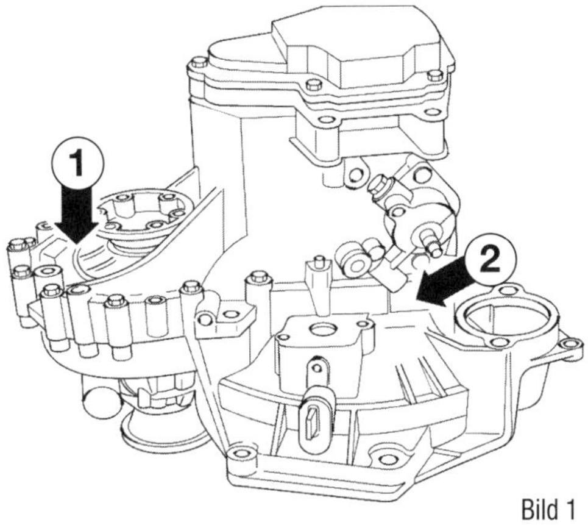

Bild 1

Bild 1
1 Kennbuchstaben und Produktionsdatum
2 Getriebetyp

Getriebe 0A4 Frontantrieb (5-Gang Schaltgetriebe)	
Fahrzeug (Bauzeitraum)	6-Gang 0A4 Kennbuchstaben
TDI 1,6 l / 77 kW	MWX, QYB, MWW, RTD
TDI 1,6 l / 81 kW	MWW, RTD, QYB
TDI 1,6 l / 85 kW	RTD, TKV

Getriebe 02S Frontantrieb (6-Gang Schaltgetriebe)	
Fahrzeug (Bauzeitraum)	6-Gang 02S Kennbuchstaben
1,4 l / 103 kW TSI	NBJ, QSZ, PEQ
1,4 l / 110 kW TSI	QSZ, QXH, RSW, QXG, RSV, TKJ
1,5 l / 110 kW TSI	RMH, TJW
1,8 l / 132 kW TSI	NBH, QWY, RSN, QBN, QWZ, TKE, QBP, RSM
1,6 l / 81 kW TDI CR	PTW, RSD, QVX

Getriebe 02Q (6-Gang Schaltgetriebe)	
Fahrzeug (Bauzeitraum)	6-Gang 02Q Kennbuchstaben
2,0 l / 162 kW TFSI (Frontantrieb)	NBK, SDY, PNN ,SQZ
2,0 l / 169 kW TFSI (Frontantrieb)	PNP, SQW,SDW, SQZ
2,0 l / 180 kW TFSI (Frontantrieb)	SAK, TGM, THW, TVX
2,0 l / 105 kW TDI CR (Frontantrieb)	PFN, TGT, PGT, TWH
2,0 l / 110 kW TDI CR (Frontantrieb)	PFL, PGT, TWH, PFN, TGT

Getriebe 02Q (6-Gang Schaltgetriebe)	
Fahrzeug (Bauzeitraum)	6-Gang 02Q Kennbuchstaben
2,0 l / 135 kW TDI CR (Frontantrieb)	PDT, SRB
1,6 l / 77 kW TDI CR	
(Allradantrieb)	MRV
Achsantrieb hinten	PHF, PYP
1,6 l / 81 kW TDI CR	
(Allradantrieb)	MRV
Achsantrieb hinten	PYP, RUT
1,6 l / 85 kW TDI CR	
(Allradantrieb)	MRV
Achsantrieb hinten	RUT, TEN
1,6 l / 85 kW TDI CR	
(Allradantrieb)	TGF
Achsantrieb hinten	TEN, UFY
2,0 l / 110 kW TDI CR	
(Allradantrieb)	PFM
Achsantrieb hinten	PHF, PYP
2,0 l / 110 kW TDI CR	
(Allradantrieb)	PGS
Achsantrieb hinten	PYP, RUT, TEN

Getriebe 0AJ (6-Gang Schaltgetriebe)	
Fahrzeug (Bauzeitraum)	6-Gang 02Q Kennbuchstaben
1,0 l / 85 kW TSI	REK, SEE, UDM
1,2 l / 77 kW TSI	MYF, PRL
1,2 l / 81 kW TSI	PRL, RGN
1,4 l / 81 kW TGI CNG	PRL, RGN, SEH
1,5 l / 96 kW TGI CNG	SEL

DSG Getriebe 0D9 (6-Gang)	
Fahrzeug	7-Gang DSG 0CW Kennbuchstaben
1,0 l / 85 kW TSI (Frontantrieb)	QGM, SML, RQL, SST
1,2 l / 77 kW TSI (Frontantrieb)	NNN, PWM, QHV, PNA, PYT, QSA, PLE, QRL
1,2 l / 81 kW TSI (Frontantrieb)	QHV, QXM, QSA RES
1,4 l /103 kW TSI (Frontantrieb)	MSP, PYU, QXN, PNB, QRM, RET, PLF, QHW, PWN, QSB
1,4 l / 110 kW TSI (Frontantrieb)	QRM, RET, SSM, QHW, RWS, QSB, RRF, QXN, SMQ
1,5 110 kW TSI (Frontantrieb)	RHR, SSP

DSG Getriebe 0D9 (6-Gang)	
Fahrzeug	7-Gang DSG 0CW Kennbuchstaben
1,8 l / 132 kW TFSI (Frontantrieb)	NKE, PYV, REU, PAX, QAF, RRG, PGP, QRN, SMW, PNC, QHX, SSW, PLG, QSC, PWP, QXP
1,6 l / 77 kW TDI CR (Frontantrieb)	NAR, PWL, QHU, PMZ, PYS, PLD, QRK
1,6 l / 81 kW TDI CR (Frontantrieb)	QRZ, RRD, QXL, SMT, RER
1,6 l / 85 kW TDI CR (Frontantrieb)	SMT, SSV
1,4 l / 81 kW TGI CNG (Frontantrieb)	RES, SMN, RRE SSL
1,5 l / 96 kW TGI CNG (Frontantrieb)	SSN

DSG Getriebe 0GC (7-Gang)	
Fahrzeug Kennbuchstaben	7-Gang-DSG 0CW
2,0 l / 180 kW TFSI (Frontantrieb)	RMV, TDG, THZ, TSX
2,0 l TFSI / 140 KW (Frontantrieb)	TDK, UAZ
2,0 l / 110 kW TDI CR,	
2,0 l / 135 kW TDI CR (Frontantrieb)	TDH, UAW
2,0 l / 110 kW TDI CR (Allradantrieb)	RAV, SWR, TZC, SKY, TNS, UAT
2,0 l / 135 kW TDI CR (Allradantrieb)	TCZ, UAT

Montagearbeiten am Getriebe

Die Arbeiten zur Demontage des Getriebes erfordern einige spezielle Werkzeuge und auch Erfahrung in der Montage. Im Rahmen dieses Buches gehen wir nur auf Arbeiten ein, die üblicherweise in privater Hand von Schraubern angegangen werden.

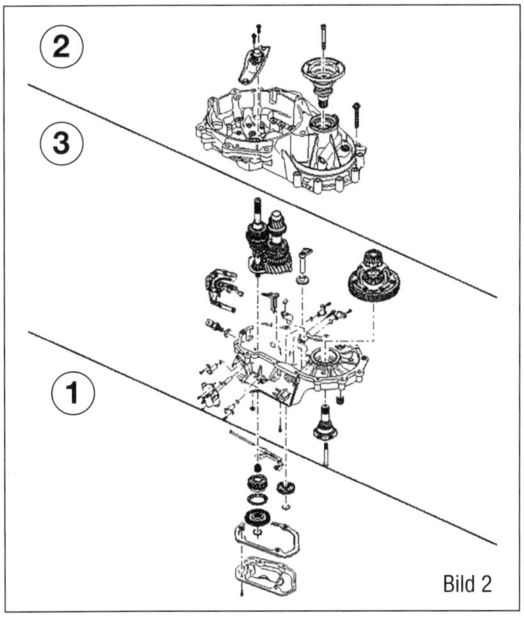

Bild 2

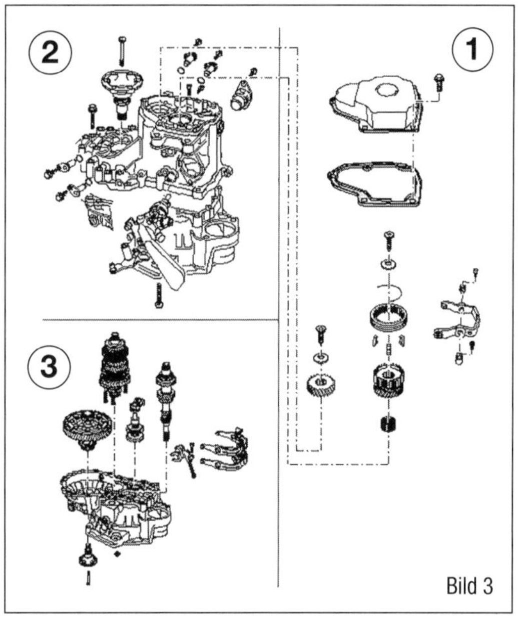

Bild 3

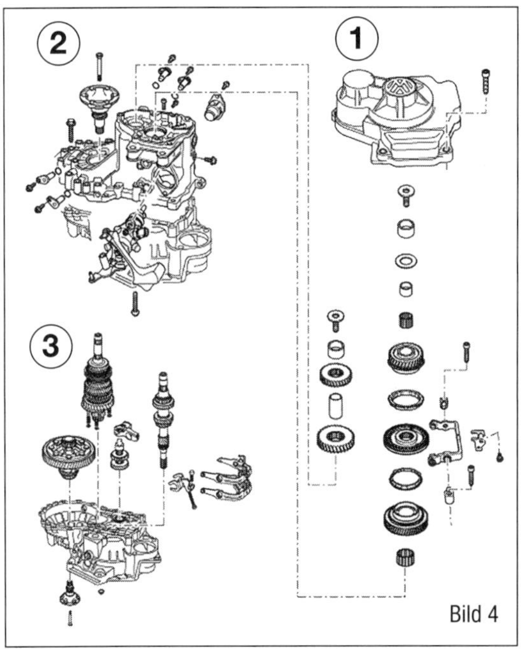

Bild 4

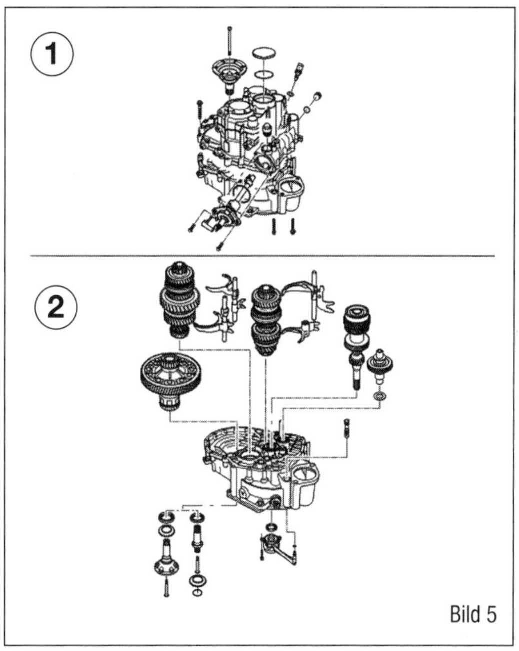

Bild 5

Bild 2
5-Gang-Schaltgetriebe 0AH.
1 Deckel Getriebegehäuse und 5. Gang
2 Getriebe und Kupplungsgehäuse
3 Schalteinheit mit Gangrädern und Betätigung

Bild 3
5-Gang-Schaltgetriebe 0A4.
1 Getriebeaußendeckel und der 5. Gang
2 Getriebegehäuse und die Schaltbetätigung
3 Antriebswellen-Abtriebswellen und Differenzial

Bild 4
6-Gang-Schaltgetriebe 02S.
1 Getriebeaußendeckel und der 5./6. Gang
2 Getriebegehäuse und die Schaltbetätigung
3 Antriebswellen-Abtriebswellen und Differenzial

Bild 5
6-Gang-Schaltgetriebe 02Q beim Fronttriebler.
1 Getriebegehäuse und Schaltbetätigung
2 Schaltwellen und Schaltgabeln

Bild 6
6-Gang-Schaltgetriebe 02Q beim Allradler.
1 Getriebegehäuse und Schaltbetätigung
2 Schaltwellen und Schaltgabeln
3 Winkelgetriebe

Bild 7
6-Gang-DSG 0D9. Übliche Demontagearbeiten beim Händler.
1 Dichtring für Schaltwelle
2 Getriebeölkühler
3 Ölfilter
4 Getriebeölpumpe
5 Ölwanne

Bild 8
Montageübersicht Winkelgetriebe.
1 Dichtring
2 Winkelgetriebe
3 Ölablassschraube
4 Öleinfüllschraube
5 Dichtring
6 Entlüftungsrohr
7 Abdeckkappe
8 Flanschwelle rechts
9 Dichtring
10 Nadellager
11 Sicherungsring
12 Zwölfkantmutter
13 Abtriebsflansch Winkelgetriebe
14 Einstellscheibe
15 Dichtring
16 Innenring/Kegelrollenlager
17 Schraube
18 Trieblingsgehäuse
19 O-Ring
20 Einstellscheibe
21 Verschlussdeckel

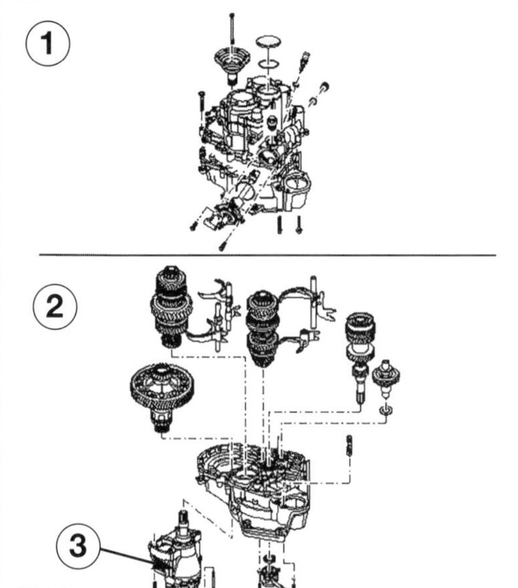

Bild 6

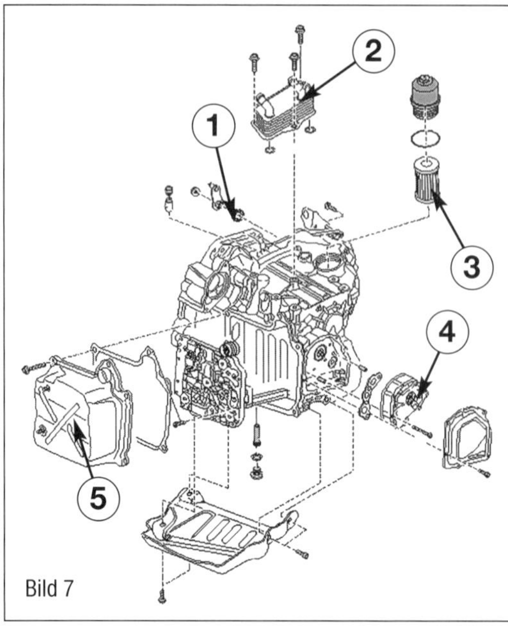

Bild 7

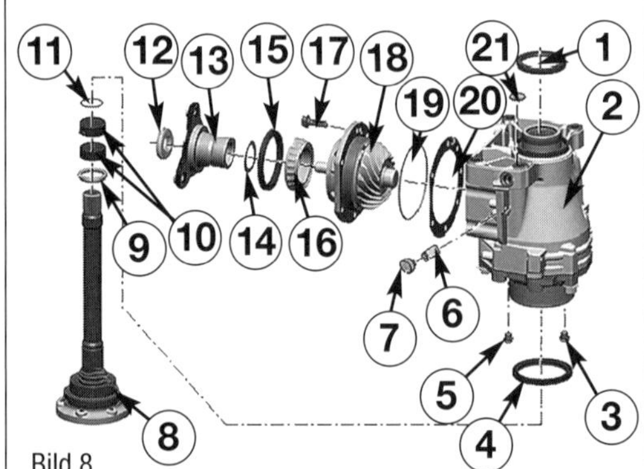

Bild 8

Ölwechsel am Getriebe

Ölwechsel am Schaltgetriebe
Die Arbeitsvorgänge für die Schaltgetriebe sind sehr ähnlich. Wir stellen Ihnen hier eine allgemeingültige Arbeitsbeschreibung vor.

- Geräuschdämpfung abbauen.
- Drehen Sie die Ablassschraube unten heraus und lassen Sie das Getriebeöl vollständig ablaufen.
- Drehen Sie die Schraube zur Getriebeölkontrolle (2 im Bild 10) heraus.
- Drehen Sie die Ablassschraube (1) unter Verwendung eines neuen Dichtrings wieder hinein.
- Füllen Sie neues Getriebeöl durch die Einfüll- und Kontrollschraube ein. Der Ölstand ist korrekt, wenn das Getriebe bis Unterkante Öleinfüllbohrung befüllt ist.
- Öleinfüllschraube mit neuem Dichtring einschrauben und festziehen.
- Falls vorhanden, Geräuschdämpfung an das Getriebe und unterhalb Motor/Getriebe anbauen.

Ölwechsel am Winkelgetriebe
Das Doppelkupplungsgetriebe besitzt nur einen Ölhaushalt. Dieser Ölhaushalt gilt für die Räder/Wellen, den Achsantrieb, die Kupplungen und für die Mechatronik für Doppelkupplungsgetriebe. Die Vorgehensweise unterscheidet sich am 6-Gang- und 7-Gang-DSG-Getriebe. Das Öl ist ein Originalteil, das vor dem Öffnen geschüttelt werden muss. Es dürfen keine Zusätze in das Öl gefüllt werden und es darf mit keinem anderen Öl gemischt werden. Abgelassenes Öl darf nicht wieder eingefüllt werden.

Erforderliche Bedingungen:

- Motor abgestellt.
- Fahrzeug steht in waagerechter Stellung, alle Aufnahmen der Bühne sind gleichmäßig in einer Höhe.
- Falls vorhanden, muss die Geräuschdämpfung ausgebaut werden.
- Der Wählhebel steht in der Position »P«, oder der Schalthebel steht in der neutralen Position.
- Taster für Feststellbremse zur Aktivierung der elektromechanischen Feststellbremse ziehen (Feststellbremse ist betätigt).

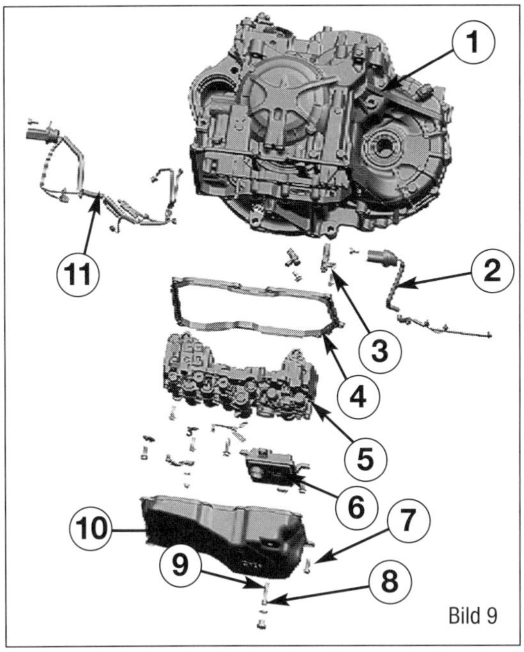

Bild 9

Bild 9
Automatikgetriebe 09G.
1 Getriebegehäuse
2 Leitungsstrang der Magnetventile
3 Getriebeausgangsdrehzahlgeber
4 Dichtung
5 Schieberkasten
6 Ölsieb
7 Überlaufrohr
8 ATF-Kontrollschraube
9 Dichtring
10 Ölwanne
11 Leitungsstrang der Geber und Magnetventile

- Geräuschdämpfung ausbauen.
- Eine geeignete Auffangwanne unter das Getriebe stellen.
- Bereich unter der Öleinfüllöffnung mit Lappen abdecken.

Kontrolle Ölstand Winkelgetriebe (Allrad):

- Schutzblech für Gelenkwelle rechts abbauen.
- Öleinfüllschraube (Pfeil im Bild 11) herausschrauben. Ölstand im Winkelgetriebe muss bis Unterkante Öleinfüllbohrung stehen.

Tipp: Die Einfüllschraube muss nach dem Ausbau ersetzt werden.

Tipp: Würde das Öl auf das Winkelgetriebe gelangen, muss es sofort entfernt werden.

- Ölstand prüfen. Der Ölstand im Achsantrieb muss bis Unterkante der Öleinfüllbohrung stehen. Bei Bedarf, Öl für Achsantriebe erneut bis Unterkante Öleinfüllbohrung auffüllen.
- Neue Öleinfüllschraube für Winkelgetriebe einschrauben.

Ölwechsel am Winkelgetriebe (Allrad):

- Ölstand wie beschrieben prüfen.
- Motor auslassen und nicht starten!
- Ölablassschraube ausbauen.
- Dichtring der Schraube oder die Ölablassschraube ersetzen.
- Öleinfüllschraube (Pfeil im Bild 11) herausschrauben.

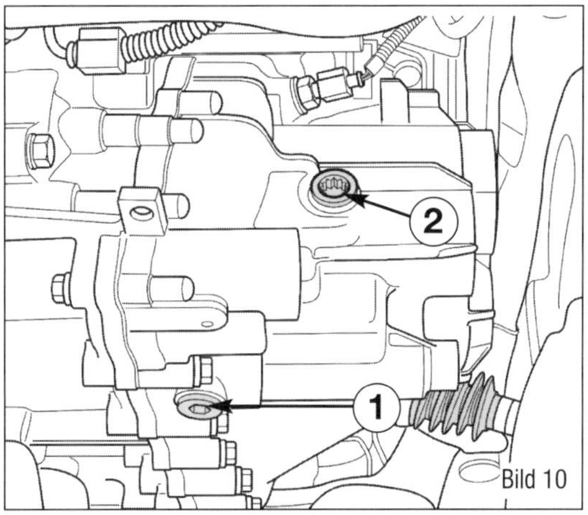

Bild 10

Bild 10
1 Ölablassschraube
2 Ölkontrollschraube

- Adapter zur Ölbefüllung »VAS 6291/3« bis Anschlag in die Einfüllbohrung einschrauben (Bild 12).
- Das Winkelstück der Befüllvorrichtung »VAS 6291A« an Adapter zur Ölbefüllung »VAS 6291/3« ansetzen.

Tipp: Der Schlauch darf nicht durchhängen. Das Ventil der Befüllvorrichtung »VAS 6291A« ist geschlossen.

- Den Ölbehälter auf Befüllvorrichtung »VAS 6291A« aufschrauben.

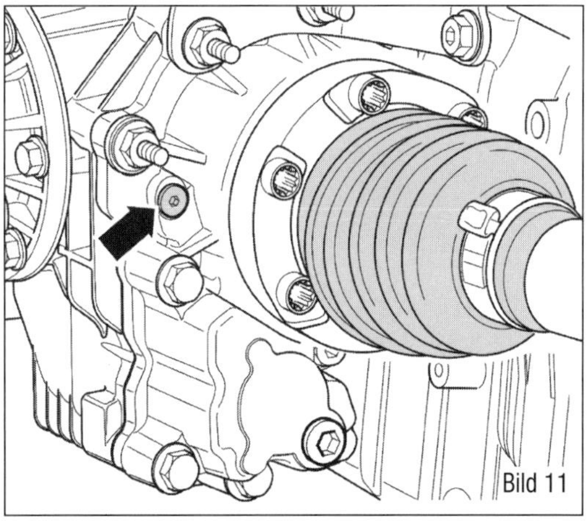

Bild 11

Bild 11
Pfeil: Öleinfüllschraube
unten: Ölablassschraube mit Innenvielzahn 45 Nm

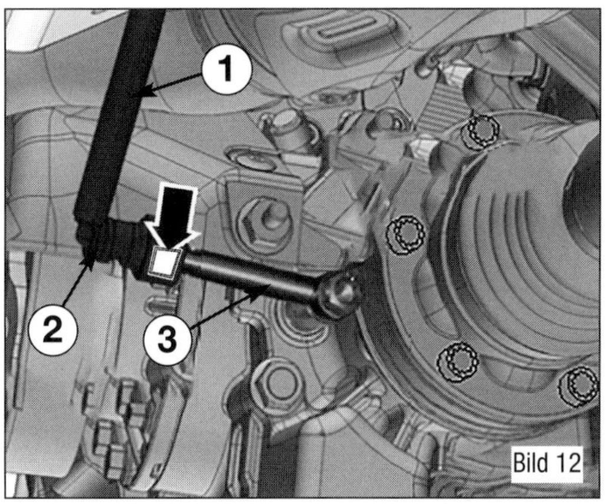

Bild 12

Bild 12
Öleinfüllen am Winkelgetriebe.
1 Schlauch
2 Winkelstück der Befüllvorrichtung VAS 6291A
3 Adapter zur Ölbefüllung VAS 6291/3

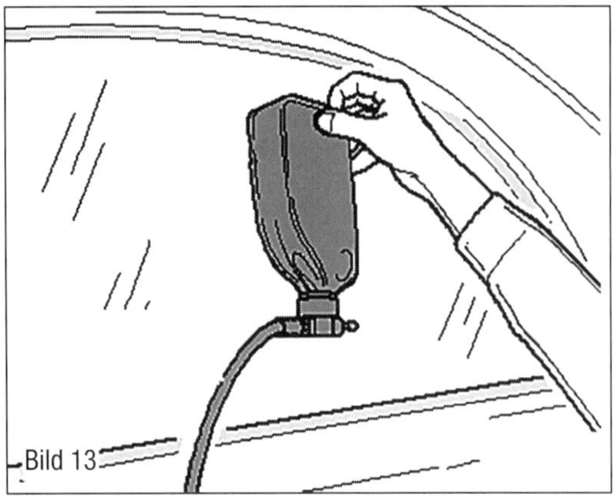

Bild 13
Ölflasche mit Befüllvorrichtung und Schlauch zum Winkelstück.

Bei einigen Ölflaschen muss der Adapter zur Ölbefüllung »VAS 6262/6« verwendet werden.

- Das Ventil öffnen und Ölbehälter so hoch wie möglich (Bild 13) über dem Getriebeniveau halten.
- Das Winkelgetriebe ist korrekt befüllt, wenn Öl am Adapter zur Ölbefüllung »VAS

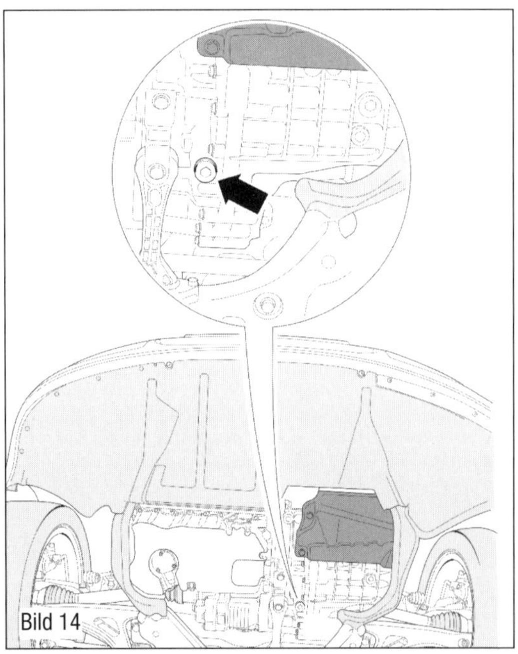

Bild 14
6-Gang-DSG: Ölablassschraube und Ölstandsrohr.

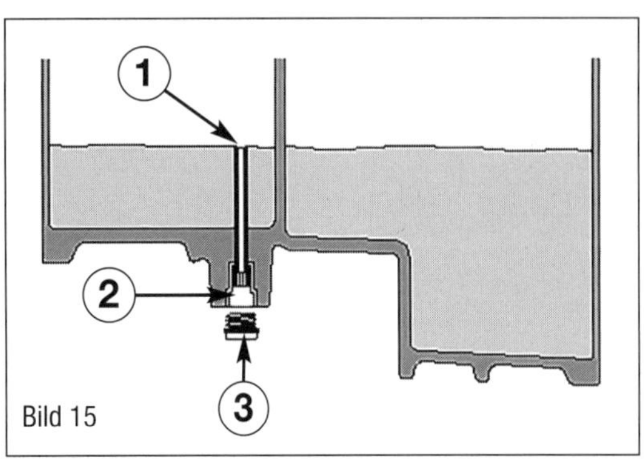

Bild 15
Ölstand im DSG.
1 Ölstandsrohr
2 Gewinde in der Ölwanne
3 Ölablassschraube

6291/3« austritt. Tritt kein Öl aus, den Befüllvorgang fortsetzen.

- Adapter zur Ölbefüllung »VAS 6291/3« herausdrehen.
- Bisherige Getriebeöleinfüllschraube einschrauben und leicht festziehen.
- Motor anlassen, Gang einlegen und Getriebe ca. 2 Minuten drehen lassen.
- Motor abstellen und Öleinfüllschraube herausschrauben.
- Ölstand prüfen. Der Ölstand im Achsantrieb muss bis Unterkante der Öleinfüllbohrung stehen. Bei Bedarf Öl für Achsantriebe erneut bis Unterkante Öleinfüllbohrung auffüllen.
- Neue Öleinfüllschraube einbauen.
- Wärmeschutz für Gelenkwelle rechts einbauen.
- Geräuschdämpfung einbauen.

Ölwechsel am DSG-Getriebe

Erforderliche Bedingungen:

- Motor abgestellt.
- Fahrzeug steht in waagerechter Stellung, alle Aufnahmen der Bühne sind gleichmäßig in einer Höhe.
- Falls vorhanden, muss die Geräuschdämpfung ausgebaut werden.
- Fahrzeugdiagnosetester ist angeschlossen.
- Die Getriebeöltemperatur beträgt 35 - 45 °C. Ist die Temperatur höher 45 °C, dann ist das Getriebe abkühlen zu lassen.
- Der Wählhebel steht in der Position »P« oder der Schalthebel steht in der neutralen Position.
- Taster für Feststellbremse zur Aktivierung der elektromechanischen Feststellbremse ziehen (Feststellbremse ist betätigt).
- Geräuschdämpfung ausbauen.
- Eine geeignete Auffangwanne unter das Getriebe stellen.
- Bereich unter der Öleinfüllöffnung mit Lappen abdecken.

Getriebeöl ablassen:

- Kontrollschraube und Einfüllschraube (Pfeil im Bild 14) in der Nähe der Pendelstütze herausschrauben. Hinter dieser Schraube befindet sich ein Überlaufrohr (1 im Bild 15) aus Kunststoff mit Innensechskant 8 mm.
- Überlaufrohr ausbauen.
- Getriebeöl auslaufen lassen. Es fließen ca. 5,0 l Öl aus.

Getriebeöl einfüllen:

■ Überlaufrohr wieder einschrauben.

■ Adapter vom Adapter zur Ölbefüllung (VAS 6262 A) handfest in das Gewinde der Ölablassschraube einschrauben.

■ Damit das Entlüftungsrohr des Adapters zur Ölbefüllung »VAS 6262 A« bei einigen Ölflaschen nicht am Flaschenboden anstößt, muss es um das Maß (a im Bild 16) gekürzt werden:

■ Vor dem Öffnen Flaschen schütteln.

■ Die Flasche mit Adapter zur Ölbefüllung »VAS 6262« oder »VAS 6262A« so hoch wie möglich über dem Getriebeniveau halten und mit 5,2 Liter Getriebeöl stufenweise einfüllen.

■ Zum Flaschenwechseln Hahn verschließen oder Adapter zur Ölbefüllung (VAS 6262 A) höher als das Getriebe halten.

■ Ölablassschraube nur handfest anziehen.

■ Motor starten.

■ Bremse treten und jede Wählhebelstellung für ca. 3 Sekunden einlegen, danach Hebel wieder in »P« stellen.

■ Motor nicht abstellen.

■ Sobald das überschüssige Öl ausgelaufen ist (beginnt zu tropfen), eine Kontrollschraube mit neuem Dichtring einbauen. Tritt kein Öl aus, muss Öl nachgefüllt werden.

Ölfilterwechsel am DSG-Getriebe

Ölfilterwechsel nicht erforderlich, wenn:

■ der Getriebeölkühler oder seine O-Ringe ersetzt wurde(n) und kein Kühlmittel in das Öl gelangt ist,

■ der Dichtring für die Schaltwelle ersetzt wurde,

■ der Dichtring für die Steckwelle ersetzt wurde,

■ undichte Deckel/Dichtungen der Mechatronik oder der Mehrfachkupplung ersetzt wurden,

■ das Wartungsintervall erreicht wurde.

Ölfilterwechsel erforderlich, wenn:

■ Metallspäne im Öl gefunden wurden,

■ die Kupplung verbrannt oder mechanisch defekt ist.

Filterwechsel:

■ Wählhebel in »P« stellen.

■ Luftfiltergehäuse ausbauen.

Dieselmotoren:

■ Batterie und Batterieträger ausbauen.

Alle Fahrzeuge:

Tipp: Vor dem Abschrauben des Filtergehäuses den Bereich um den Ölfilter mit ausreichend vielen Lappen abdecken. Es verbleibt eine Restmenge Öl im Ölfilter. Dieses läuft beim Abschrauben des Filtergehäuses aus.

■ Filtergehäuse (1 im Bild 17) zunächst ungefähr 7 Umdrehungen lösen.

■ Etwa 10 Sekunden warten. So kann das Öl aus dem Filtergehäuse in das Getriebe zurückfließen.

■ Erst jetzt das Filtergehäuse (1) mit Filter abnehmen.

■ Fehlende oder beschädigte Wärmeabschirmung auf dem Filtergehäuse ersetzen.

Der weitere Einbau erfolgt in umgekehrter Reihenfolge.

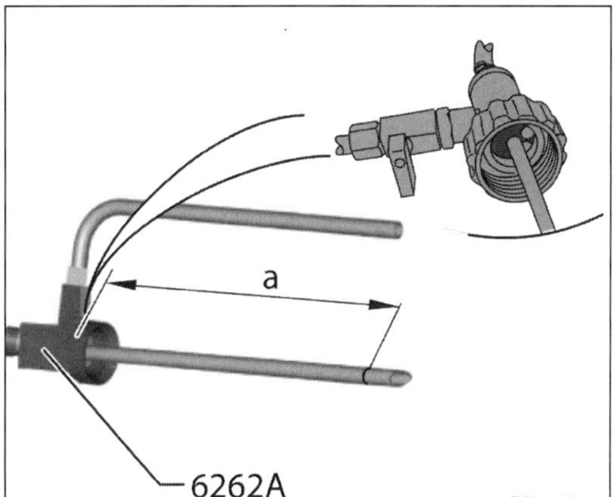

Bild 16
Füllflasche am 6 Gang-DSG: Maß a = 210 mm. Das Maß a wird ab dem Schaft (grüne Fläche in der Lupe) des Adapters zur Ölbefüllung »VAS 6262 A« gemessen.

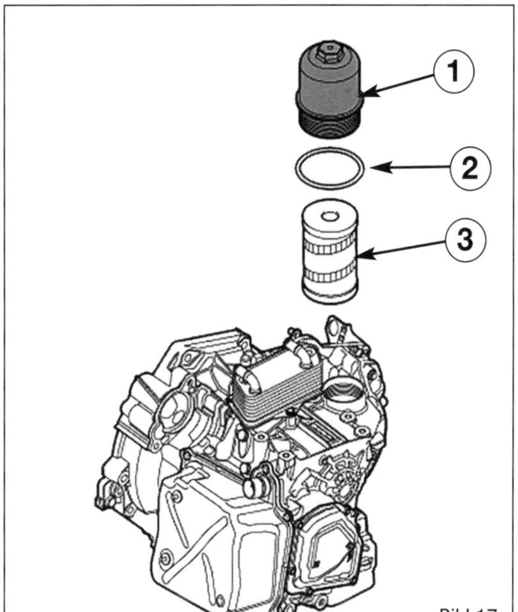

Bild 17
Ölfilter am 6-Gang-DSG.
1 Ölfiltergehäuse
2 O-Ring
3 Ölfilter

Verölte Stellen am Getriebe gründlich reinigen.

■ Neuen Ölfilter mit dem Bund nach unten einsetzen.

■ Filtergehäuse eindrehen und mit 20 Nm festziehen.

■ Anschließend Ölstand wie beschrieben prüfen und wenn erforderlich ergänzen.

Besonderheiten am DSG-Getriebe

Die 7-Gang Doppelkupplungsgetriebe/DSG Automatikgetriebe verbinden Komfortansprüche an Automatikgetriebe mit der Möglichkeit direkter Einflussnahme und blitzschneller, ruckfreier Handschaltung. Das wird mit zwei Lamellen-Kupplungen und unterschiedlichen automatischen Schaltprogrammen verwirklicht. Das 6-Gang-DSG hat zwei Mehrscheiben-Nass-Lamellen-Kupplungen und verfügt über sechs Vorwärts- und einen Rückwärtsgang. Das 7-Gang-DSG hat eine Trocken-Doppelkupplung und sieben Vorwärtsgänge. Die Gänge sind alle synchronisiert und lassen sich im Automatik- und im Tiptronic-Modus bedienen. Der Kraftstoffverbrauch von Octavia-DSG-Modellen liegt auf dem Niveau sparsamer Fahrzeuge mit Handschaltgetriebe.

Verhalten des Steuergeräts bei einem Fehler im DSG

Vor den Arbeitsbeschreibungen zunächst noch ein Wort zu eventuellen Fehlern bei den Doppelkupplungsgetrieben (DSG). Das Steuergerät arbeitet mit weit entwickelter Software. Sie ist in der Lage, im Millisekunden-Bereich elektrische Funktionen auszuführen, zu überwachen und zu steuern. Neben der weiterentwickelten Software wurde auch vieles getan, um das Getriebe im Falle einer Störung zu schützen. So wird, wenn nötig, beim Auftreten eines Fehlers dieser gespeichert und ein Ersatzprogramm gestartet. Es werden vier Fehlerreaktionen unterschieden:

1. Der Fehler ist so geringfügig, dass die Weiterfahrt durch ein Ersatzprogramm ermöglicht werden kann und die Fahrsicherheit erhalten bleibt. Die Anzeige zeigt ganz normal die Wählhebelstellung. Wenn überhaupt, können Fahrverhaltensänderungen wahrgenommen werden.

2. Einzelne Hebelstellungen blinken in der Wählbereichsanzeige. Dem Fahrer wird signalisiert, dass diese Gangwahl momentan nicht möglich ist. Ein Beispiel: Rückwärtsfahrt, Hebel in »R« und Fahrzeug fährt rückwärts. Das Steuergerät verhindert in diesem Fall das Einlegen des 1. Ganges, um das Getriebe nicht zu beschädigen.

3. Die Wählbereichsanzeige ist komplett erleuchtet und blinkt. Die eingelegte Wählhebelstellung ist zu erkennen (hervorgehoben). Ein Beispiel hierzu: Die Getriebeöltemperatur ist zu hoch. Gründe können Anhängerbetrieb mit zu hoher Last oder Mangel an Kühlluft sein.

4. Die eingelegte Wählhebelstellung ist nicht zu erkennen. Die Wählbereichsanzeige blinkt. Änderungen im Fahr- und Schaltverhalten sind deutlich zu spüren, Rückwärtsfahrt ist nicht möglich. Es liegt ein »schwerer Fehler« vor, ein Teilgetriebe ist abgeschaltet, eine Getriebereparatur unumgänglich.

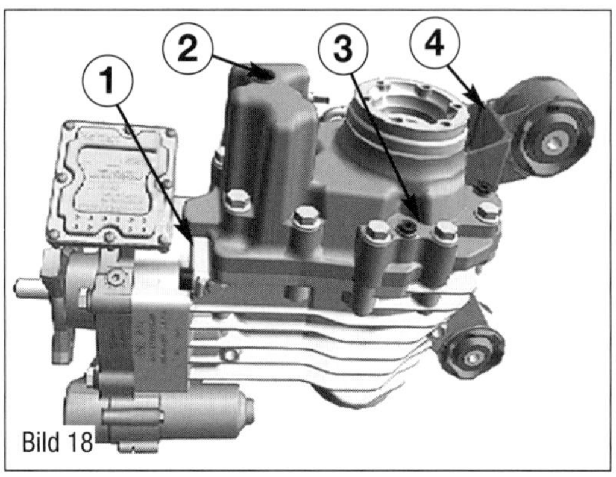

Bild 18
Ölstand im Achsgetriebe hinten.
1 Ölablassschraube
2 Öleinfüllschraube
3 Ölablassschraube
4 Einfüllschraube für Achsantrieb

Notentriegelung des Wählhebels

■ Bremse treten oder Handbremse anziehen.

■ Entriegelungswerkzeug »T30098« unter die Abdeckung für Schaltbetätigung stecken und durch Drücken nach hinten die Abdeckung lösen.

■ Schaltabdeckung ausclipsen und zur Seite halten.

■ Mit einem Schraubendreher seitlich von rechts auf das gelbe Kunststoffteil drücken und in dieser Stellung halten (Bild 19).

Der Wählhebel kann jetzt aus Stellung »P« herausgeschaltet werden. Das

Fahrzeug ist wieder rangierbar und transportfähig. Wird der Wählhebel danach in Stellung »P« geschaltet, ist dieser jedoch wieder in dieser Stellung gesperrt.

Ausbau Getriebe und Komponenten des Antriebs

Wir geben hier nur grob das prinzipielle Vorgehen an. Diese Arbeit, die viel Spezialwerkzeug erfordert, gehört üblicherweise in die Fachwerkstatt. Die meisten einzelnen Schritte haben wir übrigens im Kapitel 4 Motoren unter »Motor aus- und einbauen« beschrieben. Dabei wurde das Motor/Getriebe-Aggregat ausgebaut, von dem nach Ausbau das Getriebe abgeflanscht werden konnte. Hier nun wird das Getriebe einzeln (ohne Motor) nach unten ausgebaut.

Schaltgetriebe aus- und einbauen

Von oben:

Zuerst werden die Batterie mit Konsole (Batterieträger), das Luftfilter (es behindert den Ausbau) und der Anlasser ausgebaut. Je nach Fahrzeugmodell genügt es schon, Stecker und Leitung vom Anlasser abzubauen. Die Kühlmittelschläuche werden abgeklemmt und (modellabhängig) ausgebaut. Den Getriebeausbau oder den Einsatz der Abfangvorrichtung behindernde Schlauch- und Kabelverbindungen werden ausgebaut. Schaltseilzug, Getriebeschalthebel, Seilzugwiderlager und (bei den Handschaltgetrieben) Nehmerzylinder (Kupplung) werden ausgebaut. Das linke Aggregatelager wird ausgebaut. Motor mit Getriebe werden abgefangen, wozu die Abfangvorrichtung vor der Stütze für die Frontklappe aufgesetzt wird. Alle von oben erreichbaren Verbindungsschrauben Motor/Getriebe werden ausgebaut. Gut geeignet dazu ist ein Einsteckwerkzeug mit den passenden Bits.

Von unten:

Hier werden nach Anheben mit einer Hebebühne zunächst die Geräuschdämpfung und die linke Radhausschale ausgebaut. Erst die linke, dann die rechte Gelenkwelle müssen vom Getriebe abgebaut und (z. B. mit Spanngurten) hochgebunden werden (z. B. an die Federbeine).

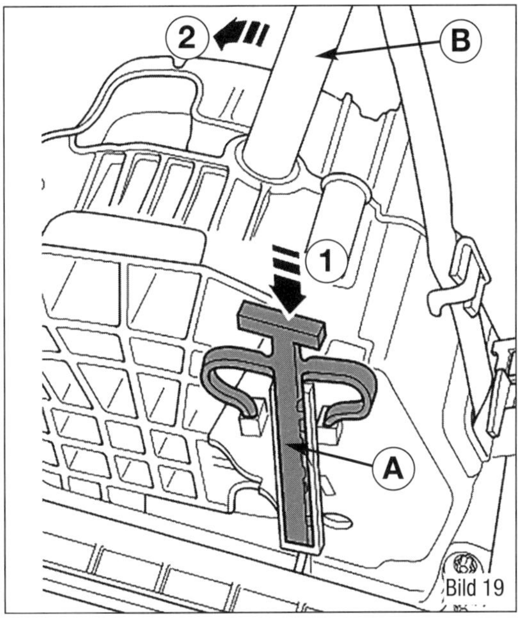

Bild 19
Wählhebel entsperren.
1 Betätigungsrichtung zum Entriegeln
2 Bewegungsrichtung des Schalthebels aus der Stellung »P« heraus
A Kunststoffkeil in Gelb
B Wählhebel (Schalthebel)

Den Geber für Fahrzeugniveau vorn links, soweit vorhanden, vom Querlenker abschrauben.

Schaltgetriebe:

Bei Fahrzeugen mit Schaltgetriebe Pendelstütze und Getriebekonsole ausbauen. Den Halter T10346 mit einer Bundschraube M6 x 20 festschrauben und die Abstützvorrichtung (3300 A) an dem Halter befestigen. Motor- und Getriebeheber unter das Fahrzeug stellen, Justierplatte parallel zum Getriebe ausrichten, Sicherungsaufnahme am Getriebe arretieren und den Bolzen (3282/29) in die Bohrung für die Befestigungsschraube der Pendelstütze am Getriebe einschrauben.

DSG-Getriebe:

Bei den Fahrzeugen mit DSG den Aggregateträger mit Pendelstütze und beiden Achslenkern zusammen ausbauen. Die Lenkung verbleibt im Fahrzeug. Getriebeaufnahme (3282) mit Justierplatte (3282/42 A) einrichten, Motor- und Getriebeheber unter das Getriebe fahren und Getriebe abfangen aber nicht hochheben.

Schaltgetriebe und DSG:

Alle Verbindungsschrauben Getriebe/Motor herausschrauben. Dazu und bei den meisten Modellen auch zur Getriebeentnahme muss der vordere Teil der Abgasanlage vom Motor abgebaut werden: Wie auch im Kapitel 9 Abgasanlage beschrieben, die Abgasanlage trennen (Pfeile 1) und den Halter für Abgasrohr vom Aggregateträger abschrauben (Pfeile im Bild 20). Getriebe von den Passhülsen abdrücken und unter Beachtung aller Leitungen absenken und herausschwenken.

Der Einbau erfolgt sinngemäß in umgekehrter Reihenfolge. Wir nennen wieder einige wesentliche Schritte:

Schaltgetriebe:

■ Alle Gewindebohrungen für selbstsichernde Schrauben vorsichtig mit einem Gewindeschneider von den Rückständen des Sicherungsmittels reinigen und die selbstsichernden Schrauben (gilt auch für derartige Muttern) immer ersetzen.

■ Kontrollieren, ob Passhülsen zur Zentrierung von Getriebe an Motor im Zylinderblock vorhanden sind, ggf. einsetzen. Bei nicht vorhandenen Passhülsen treten Schaltschwierigkeiten, Kupplungsprobleme und ggf. Geräusche vom Getriebe (Rasseln) auf.

■ Kerbverzahnung der Antriebswelle reinigen und leicht mit Schmierfett für Kupplungsscheibensteckverzahnung (G 000 100) schmieren. Die Kupplungsscheibe muss auf der Antriebswelle leicht hin- und herschiebbar sein.

Doppelkupplungsgetriebe:

■ Wenn das Nadellager in der Kurbelwelle beschädigt oder blau angelaufen ist, muss es ersetzt werden. Ist es nicht beschädigt, wird es mit Hochtemperaturfett (G052133A2) leicht gefettet. Auch den Zapfen (nicht die Verzahnung) des Getriebes leicht einfetten.

■ Korrekten Sitz der beiden Passhülsen zwischen Motor und Getriebe sowie des Zwischenblechs überprüfen. Motor und Getriebe müssen sich von Hand so weit zusammenführen lassen, bis sich beide Flansche umlaufend berühren, sonst »läuft etwas verkehrt«!

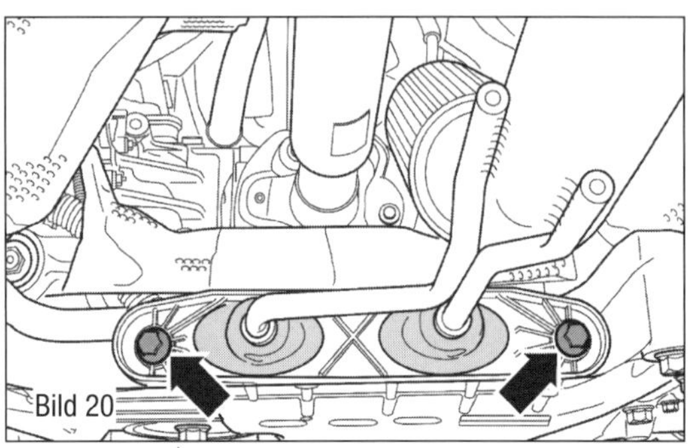

Bild 20
Pfeile = Verschraubungen

■ Die Getriebeaufnahme nachjustieren, bis Motor und Getriebe in Flucht zueinanderstehen.

Alle Getriebetypen:

■ Getriebe unter das Fahrzeug fahren, in Einbaulage zum Motor ausrichten und einsetzen.

■ Zuerst die unteren Schrauben für die Befestigung Getriebe an Motor einschrauben.

■ So früh wie möglich, schon beim Hochheben des Getriebes, den Wählhebelseilzug (nicht fetten!) in das Seilzugwiderlager führen. Die Sicherungsscheiben des Wählhebelseilzugs müssen erneuert werden.

■ Wählhebelseilzug immer einstellen (folgt).

■ Kühlmittelstand prüfen und wenn nötig, ergänzen.

■ Anzugsdrehmomente beachten. VW gibt vor, dass bei Benutzung des Einsteckwerkzeugs SW18 (T10179) statt 80 Nm nur 65 Nm gelten.

Winkelgetriebe aus- und einbauen

Die Montagearbeiten am Haldexgetriebe haben wir nicht beschrieben. Vor und nach jeder Montage muss es geprüft werden. Diese Arbeiten können lediglich von versierten Schraubern mit einiger Erfahrung durchgeführt werden und sollten entweder durch solche oder durch den Skodahändler Ihres Vertrauens durchgeführt werden.

■ Radschrauben vorn lösen.

■ Fahrzeug anheben.

■ Räder vorn abbauen.

■ Geräuschdämpfung unterhalb Motor/Getriebe ausbauen.

■ Halter für Abgasanlage vom Aggregateträger (Pfeile im Bild 20) abbauen.

Wenn nach Ausbau des Winkelgetriebes das Schaltgetriebe ausgebaut wird:

■ Bauen Sie den Aggregateträger mit Lenkgetriebe aus. Beachten Sie dabei, wie beschrieben, das Fixieren des Aggregateträgers.

Wenn nur das Winkelgetriebe ausgebaut wird:

■ Senken Sie den Aggregateträger mit Lenkgetriebe ab. Beachten Sie dabei, wie

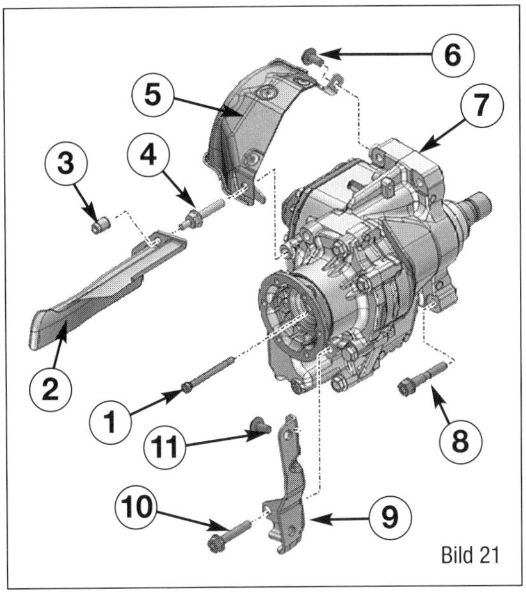

Bild 21

Bild 21
Winkelgetriebe (Allrad).
1 Schraube
2 Schutzblech
3 Schraube
4 Doppelschraube
5 Schutzblech
6 Schraube
7 Winkelgetriebe
8 Schraube
9 Halter
10 Schraube
11 Schraube

beschrieben, das Fixieren des Aggregateträgers.

Fortsetzung für alle:
■ Bauen Sie den vorderen Teil der Abgasanlage ab.
■ Gelenkwelle vom Winkelgetriebe abbauen und hochbinden.

Wenn der Aggregateträger ausgebaut ist:
■ Befestigen Sie die Abstützvorrichtung (T10323) an den innen liegenden, hinteren Gewindebohrungen für den Aggregateträger.
■ Benutzen Sie dazu die Befestigungsschrauben für den Aggregateträger.
■ Stellung der Kardanwelle mit Gelenkscheibe zum Flansch des Winkelgetriebes mit Farbe kennzeichnen.
■ Kardanwelle vom Winkelgetriebe abschrauben.
■ Legen Sie einen Lappen auf die Abstützvorrichtung, damit die Lackierung der Kardanwelle nicht beschädigt wird.
■ Schieben Sie die Kardanwelle vorn bis Anschlag zurück.
■ Legen Sie die Kardanwelle auf der Abstützvorrichtung ab.

Wenn der Aggregateträger abgesenkt ist:
■ Stellung der Kardanwelle mit Gelenkscheibe zum Flansch des Winkelgetriebes mit Farbe kennzeichnen.
■ Kardanwelle vom Winkelgetriebe abschrauben.
■ Legen Sie einen Lappen auf den Aggregateträger, damit die Lackierung der Kardanwelle nicht beschädigt wird.
■ Schieben Sie die Kardanwelle vorn bis Anschlag zurück.
■ Legen Sie die Kardanwelle auf dem Aggregateträger ab.

Fortsetzung für alle:
■ Drehen Sie die Schrauben für Getriebeträger an Motor und Winkelgetriebe heraus.
■ Nehmen Sie den Getriebeträger ab.
■ Bauen Sie den Sicherungsring und den O-Ring von der Steckwelle rechts ab.
■ Kegelschraube für Steckwelle rechts herausschrauben.
■ Bauen Sie die Geräuschdämpfung vom Kompressor ab.

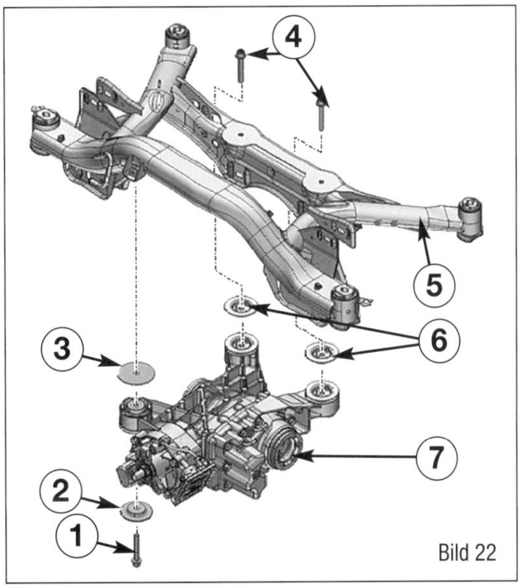

Bild 22

Bild 22
Winkelgetriebe (Allrad).
1 Schraube
2 Anschlagscheibe
3 Unterlage
4 Schraube
5 Aggregateträger hinten
6 Anschlagscheibe
7 Achsantrieb hinten

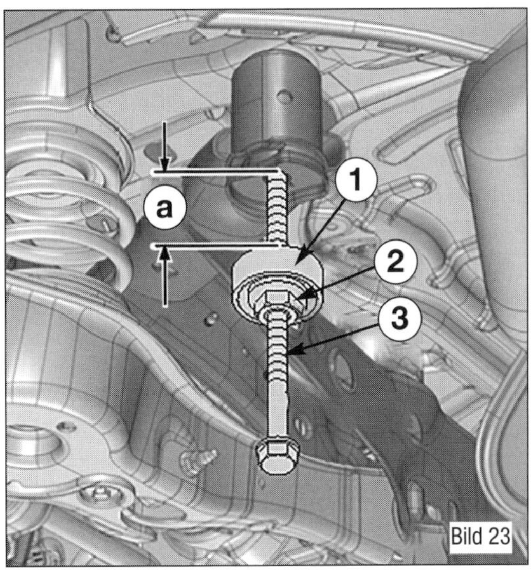

Bild 23

Bild 23
Absenken des Achsträgers.
1 Montagevorrichtung - MP5-402
2 Mutter - MP5-401/3
3 Spindel - MP5-401/2
a = 40 mm

■ Befestigungsschrauben oben für Winkelgetriebe am Schaltgetriebe herausschrauben.
■ Befestigungsschrauben unten für Winkelgetriebe am Schaltgetriebe herausschrauben.
■ Winkelgetriebe vom Schaltgetriebe vorsichtig abdrücken und herausnehmen.
■ Verschlusskappe in das Getriebe einsetzen.

Die Montage erfolgt sinngemäß in umgekehrter Reihenfolge.
■ Fetten Sie die Verzahnung am Ausgleichsgetriebe mit dem Fett (VAG G 000 100).
■ Winkelgetriebe an das Schaltgetriebe heranschieben, dabei ggf. an der Steckwelle drehen. Bei richtiger Zahnstellung und zentrischer Führung rutscht das Winkelgetriebe bis zum Anschlag gegen das Schaltgetriebe.
Das Winkelgetriebe nicht mit den Befestigungsschrauben gegen das Schaltgetriebe ziehen, da sonst das Winkelgetriebe verkantet und die Befestigungsösen abbrechen können.
■ Achsöl im Winkelgetriebe prüfen.

Achsantrieb Hinterachse aus- und einbauen (Allrad)
■ Nachschalldämpfer ausbauen.
⚠ Beschädigungsgefahr des Entkopplungselements der Abgasanlage. Das Entkopplungselement nicht auf Zug beanspruchen. Das Entkopplungselement nicht übermäßig biegen. Ein Rohr oder einen Montagehebel in das Mittelteil der Abgasanlage stecken und auf der Tunnelbrücke hinten ablegen.
■ Federn der Hinterachse ausbauen.
■ Stabilisator hinten ausbauen.
■ Gelenkwellenschrauben vom Achsantrieb hinten ausbauen. Nur die Schrauben der Gelenkwellen hinten ausbauen, die Wellen in den Flanschwellen gelagert belassen. Bei deren Aus- und Einbau muss der Achsantrieb hinten beweglich sein.
Prüfen, ob an der Gelenkscheibe und am Kardanwellenflansch am Achsantrieb hinten Markierungen (Farbpunkte) vorhanden sind. Sind keine Markierungen vorhanden, Position der Gelenkscheibe gegenüber dem Kardanwellenflansch am Achsantrieb hinten markieren (Bild 24).

■ Schrauben der Verbindungen Kardanwelle/ Achsantrieb hinten herausdrehen. Beim Lösen der Schrauben die Kardanwelle mit Gegenhalter »T10172A« oder einem anderen geeigneten Werkzeug gegenhalten.
Die Kardanwelle kann vom Zapfen des Flansches für Achsantrieb hinten erst nach dem Lösen des Achsantriebs aus dem Lagerbock an der Hinterachse abgezogen werden.
■ Achsantrieb hinten mit einem Motor- und Getriebeheber abstützen.
Zwischen Motor- und Getriebeheber und Achsantrieb hinten einen passenden Holzklotz einsetzen, sodass der Achsantrieb beim Anheben nicht beschädigt wird.
■ Die hinteren Schrauben des Achsträgers hinten (5 im Bild 22) herausdrehen.
■ Ersatzweise die Montagespindeln (Bild 23) von Skoda oder Gewindestangen mit Muttern im passenden Gewinde eindrehen. Diese Montagevorrichtung muss mindestens 15 mm in das Gewinde für den Aggregateträger hinten eingeschraubt werden.
■ Die Mutter der Montagevorrichtung drehen und dadurch den Aggregateträger hinten so absenken, dass das Maß 40 mm (Bild 23) erreicht wird.
■ Die Schrauben hinten für Achsantrieb mit Steckeinsatz herausdrehen (4 im Bild 22).
■ Entlüfterschläuche am Aggregateträger hinten ausclipsen.
■ Stecker vom Steuergerät für Allradantrieb abziehen.
■ Schraube (1) für Lagerbock des Achsantriebs herausdrehen und Scheibe des Gummilagers (3) abnehmen. Der Achsantrieb hinten muss immer noch mit dem Motor- und Getriebeheber abgestützt werden.
■ Den Achsantrieb hinten nach hinten schieben und gleichzeitig die Kardanwelle vom Zapfen am Flansch des Achsantriebs vorsichtig abziehen.
■ Kardanwelle auf die Tunnelbrücke hinten ablegen und mit Putzlappen abdecken, sodass die Oberflächenbeschichtung nicht beschädigt wird. Beim Abziehen der Kardanwelle darauf achten, dass der Dichtring in der Zentrierhülse nicht beschädigt wird.

Bei beschädigtem Dichtring muss die Kardanwelle ersetzt werden. Beim Wiedereinbau, zueinander gekennzeichnete Teile

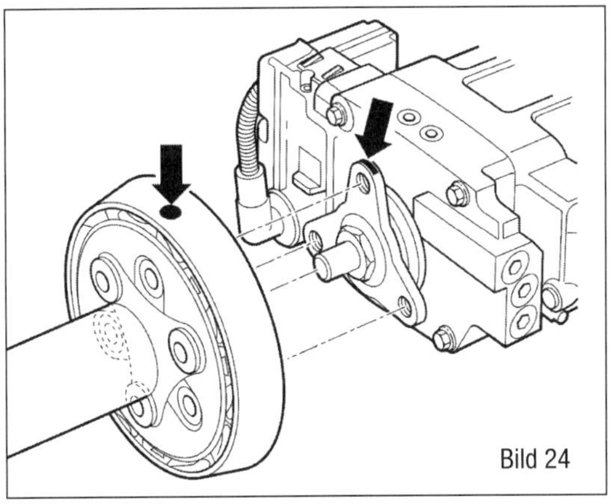

Bild 24

Bild 24
Pfeile Markierung an den Kardanflanschen.

(Pfeile im Bild 24) der Kardanwelle in gleicher Stellung einbauen.

- Den Achsantrieb hinten anheben und möglichst weit nach links schieben.
- Gelenkwelle rechts vom Flansch abnehmen und vorsichtig herunterlassen.
- Nun den Achsantrieb wieder hinten anheben und möglichst weit nach rechts schieben.
- Dann die Gelenkwelle links vom Flansch abnehmen und vorsichtig herunterlassen.
- Achsantrieb in Einbaulage zurücklegen.
- Achsantrieb hinten mit Spanngurt am Motor- und Getriebeheber verzurren, wie in der Abbildung gezeigt.
- Achsantrieb über Spindeln des Motor- und Getriebehebers in Schräglage bringen und nach vorn ziehen, dabei auf ausreichend Freigang zu anderen Bauteilen achten.

Der Einbau erfolgt sinngemäß in umgekehrter Reihenfolge.

- Bei Ersatz des Achsantriebs hinten Achsöl im Achsantrieb prüfen ggf. nachfüllen.
- Ölstand für Allradkupplung prüfen.

Gelenkwellen ausbauen

Nicht alle Fahrzeuge haben die gleichen Antriebswellen: Eine Ausführung bei eingebauten Gleichlaufgelenken von 107 mm (VL107). Drei weitere weisen andere Merkmale auf. Es liegen also Unterschiede bei den in dieser Ausgabe behandelten Fahrzeugausführungen vor. Beim Bezug einer neuen Welle müssen diese Unterschiede beachtet werden.

Die Montagearbeiten für die hinteren beim Allradfahrzeug und die vorderen Achsgelenkwellen unterscheidet sich kaum voneinander. Schrauberisch werden Sie auch keinen Unterschied zu den Fronttrieblern feststellen. Lediglich zum Schwenken des hinteren Radlagergehäuses muss die Spurstange vom Radlagergehäuse abgeschraubt werden und die Fahrwerksfeder ausgebaut werden.

Aus- und Einbau der Gelenkwellen

- Die Radzierblende entfernen. Bei eingebauten Leichtmetallrädern den Radzierdeckel entfernen. Den Abzieher dazu finden Sie im Bordwerkzeug.
- Die Achsschraube der Antriebswelle lösen, solange das Fahrzeug auf den Rädern ruht.
- Das Rad abschrauben.
- Den Wellenflansch am Getriebe lösen. Dazu ist ein vielverzahnter Steckeinsatz von 8 mm Durchmesser oder auch ein Inbuseinsatz zu verwenden. Achten Sie darauf, dass der Steckeinsatz richtig in die Schraube eingreift. Es besteht sonst die Gefahr, dass die Verzahnung »rund« gedreht wird.
- Die Welle trennen und nach oben über das Getriebe heben.
- Die Muttern für den Traggelenkbolzen unten im Verhältnis zum Querlenker kennzeichnen und herausdrehen. Ebenfalls die beiden Schrauben des Bremssattels lösen.

Den Bremssattel abnehmen und mit einem Stück Draht an der Vorderradaufhängung festbinden. Nicht den Bremssattel am Schlauch herunterhängen lassen.

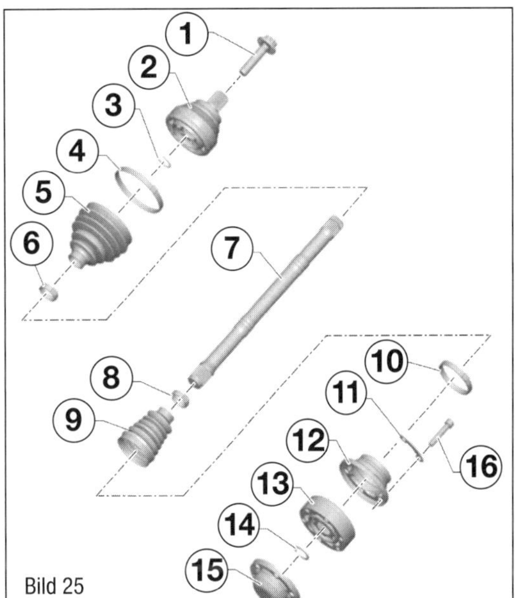

Bild 25

Bild 25
Gelenkwelle mit Gleichlaufgelenk VL107 (geschraubt).
1 Schraube
2 Gleichlaufgelenk außen
3 Sicherungsring
4 Klemmschelle
5 Gelenkschutzhülle
6 Klemmschelle
7 Gelenkwelle
8 Klemmschelle
9 Gelenkschutzhülle für Gleichlaufgelenk
10 Klemmschelle
11 Unterlegplatte
12 Kappe
13 Gleichlaufgelenk innen
14 Sicherungsring
15 Deckel
16 Innenvielzahnschraube

Bild 26
Gelenkwelle mit Gleichlaufschiebegelenk VL107.
1 Gleichlaufgelenk außen
2 Schraube
3 Sicherungsring
4 Anlaufring
5 Tellerfeder
6 Klemmschelle
7 Gelenkschutzhülle
8 Klemmschelle
9 Gelenkwelle
10 Klemmschelle
11 Gelenkschutzhülle für Gleichlaufschiebegelenk
12 Sicherungsring
13 Klemmschelle
14 Gleichlaufschiebegelenk
15 Abschirmkappe

Bild 27
Gelenkwelle mit Tripodegelenk AAR3300i.
1 Gleichlaufgelenk außen
2 Schraube
3 Sicherungsring
4 Anlaufring
5 Tellerfeder
6 Klemmschelle
7 Gelenkschutzhülle
8 Klemmschelle
9 Gelenkwelle
10 Klemmschelle
11 Gelenkschutzhülle für Tripodegelenk
12 Klemmschelle
13 Tripodestern mit Rollen
14 Sicherungsring
15 Gelenkstück
16 Sicherungsring

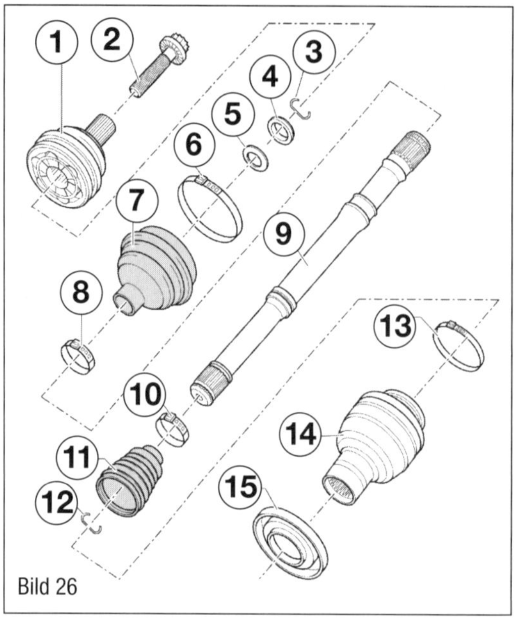

Bild 26

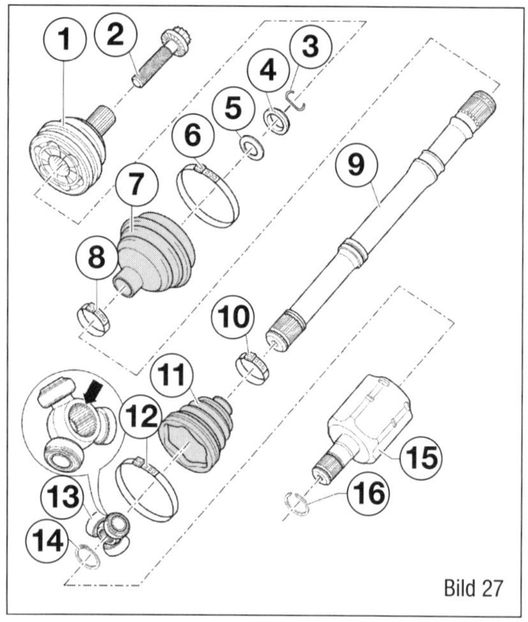

Bild 27

■ Zum Ausdrücken der Antriebswelle ist nicht unbedingt ein Abzieher erforderlich. Dieser wird an der Radnabe verschraubt.

Ein beliebiger Abdrücker wird sich dazu eignen, solange er mit der Mittelschraube gegen die Welle drückt. An der Innenseite muss man überwachen, dass die Welle dabei nirgends anstößt. Meist lässt sich die Achswelle auch mit leichten Schlägen auf einen passenden Kunststoffdurchschlag austreiben.

■ Die Welle herausnehmen.

⚠ Beim Ausbau einer Antriebswelle niemals die Radnabe anwärmen, da die Radlager beschädigt werden können. Ebenfalls das Fahrzeug nach Ausbau einer Antriebswelle nicht wegschieben, da man andernfalls ebenfalls die Radlager beschädigen kann. Muss das Fahrzeug weggeschoben werden, kann man versuchen, ein altes, äußeres Gleichlaufwerk oder eine Schraube M14 oder M16 mit passenden Unterlegscheiben und dicken Karosseriescheiben zu besorgen. Die Mutter mit einem Anzugsdrehmoment von 100 Nm anziehen.

Beim Einbau der Antriebswelle folgendermaßen vorgehen:

■ Die Antriebswelle in das Fahrzeug einsetzen.

■ Das äußere Gleichlaufwerk so weit wie möglich in die Verzahnung der Radnabe einschieben.

■ Das untere Kugelgelenk entsprechend der eingezeichneten Kennzeichnung anschrauben und die Schrauben mit 20 Nm anziehen.

■ Nochmals kontrollieren, dass die Kennzeichnungen fluchten.

■ Die gelöste Seite der Pendelaufhängung wieder am Nebenrahmen verschrauben (20 Nm).

■ Die Flanschverbindung der Welle mit dem Getriebe verbinden und die Schrauben unter Benutzung des vorschriftsmäßigen Schlüsseleinsatzes auf Drehmoment anziehen.

■ Die Berührungsfläche der Doppelsechskantmutter und die Verzahnung des äußeren Gleichlaufwerkes etwas einölen und die Mutter so weit wie möglich aufschrauben.

■ Das Fahrzeug wieder ablassen, ohne dass das Rad vollkommen auf dem Boden aufstehen kann (Achtung: sonst Radlagerbeschädigung).

■ Die Fußbremse von einem Helfer kräftig betätigen lassen und die Achsschraube mit dem entsprechenden Anzugsdrehmoment anziehen.

Schraube schwarz	200 Nm + 180°
Schraube silber	200 Nm + 90°

Gelenkwellen prüfen

Es gibt eigentlich nur drei Gründe eine Achsgelenkwelle zu zerlegen. Zuerst einmal möchten wir den Hintergrund für diese Arbeiten genauer beleuchten:

Spiel an den Gelenken:
Spiel an den Achswellen prüfen (Bild 30).

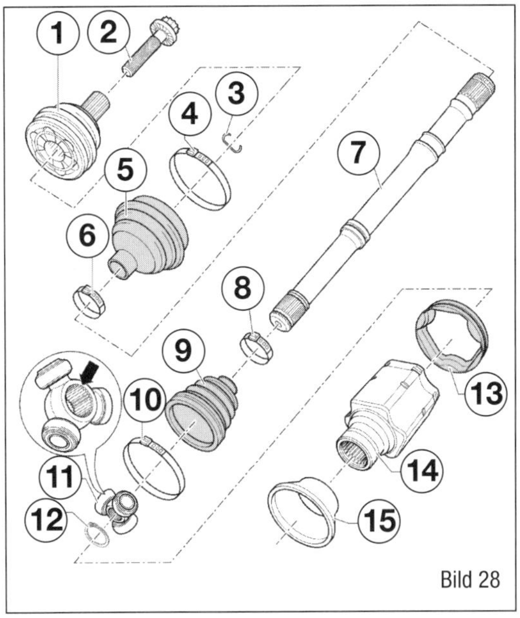

Bild 28

Bild 28
Gelenkwelle hinten (Allrad).
1 Gleichlaufgelenk außen
2 Schraube
3 Gelenkwelle
4 Klemmschelle
5 Gelenkschutzhülle
6 Klemmschelle
7 Tellerfeder
8 Sicherungsring
9 Gelenkschutzhülle für Gleichlaufgelenk
10 Klemmschelle
11 Unterlegplatte
12 Innenvielzahnschraube
13 Sicherungsring
14 Dichtung
15 Gleichlaufgelenk innen
16 Tellerfeder

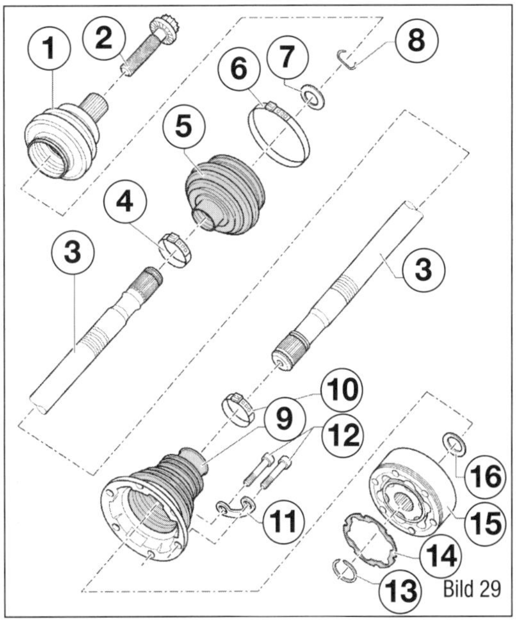

Bild 29

Bild 29
Gelenkwelle mit Tripodegelenk AAR3300i für automatisches Getriebe 09M-6 Gang-Allradantrieb.
1 Gleichlaufgelenk außen
2 Schraube
3 Sicherungsring
4 Klemmschelle
5 Gelenkschutzhülle für Gleichlaufgelenk
6 Klemmschelle
7 Gelenkwelle
8 Klemmschelle
9 Gelenkschutzhülle für Tripodegelenk
10 Klemmschelle
11 Tripodestern mit Rollen
12 Sicherungsring
13 Adapter
14 Gelenkstück
15 Abschirmkappe

Halten Sie den Lageraußenring mit der Hand fest und verdrehen Sie die Achswelle. Sie sollte möglichst kurze schnelle Bewegungen machen (einfach schnell hin- und herdrehen). So bemerken Sie ein mögliches Lagerspiel in den Achswellen sehr schnell. Spiel an den Gelenken sollte immer nachgegangen werden.

Denken Sie daran, dass Ihr Fahrzeug beim Anheben einen anderen Winkel der Achswelle bewirkt. Die Prüfungen sollten immer am Boden stattfinden. Zumindest sollte das Fahrzeug auf dem Boden stehen. Eine Grube in der Garage oder eine Mutterbühne ist hier sehr hilfreich. Stellen Sie übermäßiges Spiel fest, sollte die Gelenkwelle erneuert oder zerlegt und repariert werden. Zumeist zeigen sich bei der Demontage erhebliche Schäden an Lagerflächen oder Kugeln. Wird das Spiel zu groß (mehr als 2 mm Spiel in der Verdrehung), kann die Antriebswelle »auseinanderfliegen« und sorgt dann im günstigsten Fall für eine Panne. Im schlimmsten Fall kann die Achswelle weitere Schäden verursachen, wenn sie aus den Führungen herausrutscht.

Geräusche:
Die Prüfung der Achsgelenkwellen auf diese Schäden erfolgt in der Regel bei einer Probefahrt. Es sollten hier enge Radien gefahren werden können (Supermarktparkplatz) und auch der Lastwechsel vom Beschleunigen zum Schiebebetrieb (Gefahren vermeiden! Auf den Verkehr achten!) simuliert werden. Geräusche an den Achswellen lassen sich leider nur für das radseitige Gelenk sicher orten. Die Getriebeseite wird oftmals als »Getriebeschaden« wahrgenommen. Sollten also Geräusche beim Lastwechsel entstehen, nehmen Sie auch die Antriebswellen einmal genauer unter die Lupe. Ein deutliches »Klackern« oder durchaus schon »Schläge« gerade beim Kurvenfahren in engen Radien weisen auf einen Achswellenschaden hin. Je lauter diese Geräusche werden, umso dringender besteht Handlungsbedarf. Auch hier sind oft an den zerlegten Wellen sehr gut sichtbare Schäden vorhanden.

Manschette beschädigt:
Das Ende der Lagerungen einer Achswelle wird natürlich schneller erreicht, wenn Schmutz, Wasser und Straßendreck durch eine defekte Manschette eindringen können. Kontrollieren Sie die Lenkmanschetten und

Bild 30

Bild 30
Spiel an den Gelenken der Achswelle prüfen.

Bild 31
Richtiges Ansetzen des Dorns (A) beim Austreiben.

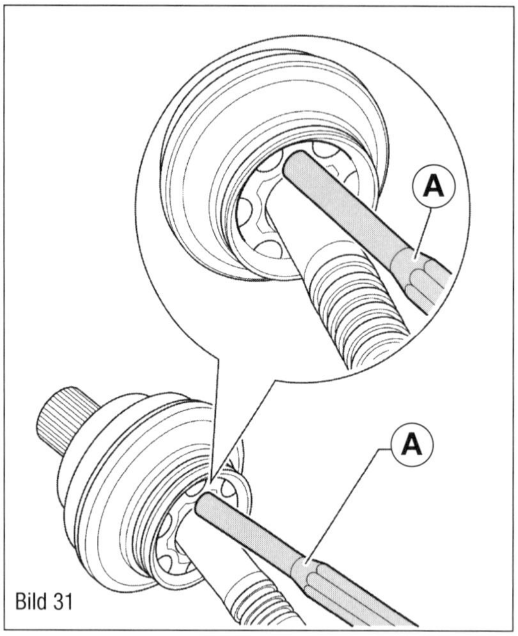

Bild 31

Bild 32
Aufbau des Spezialwerkzeuges bei der Montage des Gelenks:

1 Druckstempel MP6-405 (VW 411),
2 Druckscheibe MP3-455 (VW 447 H),
3 Druckplatte MP3-406 (VW 401),
4 Druckstück MP3-411,
5 Druckplatte - MP3-407 (VW 402),
6 Montagevorrichtung T0065/1,
7 Montagevorrichtung T0065/2

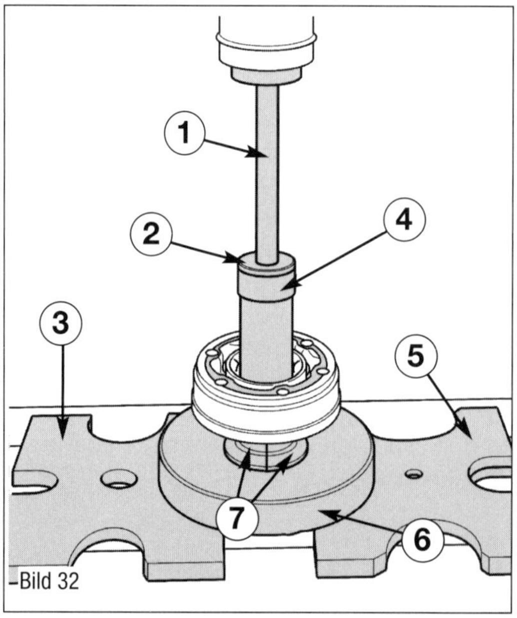

Bild 32

Bild 33
Anziehen der Klemmschelle:

1 Spindel,
2 Spezialwerkzeugzange VAG1682,
3 Zusammen

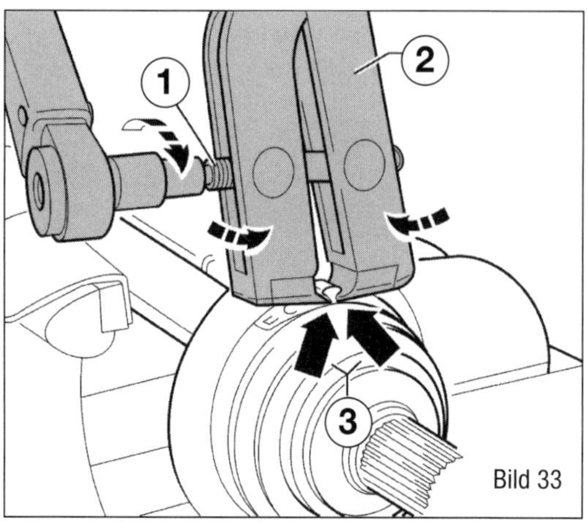

Bild 33

die Gelenkmanschette regelmäßig. Bei Schäden führt an einer Reinigung des Gelenkes und dem Ersatz der Manschette kein Weg vorbei. Achten Sie auch auf kleine Fettspritzer im Radlaufbereich oder an den Bremsteilen. Oftmals zeichnen schon kleinste Schäden an der Manschette deutliche Spuren. Durch die hohe Drehzahl wird das Fett im Gelenk sehr schnell in der Landschaft verteilt. Daraufhin läuft das Gelenk trocken und wird mit der Unterstützung des eindringenden Schmutzes ein erhebliches Verschleißverhalten entwickeln.

Gelenkwellen zerlegen

Gleichlaufgelenk außen abtreiben:

■ Gelenkwelle mit Schutzbacken in Schraubstock einspannen.
■ Faltenbalg zurückstülpen.
■ Gleichlaufgelenk mit einem Dorn (A im Bild 31) von der Gelenkwelle treiben.

⚠ Der Dorn muss genau am Stern des Gleichlaufgelenkes angesetzt werden.

Gelenk auftreiben:

■ Mit Plastikhammer auf die Welle auftreiben, bis Sicherungsring einrastet.

Gleichlaufgelenk innen abpressen:

■ Gelenkschutzhülle mit Dorn von Gelenk abpressen.
■ Sicherungsring ausbauen.
■ Beide Klemmschelle abbauen und Gelenkschutzhülle zum Außengelenk schieben.

Zusammenbauen:

■ Beachten Sie die Einbaulage der Tellerfeder am Innen- und Außengelenk.
■ Gelenk bis Anschlag aufpressen.
■ Sicherungsring einfedern.
■ Gleichlaufgelenk innen aufpressen.

☞ Fase am Innendurchmesser der Kugelnabe (Verzahnung) muss zum Anlagebund der Gelenkwelle zeigen.

■ Spannzange (2) wie in Bild 32 gezeigt ansetzen. Dabei ist zu beachten, dass die Schneiden der Zange in den Ecken (Pfeile 3) des Schlauchbinders anliegen.
■ Klemmschelle durch Drehen der Spindel (1) mit einem Drehmomentschlüssel spannen (Zange dabei nicht verkanten.)

☞ Aufgrund des harten Werkstoffes (gegenüber Gummi) der Gelenkschutzhülle und der dadurch erforderlichen

Edelstahl-Klemmschelle, kann diese nur mit Spannzange (2) gespannt werden.
Das Anziehdrehmoment beträgt 25 Nm. Achten Sie darauf, dass das Gewinde der Spindel der Zange leichtgängig ist, ggf. mit MOS 2-Schmierfett schmieren. Bei Schwergängigkeit z. B. Verschmutzung des Gewindes, wird die erforderliche Spannkraft der Klemmschelle bei dem vorgegebenen Anziehdrehmoment nicht erreicht.

Kardanwelle ausbauen (Allrad)
An der Kardanwelle werden seitens VW keine Instandsetzungsarbeiten durchgeführt.

Die Arbeiten an der Kardanwelle möglichst auf einer Zweisäulen-Hebebühne durchführen. Vor dem Ausbau Position aller Teile zueinander kennzeichnen. Der Wiedereinbau sollte in der gleichen Stellung erfolgen, da sonst die Unwucht zu groß wird, es könnten Schäden an der Lagerung und Brummgeräusche auftreten. Kardanwelle nicht knicken, nur gestreckt lagern und transportieren. Die Kardanwelle beim Ausbauen nicht »herunterhängen« lassen, sondern immer abstützen. Sie muss immer waagerecht vom Gelenkflansch abgezogen oder aufgesteckt werden.

- Geräuschdämpfung ausbauen.
- Schrauben der Pendelstütze herausdrehen.
- Motor und Getriebe nach vorn drücken und die Lage mit einem geeigneten Holzstück fixieren.
- Vorderen Teil der Abgasanlage mit Motor- und Getriebeheber (V.A.G 1383 A) abfangen.
- Trennen Sie die Abgasanlage an der Klemmhülse und bauen Sie den hinteren Teil der Abgasanlage aus.
- Tunnelstrebe ausbauen.
- Schrauben des Zwischenlagers 2 Umdrehungen lösen.
- Kardanwelle vorn und hinten lösen, noch nicht abschrauben.
- Zum Lösen und Festziehen der Kardanwelle am Achsantrieb hinten gegenhalten.
- Sind keine Markierungen vorhanden, Position der Kardanwelle zum Flansch am Achsantrieb kennzeichnen, damit es später nicht durch Unwucht zu Geräuschen kommt.

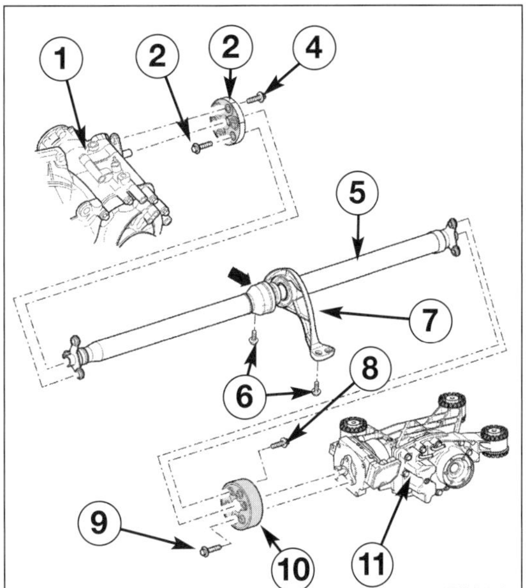

Bild 34

Bild 34
1 Getriebe mit Winkelgetriebe
2 Bundschraube
3 Gelenkscheibe vorn
4 Bundschraube
5 Kardanwelle
6 Schraube
7 Zwischenlager
8 Schraube
9 Schraube
10 Gelenkscheibe mit Schwingungstilger
11 Achsantrieb hinten

- Auch die Position der Kardanwelle zum Flansch am Winkelgetriebe kennzeichnen.
- Kardanwelle vom Achsantrieb hinten abschrauben und auf dem Motor- und Getriebeheber (V.A.G 1383 A) ablegen.
- Beim Abziehen und Aufstecken der Kardanwelle immer darauf achten, dass die Buchse (Pfeil) nicht beschädigt wird.

Für den weiteren Ausbau der Kardanwelle wird ein zweiter Mechaniker benötigt.

- Kardanwelle vom Winkelgetriebe abschrauben.

Damit die Schutzmanschette im Mittellager nicht beschädigt wird, Kardanwelle möglichst in der gestreckten Länge aus- und einbauen, beziehungsweise lagern.

- Zwischenlager abschrauben und Kardanwelle möglichst in ihrer gestreckten Länge nach hinten herausnehmen.

Der Einbau erfolgt in umgekehrter Reihenfolge, dabei ist Folgendes zu beachten:

- Alle zueinander gekennzeichneten Teile in der ursprünglichen Position einbauen.
- Kardanwelle festziehen.
- Pendelstütze mit »neuen« Schrauben festziehen.
- Abgasanlage einbauen.
- Geräuschdämpfung einbauen.
- Tunnelstrebe einbauen.

Bild 35
Demontage der Lagerachse.
1 Lagerbolzen Kupplungspedal
2 Arretierungen
3 Schraubendreher

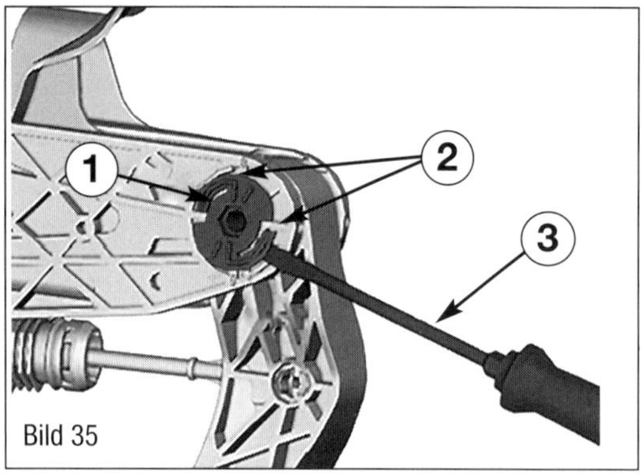

Bild 35

Bild 36
Pedalwerk Kupplung.
1 Geberzylinder
2 Lagerbuchse
3 Klammer
4 Dichtung
5 Kupplungspositionsgeber
6 Tragbolzen
7 Anschlagpuffer
8 Mutter
9 Lagerschale
10 Lagerbock
11 Rückzugfeder
12 Tragbolzen
13 Übertotpunktfeder
14 Lagerbuchse
15 Gleithülse
16 Tragbolzen
17 Kupplungspedal
18 Pedalgummi
19 Lagerbuchse
20 Zugfeder
21 Dämpfungselement

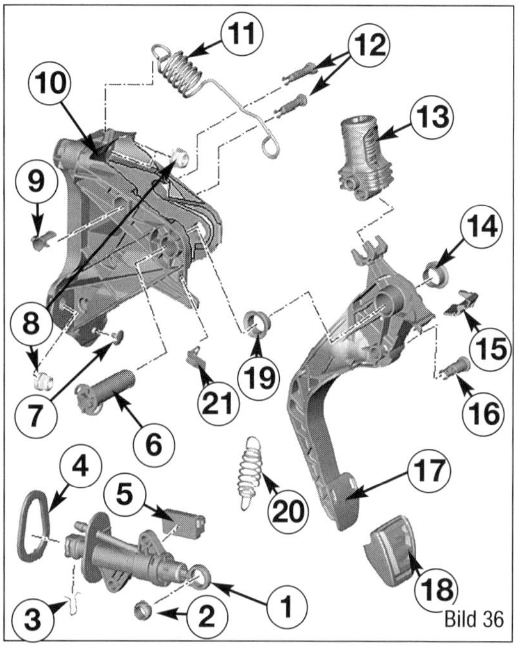

Bild 36

Bild 37
Kupplungshydraulik.
1 Schraube
2 Entlüftungsventil
3 Staubkappe
4 Nachlaufschlauch
5 Bremsflüssigkeitsbehälter
6 Dichtringe
7 Geberzylinder
8 Klammer
9 O-Ring
10 Halter
11 Rohr-Schlauchleitung
12 O-Ring
13 Klammer
14 Nehmerzylinder

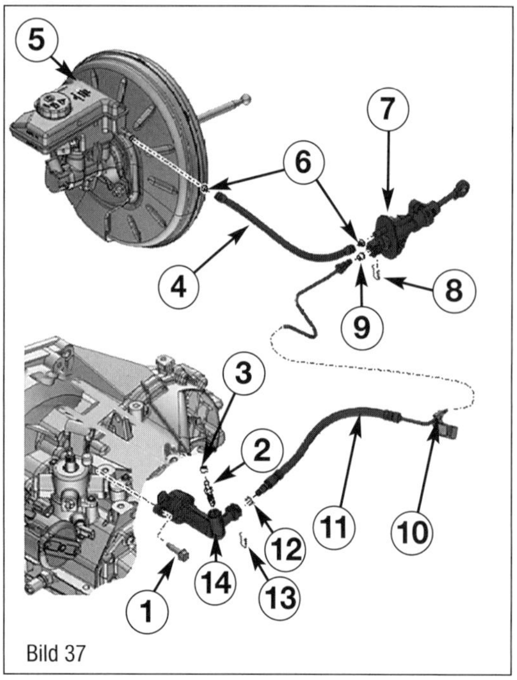

Bild 37

Arbeiten an der Kupplungshydraulik

Kupplungspedal ausbauen

■ Fahrersitz in die hinterste Stellung fahren.
■ Lenkrad so weit wie möglich nach oben stellen, hierzu den vollen Verstellbereich der Lenksäulenverstellung nutzen.
■ Wenn im Bereich Lagerbock eingebaut: Halter mit Steuergerät für Einparkhilfe ausbauen und zur Seite drücken.

Rechtslenker mit Climatronic:
■ Stellmotor der Temperaturklappe rechts ausbauen.

Fortsetzung für alle:
■ Rückzugfeder (11 im Bild 36) ausbauen.
■ Die Lagerachse (6) für das Kupplungspedal muss bis Anschlag nach links gedreht werden.
Die Arretierungen (2 im Bild 35) werden dabei normalerweise zerstört.
■ Das Kupplungspedal etwas bewegen, damit die Lagerachse (1) herausgezogen werden kann.

Der Einbau erfolgt sinngemäß in umgekehrter Reihenfolge.
■ Lagerachse nach Demontage ersetzen.
■ Kupplungspedal etwas andrücken und neue Lagerachse bis Anschlag durchschieben.
■ Die Lagerachse bis Anschlag nach rechts drehen. Die Arretierungen (A) müssen hörbar einrasten.
■ Rückzugfeder einbauen.

Geberzylinder ausbauen

Beim Octavia unterscheidet sich die Vorgehensweise für das 5-Gang- und das 6-Ganggetriebe kaum. Wir stellen Ihnen exemplarisch die Vorgehensweise für das 6-Ganggetriebe vor.

Aufgrund einer technischen Änderung während der Produktion des Octavia III konnten nicht die einzelnen Teile des Fußhebelwerks, sondern nur der komplette Lagerbock mit Kupplungspedal bestellt werden. Deshalb ist vor dem Reparaturbeginn die Verfügbarkeit der Ersatzteile zu prüfen.
■ Prüfen Sie zuerst, ob ein codiertes Radio

eingebaut ist. In diesem Fall erfragen Sie bitte die Anti-Diebstahl-Codierung.

- Masseband der Batterie abklemmen.
- Fahrersitz möglichst weit nach hinten stellen.
- Lenkrad so weit wie möglich nach oben stellen.

Achtung: Bei Arbeiten im Fußraum die Abdeckung für Unterboden mit einem Lappen vor auslaufender Bremsflüssigkeit schützen. Darauf achten, dass keine Bremsflüssigkeit auf die Längsträger oder auf das Getriebe gelangt. Falls doch, ist diese Stelle gründlich zu reinigen.

- Bauen Sie das komplette Luftfiltergehäuse aus, wenn es sich im Bereich der Batterie befindet.
- Batterie und Batterieträger ausbauen.
- Klemmen Sie den Nachlaufschlauch zum Geberzylinder (4 im Bild 37) mit Schlauchklemme (VAG 3094) ab.
- Zusätzlich können Sie ihn mit dem Verschlusswerkzeug (VAG T10249/1) verschließen.
- Klammer (8) mit einem Schraubendreher entsichern und Rohr-Schlauchleitung (11) abziehen.
- Nachlaufschlauch (4) vom Geberzylinder abziehen und mit Verschlusswerkzeug »T10249/1« verschließen.

Tipp: Nach Abnehmen der Schlauchklemme (VAG 3094) den Nachlaufschlauch in ursprüngliche Form bringen.

- Crashstrebe (1 im Bild 38) ausbauen.
- Steckverbindung am Kupplungspositionsgeber (5) trennen.
- Muttern (8 im Bild 36) herausdrehen und Lagerbock für Kupplungspedal (10) abnehmen.

Der Einbau erfolgt sinngemäß in umgekehrter Reihenfolge.

Nehmerzylinder ausbauen

Achtung: Ist der Nehmerzylinder mit Rohr-Schlauchleitung vom Getriebe ausgebaut, Kupplungspedal nicht mehr treten. Andernfalls wird der Kolben aus dem Nehmerzylinder herausgedrückt und somit zerstört.

Bei nachfolgenden Arbeiten darauf achten, dass keine Bremsflüssigkeit auf das Getriebe gelangt.

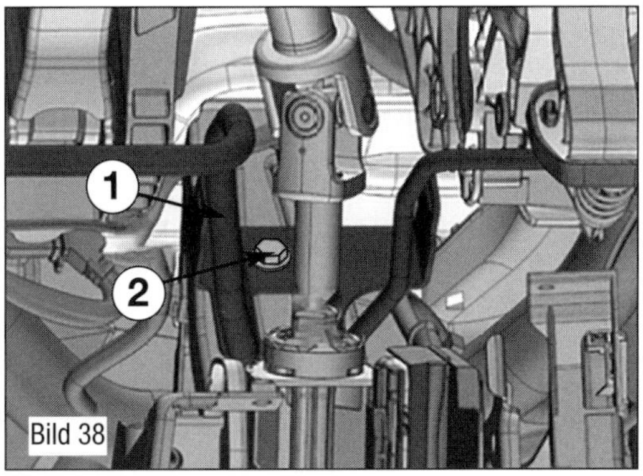

Bild 38
Crashstrebe vor der Lenksäule.
1 Crashstrebe
2 Schraube

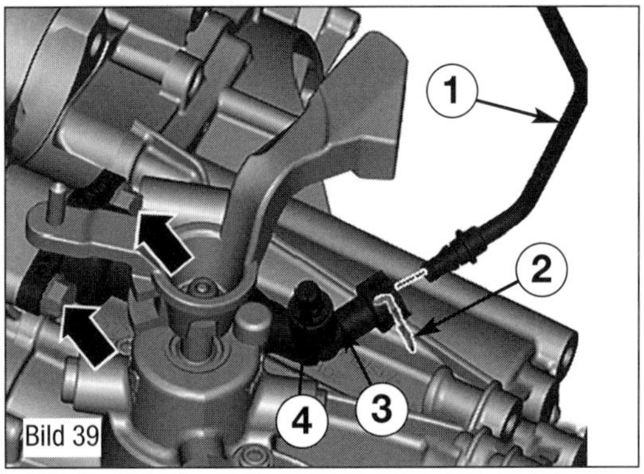

Bild 39
Kupplungsnehmerzylinder am Getriebe.
1 Rohr-Schlauchleitung
2 Clip
3 Kupplungsnehmerzylinder
4 Entlüftungsnippel
Pfeile = Schrauben

- Einen nicht fasernden Lappen unter den Nehmerzylinder legen.
- Klammer (2 im Bild 39) mit einem Schraubendreher entsichern und Rohr-Schlauchleitung (1) vom Anschluss/Nehmerzylinder abziehen.
- Öffnungen mit Stopfen aus dem Verschlussstopfenset »VAS 6122« verschließen.
- Schrauben (Pfeile) herausdrehen und Nehmerzylinder ausbauen.

Der Einbau erfolgt sinngemäß in umgekehrter Reihenfolge.

- Den Stößelkopf (Anlagestelle im Getriebe) des Nehmerzylinders mit Fett fetten.
- Dichtring vor dem Anschließen der Rohr-Schlauchleitung prüfen, bei Beschädigung ersetzen.
- Dichtring mit Bremsflüssigkeit benetzt einsetzen.
- Auf richtigen Sitz des Dichtringes in der Nut der Anschlussleitung achten.
- Nehmerzylinder (3) aufsetzen und Schrauben (Pfeile) festziehen.
- Die Rohr-Schlauchleitung (1) anschließen.
- Den hydraulischen Kreis der Kupplungsbetätigung entlüften.

Bild 40
Kupplung in der Montageübersicht.
1 Zweimassenschwungrad
2 Schraube
3 Kupplungsscheibe
4 Druckplatte
5 Schraube

Bild 41
Sicherung der Verstellung.
1 Anschlag
2 Bolzen

Kupplungshydraulik entlüften

■ Bauen Sie das komplette Luftfiltergehäuse aus, wenn der Entlüfter nicht zugänglich ist.
■ Bremsflüssigkeitsbehälter bis zur »Max«-Markierung auffüllen. Markieren Sie sich den Stand auf dem Vorratsbehälter um den Flüssigkeitsstand entsprechend dem Verschleißzustand der Bremsbeläge einzustellen.
■ Abdeckkappe vom Entlüftungsventil (4) abnehmen.
■ Kupplungspedal in Ruhestellung ziehen.
■ Schließen Sie das Bremsenfüll- und Entlüftungsgerät (VAS 5234) oder (V.A.G 1869) oder ein anderes Gerät mit den von VW geforderten Eigenschaften an.
■ Den Entlüfterschlauch dann mit der Auffangflasche des Bremsenentlüftungsgerätes verbinden.
■ Entlüfterschlauch auf den Entlüfteranschluss stecken.
■ Beaufschlagen Sie das System mit einem Druck von 2 bar und öffnen Sie das Entlüftungsventil ca.1/4 Umdrehung.
■ Bewegen Sie das Kupplungspedal 10- bis 15-mal sehr schnell von Hand von Anschlag zu Anschlag.
■ Schließen Sie das Entlüftungsventil und schalten Sie das Entlüftungsgerät aus.

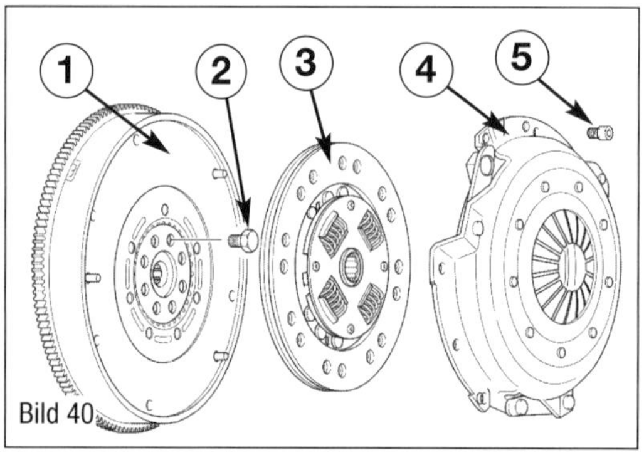

Bild 40

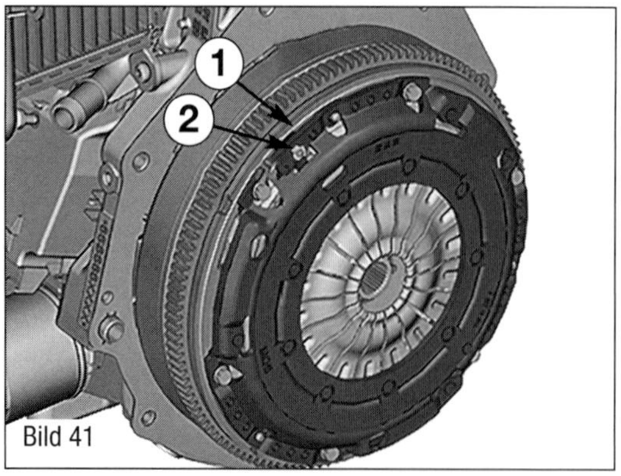

Bild 41

■ Nach Beendigung des Entlüftungsvorganges, wenn der Druck von 2 bar abgebaut ist, das Kupplungspedal bitte noch 10-mal mit dem Fuß betätigen.
■ Falls ausgebaut, bauen Sie das komplette Luftfiltergehäuse ein.

Kupplung ausbauen

Für den Octavia werden zwei Kupplungssysteme zum Einsatz gebracht. Sie unterscheiden sich im Wesentlichen durch den Hersteller. Die beiden Systeme von LUK und SACHS unterscheiden sich aber in den Montagearbeiten nur unwesentlich voneinander.

■ Bauen Sie wie bereits beschrieben das Getriebe aus.
■ Setzen Sie den Gegenhalter (VAG 3067) oder ein anderes geeignetes Werkzeug zum Lösen der Schrauben ein.
■ Schrauben in kleinen Stufen über Kreuz lösen. Beim Losschrauben muss sich der Anschlag (1) mit dem Bolzen (2) lockern (Bild 41). Lockert sich der Anschlag nicht: Drücken Sie den Bolzen in Richtung Zweimassenschwungrad.
■ Nehmen Sie die Druckplatte und die Kupplungsscheibe ab.

Der Einbau erfolgt sinngemäß in umgekehrter Reihenfolge.
■ Achten Sie auf die Zentrierung der Kupplungsscheibe auf dem Zweimassenrad.
■ Prüfen Sie, ob Passhülsen zur Zentrierung Motor/Getriebe im Zylinderblock vorhanden sind, ggf. einsetzen. Bei nicht vorhandenen Passhülsen treten Schaltschwierigkeiten, Kupplungsprobleme und ggf. Geräusche vom Getriebe (Losräderrasseln) auf.
■ Beachten Sie die Einbaulage Kupplungsscheibe. Die Beschriftung »Getriebeseite« und der hervorstehende Federkäfig zeigen zum Getriebe.
■ Verzahnung der Antriebswelle und bei gebrauchten Kupplungsscheiben auch die Verzahnung der Nabe reinigen.
■ Korrosion entfernen und nur eine hauchdünne Schicht des Schmierfettes für Kerbverzahnung auf die Verzahnung der Antriebswelle auftragen.
■ Die Enden der Membranfeder prüfen. Die Abnutzung bis zur halben Dicke der Membranfeder ist zulässig.

11 Fahrwerk

Arbeiten am Fahrwerk

Bei der Instandsetzung von tragenden und radführenden Bauteilen zum Beispiel an Unfall-Fahrzeugen können Schäden am Fahrwerk unentdeckt bleiben. Diese unentdeckten Schäden führen unter Umständen im späteren Fahrbetrieb zu schweren Folgeschäden. Bei Unfall-Fahrzeugen müssen deshalb die im Folgenden aufgeführten Bauteile auf jeden Fall in der beschriebenen Weise und Reihenfolge kontrolliert werden. Wichtig ist immer auch eine Vermessung des Fahrwerks. Werden dabei keine Abweichungen von den Sollwerten festgestellt, liegen auch keine Verformungen am Fahrwerk vor.

Sicht und Funktionsprüfung für das Lenksystem

- Sichtprüfung auf Verformung und Risse.
- Spielprüfung der Spurstangengelenke und des Lenkgetriebes.
- Sichtprüfung auf defekte Falten- und Fettbälge.
- Elektrische und hydraulische Leitungen, Schläuche auf Scheuer-, Schnitt- und Knickstellen untersuchen.
- Hydraulische Leitungen, Verschraubungen und Lenkgetriebe auf Dichtheit kontrollieren.
- Lenkgetriebe und Leitungen auf festen Sitz überprüfen.
- Einwandfreie Funktion über den gesamten Lenkeinschlag prüfen, indem die Lenkung von Anschlag zu Anschlag betätigt wird. Dabei muss das Lenkrad mit gleichbleibender Betätigungskraft, ohne zu haken, drehbar sein.

Sicht- und Funktionsprüfung für das Fahrwerk

- Alle in den Montageübersichten dargestellten Bauteile auf Verformung, Risse und sonstige Beschädigungen überprüfen.
- Beschädigte Teile ersetzen.
- Fahrzeug auf einem von der Skoda freigegebenen Achsmessstand vermessen lassen.
- Räder und Reifen auf Rundlauf und Unwucht untersuchen.
- Reifen auf Einschnitte und Stoßverletzungen im Profil und an den Flanken überprüfen.
- Bereifung auf Fülldruck (Angaben in der Tankklappe), Zustand, Reifenlaufbild und Profiltiefe prüfen.
- Bei Beschädigungen am Scheibenrad und/oder am Reifen, ist der Reifen zu ersetzen. Dies gilt auch, wenn ein Unfallhergang und Schäden am Fahrzeug auf eine mögliche, wenngleich nicht sichtbare Beschädigung schließen lassen.
- Reifen sollten nicht älter als 6 Jahre sein.

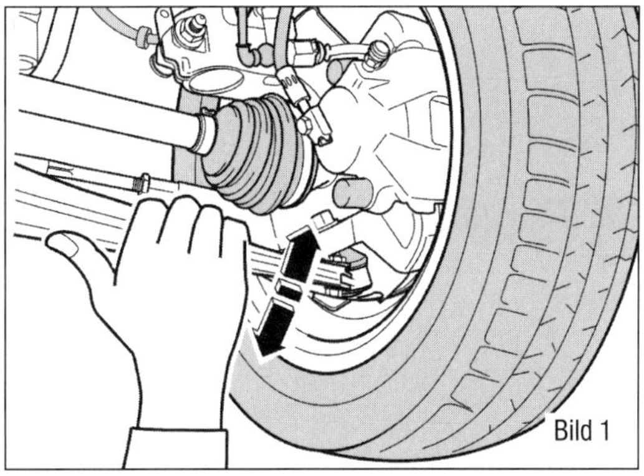

Bild 1
Axialspiel prüfen.

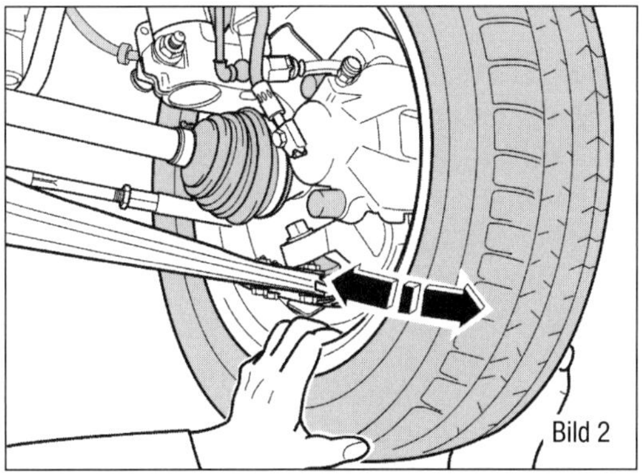

Bild 2
Radialspiel prüfen.

Elektronische Fahrzeugsysteme

Sicherheitsrelevante Systeme, wie zum Beispiel ABS/EDS, Airbag, elektronisch geregelte Fahrwerksysteme, elektromechanische Lenk- und sonstige Fahrerassistenzsysteme müssen mit einem Fahrzeugdiagnose-, Mess- und Informationssystem (VAS 505x, VCDS) auf eventuell gespeicherte Fehlermeldungen abgefragt werden. Wurden in den Fehlerspeichern der genannten Systeme Fehler gespeichert, sind diese entsprechend den Vorgaben von Škoda (Reparaturleitfäden »Erwin«, elektronisches Service-Informationssystem ELSA) instand zu setzen. Nach erfolgter Reparatur sind die jeweils betroffenen Systeme nochmals auf Fehlerspeichereinträge zu

Bild 3
Abstandsmaß für die Standhöhe.
Basis-Fahrwerk 390 mm ± 10 mm
Sport-Fahrwerk 375 mm ± 10 mm
Schlechtwege-Fahrwerk 405 mm ± 10 mm
T10149 Aufnahme für die Radnabe im Getriebeheber

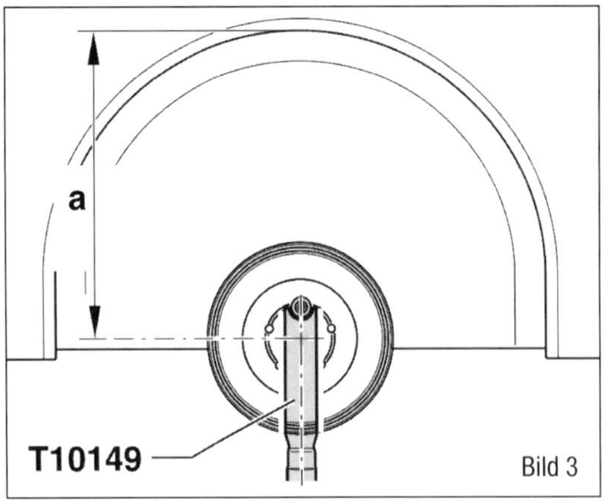

Bild 3

prüfen, um sicher zu sein, dass die Funktion wieder gewährleistet ist.
Die Regelsysteme DCC und ESP/ABS
Die »Adaptive Fahrwerksregelung DCC« passt die Dämpfung an die Fahrbahnbedingungen an und bietet so immer den optimalen Fahrkomfort. Über den Taster für DCC in der Mittelkonsole können die Regelprogramme »Normal«, »Sport« und »Comfort« gewählt und im Schalttafeleinsatz angezeigt werden.
Je nach Fahrsituation wird die Dämpfung automatisch angepasst, um Nicken und Wanken des Fahrzeugs zu unterdrücken. Im Regelprogramm »Sport« wird außerdem die Lenkung sportlicher eingestellt. Zu den Komponenten von DCC gehören vier kennfeldregelbare Dämpfer ein Gateway-Steuergerät als Schnittstelle zu den CAN-Datenbussystemen, das Steuergerät für elektrisch geregelte Dämpfung, drei Sensoren zur Messung der Radwege und drei Sensoren zur Messung der Aufbaubewegungen. Die Neuerung beim ESP-Aggregat der Produktfamilie MK 60 EC ist, dass der bisherige »Sensorcluster« entfällt, der den Gierratensensor sowie den Längs- und Querbeschleunigungssensor enthielt. Diese Sensoren sind nun auf der Platine im Steuergerät für ABS/ESP integriert.

Hinweise und Vorschriften
I Schweiß- und Richtarbeiten an tragenden und radführenden Bauteilen der Radaufhängung sind nicht zulässig.
■ Selbstsichernde Muttern sowie korrodierte Schrauben und Muttern müssen immer ersetzt werden.
■ Gummimetalllager haben einen begrenzten Verdrehbereich. Ziehen Sie deshalb die Schraubverbindungen an den Bauteilen mit Gummimetalllagern erst dann fest, wenn das Radlagergehäuse angehoben ist (siehe »Radlagerung in Leergewichtslage heben«).

Prüfungen an der Achslagerung

Achsgelenke und Achslager: Sichtprüfung
■ Bitte prüfen Sie die Dichtungsbälge der Achsgelenke auf Undichtigkeiten und Beschädigungen.
■ Weiterhin prüfen Sie die Achslager: Es darf kein Spiel vorhanden sein, das vulkanisierte Gummilager darf keine Risse und poröse Stellen aufweisen.

Achsgelenk prüfen
Es darf bei beiden Prüfungen kein fühl- oder sichtbares »Spiel« vorhanden sein. Während der Prüfungen Achsgelenk beobachten. Eventuell vorhandenes Radlagerspiel oder »Spiel« im Federbeinlager oben berücksichtigen. Gummibalg auf Beschädigung prüfen, ggf. Achsgelenk ersetzen.

Axialspiel prüfen
■ Achslenker kräftig in Pfeilrichtung (Bild 1) nach unten ziehen und wieder hochdrücken.

Radialspiel prüfen
■ Rad unten kräftig in (Pfeilrichtung) nach innen und außen drücken (Bild 2).

Radlagerung in Leergewichtslage heben
Alle Schrauben an Fahrwerksteilen mit Gummimetalllagern müssen grundsätzlich in Leergewichtslage (unbeladener Zustand) festgezogen werden. Gummimetalllager haben einen begrenzten Verdrehbereich. Achsbauteile mit Gummimetalllagern müssen deshalb vor dem Festziehen in eine Position gebracht werden, die der Position im Fahrbetrieb entspricht (Leergewichtslage). Anderenfalls wird das Gummimetalllager verspannt, eine geringere Lebensdauer wäre dann die Folge. Durch Anheben der entsprechenden Radaufhängung mit dem Motor- und Getriebeheber (V.A.G 1383 A) und der Aufnahme entsprechenden Radaufhängung mit dem Motor- und Getriebeheber (V.A.G 1383 A) und der Aufnahme »T10149«, kann diese Position auf der

Hebebühne simuliert werden. Bevor die entsprechende Radaufhängung angehoben wird, muss das Fahrzeug auf beiden Fahrzeugseiten an den Tragarmen der Hebebühne mit den Spanngurten (T10038) verzurrt werden.

Wird das Fahrzeug nicht verzurrt, besteht die Gefahr, dass das Fahrzeug von der Hebebühne abrutschen kann!

- Radnabe so weit drehen, bis eine der Bohrungen für Radschrauben oben steht.
- Aufnahme (T10149) mit Radschraube an die Radnabe anbauen.
- Das Festziehen der betroffenen Schrauben/Muttern darf nur dann erfolgen, wenn das Maß (a) zwischen der Radnabenmitte und der Unterkante Radhaus erreicht ist.

Das Maß (a) ist abhängig von der Standhöhe des eingebauten Fahrwerks. Natürlich kann die Standhöhe durch Ausmessen des eingefederten Fahrwerks ermittelt werden. Auf dem Fahrzeugdatenträger ist vermerkt, welches Fahrwerk im Fahrzeug eingebaut ist. Das Fahrwerk wird durch eine PR-Nummer dargestellt. Anhand der PR-Nummer und der Erstzulassung oder der Fahrgestellnummer können Sie die werkseitige Höhenlage auch bei Ihrem Škoda-Händler abfragen.

- Radlagergehäuse mit Motor- und Getriebeheber (V.A.G 1383 A) so weit anheben, bis Maß (a) in Bild 3 erreicht ist.

Fahrzeug nicht anheben oder ablassen, wenn der Motor/Getriebeheber unter dem Fahrzeug steht. Motor -und Getriebeheber (V.A.G 1383 A) nicht länger als erforderlich unter dem Fahrzeug stehen lassen.

- Betroffene Schrauben/Muttern festziehen.
- Radlagergehäuse ablassen.
- Motor- und Getriebeheber (V.A.G 1383 A) unter dem Fahrzeug wegziehen.
- Aufnahme (T10149) abbauen.

Achsgelenk aus- und einbauen

- Schraube für Gelenkwelle an Radnabe lösen.
- Das entsprechende Rad abbauen.

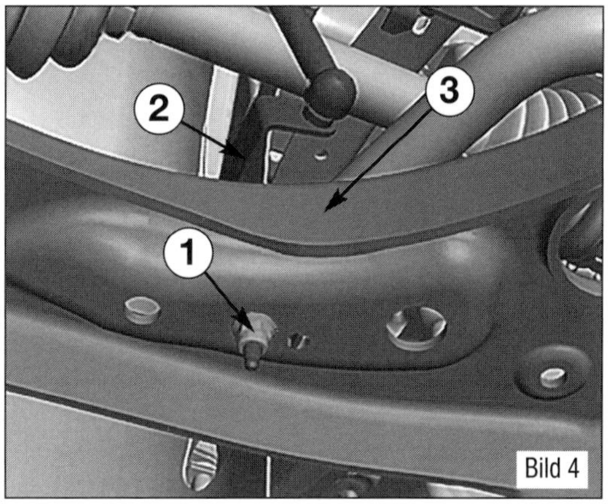

Bild 4
Halter für Fahrzeugniveaugeber am Achslenker.
1 Mutter
2 Halter
3 Achslenker

Fahrzeuge mit Geber für Fahrzeugniveau:

- Mutter am Achslenker für den Halter des Gebers für Fahrzeugniveau auf der entsprechenden Seite herausdrehen.
- Halter (2 im Bild 4) vom Geber für Fahrzeugniveau vorn links oder rechts aus dem Achslenker (3) herausziehen.

Weiter für alle Fahrzeuge:

- Muttern (Pfeile im Bild 5) abschrauben.
- Gelenkwelle etwas aus der Radnabe ziehen.
- Achsgelenk (3 im Bild 6) aus dem Achslenker (5) herausziehen und dabei Radlagergehäuse (1) nach außen schwenken.
- Achslenker (5) so weit wie erforderlich nach unten beugen.
- Kugelgelenkabzieher (3287 A) oder anderen geeigneten Gelenkbolzenabzieher ansetzen und Achsgelenk ausdrücken.

Motor- und Getriebeheber »V.A.G 1383 A« oder Ähnliches unterstellen (Unfallgefahr durch herabfallende Teile beim Ausdrücken des Achsgelenkes). Die Mutter zum Schutz des Gewindes einige Gewindegänge auf dem Achsgelenk belassen.

Die Montage erfolgt sinngemäß in umgekehrter Reihenfolge.

- Gelenkwelle aus der Radnabe ziehen.
- Achsgelenk (3) in Radlagergehäuse (1) einsetzen. Beachten Sie, dass Sie den richtigen Bolzen zu montieren.

Einbaulage entsprechend der Kennzeichnung am Achsgelenk »R« für die rechte, »L« für die linke Montageseite.

- Neue selbstsichernde Mutter aufschrauben, dabei mit Innentorx »T40« gegenhalten.

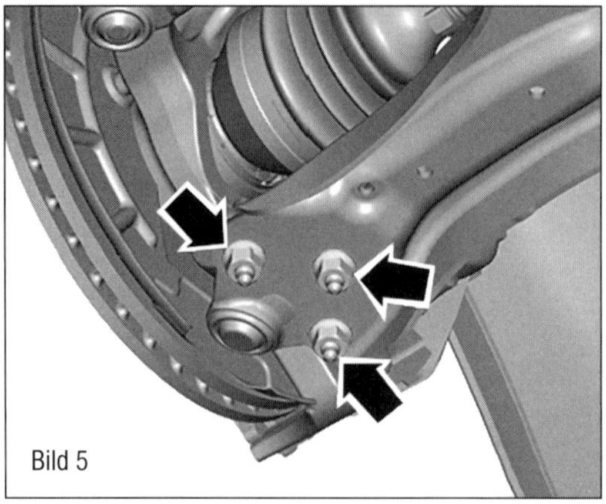
Bild 5

Bild 5
Pfeile = Muttern

■ Gelenkwelle in Radnabe einsetzen.
■ Die Muttern (4) festziehen.

⚠ Auf beschädigungsfreien und nicht verdrillten Dichtbalg achten.

■ Rad anbauen und festziehen.
■ Schraube für Gelenkwelle an Radnabe anziehen. Dabei darf das Fahrzeug nicht auf den Rädern stehen, da sonst die Radlager beschädigt werden.

Radlagereinheit aus- und einbauen

■ Schraube (4 im Bild 7) für die Gelenkwelle an der Radnabe lösen.
■ Das entsprechende Rad abbauen.
■ Den Bremssattel mit Bremsträger abbauen und mit Draht am Aufbau aufhängen.
■ Den ABS-Drehzahlfühler ausbauen.
■ Die Bremsscheibe abbauen.
■ Muttern des Achsgelenks (4 im Bild 6) auf der entsprechenden Fahrzeugseite abschrauben.
■ Achslenker (5) aus dem Achsgelenk (3) herausziehen.
■ Gelenkwelle (7 im Bild 7) aus der Radnabe (5) herausziehen.
■ Schrauben (6) herausdrehen.
■ Radlagereinheit aus dem Radlagergehäuse herausnehmen.

Der Einbau erfolgt sinngemäß in umgekehrter Reihenfolge.

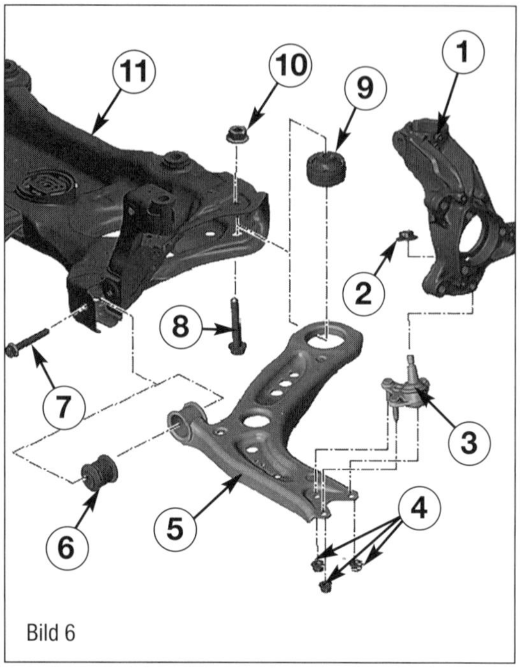

Bild 6

Bild 6
Halter für Fahrzeugniveaugeber am Achslenker.
1 Radlagergehäuse
2 Mutter
3 Achsgelenk
4 Mutter
5 Achslenker
6 Gummimetalllager vorn
7 Schraube
8 Schraube
9 Gummimetalllager hinten
10 Mutter
11 Aggregateträger

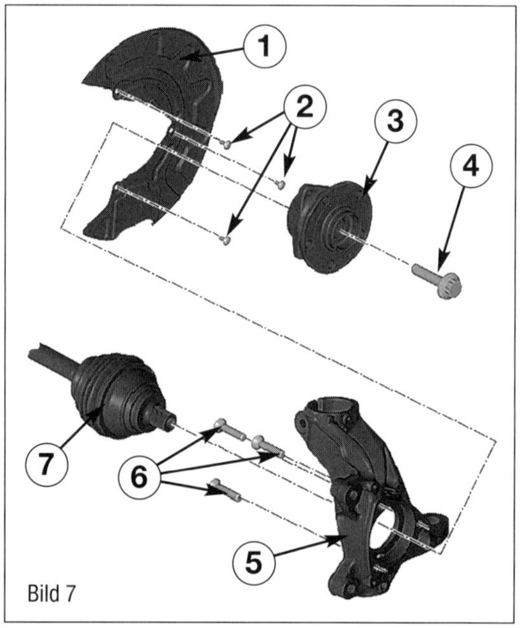

Bild 7

Bild 7
Halter für Fahrzeugniveaugeber am Achslenker.
1 Schutzblech
2 Schraube
3 Radnabe mit Radlager
4 Schraube
5 Radlagergehäuse
6 Schraube
7 Gelenkwelle

Federbein vorne aus- und einbauen

Bei loser radseitiger Gelenkwellenverschraubung dürfen die Radlager nicht belastet werden. Werden die Radlager durch das Eigengewicht des Fahrzeugs belastet, wird das Radlager vorgeschädigt. Die Radlagerlebensdauer ist dadurch geringer. Die Schraube für Gelenkwelle darf maximal 90° gelöst werden, wenn das Fahrzeug auf den Rädern steht. Fahrzeuge ohne

Gelenkwelle dürfen nicht bewegt werden, da sonst das Radlager beschädigt wird. Soll ein Fahrzeug trotzdem bewegt werden, bitte anstatt der Gelenkwelle ein Außengelenk einbauen und mit 100 Nm festziehen.
- Schraube für Gelenkwelle an Radnabe lösen.
- Koppelstange am Federbein lösen.

Fahrzeuge mit Geber für Fahrzeugniveau:
- Mutter am Achslenker für den Halter des Gebers für Fahrzeugniveau auf der entsprechenden Seite herausdrehen.
- Halter (2 im Bild 4) vom Geber für Fahrzeugniveau vorn links oder rechts aus dem Achslenker (3) herausziehen.

Weiter für alle Fahrzeuge:
- Muttern (4 im Bild 6) herausschrauben.
- Radlagergehäuse (1) mit Achsgelenk aus dem Achslenker (5) herausziehen.
- Außengelenk der Gelenkwelle aus der Radnabe ziehen.
- Gelenkwelle mit Bindedraht am Aufbau befestigen.

Die Gelenkwelle darf nicht herunterhängen, das Innengelenk wird sonst durch Überbeugen beschädigt.

- Achsgelenk wieder mit Achslenker verschrauben.
- Motor- und Getriebeheber (V.A.G 1383 A) mit Aufnahme (T10149) an der Radnabe mit einer Radschraube befestigen.
- Schraubverbindung Radlagergehäuse/Federbein trennen.
- Spreizer (Bild 9) in den Schlitz des Radlagergehäuses einsetzen.
- Knarre um 90° drehen und von Spreizer (3424) abziehen.
- Drücken Sie mit der Hand auf die Bremsscheibe in Richtung Federbein. Sonst kann sich das Dämpferrohr in der Bohrung des Radlagergehäuses verkanten.
- Radlagergehäuse nach unten vom Dämpferrohr abziehen und mit Motor- und Getriebeheber (V.A.G 1383 A) so weit absenken, bis das Dämpferrohr frei hängt.
- Binden Sie das Radlagergehäuse mit Bindedraht am Aggregateträger fest.
- Motor- und Getriebeheber (V.A.G 1383 A) unter dem Radlagergehäuse wegnehmen.

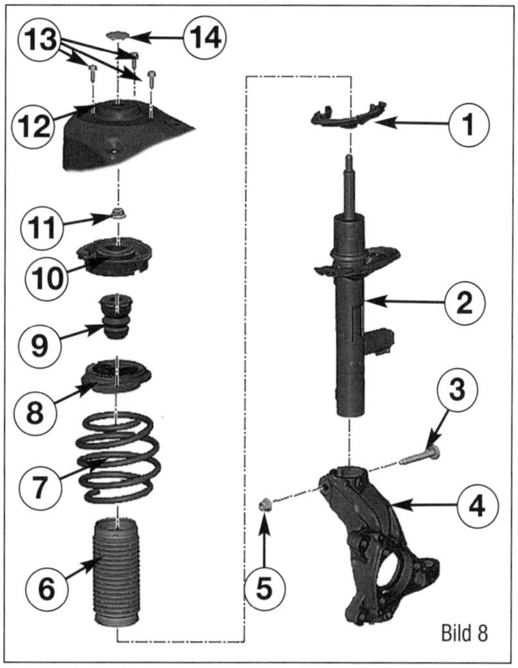

Bild 8

Bild 8
Federbein für adaptive Fahrwerksregelung DCC.
1 Federauflage
2 Stoßdämpfer
3 Schraube
4 Radlagergehäuse
5 Mutter
6 Manschette
7 Schraubenfeder
8 Axialrillenkugellager
9 Anschlagpuffer
10 Federbeinlager
11 Mutter
12 Federbeindom
13 Schraube
14 Abdeckkappe

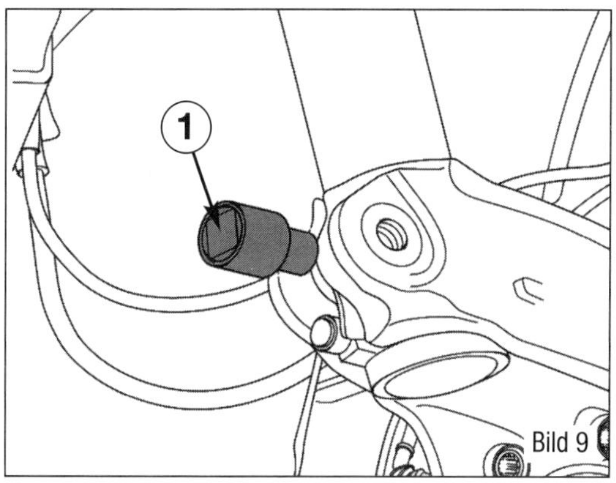

Bild 9

Bild 9
1 Spreizer VAG 3424 für die Stoßdämpferaufnahme.

Nur bei Ausbau linkes Federbein:
- Wischerarme ausbauen.

Fortsetzung für beide Seiten:
- Wasserkastenabdeckung ausbauen.
- Sechskantschrauben für die obere Dämpferbefestigung abschrauben und Federbein herausnehmen.

Die Montage erfolgt sinngemäß in umgekehrter Reihenfolge.

Schraubenfeder vorne ausbauen

- Federbein wie beschrieben ausbauen.
- Den Spannbock für Federbeine »VAG 1752/20« (4) in einen Schraubstock einspannen.

Bild 10
1 Drehmomentschlüssel
2 Steckeinsatz (T10001/8)
3 Federspanngerät (V.A.G 1752/1)
4 Spannbock für Federbeine (V.A.G 1752/20)
5 Federhalter (V.A.G 1752/4)
6 Steckeinsatz (T10001/5)
7 Knarre (T10001/11)

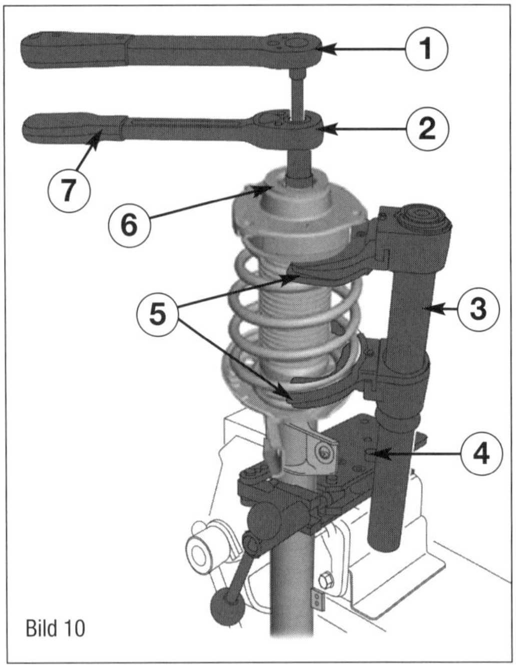

Bild 10

Bild 11
Richtige Einbauposition des Stoßdämpfers im Federteller vorne.
1 Federauflage
2 Dämpfer
3 Schraubenfeder

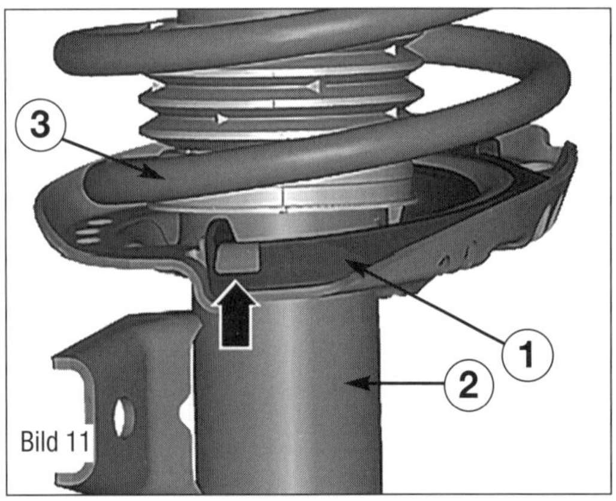

Bild 11

■ Federbein in den Spannbock für Federbeine (V.A.G 1752/20) (4) einspannen (Bild 10)
■ Schraubenfeder mit Federspanngerät (V.A.G 1752/1) (3) so weit vorspannen, bis das Axialrillenkugellager oben frei ist.

⚠ Zuerst die Feder so weit vorspannen, dass der obere Federteller entlastet ist!
■ Auf den richtigen Sitz der Schraubenfeder im Federhalter (V.A.G 1752/4) achten.
■ Sechskantmutter von Kolbenstange abschrauben.
■ Einzelteile des Federbeins und Schraubenfeder mit Federspanngerät (V.A.G 1752/1) abnehmen.

Die Montage erfolgt sinngemäß in umgekehrter Reihenfolge.
■ Schraubenfeder mit Federspanngerät (V.A.G 1752/1) auf Federunterlage unten aufsetzen. Das Ende der Federwindung muss am Anschlag (Pfeil im Bild 7) anliegen.
■ Neue Sechskantmutter an Kolbenstange festziehen.
■ Federspanngerät (V.A.G 1752/1) entspannen und von der Schraubenfeder abnehmen.
■ Achten Sie darauf, dass die Federauflage (1 im Bild 11) in den Dämpfern (2) einliegen und die Position der Feder (3) am Anschlag (Pfeil).

Radlager / Radnabeneinheit hinten aus- und einbauen

Auch hier finden sich im Octavia eigentlich alle gängigen Bauweisen des VW-Konzerns wieder.

Fahrzeuge mit Frontantrieb
Die Montagearbeiten unterscheiden sich für die Verbundlenkerachse (Bild 12) und die Mehrlenkerachse (Bild 13) kaum.

■ Das Fahrzeug anheben.
■ Das entsprechende Rad abschrauben.
■ Drücken Sie die Staubkappe (1) ab.
■ Bremsträger mit Bremssattel abbauen und mit Draht am Aufbau aufhängen.
■ Schraube (8) für Bremsscheibe (7) herausschrauben und Bremsscheibe abnehmen.
■ Schraube (2) mit Steckeinsatz (T10162) (2) abschrauben.

⚠ Zum Abschrauben der Schraube (1) mit dem Steckeinsatz (T10162-2) darf kein Schlagschrauber verwendet werden!
■ Radnaben/Radlagereinheit (3) vom Achszapfen abziehen.

⚠ Bei der Lagerung muss das Lager der Radnabe mit dem ABS-Sensorkranz immer nach oben zeigen. Kommt der Sensorkranz mit einem magnetischen Gegenstand in Berührung, werden die magnetischen Felder eventuell zerstört. Prüfen Sie die Felder grundsätzlich mit einer Prüfkarte (Bild 14)!

Der weitere Einbau erfolgt sinngemäß in umgekehrter Reihenfolge.
■ Schieben Sie die Radnaben/Radlager-

einheit vorsichtig auf den Achszapfen auf. Achten Sie bitte darauf, dass sich die Radnaben/Radlagereinheit nicht verkantet!

- Verwenden Sie eine neue Innenvielzahnschraube und ziehen diese fest.

Schraube zuerst mit dem Drehmomentschlüssel auf das angegebene Anzugsdrehmoment festziehen. Für das Aufbringen des Weiterdrehwinkels einen starren Schlüssel verwenden.

- Treiben Sie die Staubkappe mit Einziehhülse (3241/4) ein, Staubkappen immer ersetzen. Beschädigte Staubkappen ermöglichen den Eintritt von Feuchtigkeit. Deshalb unbedingt das abgebildete Werkzeug verwenden.
- Rad anbauen und festziehen.

Fahrzeuge mit Allradantrieb

- Bauen Sie die Schraubenfeder aus.
- Bauen Sie die Gelenkwelle aus.
- Bremsträger mit Bremssattel abbauen und mit Draht am Aufbau aufhängen.

Lassen Sie den Bremssattel nicht am Bremsschlauch hängen.

- Schraube für Bremsscheibe herausschrauben und Bremsscheibe abnehmen.
- Schrauben (2 im Bild 15) herausdrehen.
- Ziehen Sie die Radnaben/Radlagereinheit aus dem Radlagergehäuse heraus.

Der Einbau erfolgt sinngemäß in umgekehrter Reihenfolge.

- Schraube für Gelenkwelle an Radnabe festziehen. Dabei darf das Fahrzeug nicht

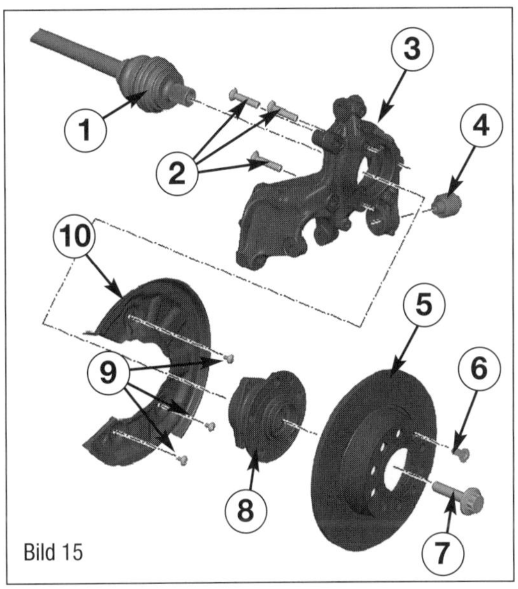

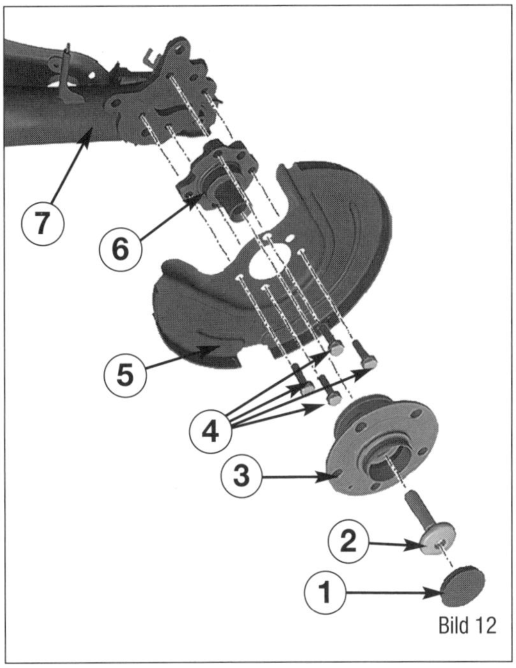

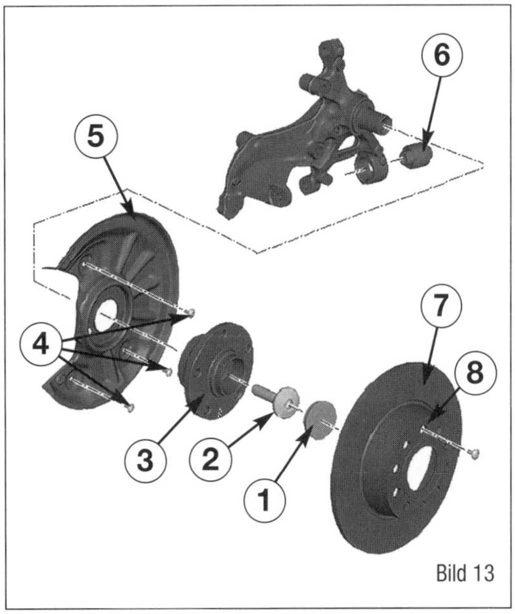

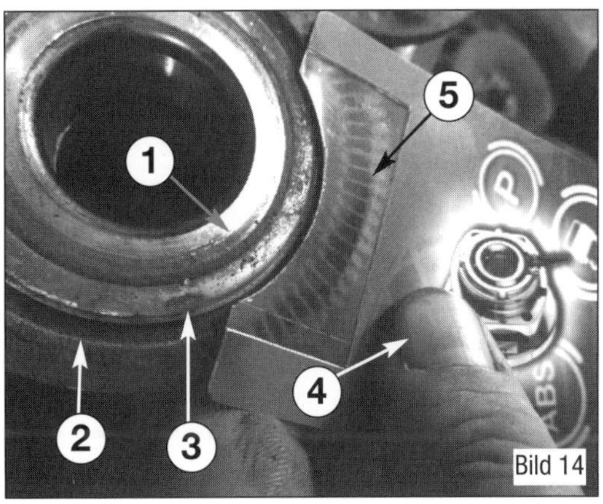

Bild 12
Montageübersicht an der Verbundlenkerachse.
1 Abdeckkappe
2 Schraube
3 Radnabe
4 Schraube
5 Schutzblech
6 Achszapfen
7 Achskörper

Bild 13
Montageübersicht an der Mehrlenkerachse beim frontgetriebenen Fahrzeug.
1 Abdeckkappe
2 Schraube
3 Radnabe
4 Schraube
5 Schutzblech
6 Gummimetalllager
7 Bremsscheibe
8 Schraube

Bild 14
Magnetfeldprüfkarte.
1 Radlagerinnenring
2 Sensorring (magnetisiert)
3 Lagerabdeckung
4 Prüfkarte
5 sichtbare Magnetfelder in gleichmäßigem Abstand auf der Prüfkarte

Bild 15
Montageübersicht an der Mehrlenkerachse beim allradgetriebenen Fahrzeug.
1 Gelenkwelle
2 Schrauben
3 Radlagergehäuse
4 Gummimetalllager
5 Bremsscheibe
6 Schraube
7 Schraube
8 Radlagereinheit
9 Schraube
10 Schutzblech

Sichtprüfung Messen

auf den Rädern stehen. Das Radlager kann bei gelöster Schraube durch das Eigengewicht des Fahrzeuges beschädigt werden.

Schraubenfeder hinten ausbauen

Kleine Unterschiede für die Montagearbeiten bestehen zwischen der Verbundlenkerachse und der Mehrlenkerachse. Die Montagearbeiten für Fahrzeuge mit Allrad oder Frontantrieb unterscheiden sich nicht.

- Rad abbauen.

Fahrzeuge mit Verbundlenkerachse:

- Bei Bedarf Nachschalldämpfer aushängen.
- Den Mittelteil des Klemmrings (5 im Bild 17) nach oben herausdrücken.

Fahrzeuge mit Mehrlenkerachse:

- Nasen der Montagehilfe unten (5 im Bild 18) nach innen drücken.
- Montagehilfe nach oben herausnehmen.

Weiter für alle Fahrzeuge:

- Setzen Sie den Federspanner (Bild 16) ein.

⚠ Achten Sie auf richtigen Sitz der Schraubenfeder im Federhalter (V.A.G 1752/3A) (Unfallgefahr).

- Verwenden Sie für das Zusammendrehen des Federspanngerätes einen Schlüssel oder eine Umschaltknarre.
- Spannen Sie die Schraubenfeder so weit, bis Sie diese herausnehmen können.
- Bauen Sie die Feder aus.

☞ Beachten Sie die Einbaulage! Der Federanfang muss am Anschlag der Federauflage unten anliegen.

- Bauen Sie die Feder zusammen mit der Federauflage ein. Die Federauflage unten hat einen Zapfen. Diesen Zapfen setzen Sie in die Bohrung des Querlenkers unten ein.
- Setzen Sie dann die Federauflage oben in das obere Federende ein.
- Entspannen Sie die Feder, dabei obere Federauflage auf die Nase der Karosserie aufsetzen.
- Nehmen Sie den Federspanner heraus.
- Rad anbauen und festziehen.

Stoßdämpfer hinten ausbauen

Die Montagearbeiten für Fahrzeuge mit Allrad oder Frontantrieb unterscheiden sich nicht.

- Ermitteln Sie das Maß der Leegewichtslage wie am Anfang des Kapitels beschrieben.

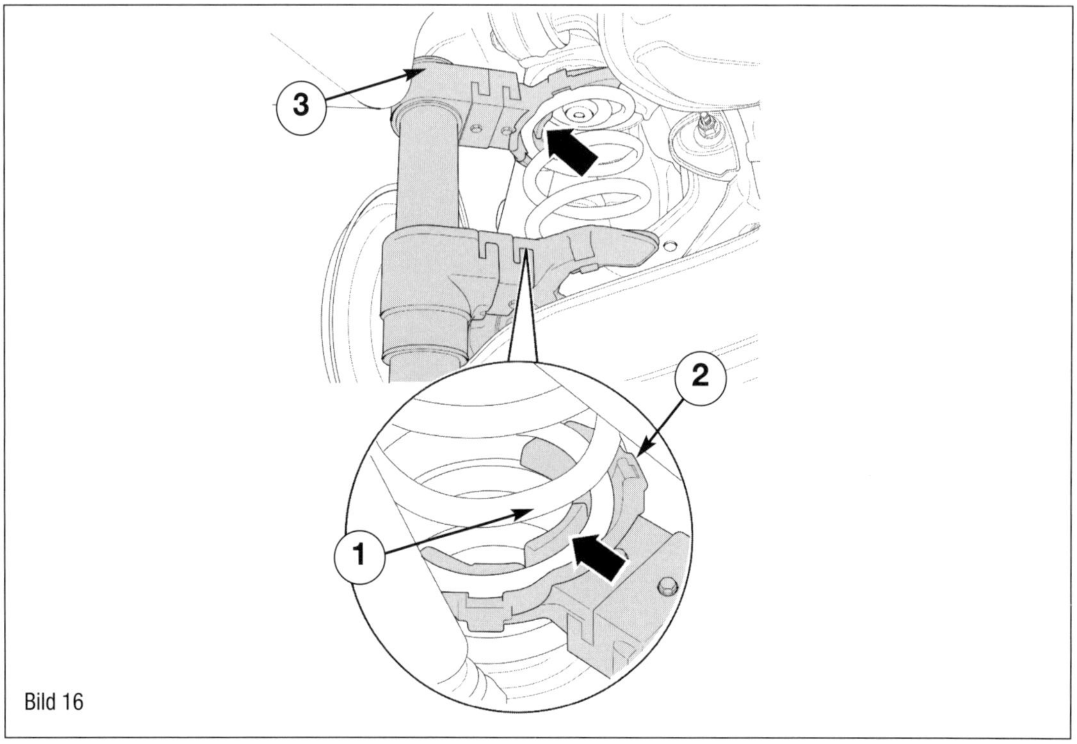

Bild 16

Bild 16
1 Federhalter (V.A.G 1752/3A)
2 Adapter (V.A.G 1752/3A)
3 Federspanngerät (V.A.G 1752/1)

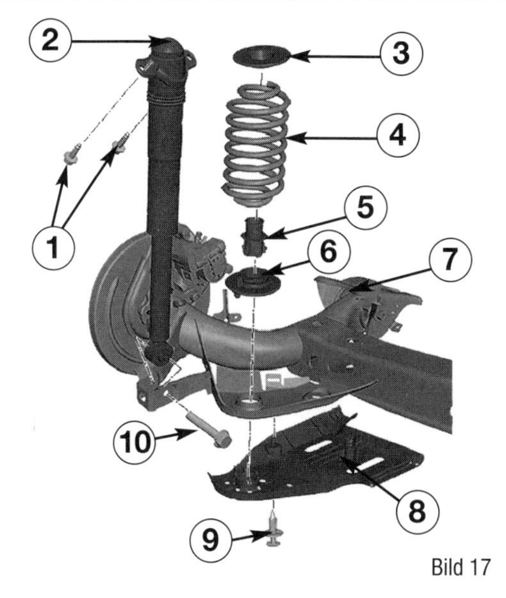

Bild 17

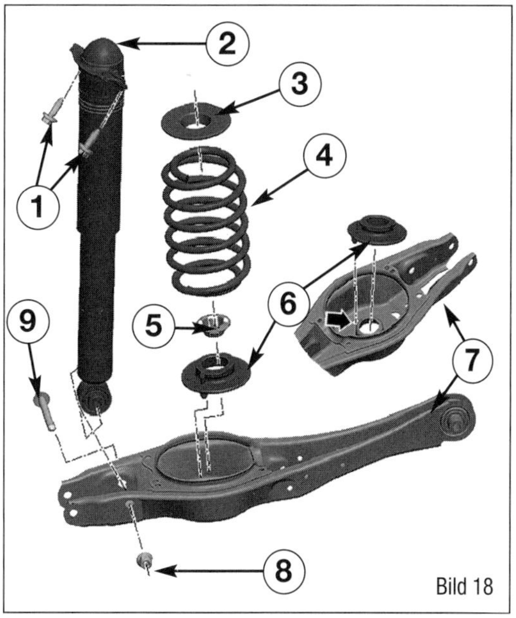

Bild 18

Bild 17
Montageübersicht an der Verbundlenkerachse.
1 Schraube
2 Stoßdämpfer
3 Federauflage oben
4 Schraubenfeder
5 Klemmring
6 Federauflage unten
7 verschweißte Achse
8 Steinschlagschutz
9 Spreizniete
10 Schraube

Bild 18
Montageübersicht an der Mehrlenkerachse.
1 Schraube
2 Stoßdämpfer
3 Federauflage oben
4 Feder
5 Klammer
6 Federauflage unten
7 Querlenker unten
8 Mutter
9 Schraube

- Rad abbauen.
- Bauen Sie die Radhausschale aus.

Fahrzeuge mit elektronisch geregelter Dämpfung (DCC):
- Steckverbindung am Stoßdämpfer trennen.
- Die Leitung vom Stoßdämpfer abziehen.

- Bauen Sie die Schraubenfeder aus.
- Schrauben oben (1 im Bild 17 oder 18) herausdrehen.
- Schraube unten (10 im Bild 17 beziehungsweise 9 im Bild 18) herausdrehen.
- Stoßdämpfer herausnehmen.

Der Einbau erfolgt sinngemäß in umgekehrter Reihenfolge.
- Die Verschraubung Stoßdämpfer an Radlagergehäuse darf nur erfolgen, wenn das Maß (a) der Leergewichtslage erreicht ist. Die Vorgehensweise hierzu haben wir bereits beschrieben (siehe auch Bild 3).

12 Elektromechanische Servolenkung

Die äußerst direkt ansprechende elektromechanische Servolenkung (EPS, Electrical Power Steering; Bilder 1 und 2) trägt erheblich zur Geradeauslaufstabilität des Octavia III bei. Sie basiert auf einer konventionellen Zahnstangenlenkung und ist gekennzeichnet durch harmonisches Lenkverhalten und Vermittlung eines ausgeprägten Lenkgefühls. Diese souveräne und sichere Situation am Volant schließt Lenkungsspiel praktisch völlig aus. Kontrollieren Sie dennoch immer einmal, ob die Lenkung noch einwandfrei und ohne Spiel reagiert. Die Lenkung lässt sich individuell auf viele Anforderungen abstimmen. Im Steuergerät sind sämtliche achslastabhängigen Kennfelder vorprogrammiert und abgelegt. Aktiviert wird die individuelle Programmierung der Lenkung quasi auf Knopfdruck, und zwar am Endpunkt der Produktion. Dank ihrer Programmierbarkeit bietet die Lenkung die Möglichkeit zur leichten Abstimmung und optimalen Anpassung an verschiedene Fahrzeugcharakteristika. Das Spektrum reicht von sportlich über komfortabel bis zur besonders leichtgängigen Lenkung für Behindertenfahrzeuge. Bei extremer Langsamfahrt erleichtern geringe Lenkkraftmomente die Manövrierbarkeit. Bei schneller Fahrt vermitteln höhere Momente dem Fahrer eine maximale »Rückmeldung«.

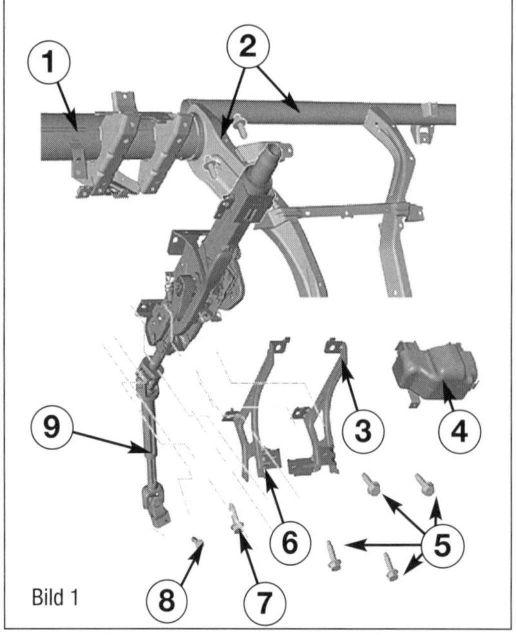

Bild 1

Bild 1
Montageübersicht Lenksäule.
1 Zentralrohr Schalttafel
2 Abreißschraube
3 Halter rechts
4 Steuergerät für ELV
5 Schraube
6 Halter links Knieairbag
7 Schraube
8 Schraube
9 Lenksäule

Umgang mit der Lenksäule

Lenkungsspiel prüfen

■ Die Räder geradeaus stellen. Von außen durchs geöffnete Fenster greifen und das Lenkrad kurz hin und her drehen.

■ Auf die Felge achten: Bewegt sich das Vorderrad wie erforderlich sofort mit? Eine Hilfsperson kann die Spurstangenköpfe umfassen und das Lagerspiel bei Lenkbewegung fühlen oder in Extremfällen sogar beobachten.

■ Falls Spiel bemerkt wird, muss Nachstellen in der Werkstatt erfolgen. Wenn die Lenkung um die Geradeausstellung kein Spiel hat, aber bei stärkerem Einschlag spürbar klemmt, ist die Zahnstange verschlissen. Das dürfte zwar erst nach einer gehörigen Fahrstrecke der Fall sein, aber dann muss das Lenkgetriebe ausgetauscht werden!

Lenksäule überprüfen

■ Wenn an der Lenksäule gearbeitet wurde, muss danach auf sichtbare Schäden und Funktion geprüft werden. Lässt sich die Säule ohne zu haken und ohne Schwergängigkeit drehen? Lässt sie sich in Längsrichtung und in der Höhe leicht verstellen?

■ Lässt sich das Rohr der Säule deutlich nach vorn und hinten oder seitlich bewegen? Dann ist etwas faul, die Lenksäule muss ausgetauscht werden.

Lenksäule richtig tragen

■ Aus- und Einbau der Lenksäule empfehlen wir hier nicht, weil diese Arbeiten mit dem Aus- und Einbau von Airbags verbunden sind, was in die Fachwerkstatt gehört. Wenn Sie aber eine ausgebaute oder einzubauende Lenksäule zu transportieren haben, müssen Sie beachten, dass die falsche Behandlung der Lenksäule ein Sicherheitsrisiko darstellt.

⚠ Eine mechanische Beschädigung kann sich auf die gesamte Funktion der Servotronic (Steuergerät) des Lenksystems auswirken, die für die Gestaltung verschiedenster Lenkparameter sorgt.

■ Die Lenksäule immer mit beiden Händen tragen. Packen Sie die Säule dazu fest am Mantelrohr oben und im Bereich des oberen Kreuzgelenkes an der Gelenkwelle an.
■ Das Greifen der Lenksäule am Deformationselement, am Klemmhebel oder an den beiden Gewichtsausgleichfedern führt zur Vorschädigung der Lenksäule.
■ Jedes Transportieren der Lenksäule mit einer Hand an der Gelenkwelle stellt ein Sicherheitsrisiko dar.

Falsche Behandlung der Lenksäule kann zur Beschädigung der Kreuzgelenkbuchsen und des unteren Lenksäulenlagers führen.
■ Vermeiden Sie ferner auf jeden Fall das Beugen der Gelenke über 90° hinaus.

Arbeiten am Lenkgetriebe (Links)

Vor Instandsetzungen am elektromechanischen Lenkgetriebe ist die Schadensursache mit einem Fahrzeugdiagnosesystem in den Betriebsarten »Geführte Fehlersuche«, »Fahrzeug-Eigendiagnose« und »Messtechnik« möglichst genau zu ermitteln.
Für eine einwandfreie und erfolgreiche Lenkgetriebereparatur sind größtmögliche Sorgfalt und Sauberkeit sowie einwandfreie Werkzeuge eine wichtige Voraussetzung. Selbstverständlich gelten bei Instandsetzungen auch die allgemein üblichen Grundregeln der Sicherheit.
Beim Einbau des Lenkgetriebes auf richtigen Sitz der Passhülsen zwischen Konsole und Lenkgetriebe achten. Ausgebaute Teile auf einer sauberen Unterlage ablegen und abdecken, damit sie nicht verschmutzen. Folien und Papier verwenden. Keine fasernden Lappen benutzen! Nach dem Ausbau von Dichtungen die Anlagefläche an Gehäusen bzw. Wellen auf Grate und Beschädigungen untersuchen und diese beseitigen.
Dichtmittelreste von Flüssigdichtungen restlos von den Dichtflächen entfernen, wobei keine Dichtmittelreste in das Lenkgetriebegehäuse gelangen dürfen. Besonders empfindliche Teile wie Servomotor mit Steuergerät nicht verkanten, sondern stufenweise über Kreuz lösen und anziehen.

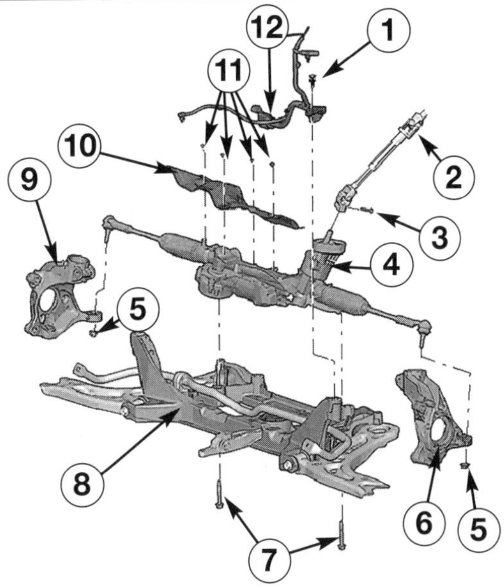

Bild 2

Bild 2
Montageübersicht Lenkgetriebe.
1 Spreizclip
2 Lenksäule
3 Schraube
4 Lenkgetriebe
5 Mutter
6 Radlagergehäuse links
7 Schraube
8 Aggregateträger
9 Radlagergehäuse rechts
10 Wärmeschutzblech
11 Schraube
12 Elektrische Leitung

Lenkgetriebe Linkslenker ausbauen
Die Lenksäule wird als Ersatzteil nur komplett geliefert. Das Instandsetzen ist nicht möglich.

Vor Arbeiten an der elektrischen Anlage und dem Ausbau des Lenkrades müssen folgende Bedingungen erfüllt werden:
1. Die/der Mechaniker(in) muss sich elektrostatisch entladen. Dieses wird durch das Berühren von geerdeten Metallteilen, wie zum Beispiel Wasserleitungen, Heizungsrohren, Metallträgern oder einer Hebebühne, erreicht. Wenn dieser Hinweis nicht beachtet wird, kann es zum Ausfall des Steuergeräts für ELV im späteren Betrieb kommen! Batterie abklemmen.
2. Die Räder müssen sich in Geradeausstellung befinden.
Wenn diese Hinweise nicht beachtet werden, kann es zum Ausfall des Airbag-Systems im späteren Betrieb kommen!

Fahrzeuge mit Zündanlassschalter:
■ Das Lenkschlossgehäuse kann umgebaut werden.

Fahrzeuge mit schlüssellosem Schließ- und Startsystem »KeylessAccess«:
■ Das Steuergerät für ELV kann umgebaut werden.

Sichtprüfung Messen

Fortsetzung für alle Fahrzeuge:
Vor Arbeiten an der elektrischen Anlage und dem Ausbau des Lenkrades müssen folgende Bedingungen erfüllt werden:

⚠ Die/der Mechaniker(in) muss sich elektrostatisch entladen. Dieses wird durch das Berühren von geerdeten Metallteilen, wie zum Beispiel Wasserleitungen, Heizungsrohren, Metallträgern oder einer Hebebühne, erreicht. Wenn dieser Hinweis nicht beachtet wird, kann es zum Ausfall des Steuergeräts für ELV im späteren Betrieb kommen!

- Batterie abklemmen.
- Räder in Geradeausstellung bringen.
- Befestigungsmutter ausbauen und die Fußmatte in Richtung Innenraum umklappen.
- Schraube (3 im Bild 2) im Fußraum ausbauen und das Kreuzgelenk nach oben von der Lenkung abziehen.

⚠ Wenn das Kreuzgelenk vom Lenkgetriebe getrennt ist, unbedingt beachten:
- Batterie nicht anklemmen.
- Zündung nicht einschalten.
- Nicht am Lenkgetriebe drehen.
- Nicht an der Lenksäule drehen.
- Räder vorn abbauen.
- Geräuschdämpfung ausbauen.

Fahrzeuge mit Geber für Fahrzeugniveau:
- Steckverbindung am Geber für Fahrzeugniveau vorn links und vorn rechts trennen.

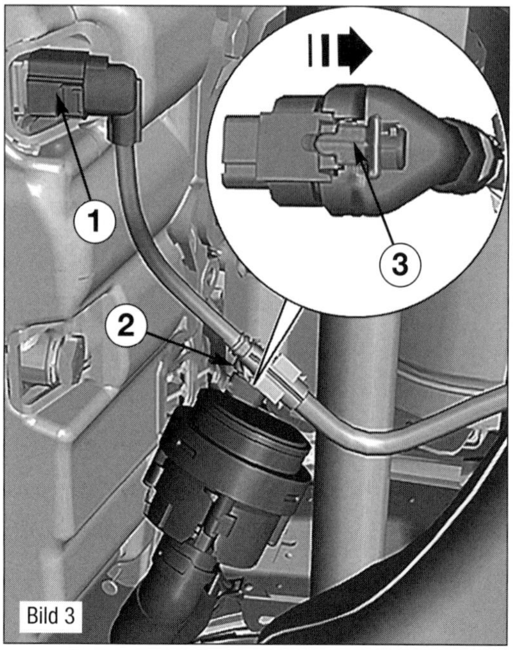

Bild 3
Steckverbindungen.
1 Ölstands- und Öltemperaturgeber
2 Pumpe für Kühlmittelnachlauf
3 Sicherung in Pfeilrichtung öffnen

Erdgasfahrzeuge:
- Die Erdgasleitung aus dem Clip am Aggregateträger lösen.

Fortsetzung für alle Fahrzeuge:
- Den Halter für Abgasanlage vom Aggregateträger abschrauben.
- Die Schrauben der Pendelstütze am Getriebe herausdrehen.
- Die Mutter für die Koppelstange auf der rechten und linken Seite ausbauen.
- Koppelstange aus dem Stabilisator auf der rechten und linken Seite herausziehen.
- Muttern auf der linken und rechten Fahrzeugseite ausbauen.
- Achslenker aus den Achsgelenken herausziehen.
- Mutter vom Spurstangenkopf auf beiden Seiten lösen, aber noch nicht abschrauben.

☞ Mutter zum Schutz des Gewindes einige Gewindegänge auf dem Gelenkzapfen aufgeschraubt lassen.

- Achsgelenk/Spurstange vom Radlagergehäuse mit Kugelgelenkabzieher »3287A« oder Ähnlichem abbauen.
- Mutter für Achsgelenk/Spurstange abschrauben.
- Steckverbindung (1 im Bild 3) für Ölstands- und Öltemperaturgeber trennen.
- Falls vorhanden, die Steckverbindung (2) an der Pumpe für Kühlmittelnachlauf trennen. Dazu die Sicherung (3) in der Pfeilrichtung öffnen und Steckverbindung entriegeln.
- Leitungsstrang ausclipsen und Schelle vom Lenkgetriebe abziehen.
- Die Schrauben (1 im Bild 4) für das Lenkgetriebe ausbauen.

☞ Es werden je nach Motorisierung unterschiedliche Wärmeschutzbleche für das Lenkgetriebe verbaut. Bei manchen Motorvarianten sind die Steckverbindungen für das Lenkgetriebe auch ohne Ausbau des Wärmeschutzblechs zugänglich.

- Stecker (2) und (3 im Bild 5) abziehen.
- Die Halter für den Leitungsstrang vom Lenkgetriebe lösen und abziehen.
- Spreizniete für die elektrischen Leitungen am Aggregateträger herausziehen.
- Aggregateträger absenken.
- Lenkgetriebe (1) vom Aggregateträger (5) mit beispielsweise einem großen Schrau-

bendreher abhebeln und nach hinten herausnehmen.

■ Das Lenkgetriebe auf die Seite ablegen. Damit wird eine Beschädigung des Steuergeräts vermieden.

Der Einbau erfolgt sinngemäß in umgekehrter Reihenfolge.

Lenksäule ausbauen

Die Lenksäule wird als Ersatzteil nur komplett geliefert. Instandsetzungen sind nicht zulässig. Der Zündanlassschalter, das Steuergerät für elektronische Lenksäulenverriegelung und die Schalter an der Lenksäule können umgebaut werden.

Vor Arbeiten an der elektrischen Anlage und dem Ausbau des Lenkrades müssen folgende Bedingungen erfüllt werden:
1. Die/der Mechaniker(in) muss sich elektrostatisch entladen. Dieses wird durch das Berühren von geerdeten Metallteilen, wie zum Beispiel Wasserleitungen, Heizungsrohren, Metallträgern oder einer Hebebühne, erreicht. Wenn dieser Hinweis nicht beachtet wird, kann es zum Ausfall des Steuergeräts für ELV im späteren Betrieb kommen! Batterie abklemmen.
2. Die Räder müssen sich in Geradeausstellung befinden.
Wenn diese Hinweise nicht beachtet werden, kann es zum Ausfall des Airbag-Systems im späteren Betrieb kommen!

■ Vorderräder in Geradeausstellung bringen.
■ Den Verstellhebel für Lenksäule nach unten drücken.
■ Die Lenksäule nach unten drücken, zu sich ziehen und mit Verstellhebel verriegeln (Hebel nach oben).
■ Lenkrad-Airbag-Einheit ausbauen (lassen).
■ Lenkrad ausbauen.
■ Lenksäulenverkleidung oben ausbauen.
■ Lenksäulenverkleidung unten ausbauen.
■ Schaltereinheit ausbauen.
■ Fußraumausströmer Fahrerseite ausbauen.

Fahrzeuge mit Knieairbag:
■ Knieairbag ausbauen (lassen).

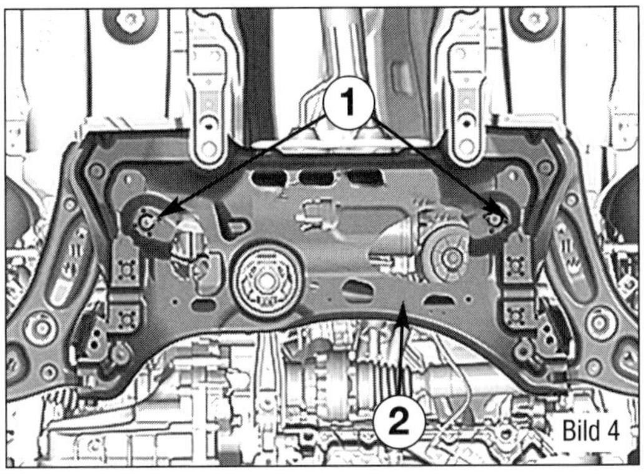

Bild 4
Ansicht von unten.
1 Schrauben Lenkgetriebe
2 Aggregateträger

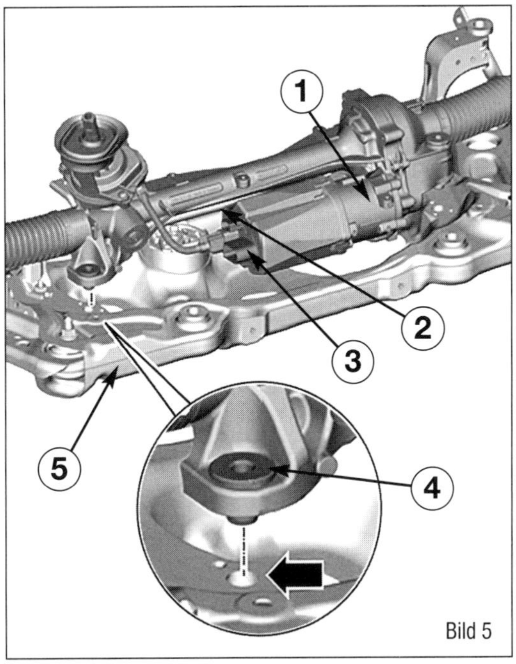

Bild 5
Lenkgetriebe auf dem Aggregateträger.
1 Lenkgetriebe
2 Stecker
3 Stecker
4 Gewindehülse
5 Aggregateträger
Pfeil Einbauposition der Schraube

Fahrzeuge mit Zündschlossgehäuse:
■ Stecker (Pfeil im Bild 6) von der Lesespule für Wegfahrsicherung abziehen.
■ Stecker (2) vom Zündschlossgehäuse (1) abziehen.

Fortsetzung für alle Fahrzeuge:
■ Leitungsstrang von der Lenksäule abziehen und seitlich ablegen.
■ Durchführung an der Lenksäule unten abziehen.
■ Die Befestigungsmutter ausbauen und die Fußmatte in Richtung Innenraum abziehen.
■ Die Schraube (3 im Bild 2) ausbauen und Kreuzgelenk vom Lenkgetriebe abziehen.

Wenn das Kreuzgelenk vom Lenkgetriebe getrennt ist unbedingt beachten:
■ Batterie nicht anklemmen.
■ Zündung nicht einschalten.

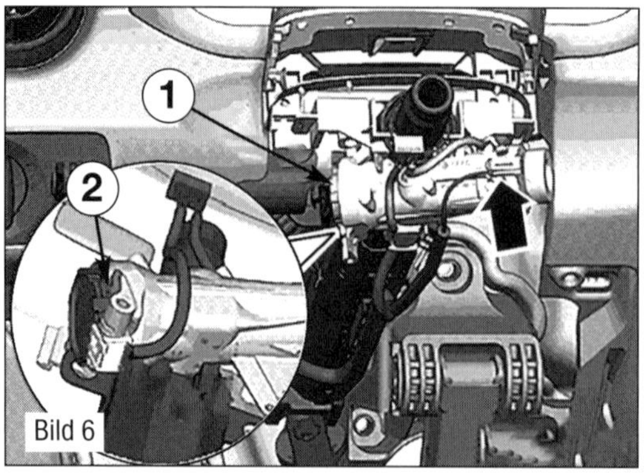

Bild 6
Fahrzeuge mit Zündschloss.
1 Zündschlossgehäuse
2 Stecker Schaltkontakt
Pfeil = Stecker der Lesespule für Wegfahrsicherung

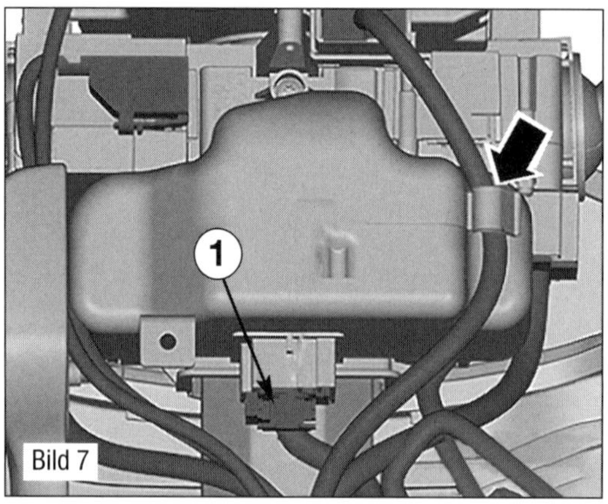

Bild 7
Fahrzeuge mit KeylessAccess »Kessy«.
1 Steckerverbindung
Pfeil = Halterung

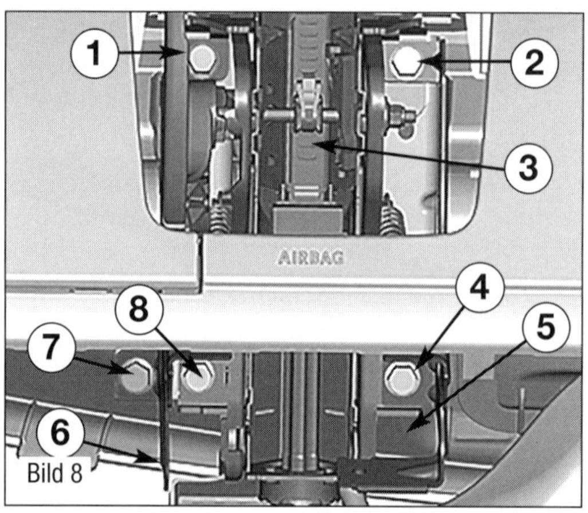

Bild 8
Befestigungen an der Lenksäule.
1 Schraube
2 Schraube
3 Lenksäule
4 Schraube
5 Halter für Knieairbag rechts
6 Halter für Knieairbag links
7 Schraube
8 Schraube

- Nicht am Lenkgetriebe drehen.
- Nicht an der Lenksäule drehen.
- Die Schrauben (1 und 7 im Bild 8) herausdrehen.
- Den Halter links für Knieairbag (6) (falls vorhanden) herausnehmen.
- Schrauben (2) und (4) herausdrehen.
- Halter rechts für Knieairbag (5) (falls vorhanden) herausnehmen.
- Schraube (8) herausschrauben und Lenksäule (3) festhalten.
- Lenksäule aus den Nasen oben und seitlich am Lagerbock nach oben aushängen und abnehmen.

⚠ Auf die richtige Handhabung und Transport der Lenksäule achten.

Der Einbau erfolgt grundsätzlich in umgekehrter Reihenfolge, dabei ist Folgendes zu beachten:

- An den Nasen oben und seitlich am Lagerbock einhängen.
- Lenksäule zum Lagerbock ausrichten. Schraube (8) handfest einschrauben.
- Halter rechts für Knieairbag (5) einsetzen.
- Schrauben (2) und (4) handfest einschrauben.
- Halter links für Knieairbag (6) einsetzen.
- Schrauben (1) und (8) handfest einschrauben.
- Schrauben (1), (2), (7) und (8) nacheinander mit dem vorgeschriebenen Anzugsdrehmoment festziehen.
- Die Abflachung der Lenksäule muss auf die Abflachung der Lenkgetriebe aufgesetzt werden. Dabei muss die Aussparung am Lenkgetriebe genau mit der Bohrung für die Befestigungsschraube übereinstimmen.
- Kreuzgelenk auf das Lenkritzel entgegengesetzt der Pfeilrichtung aufstecken.
- Neue Sechskantschraube (3 im Bild 2) einsetzen und festziehen.
- Fußraumverkleidung nach vorn klappen und mit der Teppichschraube befestigen.

Fahrzeuge mit Zündanlassschalter:

- Stecker der Lesespule für Wegfahrsicherung wieder aufstecken.
- Steckverbindung zum Zündstartschalter (Zündschloss) verbinden.

Fahrzeuge mit schlüssellosem Schließ- und Startsystem »KeylessAccess«:

- Steckverbindung wieder aufstecken.
- Das Kabel in die Halterung am Steuergerät für ELV wieder einclipsen.

Fortsetzung für alle Fahrzeuge:

- Schaltermodul Lenksäule einbauen.
- Kabelhalter unten so einsetzen, dass die Nasen in der Führung an der Lenksäule einrasten.
- Die Kabelführung wieder einsetzen. Die Nasen müssen an der Lenksäule einrasten.
- Fußraumausströmer unterhalb der Lenksäule einbauen.
- Luftführung und Luftverteilung im Fahrgastraum.

■ Lassen Sie den Knieairbag einbauen. Hier ist ein Airbagsystem verbaut, an dem Sie zur eigenen Sicherheit nicht ohne Sachkundenachweis arbeiten sollten.
■ Lenksäulenverkleidung unten einbauen.
■ Lenksäulenverkleidung oben einbauen.
■ Lenkrad einbauen.
■ Airbag-Einheit Fahrerseite einbauen lassen.
■ Grundeinstellung für den Lenkwinkelgeber mit dem Fahrzeugdiagnosetester durchführen.

Spurstange ausbauen
■ Fahrzeug anheben.
■ Lenkrad in Geradeausfahrt drehen.
■ Lenkgetriebe außen im Bereich des Faltenbalges reinigen. Mutter (Pfeil 3 im Bild 9) lösen, dabei am Spurstangenkopf (Pfeil 2) gegenhalten.
■ Rad vorn abbauen.
■ Mutter von Spurstangenkopf lösen, aber noch nicht abschrauben. Mutter zum Schutz des Gewindes einige Umdrehungen auf dem Zapfen lassen.
■ Spurstangenkopf von Radlagergehäuse mit Kugelgelenkabzieher (3287 A) abdrücken, und Mutter jetzt abschrauben.
■ Federbandschelle mit Schlauchbinderzange (V.A.G 1275) von Faltenbalg lösen und auf die Spurstange schieben.
■ Klemmschelle abbauen und Faltenbalg vom Lenkgetriebegehäuse abziehen.
■ Schrauben Sie die Spurstange mit dem Maulschlüsseleinsatz SW 38 (V.A.G 1923) von der Zahnstange ab (Bild 10).

Ist Korrosion, eine Beschädigung, eine Abnutzung oder sind Ansätze von Verschmutzung auf der Zahnstange zu sehen, muss das Lenkgetriebe komplett ersetzt werden. Ist kein Schmierfilm auf der Zahnstange sichtbar, muss das Lenkgetriebe ebenfalls komplett ersetzt werden.

Spurstange einbauen
⚠ Die Zahnstange darf nicht gefettet werden. Die Kugelgelenkbolzen sind mit »A« für rechts und »B« für links gekennzeichnet.
■ Lenkrad in Geradeausfahrt drehen.
■ Neue Schellen und Faltenbalg auf die Spurstange auffädeln.Drehen Sie die Spurstange so weit in den Spurstangenkopf, bis das Maß (a) erreicht ist. Maß (a) = 373 ± 1 mm.
■ Spurstange in die Zahnstange drehen und festziehen.
Der Spurstangenkopf rechts ist mit einem »A« gekennzeichnet. Der Spurstangenkopf links mit einem »B« gekennzeichnet.
■ Dichtstelle Faltenbalg zur Spurstange mit Fett (G 052 168 A1) (aus Reparatursatz Fett der Fa. Fuchs Renolit JP1619) leicht fetten.
■ Faltenbalg (2 im Bild 12) auf die Spur-

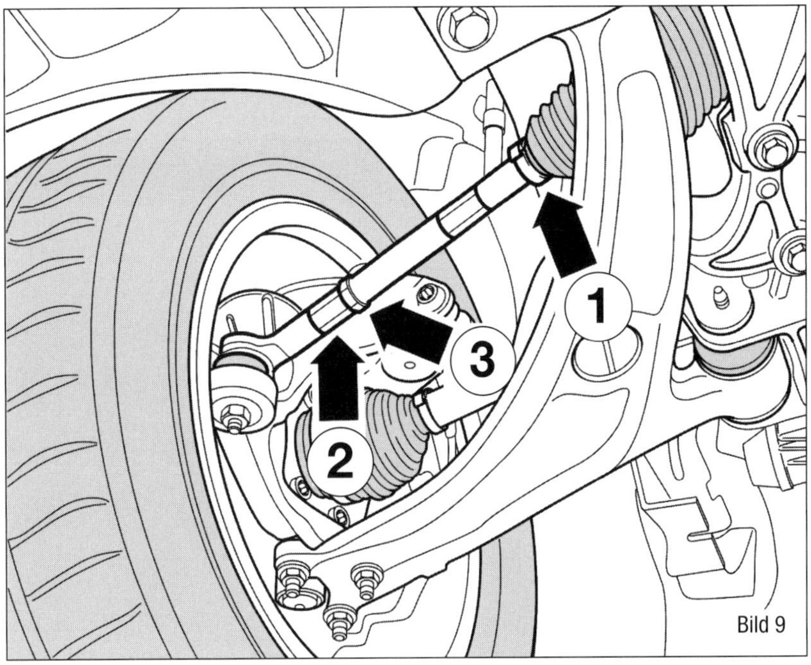

Bild 9
1 Faltenbalg
2 Spurstangenkopf
3 Mutter

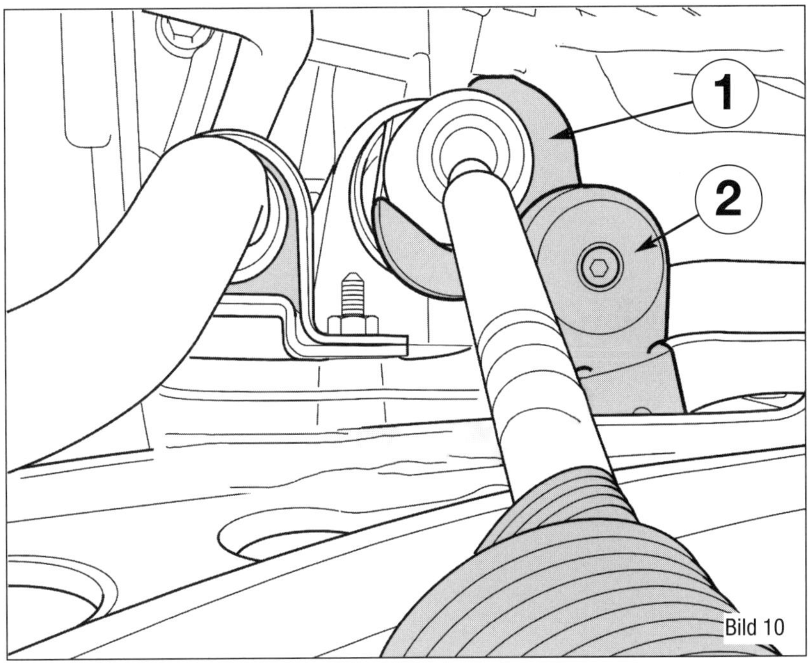

Bild 10
Lösen der Spurstange an der Lenkzahnstange.
1 Maulschlüsseleinsatz VAG 1923
2 Drehmomentschlüssel

Bild 11
Abstandsmaß (a) zur Grundeinstellung der Spurstange.

Bild 12
1 Spurstange
2 Faltenbalg

Bild 13
Position der Klemmschelle an der Lenkmanschette.

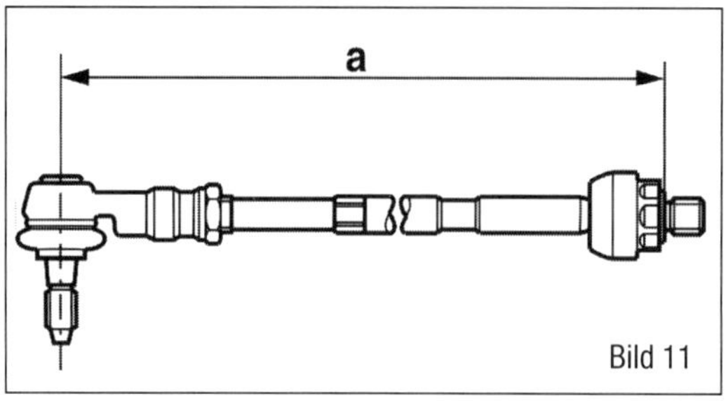

Bild 11

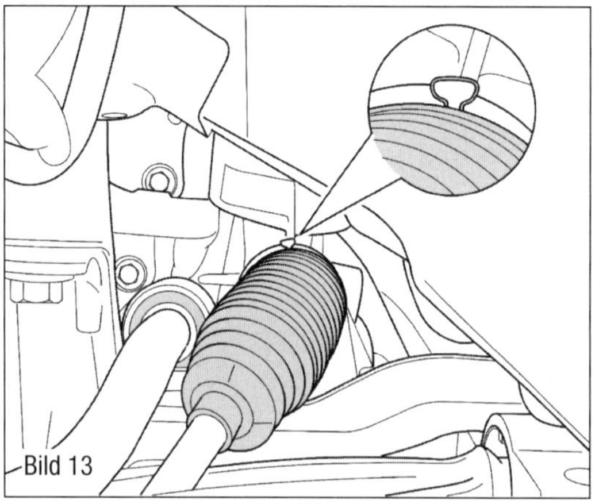

Bild 13

stange (1) schieben, dabei die richtige Position beachten.

- Federbandschelle auf Faltenbalg mit Schlauchbinderzange befestigen.

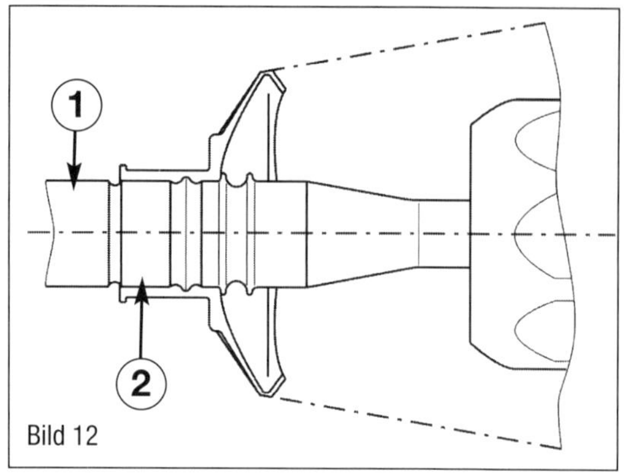

Bild 12

- Dichtstelle Faltenbalg zum Lenkgetriebegehäuse mit Fett (G 052 168 A1) (aus Reparatursatz Fett der Fa. Fuchs Renolit JP1619) leicht fetten.
- Schieben Sie den Faltenbalg bis zum Anschlag auf das Lenkgetriebegehäuse.
- Neue Klemmschelle mit Klemmzange für die Manschettenmontage verbauen.

Der weitere Einbau erfolgt in umgekehrter Reihenfolge. Nach dem Einbau muss das Fahrzeug vermessen werden.

- Wenn beide Spurstangen ausgetauscht wurden, dann führen Sie die Grundeinstellung für den Lenkwinkelgeber durch.

13 Bremsanlage

Die Bremsen des Octavia

Der Octavia wird kraftvoll und sicher über ein Hydraulik-Zweikreis-Bremssystem mit rundum Scheibenbremsen verzögert. Die vorderen Scheibenbremsen sind innenbelüftet, die Bremsscheiben hinten sind derzeit durchweg für alle Motorisierungen massiv. Die elektromechanische Feststellbremse wirkt auf die Hinterräder. Die Bremsunterstützung erfolgt pneumatisch durch Vakuumbremskraftverstärker. In ihnen wird der hydraulische Druck, der dann an den Bremsen wirkt, mehr als verdoppelt. Auf diese Weise werden etwa 60% der wirkenden Bremskraft aufgebracht. Welche Bremsen in einem bestimmten Fahrzeug verbaut sind, wird unter anderem auf dem Fahrzeugdatenträger (Reserveradmulde, Serviceheft) durch die entsprechenden PR-Nummern dokumentiert. Die PR-Nummern sind für die Kombination Bremssattel/ Bremsscheibe/Bremstrommel und Bremsbelag wichtig.

Daten der Bremsanlage

Technische Daten zum Hauptbremszylinder und Bremskraftverstärker:

Bremsgerät	Abmessung
Hauptbremszylinder Ø in mm	23,81 oder 25,4
Bremskraftverstärker Ø in Zoll	10" oder 11"

Technische Daten zu den Bremsen vorn: (FS3 Bremse vorne 15") (PR: 1ZF)

Bremsgerät	Abmessung
Bremsscheibe Ø in mm	276 mm
Bremsscheibendicke (Mindestmaß)	24 mm (21 mm)
Belagdicke ohne Rückplatte (Mindestmaß)	14 mm (2 mm)

Technische Daten zu den Bremsen vorn: (PC57 Bremse vorne 15") (PR: 1ZE)

Bremsgerät	Abmessung
Bremsscheibe Ø in mm	288 mm
Bremsscheibendicke (Mindestmaß)	25 mm (22 mm)
Belagdicke ohne Rückplatte (Mindestmaß)	14 mm (2 mm)

Technische Daten zu den Bremsen vorn: (PC57 Bremse vorne 16") (PR: 1ZA/1ZB)

Bremsgerät	Abmessung
Bremsscheibe Ø in mm	312 mm
Bremsscheibendicke (Mindestmaß)	25 mm (22 mm)
Belagdicke ohne Rückplatte (Mindestmaß)	4 mm (2 mm)

Technische Daten zu den Bremsen vorn: (C60 Bremse vorne 17") (PR: 1LG)

Bremsgerät	Abmessung
Bremsscheibe Ø in mm	340 mm
Bremsscheibendicke (Mindestmaß)	30 mm (27 mm)
Belagdicke ohne Rückplatte (Mindestmaß)	14 mm (2 mm)

Technische Daten zu den Bremsen hinten: (C38 Bremse hinten 15") (PR: 1KD)

Bremsgerät	Abmessung
Bremsscheibe Ø in mm	253 mm
Bremsscheibendicke (Mindestmaß)	10 mm (8 mm)
Belagdicke ohne Rückplatte (Mindestmaß)	11 mm (2 mm)

Technische Daten zu den Bremsen hinten: (PC38 Bremse hinten 15") (PR: 1KT/1KS)

Bremsgerät	Abmessung
Bremsscheibe Ø in mm	272 mm
Bremsscheibendicke (Mindestmaß)	10 mm (8 mm)
Belagdicke ohne Rückplatte (Mindestmaß)	11 mm (2 mm)

Technische Daten zu den Bremsen hinten: (CII 41 Bremse hinten 17") (PR: 1 KW)

Bremsgerät	Abmessung
Bremsscheibe Ø in mm	310 mm
Bremsscheibendicke (Mindestmaß)	22 mm (20 mm)
Belagdicke ohne Rückplatte (Mindestmaß)	11 mm (2 mm)

Antiblockiersystem (ABS)
Der Octavia verfügt serienmäßig über ein Antiblockiersystem. Eingebaut werden TRW-Systeme (ABS/EDS/ASR/ESP). Das Steuergerät für ABS ist mit der Hydraulikeinheit für ABS fest verbunden. Die verschraubte Einheit befindet sich im Motorraum rechts. Von der Einheit gehen die vier Bremsleitungen zu den vier Bremssätteln ab. Die Leitungen sind folgendermaßen erkennbar:

- Vom Hauptbremszylinder 6,5 mm und Rohrschraube mit langem Gewinde M 12 x 1.
- Zum Bremssattel vorn links 5,25 mm und Rohrschraube mit Gewinde M 12 x 1.
- Zum Bremssattel vorn rechts 5,25 mm und Rohrschraube mit Gewinde M 10 x 1.
- Zum Bremssattel hinten links 5,25 mm und Rohrschraube mit Gewinde M 12 x 1.
- Zum Bremssattel hinten rechts 5,25 mm und Rohrschraube mit Gewinde M 10 x 1

☞ Die im Hydrauliksystem zirkulierende Flüssigkeit ist bei Škoda Bremsflüssigkeit nach dem Standard »FMVSS 116 DOT 4«, wovon auch die Weiterentwicklung »DOT 4 plus« erhältlich ist. Das Produkt hat die Katalog-Teilenummer VW 501 14 B 000 750.

⚠ Bremsflüssigkeit auf keinen Fall mit mineralölhaltigen Flüssigkeiten (Öl, Benzin, Reinigungsmittel) in Verbindung bringen. Mineralöle beschädigen die Dichtungen und Gummitüllen der Bremsanlage!

- Bremsflüssigkeit ist giftig. Sie darf wegen ihrer ätzenden Wirkung auch nicht mit Lack in Berührung kommen. Eventuell ausgetretene Bremsflüssigkeit mit viel Wasser abspülen!
- Bremsflüssigkeit ist hygroskopisch, das heißt, sie nimmt aus der umgebenden Luft Feuchtigkeit auf und ist darum stets in luftdicht verschlossenen Behältern aufzubewahren.

☞ Störungen am ABS haben keinen Einfluss auf Bremsanlage und Bremskraftverstärkung. Die herkömmliche Bremsanlage bleibt auch ohne ABS funktionsfähig. Es muss jedoch mit einem veränderten Bremsverhalten gerechnet werden. Nach Aufleuchten der ABS-Kontrollleuchte können die Hinterräder beim Bremsen frühzeitig blockieren.

Bremsflüssigkeitsstand (abhängig vom Belagverschleiß) prüfen

Der Stand der Bremsflüssigkeit ist an den Markierungen des Bremsflüssigkeitsbehälters abzulesen.

- Der Bremsflüssigkeitsstand (Menge) ist stets in Abhängigkeit vom Bremsbelagverschleiß zu beurteilen. Im Fahrbetrieb sinkt durch Abnutzung und automatische Nachstellung der Bremsbeläge der Flüssigkeitsstand geringfügig ab.
- Bei einem Flüssigkeitsstand an der »MIN«-Markierung und etwas darüber ist kein Nachfüllen erforderlich, wenn die Bremsbelagverschleißgrenze nahezu erreicht ist.
- Sind die Bremsbeläge neu bzw. weit von der Belagverschleißgrenze entfernt, muss der Flüssigkeitsstand zwischen der »MIN«- und der »MAX«-Markierung liegen.
- Die »MAX«-Markierung darf jedoch nicht überschritten werden, damit die Flüssigkeit nicht aus dem Bremsflüssigkeitsbehälter austritt.
- Ist der Flüssigkeitsstand unter die »MIN«-Markierung abgesunken, muss, bevor Bremsflüssigkeit ergänzt wird, das ganze Bremssystem überprüft werden. Ggf. sind Reparaturen einzuleiten.

Bremsanlage auf Undichtigkeiten und Beschädigungen prüfen

Sichtprüfung
Folgende Bauteile müssen auf Undichtigkeiten und Beschädigungen überprüft werden:

- Hauptbremszylinder,
- Bremskraftverstärker,
- Hydraulikeinheit,
- Bremssättel.

Weiterhin ist zu prüfen:

- Vorhandensein der Staubkappen an den Entlüftungsventilen für Bremsflüssigkeit,
- dass die Bremsschläuche nicht verdreht sind und dass sie beim maximalen Lenkeinschlag keine Fahrzeugbauteile berühren,
- dass Bremsschläuche nicht porös und brüchig sind,
- dass Bremsschläuche und Bremsleitungen keine Scheuerstellen aufweisen,
- dass Bremsanschlüsse und Befestigungen richtig sitzen, nicht undicht und frei von Korrosion sind.

⚠ Festgestellte Mängel sind unbedingt durch entsprechende Reparaturmaßnahmen zu beseitigen.

Dichtigkeitsprüfung unter Druck

Diese Prüfung erfordert ein Prüfgerät für Bremssysteme mit Adapter (z. B. V.A.G 1310 A mit -/6). Prüfvoraussetzung ist, dass Funktion und Dichtheit der Bremsanlage gewährleistet sind.

- Entlüftungsventil an einem der vorderen Bremssättel herausschrauben. Das Prüfgerät für Bremssysteme anschließen und entlüften.
- Bremspedal belasten, bis das Druckmanometer 50 bar Überdruck anzeigt. Während der Prüfdauer von 45 Sekunden darf der Druckabfall nicht mehr als 4 bar betragen. Bei größerem Druckabfall Hauptbremszylinder ersetzen.

Bremsanlage mit Gerät entlüften

Normale Entlüftung

Den Arbeitsablauf zum Entlüften der Bremsanlage genau einhalten.

- Bremsenfüll- und Entlüftungsgerät anschließen, das bedeutet den Adapter statt Verschlussdeckel auf Bremsflüssigkeitsbehälter aufschrauben, Druck einstellen und Befüllschlauch des Gerätes an den Adapter anschließen.
- Abdeckkappen von den Entlüftungsventilen abziehen (Bild 2), Schlauch der Entlüfterflasche aufstecken und dann Entlüftungsventile mit einem passenden Schlüssel in folgender Reihenfolge öffnen und jeweiligen Radbremszylinder/Bremssättel entlüften:

1. Bremssattel hinten links
2. Bremssattel vorn links
3. Bremssattel vorn rechts
4. Bremssattel hinten rechts

- Entlüftungsventil bei aufgestecktem Schlauch der Entlüfterflasche so lange geöffnet lassen, bis blasenfreie Bremsflüssigkeit ausströmt.

☞ Geeigneten Entlüfterschlauch verwenden. Er muss straff auf dem Entlüftungsventil sitzen, damit keine Luft in die Bremsanlage gelangen kann!

Vorentlüftung

Wenn bei Fahrzeugen mit EDS, EDS/ASR oder EDS/ASR/ESP eine Kammer des Bremsflüssigkeitsbehälters komplett leergelaufen ist (z. B. bei Undichtigkeiten der Bremsanlage), muss zuerst eine Vorentlüftung erfolgen.

- Bremssattel vorn links und vorn rechts gleichzeitig zusammen entlüften.
- Bremssattel hinten links und hinten rechts gleichzeitig zusammen entlüften.
- Entlüftungsventile bei aufgesteckten Schläuchen der Entlüfterflasche so lange geöffnet lassen, bis blasenfreie Bremsflüssigkeit ausströmt.
- Anschließend muss über die Funktion »Grundeinstellung« mit dem Diagnosetester

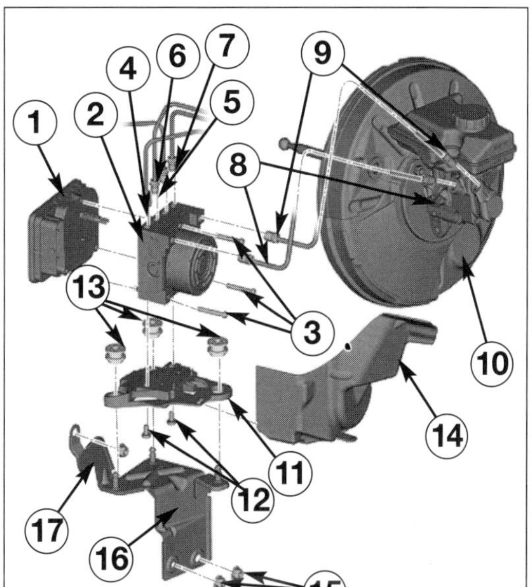

Bild 1

Bild 1
1 Steuergerät für ABS
2 Hydraulikeinheit
3 Torx-Schraube
4-9 Bremsleitung
10 Bremskraftverstärker
11 Halter
12 Torx-Schraube
13 Dämpfergummi
14 Wärmeschutzblech
15 Sechskantmutter
16 Halter
17 Sechskantmutter

Bild 2
1 Entlüftungsnippel am Bremssattel.

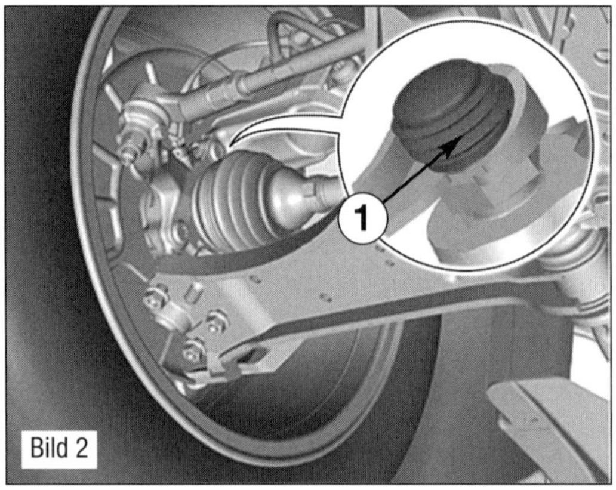

Bild 2

Bild 3
1 Anschluss für das Bremsenentlüftungsgerät auf dem Gewinde des Verschlussdeckels.

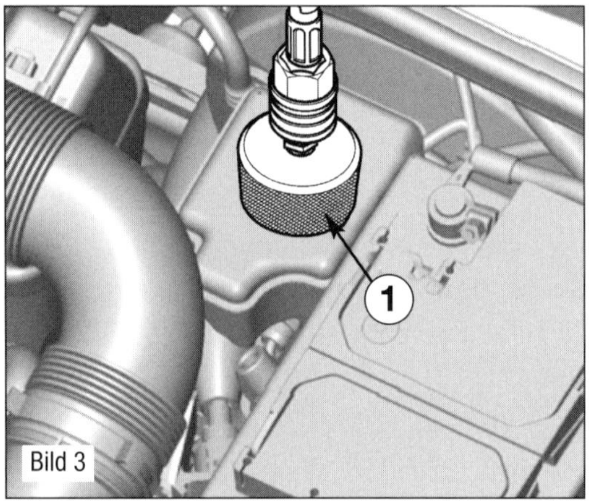

Bild 3

VAS 505x (oder VCDS) die Hydraulikeinheit nochmals entlüftet werden. Grundeinstellung einleiten (zum Entlüften der Bremsanlage): VAS oder VCDS anschließen und Funktion anwählen. Zum Entlüften der Hydraulikeinheit ist ein Vordruck von 2 bar nötig.

■ Danach die Bremsanlage normal entlüften (siehe oben).

Bremsanlage ohne Gerät entlüften

Steht kein Bremsenfüll- und Entlüftungsgerät zur Verfügung, muss die Bremsanlage mit einfachen Mitteln entlüftet werden. Nötig dafür sind neue Bremsflüssigkeit und ein geeigneter, möglichst durchsichtiger Kunststoffschlauch, wie ihn Baumärkte im Sortiment haben. Er muss straff auf der Entlüfterschraube Radbremszylinder/Bremssattel sitzen, damit keine Luft in die Bremsanlage gelangen kann.

■ Wenn erforderlich, die Entlüftungsventile einige Stunden vor der Arbeit mit Rostlöser einsprühen. Das mindert das Risiko, dass die Ventile beim Lösen abgerissen werden.

■ Entlüftungsreihenfolge wie bei »Entlüftung normal«.

■ Staubkappe vom Entlüftungsventil abziehen, Ventilnippel säubern, den Kunststoffschlauch auf den Nippel schieben und das freie Schlauchende in einen teilweise mit Bremsflüssigkeit gefüllten Auffangbehälter stecken.

■ Entlüftungsschraube mit einem Ringschlüssel maximal eine Umdrehung lösen. Ein Helfer tritt das Bremspedal langsam bis zum Boden, damit die Bremsflüssigkeit und die darin eingeschlossene Luft herausgepumpt werden.

Auf Schlauch und Auffangbehälter achten: die Luftbläschen müssen zu sehen sein.

■ Das Bremspedal am Boden halten.

■ Nun die Entlüftungsschraube schließen, erst dann das Bremspedal zurücknehmen.

■ Diesen Vorgang so lange wiederholen, bis keine Luftbläschen mehr aufsteigen, es ist dann keine Luft mehr im System. Dabei aber ständig den Stand der Bremsflüssigkeit im Ausgleichsbehälter beobachten. Bei Bedarf nachfüllen, aber nur so viel, dass der vorherige Stand im Bremsflüssigkeitsbehälter nicht überschritten wird. Dadurch wird verhindert, dass bei einem späteren Wechsel der Bremsbeläge zu viel Bremsflüssigkeit im System ist und der Behälter beim Zurückdrücken der Bremskolben überläuft.

■ Nach dem letzten Durchgang muss der Helfer das Bremspedal wieder am Boden halten, bis das Entlüftungsventil endgültig geschlossen ist (Schraube nicht anknallen).

■ Die Arbeit an den anderen Entlüftungsventilen wiederholen.

■ Lässt sich die Bremse nach vorgenannter Methode nicht vollständig entlüften, alle Entlüftungsventile schließen, den Motor starten und mehrfach die Bremse betätigen. Dann nochmals einen Entlüftungsdurchgang vornehmen.

■ Zum Schluss noch einmal alle Bremsleitungen, Entlüftungsventile (angezogen?), den Stand im Bremsflüssigkeitsbehälter und die Funktion der Bremsen bei einer (vorsichtigen) Probefahrt prüfen. Dabei einmal so stark bremsen, dass die ABS-Regelung greift.

Bremsflüssigkeit wechseln

■ Verschlussdeckel vom Bremsflüssigkeits-Vorratsbehälter abschrauben. Das Sieb darf nicht aus dem Behälter entfernt werden!

■ Mit dem Saugschlauch vom Bremsenfüll- und Entlüftungsgerät so viel Bremsflüssigkeit wie möglich absaugen. Abgesaugte Bremsflüssigkeit darf nicht wiederverwendet werden.

■ Adapter (aus dem Bremsenentlüftungswerkzeug) auf den Bremsflüssigkeits-Vorratsbehälter schrauben, den richtigen Druck am Bremsenfüll- und Entlüftungsgerät einstellen (Bedienungsanleitung des Gerätes beachten) und den Befüllschlauch des Geräts an den Adapter anschließen.

■ Abdeckkappe des Entlüftungsventils am Bremssattel vorn links abziehen und Entlüfterschlauch der Auffangflasche auf das Ventil stecken, Entlüftungsventil öffnen und die entsprechende Bremsflüssigkeitsmenge (siehe folgende Tabelle) ausfließen lassen. Entlüftungsventil mit 10 Nm schließen. Abdeckkappe am Entlüftungsventil des Bremssattels vorn links wieder aufstecken.

■ Diesen Arbeitsablauf an der rechten Fahrzeugseite vorn wiederholen.

■ Schrauben Sie ggf. beide Räder an der Hinterachse ab, um nun dort an die Entlüftungsventile zu gelangen.

■ Abdeckkappe am Entlüftungsventil des Bremssattels hinten links abziehen und Entlüfterschlauch der Auffangflasche auf das Entlüftungsventil hinten links stecken, Entlüftungsventil öffnen und die entsprechende Bremsflüssigkeitsmenge (siehe folgende Tabelle) ausfließen lassen.

■ Entlüftungsventil mit 10 Nm schließen.

■ Abdeckkappe am Entlüftungsventil des Bremssattels hinten links wieder aufstecken.

■ Diesen Arbeitsablauf an der rechten Fahrzeugseite hinten wiederholen.

Ausfließende Bremsflüssigkeitsmengen	
Reihenfolge Entlüftungsventile	**Bremsflüssigkeitsmengen**
Bremssattel vorn links	0,20 Liter
Bremssattel vorn rechts	0,20 Liter
Bremssattel hinten links	0,30 Liter
Bremssattel hinten rechts	0,30 Liter
Kupplungsnehmerzylinder	0,15 Liter

Kupplungszylinder entlüften

■ Luftfiltergehäuse wie früher beschrieben ausbauen.

■ Entlüfterschlauch auf das Entlüftungsventil des Kupplungsnehmerzylinders stecken, Ventil öffnen und ca. 100 ml Bremsflüssigkeit ausfließen lassen.

■ Ventil schließen und 10- bis 15-mal schnell hintereinander das Kupplungspedal betätigen.

■ Ventil erneut öffnen und ca. 50 ml Bremsflüssigkeit ausfließen lassen.

■ Ventil schließen, Entlüfterschlauch abnehmen und mehrmals das Kupplungspedal betätigen.

■ Luftfiltergehäuse wieder einbauen.

■ Befüllhebel vom Bremsenfüll- und Entlüftungsgerät in Stellung »B« stellen (siehe Bedienungsanleitung des Geräts). Befüllschlauch vom Adapter abnehmen, Adapter vom Bremsflüssigkeits-Vorratsbehälter abschrauben.

■ Bremsflüssigkeitsstand kontrollieren und ggf. korrigieren, er muss zwischen MIN- und MAX-Markierung liegen.

■ Verschlussdeckel des Bremsflüssigkeits-Vorratsbehälters einschrauben.

■ Hinterräder ggf. wieder anbauen und eine Funktionsprüfung während einer Probefahrt durchführen.

Bild 4
1 Sechskantmutter
2 Lagerbock/Fußhebelwerk
3 Stirnwand
4 Sechskantmutter
5 Hauptbremszylinder
6 Bremslichtschalter
7 Schraube
8 Bremsleitung
9 Bremsleitung
10 Dichtungsstopfen
11 Warnkontakt für Bremsflüssigkeitsstand
12 Bremsflüssigkeitsbehälter
13 Unterdruckschlauch
14 Verschlussdeckel
15 Dichtung
16 Dichtring
17 Bremskraftverstärker
18 Dichtung

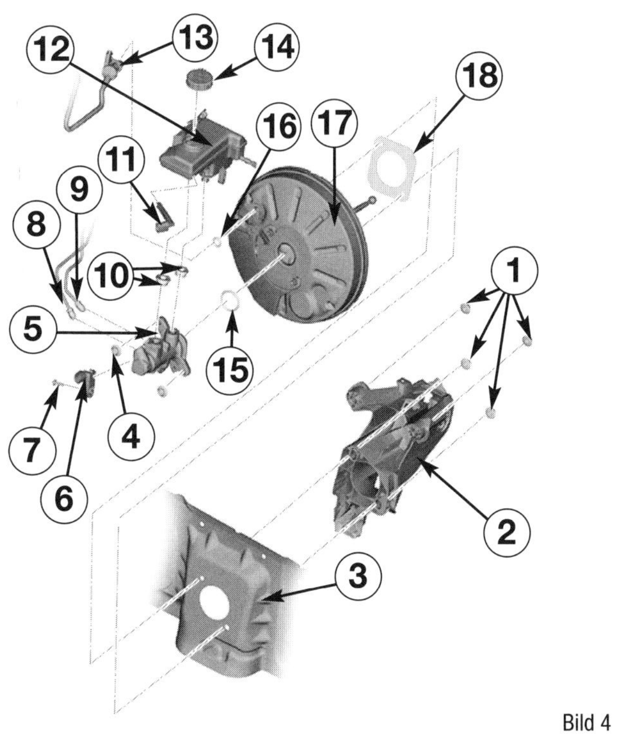

Bild 4

Bremslichtschalter aus- und einbauen

Der Bremskraftverstärker mit anmontiertem Bremslichtschalter, Hauptbremszylinder und Bremsflüssigkeitsbehälter bildet eine Montageeinheit, die sich links hinten im Motorraum direkt an der Wasserkastenwand (Stirnwand, Frontend) befindet. Alle drei Komponenten können aber unabhängig voneinander einzeln ersetzt werden (Bild 5).

Ausbau

■ Motorabdeckung herausnehmen und (nur bei einigen Fahrzeugen nötig) den Ansaugschlauch ausbauen.
■ Die Steckverbindung vom Bremslichtschalter (6 im Bild 4) trennen.
■ Die Befestigungsschraube aus dem Hauptbremszylinder mit einem Torx-Schraubendreher herausdrehen.
■ Den Bremslichtschalter (6) unten vom Hauptbremszylinder abziehen und oben aus dem Clip herausnehmen.

Einbau

■ Einbau in umgekehrter Reihenfolge. Die Torx-Schraube (7) an Hauptbremszylinder mit 5 Nm festziehen.

Hauptbremszylinder aus- und einbauen

■ Radio-Codierung beachten, Batterie abklemmen, Batterieverkleidung ausbauen.
■ Ausreichend nicht fasernde Lappen im Bereich des Motors und des Getriebes auslegen und so viel Bremsflüssigkeit wie möglich mit dem Bremsenfüll- und Entlüftungsgerät oder mit einer Absaugvorrichtung aus dem Bremsflüssigkeitsbehälter absaugen.

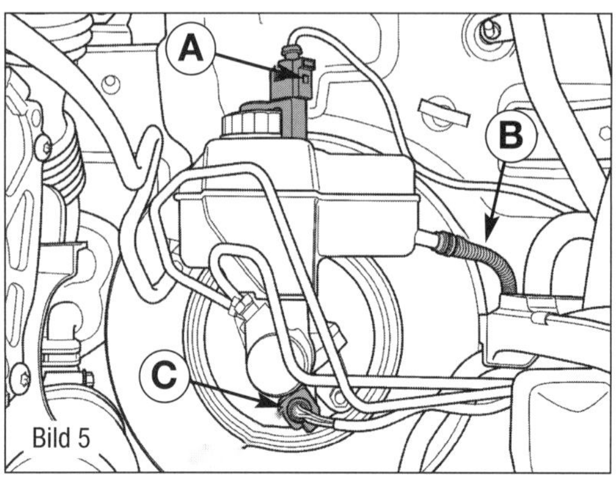

Bild 5
A Steckkontakt Vorratsbehälter
B Zulaufschlauch Kupplung
C Steckkontakt Bremslichtschalter

■ Bei Fahrzeugen mit Schaltgetriebe den Nachlaufschlauch (B im Bild 5) für Kupplungsgeberzylinder abziehen und hochbinden oder mit einem handelsüblichen Werkzeug (Hazet 4590) abklemmen und dann abziehen.
■ Steckverbindungen vom Warnkontakt für Bremsflüssigkeitsstand (A) und vom Bremslichtschalter (C) abziehen.
■ Bremsflüssigkeitsbehälter ausbauen: Die Einrastlaschen am Behälter nach außen drücken und gleichzeitig den Behälter aus den Dichtungsstopfen ziehen.
■ Bremsleitungen am Hauptbremszylinder abschrauben und mit Verschlussstopfen (Reparatursatz 1H0 698 311 A) verschließen.
■ Unterdruck im Bremskraftverstärker durch mehrmaliges Betätigen des Bremspedals abbauen.
■ Muttern vom Hauptbremszylinder abschrauben, Wärmeschutzblech, falls vorhanden, abnehmen.
■ Hauptbremszylinder vorsichtig aus dem Bremskraftverstärker entnehmen.

Der Einbau erfolgt sinngemäß in umgekehrter Reihenfolge. Beim Zusammensetzen des Hauptbremszylinders mit dem Bremskraftverstärker auf richtigen Sitz der Druckstange im Hauptbremszylinder achten.
■ Bremsanlage, wie beschrieben entlüften.

Funktion des Bremskraftverstärkers prüfen

■ Bremspedal bei stehendem Motor mehrere Male kräftig durchtreten (dadurch wird der im Gerät vorhandene Unterdruck abgebaut).
■ Bremspedal jetzt mit mittlerer Fußkraft in Bremsstellung halten und Motor starten. Bei einem einwandfrei funktionierenden Bremskraftverstärker gibt das Bremspedal dabei unter dem Fuß spürbar nach (Verstärkung wird wirksam). Senkt sich das Pedal nicht, liegt eine Störung vor.

Diese kann in der Unterdruckversorgung (Leitung, Pumpe, Anschluss) oder am Bremskraftverstärker selbst zu finden sein. In diesem Fall muss er ersetzt werden. Reparaturen an diesem Bauteil sind nicht vorgesehen.

Bremsscheiben und Beläge

Die Abmessungen und Verschleißmaße entnehmen Sie bitte den Tabellen am Anfang dieses Kapitels.

Bremsbelagdicke und Bremsscheiben prüfen

Bremsbeläge vorn:

■ Zur besseren Beurteilung der Restbelagdicke einen Prüfspiegel benutzen und das Rad auf der Seite abnehmen, auf der die Bremsbelagverschleißanzeige verbaut ist, ggf. Radschraubenkappen abziehen und die Stellung des Rades zur Bremsscheibe kennzeichnen.

■ Radschrauben herausdrehen und Rad abnehmen.

■ Dicke des äußeren und inneren Belages messen. Bei der Belagdicke (a) = 2 mm ohne Rückenplatte haben die Bremsbeläge ihre Verschleißgrenze erreicht und sind zu ersetzen (Bild 6).

■ Rad in der gekennzeichneten Position wieder anschrauben. Radbefestigungsschrauben über Kreuz mit 120 Nm anziehen, ggf. Radschrauben kappen aufstecken.

Bremsbeläge hinten:

Mit einer Taschenlampe durch einen Durchbruch in der Felge leuchten. Dicke des äußeren Belages (a im Bild 6) durch Sichtprüfung ermitteln. Mit einer Taschenlampe inneren Belag anleuchten und Spiegel anhalten. Dicke des inneren Belages durch Sichtprüfung ermitteln. Auch diese Bremsbeläge haben bei einer Dicke von 2 mm ohne Rückenplatte ihre Verschleißgrenze erreicht und sind zu ersetzen.

Bremsscheiben prüfen:

Wenn die Scheibenbremsbeläge ersetzt werden müssen, sind unbedingt auch die Bremsscheiben auf Verschleiß zu prüfen. Fehlerbilder sind:

- Risse,
- Riefen,
- Rost und
- Grat am Bremsscheibenrand.

■ Ggf. Bremsscheiben ersetzen (grundsätzlich achsweise).

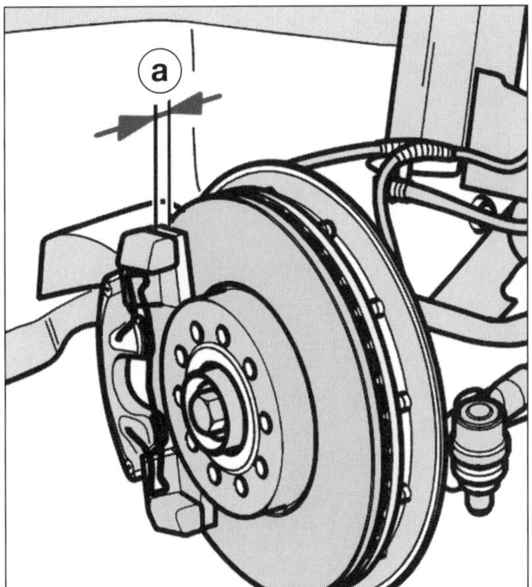

Bild 6

Bild 6
Belagstärke prüfen: Maß »a« ohne Rückenplatte messen.

Vorderradbremse

Bremsbeläge vorne wechseln

Weiter zu verwendende Bremsbelägen beim Ausbau kennzeichnen. Die Beläge an gleicher Stelle wieder einbauen, sonst kann ungleichmäßige Bremswirkung entstehen!

■ Räder abbauen.

■ Trennen Sie die Steckverbindung für Bremsbelagverschleißanzeige. Die Bremsbelagverschleißanzeige ist vorn rechts verbaut.

FS-III Bremssattel:

■ Die beiden Abdeckkappen (7 im Bild 9) vom Bremssattel abziehen.

■ Die beiden Führungsbolzen (6) herausdrehen.

PC-57 und C60 Bremssättel:

■ Die beiden Befestigungsschrauben (8 im Bild 7) (11 im Bild 8) vom Bremssattel abschrauben, dabei am Führungsbolzen gegenhalten.

Weiter für alle Bremssättel:

■ Bremssattel abnehmen und so mit Draht befestigen, dass das Gewicht des Bremssattels den Bremsschlauch nicht belastet bzw. beschädigt.

■ Bremsbelag aus Bremssattel herausnehmen bzw. vom Bremsträger abnehmen.

■ Soweit verbaut, die Verschleißanzeige aus dem Bremssattel ausfädeln.

Bild 7
Montageübersicht der Vorderradbremse PC57.
1 Schutzblech
2 Schraube
3 Bremsscheibe
4 Schraube
5 Bremsträger
6 Bremsbeläge
7 Bremssattel
8 Schraube,
9 Schraube
10 Radlagergehäuse
11 Bremsschlauch
12 Halteclip
13 Halter
14 Schraube

Bild 8
Montageübersicht der Vorderradbremse C60.
1 Schraube
2 Bremsscheibe
3 Schraube
4 Schutzblech
5 Schraube
6 Halter
7 Bremsschlauch
8 Halteclip
9 Radlagergehäuse
10 Schraube
11 Schraube
12 Bremssattel
13 Bremsbeläge
14 Bremsträger

Bild 9
Montageübersicht der Vorderradbremse FS-III.
1 Schraube
2 Bremsscheibe
3 Schraube
4 Bremsbeläge
5 Bremssattel
6 Führungsbolzen
7 Abdeckkappe
8 Bremsschlauch
9 Radlagergehäuse
10 ABS-Drehzahlfühler
11 Schraube
12 Radnabe mit Radlager
13 Schutzblech

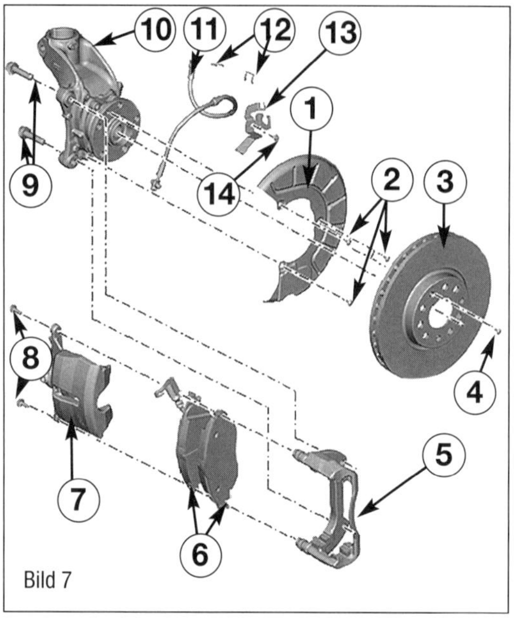

Bild 7

Reinigen:

⚠ Bremsanlage nicht mit Druckluft ausblasen, der dabei entstehende Staub ist gesundheitsschädlich!

■ Reinigen Sie am Bremsträger die Auflageflächen für die Bremsbeläge gründlich, Korrosion entfernen.

■ Bremssattel reinigen, besonders die Klebefläche für den Bremsbelag, sie muss frei von Kleberesten und Fett sein. Für das Reinigen des Bremssattels ist ausschließlich Spiritus zu verwenden.

Einbauen:

☞ Bevor Sie den Kolben mit der Kolbenrücksetzvorrichtung in den Zylinder drücken, müssen Sie Bremsflüssigkeit aus dem Bremsflüssigkeitsbehälter absaugen. Sonst kann, wenn zwischenzeitlich Bremsflüssigkeit nachgefüllt wurde, Bremsflüssigkeit auslaufen und zu Schäden führen.

■ Kolben zurückdrücken.

■ Die Belagführungsflächen am Bremsträger mit Lithium-Schmierfett »G 052150 A2« leicht fetten.

■ Äußeren Bremsbelag auf Bremsträger aufsetzen.

■ Inneren Bremsbelag mit Haltefeder in den Bremssattel (Kolben) einsetzen.

☞ Nach der Montage der Bremsbeläge ist der richtige Sitz aller Haltefedern zu prüfen.

■ Den Bremssattel vorsichtig auf den Bremsträger setzen.

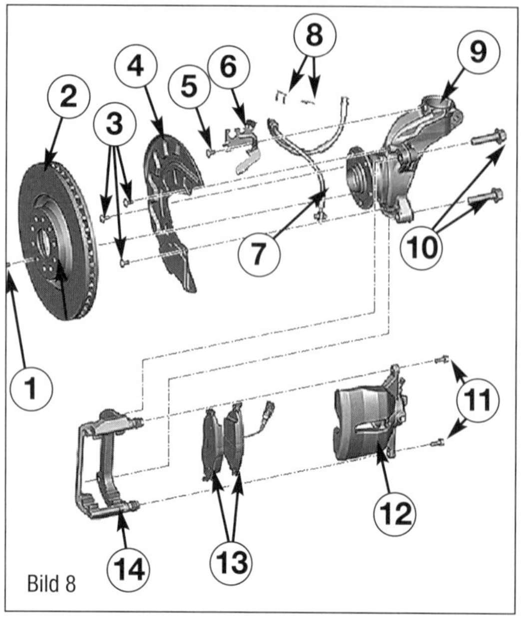

Bild 8

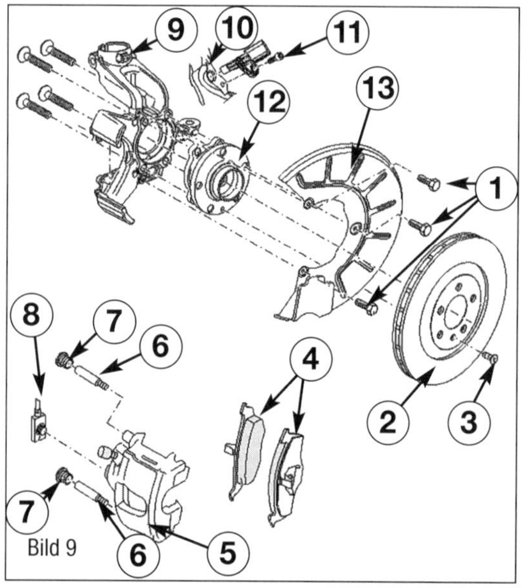

Bild 9

■ Den Bremssattel mit neuen selbstsichernden Schrauben am Bremsträger befestigen, dabei am Führungsbolzen gegenhalten.

■ Die Steckverbindung der Bremsbelagverschleißanzeige verbinden.

■ Räder montieren.

Bremsscheiben vorne wechseln

■ Heben Sie das Fahrzeug an.

■ Demontieren Sie die Vorderräder.

■ Bauen Sie die Bremsbeläge vorne wie bereits beschrieben aus.

PC-57 und C60 Bremssättel:

■ Drehen Sie die Befestigungsschraube für

den Bremssattelträger (9 im Bild 7) (10 im Bild 8) vom Bremssattel ab und nehmen Sie ihn ab.

Weiter für alle Bremssättel:
■ Drehen Sie die Befestigungsschraube (beispielsweise 4 im Bild 7) aus der Bremsscheibe heraus.
■ Nehmen Sie die Bremsscheibe ab.

Die Montage erfolgt sinngemäß in umgekehrter Reihenfolge.
■ Reinigen Sie die Auflagefläche der Bremsscheibe gründlich.
■ Das Auftragen von etwas Kupferpaste verringert die Korrosionsbildung zwischen Scheibe und Nabe. Verwenden Sie nur so viel, dass die Paste nicht auf die Reibflächen der Bremsscheibe gelangen kann.

Die Hinterradbremse

Bremsbeläge hinten wechseln

Weiterzuverwendende Bremsbeläge müssen beim Ausbau gekennzeichnet werden. Sie müssen an gleicher Stelle wieder eingebaut werden, da sonst ungleichmäßige Bremswirkung entstehen kann!

Bevor Sie die Kolben zurückstellen, müssen Sie Bremsflüssigkeit aus dem Bremsflüssigkeitsbehälter absaugen. Sonst kann, wenn zwischenzeitlich Bremsflüssigkeit nachgefüllt wurde, Bremsflüssigkeit auslaufen und zu Schäden führen.

Die Montagearbeiten für die unterschiedlichen Bremssysteme ist sehr ähnlich. Wir beschreiben die Montage exemplarisch am C38-Bremssattel.

■ Die Feststellbremse ist nicht betätigt!
■ Räder abbauen.
■ Die Befestigungsschrauben (beispielsweise 18 im Bild 10) vom Bremsträger herausschrauben, dabei an Führungsbolzen gegenhalten.
■ Den Bremssattel abnehmen.
■ Befestigen Sie den Bremssattel mit Draht, sodass das Gewicht des Bremssattels den Bremsschlauch nicht belastet bzw. beschädigt.
■ Drücken Sie nun den Kolben mit der Kolbenrücksetzvorrichtung »T10145« zurück.
■ Bremsbeläge (16) ausbauen.

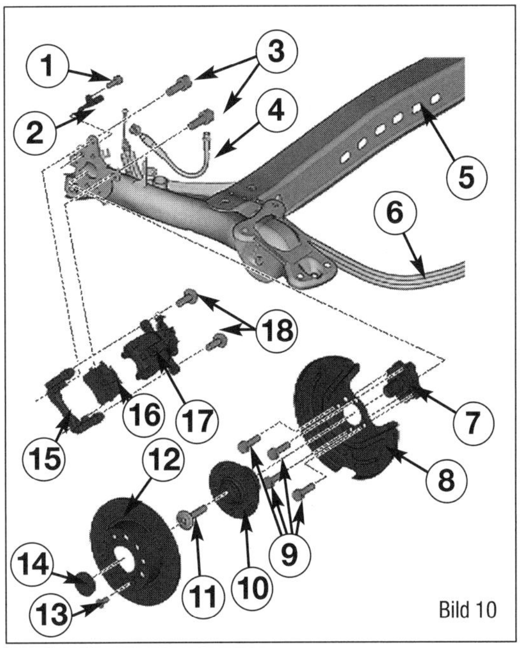

Bild 10

Bild 10
Montageübersicht der Hinterradbremse C38.
1 Schraube
2 ABS-Drehzahlfühler
3 Schraube
4 Bremsschlauch
5 Aggregateträger
6 Feststellbremsseil
7 Achszapfen
8 Schutzblech
9 Schraube
10 Radnabe mit Radlager
11 Schraube
12 Bremsscheibe
13 Schraube
14 Abdeckkappe
15 Bremsträger
16 Bremsbeläge
17 Bremssattel
18 Schraube

Reinigen:

Bremsanlage nicht mit Druckluft ausblasen, der dabei entstehende Staub ist gesundheitsschädlich!
■ Reinigen Sie am Bremsträger die Auflageflächen für die Bremsbeläge gründlich, Korrosion entfernen.
■ Für das Reinigen des Bremssattels ist ausschließlich Spiritus zu verwenden.

Der Einbau erfolgt sinngemäß in umgekehrter Reihenfolge.
■ Bremsbeläge (16) innen und außen in den Bremsträger einsetzen.
■ Kontrollieren Sie, dass die Bremssattellagerung leichtgängig ist.
■ Kontrollieren Sie den Sitz der Belaghaltebleche (soweit verbaut).
■ Bremssattel befestigen.
■ Räder montieren.

Bremsscheiben hinten wechseln

Die Montagearbeiten für die unterschiedlichen Bremssysteme ist sehr ähnlich. Wir beschreiben die Montage exemplarisch am C38-Bremssattel.

■ Heben Sie das Fahrzeug an.
■ Demontieren Sie die Hinterräder.
■ Bauen Sie die Bremsbeläge wie beschrieben aus und stellen Sie den Sattel zurück.
■ Demontieren Sie die Schrauben (3 im Bild 10) und nehmen Sie den Bremsträger (15) ab.

Sichtprüfung

Messen

Bild 11
Montageübersicht der Hinterradbremse PC38 HRA.
1 Schraube
2 Bremsscheibe
3 Schraube
4 Radnabe mit Radlager
5 Schraube
6 Schutzblech
7 Radlagergehäuse
8 ABS-Drehzahlfühler
9 Schraube
10 Schraube
11 Schraube
12 Feststellbremsseil
13 Bremssattel
14 Bremsträger
15 Bremsbeläge
16 Bremsschlauch
17 Abdeckkappe

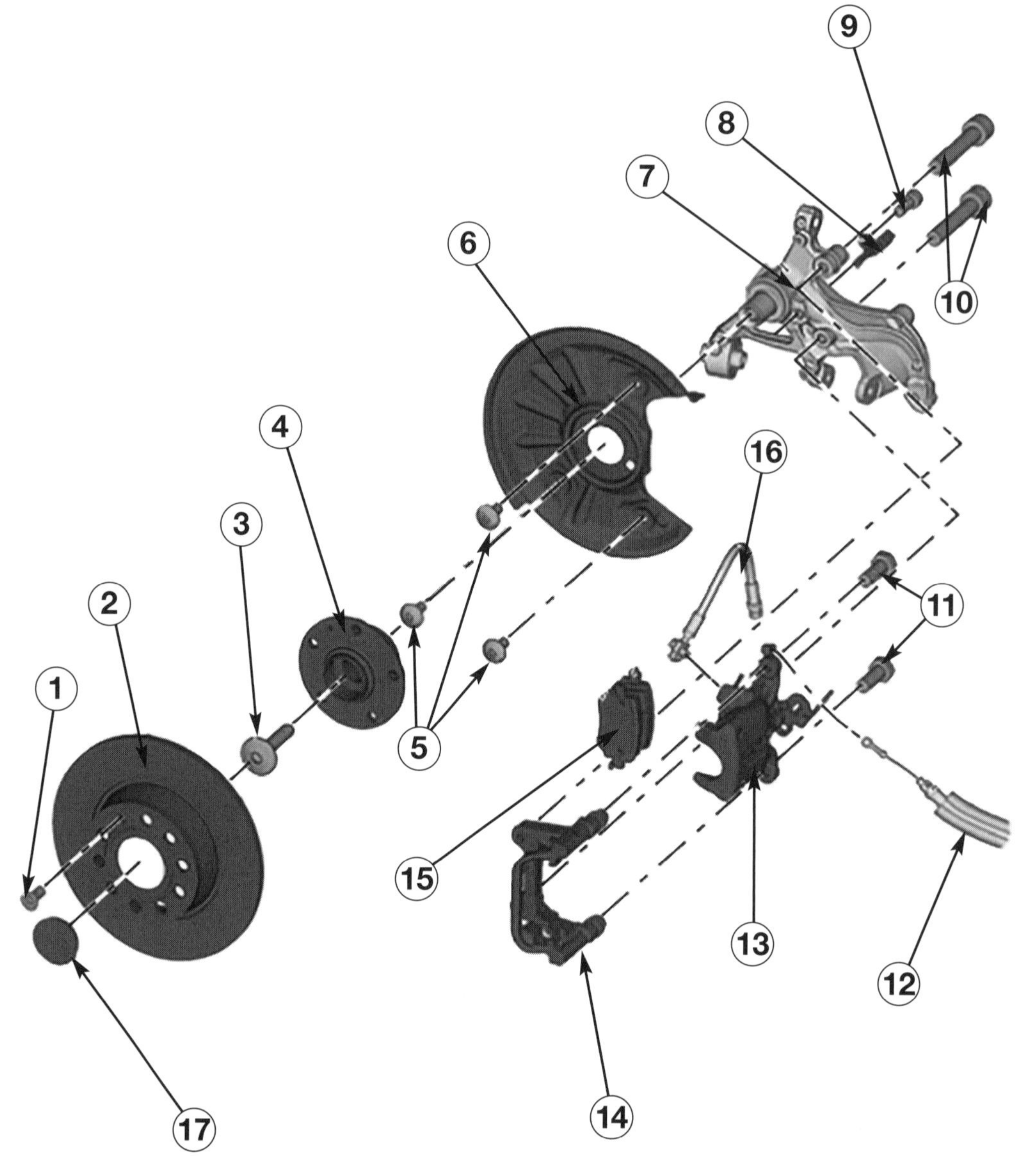

Bild 11

■ Drehen Sie die Befestigungsschraube (13) aus der Bremsscheibe heraus.
■ Nehmen Sie die Bremsscheibe ab.

Die Montage erfolgt sinngemäß in umgekehrter Reihenfolge.
■ Reinigen Sie die Auflagefläche der Bremsscheibe gründlich.
■ Das Auftragen von etwas Kupferpaste verringert die Korrosionsbildung zwischen Scheibe und Nabe. Verwenden Sie nur so viel, dass die Paste nicht auf die Reibflächen der Bremsscheibe gelangen kann.

Steuergerät für ABS aus- und einbauen

Das Steuergerät ist mit der Hydraulikeinheit verschraubt und befindet sich im Motorraum rechts (Montageübersicht im Bild 1).

⚠ Bremsleitungen im Bereich der Hydraulikeinheit dürfen nicht verbogen werden!

■ Die vorhandene Steuergerätecodierung auslesen und notieren. Bei Fahrzeugen mit codiertem Radio Codierung bereithalten.

- Batterie abklemmen.
- Bei Fahrzeugen mit Wärmeschutzblech, Wärmeschutzblech abbauen.
- Sicherungsschieber nach unten drücken, die elektrische Steckverbindung entriegeln und abziehen.
- Bremspedalbelaster »V.A.G 1869/2« zwischen Fahrersitz und Bremspedal einsetzen.
- Entlüfterschlauch einer Entlüfterflasche auf das Entlüftungsventil des Bremssattels vorn links stecken.
- Entlüftungsventil öffnen.
- Entlüfterschlauch der Entlüfterflasche auf das Entlüftungsventil des Bremssattels hinten links stecken.
- Entlüftungsventil öffnen.
- Das Bremspedal mit dem Bremspedalbelaster »V.A.G 1869/2« mindestens 60 mm drücken.
- Die Entlüftungsventile vorn links und hinten links schließen.
- Bremspedalbelaster »V.A.G 1869/2« nicht entfernen.
- Die Abdeckung an der Stirnwand abziehen und die Bremsleitungen ausclipsen.
- Zuerst die beiden Bremsleitungen vom Hauptbremszylinder (8 und 9 im Bild 1) kennzeichnen und von der Hydraulikeinheit abschrauben.
- Die Gewindebohrungen sofort mit den Verschlussstopfen aus dem Montageteilesatz Teilenummer »5Q0 698 311« verschließen.
- Die restlichen Bremsleitungen (Bremssättel) (4 bis 7) kennzeichnen, abschrauben und die Gewindebohrungen verschließen.
- Hydraulikeinheit mit Steuergerät nach oben aus den Dämpfern (13) ziehen.

Der Einbau erfolgt sinngemäß in umgekehrter Reihenfolge.

Die Verschlussstopfen an der neuen Hydraulikeinheit erst entfernen, wenn die entsprechende Bremsleitung montiert wird. Werden die Verschlussstopfen aus der Hydraulikeinheit schon vorher entfernt, kann Bremsflüssigkeit ausfließen, sodass eine ausreichende Befüllung und Entlüftung nicht mehr gewährleistet ist. Achten Sie beim Einbau der Hydraulikeinheit darauf, dass die Dämpfergummis nicht aus der Konsole gedrückt werden.

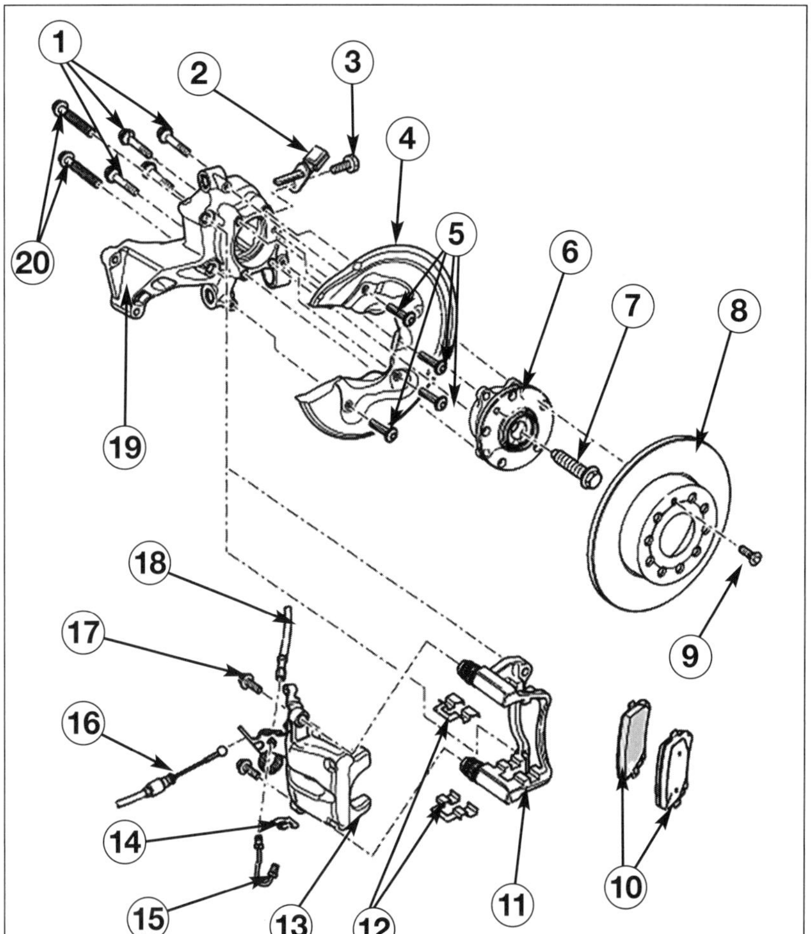

Bild 12

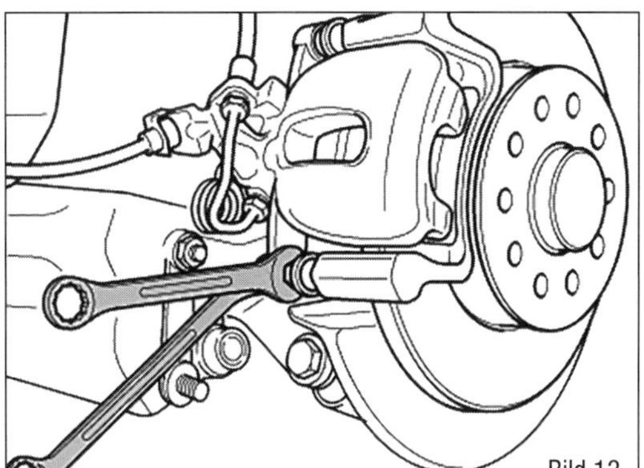

Bild 13

- Bremsanlage entlüften.
- Radio codieren.
- Das Steuergerät mit dem Fahrzeugdiagnosetester in der »Geführten Fehlersuche« codieren. Dabei muss eine Grundeinstellung des Lenkwinkelgebers, des Querbeschleunigungsgeber, Längsbeschleunigungsgeber und des Bremsdruckgebers erfolgen.

Bild 12
Montageübersicht der Hinterradbremse CII 41.
1 Schraube
2 Drehzahlfühler
3 Schraube
4 Schutzblech
5 Schraube
6 Radnabe mit Radlager
7 Schraube
8 Bremsscheibe
9 Schraube
10 Bremsbeläge
11 Bremsträger
12 Belaghalteblech
13 Bremssattel
14 Halteklammer
15 Bremsleitung
16 Feststellbremsseil
17 Schraube
18 Bremsschlauch
19 Radlagergehäuse
20 Schraube

Bild 13
Halteschrauben lösen: Das Gegenhalten der Lagerhülse ist unbedingt erforderlich.

14 Elektrische Anlage

Schon im Stand, aber erst recht während der Fahrt, benötigt der Octavia elektrischen Strom. Motorsteuerung, Lenkung und Kraftstoffeinspritzung müssen mit Elektroenergie versorgt werden. Alle weiteren unbedingt erforderlichen oder für die Sicherheit und Bequemlichkeit eingebauten automatischen Systeme sowie natürlich die gesamte Lichtanlage sind ohne elektrische Energie arbeitsunfähig. Viele Störungen und Funktionsprüfungen gerade in diesem Bereich gehören, ähnlich wie bei anderen Baugruppen, in die Fachwerkstatt. Denn zum genauen Erkennen und Beseitigen der Mängel muss häufig das auch in anderen Kapiteln schon mehrfach erwähnte Fahrzeugdiagnosegerät (VAS 505x, VCDS) angeschlossen und der Fehlerspeicher abgefragt werden. Der Diagnoseanschluss im Fahrzeug (Steckkontakt für das Werkstattsystem) befindet sich, wie inzwischen international festgelegt, im Fußraum Fahrerseite über dem Bremspedal. Nun sind die meisten Innovationen im Kraftfahrzeug heute zwar von immer komplizierterer Elektronik geprägt, Reparaturen an der elektrischen Anlage sind aber durchaus nicht in jedem Fall von ihr verursacht. Oft sitzt nur ein Kabel lose, sind Sicherungen durchgebrannt, Kontakte korrodiert oder messtechnisch zu ermittelnde Bauteile sind defekt. Nicht wenige Störungen an der Elektrik lassen sich mit einfachen Mitteln beheben. Natürlich muss man sich etwas auskennen und die Grundbegriffe verstehen.

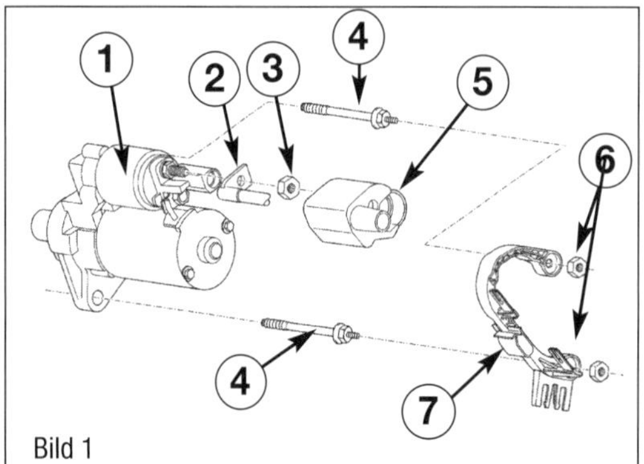

Bild 1

Bild 1
1 Anlasser
2 Anschluss B+-Leitung an Anlasser
3 Befestigungsmutter B+-Leitung an Anlasser
4 Befestigungsschrauben
5 Abschirmkappe
6 Befestigungsmuttern
7 Leitungshalter

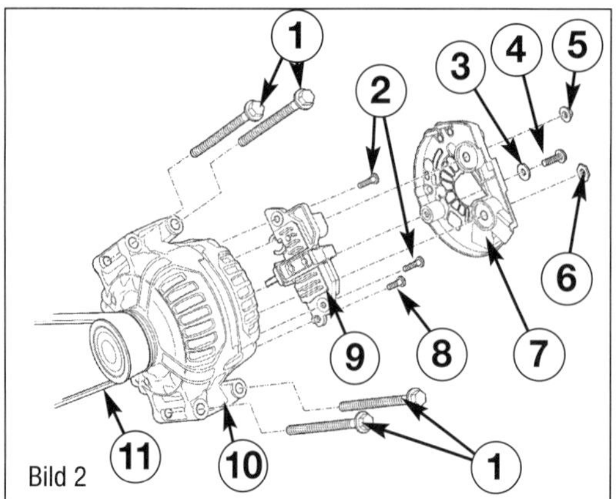

Bild 2

Bild 2
1 Sechskantbundschraube
2 Kreuzschlitzschrauben
3 Unterlegscheibe
4 Kreuzschlitzschraube
5 Sechskantmutter
6 Sechskantmutter
7 Abschirmkappe
8 Kreuzschlitzschraube
9 Spannungsregler
10 Drehstromgenerator
11 Keilrippenriemen

Arbeiten an der Spannungsversorgung

Zuallererst haben wir es im Octavia noch immer mit elektrischen Bauteilen zu tun, die schon die gesamte Entwicklungsgeschichte des Automobils begleiten: Batterie, Anlasser (Starter) und Lichtmaschine (Drehstromgenerator). Sie sind zusammen für die Arbeitsaufnahme des Motors verantwortlich. Um seine Aufgabe zu erfüllen, ist jedes dieser drei Bauteile auf das andere angewiesen. Wir wenden uns hauptsächlich ihnen zu.

Batterie an- und abklemmen
Auf das Prüfen (Sichtprüfung, Batterietester) und Laden sowie auf Warnhinweise und allgemeine Sicherheitsregeln bei Arbeiten an der Batterie (Kennzeichnungen auf der Batterie selbst) gehen wir in diesem Ratgeber nur begrenzt ein. Sie sind ausführlich in der Bedienungsanleitung des Fahrzeugs behandelt.
Um Beschädigungen der Batteriepolklemmen und der Batteriepole zu vermeiden, schreibt Škoda vor:

- Die Batteriepolklemmen dürfen nur gewaltfrei von Hand aufgesteckt werden.
- Die Batteriepole dürfen nicht gefettet werden.
- Die Batteriepolklemmen sind so zu montieren, dass der Batteriepol bündig mit der Klemme abschließt oder aus ihr herausragt.
- Nach dem Anziehen der Batteriepolklemmen mit dem vorgeschriebenen Anzugsdrehmoment von 6 Nm dürfen die Verschraubungen nicht nochmals nachgezogen werden.
- Durch das Abschrauben der Batterie-Minuspolklemme (Stromunterbrechung) wird

das sichere Arbeiten an der elektrischen Anlage gewährleistet. Das Abschrauben der Batterie-Pluspolklemme ist nur für den Ausbau der Batterie erforderlich. In jedem Fall müssen die Hinweise zum Anklemmen der Batterie beachtet werden.

Abklemmen

■ Zündung und alle elektrischen Verbraucher ausschalten, Zündschlüssel abziehen.

■ Bei Fahrzeugen mit Batteriekasten die Verriegelung an der linken Kastenseite öffnen und den Deckel abnehmen.

■ Bei Fahrzeugen mit Batterieschutzhülle die Abdecklasche der Schutzhülle öffnen.

■ Elektrische Steckverbindung (2 im Bild 3) am Steuergerät für Batterieüberwachung (3) trennen.

■ Die Befestigungsmutter Batteriepolklemme Masseleitung lösen und die Minuspolklemme von der Batterie abnehmen.

Falls wie beim Batterieausbau, die Pluspolklemme auch abgenommen wird: Immer zuerst die Minusklemme abnehmen!

■ Die Batterie-Masseleitung darf karosserieseitig nicht gelöst werden.

Anklemmen

■ Die Batteriepolklemme Masseleitung in der richtigen Stellung auf den Minuspol der Batterie stecken und die Befestigungsmutter mit 6 Nm anziehen. Dabei auf festen Sitz der Batterieklemme achten.

Falls, wie beim Batterieausbau, die Pluspolklemme auch abgenommen wird: Immer zuerst die Pluspolklemme wieder anklemmen! Erst danach die Masseleitung wie beschrieben anklemmen.

Nach Anklemmen der Batterie und Einschalten der Zündung leuchtet die Kontrollleuchte für ESP und ASR dauerhaft. Die Kontrollleuchte erlischt automatisch, wenn mit 15 bis 20 km/h eine Wegstrecke geradeaus gefahren wird. Dadurch wird der Geber für Lenkwinkel wieder aktiviert.

Arbeitsschritte nach Anklemmen der Batterie

■ Zündung mit dem Zündschlüssel einschalten und wieder ausschalten.

■ Fehlerspeicher auslesen: »Geführte Fehlersuche« mit dem Fahrzeugdiagnosegerät.

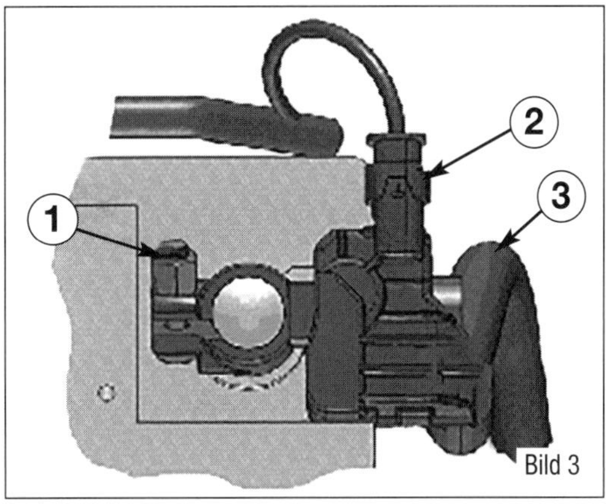

Bild 3

Bild 3
1 Mutter
2 Stecker Steuergerät zur Batterieüberwachung
3 Steuergerät zur Batterieüberwachung

■ Uhrzeiteinstellung prüfen, ggf. nach Bedienungsanleitung neu einstellen.

■ Zündung einschalten und mit Fensterheberschalter alle Fenster bis Endanschlag öffnen und wieder vollständig schließen.

■ Die Taster für die Fensterheber nach oben ziehen und mindestens eine Sekunde lang in dieser Stellung halten.

■ Anschließend bei geschlossenen Fenstern den Fensterheberschalter ziehen, bis das Relais hörbar schaltet.

■ Die Komfortschaltung der Fensterheber prüfen: Das Fenster muss bei betätigter Komfortschaltung ohne Halten des Schalters schließen.

■ Alle elektrischen Verbraucher auf Funktion prüfen.

Batterie aus- und einbauen

■ Batterie wie beschrieben abklemmen.

■ Je nach Ausstattung entweder die Wand des Batteriekastens oder die Vliestasche nach oben von der Batterie abziehen.

■ Die Befestigungsschraube abschrauben und den Befestigungsbügel herausnehmen.

■ Die Griffe nach oben klappen und die Batterie herausnehmen.

■ Einbau erfolgt sinngemäß in umgekehrter Reihenfolge.

Batterie anklemmen.

■ Die Schraubverbindungen mit den geforderten Anzugsdrehmomenten anziehen: Muttern an den Polklemmen 6 Nm, M8-Schraube am Klemmbügel 35 Nm.

■ Batterie nach dem Einbau auf festen Sitz prüfen.

Sichtprüfung Messen

Bild 4
1 Starter (Anlasser)
2 Doppelschraube
3 Masseleitung
4 Mutter
5 Steckverbindung
6 Mutter
7 Abdeckkappe
8 Klemme 30/B+
9 Mutter
10 Masseleitung
11 Halter für Leitungsstrang

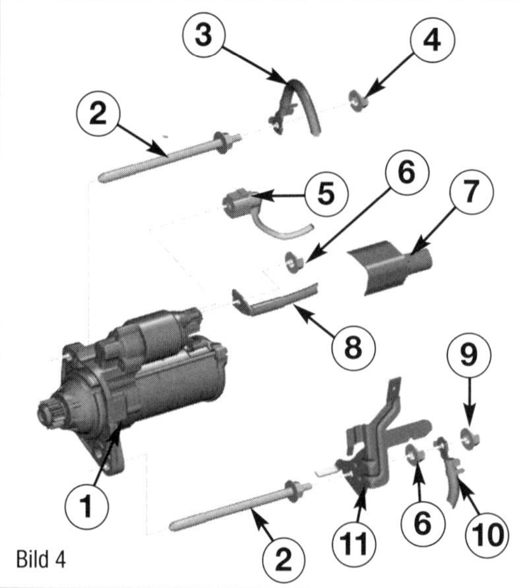

Bild 4

⚠ Bei einer lose montierten Batterie bestehen folgende Gefahren: Verkürzte Lebensdauer durch Rüttelschäden (Explosionsgefahr!), Schädigung der Gitterplatten, Beschädigung des Batteriegehäuses durch den Befestigungsbügel (möglicher Säureaustritt, hohe Folgekosten) und mangelhafte Crash-Sicherheit.

Starter (Anlasser) aus- und einbauen
Fahrzeuge mit Start-Stopp-System sind wegen der dadurch höheren Anforderung an den Anlasser mit einer modifizierten Ausführung ausgestattet. Diese muss beim Ersatz korrekt nach Ersatzteilbezeichnung im »Elektronischen Teile-Katalog – ETKA« beschafft werden. Die für Start-Stopp angepassten Bauteile (siehe auch die Batterie) sind nicht extra gekennzeichnet und unterscheiden sich äußerlich nicht oder kaum von herkömmlichen Anlassern.

Der Arbeitsablauf unterscheidet sich für die unterschiedlichen Motorvarianten kaum voneinander. Wir stellen Ihnen im Rahmen dieses Buches eine allgemeingültige Anweisung zur Verfügung, die sich allerdings in kleinen Nuancen unterscheiden kann (Bild 4).
- Batterie wie beschrieben abklemmen.
- Unterdruckschlauch entriegeln und abziehen, die Motorabdeckung nach oben aus ihrer Gummilagerung ziehen und nach vorn abnehmen.
- Luftfiltergehäuse ausbauen, Schutzkappe (Abschirmkappe) nach vorn vom Magnetschalter herunter schieben.
- Die Plusleitung (8 im Bild 4) abschrauben und die Steckverbindung der Klemme 50 trennen.
- Die Masseleitung (3) von der oberen Befestigungsschraube des Anlassers abschrauben und die Schraube herausdrehen.
- Geräuschdämpfung wie schon beschrieben ausbauen.
- Mutter von der unteren Befestigungsschraube (2) des Anlassers abschrauben und den Leitungshalter (11) abnehmen.
- Die untere Befestigungsschraube des Anlassers herausdrehen und den Anlasser nach unten aus dem Fahrzeug nehmen.

Der Einbau erfolgt sinngemäß in umgekehrter Reihenfolge.

Generator aus- und einbauen
Im Octavia finden sich zwei typische Generatorbauweisen. Die Befestigung macht den Unterschied. Der stirnseitig befestigte Generator (Bild 5) ist mit zwei Befestigungsschrauben am Motor montiert und wird über seine Riemenscheibe per Keilrippenriemen vom Motor angetrieben. Der seitlich befestigte Generator (Bild 6) ist mit vier Befestigungsschrauben befestigt. Der Antrieb erfolgt auch hier über einen Keilrippenriemen. An der Rückseite des Generators ist ein Spannungsregler angeschraubt. Die Hauptanschlussleitung (B+-Leitung) des Drehstromgenerators (»Lichtmaschine«) ist ebenfalls an die Generatorrückseite geschraubt. Wenn sie nicht mit dem angegebenen Anzugsdrehmoment befestigt wird, bestehen die folgenden Gefahren: Die Batterie wird nicht vollständig geladen, es kommt zum Komplettausfall der Fahrzeugelektrik/-elektronik (»Liegenbleiber«), es besteht Brandgefahr aufgrund von Funkenbildung und es kann zu Schäden durch Überspannungen an elektronischen Bauteilen und Steuergeräten kommen. Deshalb die Befestigungsmutter der B+-Leitung unbedingt mit dem richtigen Drehmoment von 15 Nm festziehen.

⚠ Beschädigungsgefahr an Klimakompressor, Kältemittelleitungen und -schläuche nicht überdehnen, knicken oder verbiegen.

Ausbau des Generators
- Masseleitung an der Batterie bei ausgeschalteter Zündung abklemmen.

■ Keilrippenriemen ausbauen.
■ Spannvorrichtung für Keilrippenriemen ausbauen.

Fahrzeuge mit TDI-Motoren:
■ Kraftstofffilter ausbauen.

Fortsetzung für alle Fahrzeuge:
■ Geräuschdämpfung ausbauen.
■ Keilrippenriemen ausbauen.
■ Lüfterzarge mit Kühlerlüftern ausbauen.

Fahrzeuge mit Klimaanlage:
■ Klimakompressor vom Halter abbauen.
■ Klimakompressor so am Schlossträger befestigen, dass die Kältemittelleitungen entlastet sind.

1,8-l-TSI-Motor:
■ Schlauchschellen lösen, Schrauben an den Haltern herausdrehen und Luftführungsschlauch zum Turbolader ausbauen.

TDI und 1,0-l-, 1,4-l-TSI und 1,5-l-TSI-Motor:
■ Spannrolle für den Keilrippenriemen ausbauen.

1,2-l-TSI-Motor:
■ Die Umlenkrolle am Zylinderblock auf der Riemenscheibenseite ausbauen.

Fortsetzung für alle Fahrzeuge:
■ Abschirmkappe von der Befestigungsmutter der B+-Leitung (5 im Bild 5 oder Bild 6) abziehen und die Mutter herausschrauben.

Fahrzeuge mit auf der Stirnseite befestigtem Drehstromgenerator:
■ Die Schrauben (2) herausdrehen.

Tipp: Klemmt der Drehstromgenerator (1) in seinem Halter, Schrauben wieder bis auf zwei Umdrehungen eindrehen. Vorsichtig mit der flachen Hammerseite auf die Schraubenköpfe schlagen. Dadurch lösen sich die Schiebebuchsen der Generatorbefestigung.

Fahrzeuge mit seitlich befestigtem Drehstromgenerator:
■ Die Schrauben (6 im Bild 6) herausdrehen.

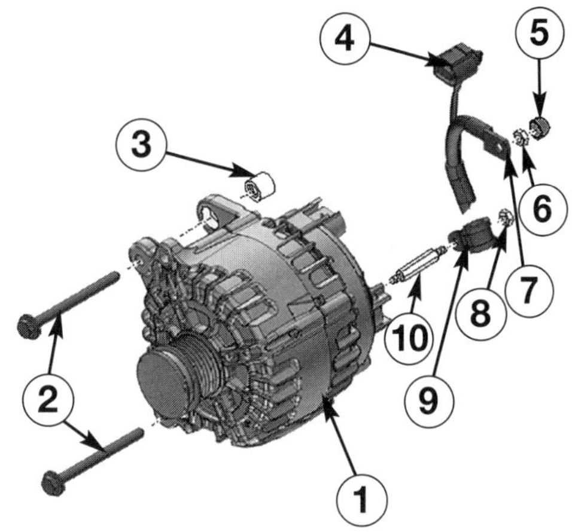

Bild 5

Bild 5
Stirnseitig befestigter Drehstromgenerator.
1 Generator
2 Schraube
3 Schiebebuchse
4 elektrische Steckverbindung
5 Blende
6 Mutter
7 Klemme 30/B+
8 Mutter
9 Leitungsschelle
10 Bolzen

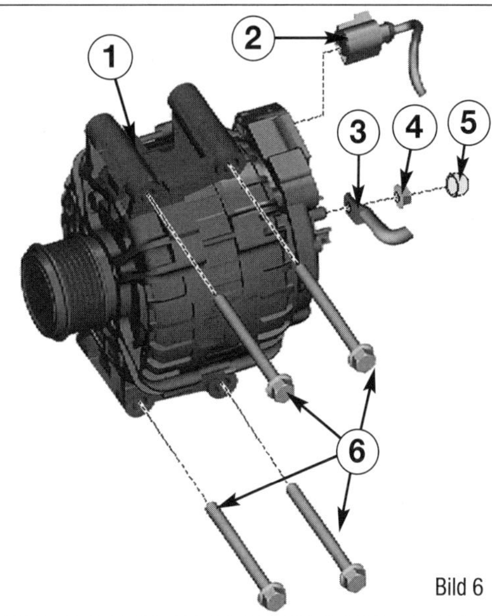

Bild 6

Bild 6
Seitlich befestigter Drehstromgenerator.
1 Generator
2 Stecker
3 Klemme 30/B+
4 Mutter
5 Blende
6 Schrauben

■ Drehstromgenerator nach unten herausnehmen.
■ Elektrische Steckverbindung (3) trennen.
■ Abdeckkappe (2) abhebeln.
■ Mutter abschrauben und Klemme 30/B+ (4) abnehmen.
■ Drehstromgenerator (1) nach unten rechts herausnehmen.

Der Einbau erfolgt sinngemäß in umgekehrter Reihenfolge, dabei bitte Folgendes beachten:
■ Zum leichteren Ansetzen des Drehstromgenerators die Schiebebuchsen der Generatorbefestigung etwas zurücktreiben.

Tipp: Schwergängige Schiebebuchsen der Generatorbefestigung müssen gängig

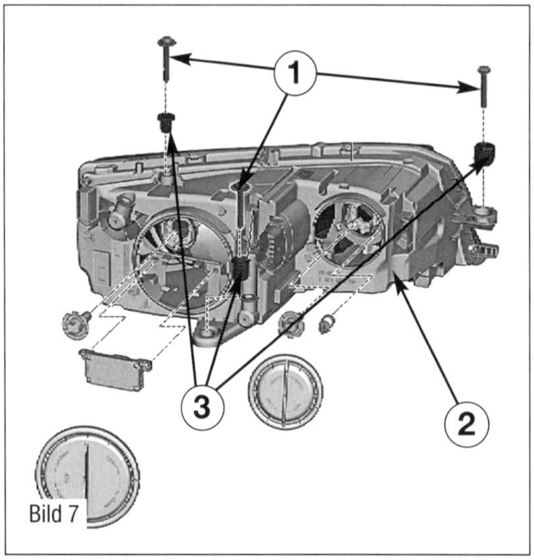

Bild 7
Scheinwerferbefestigung
Ansicht von hinten.
1 Schraube
2 Scheinwerfergehäuse
3 Einstellelemente

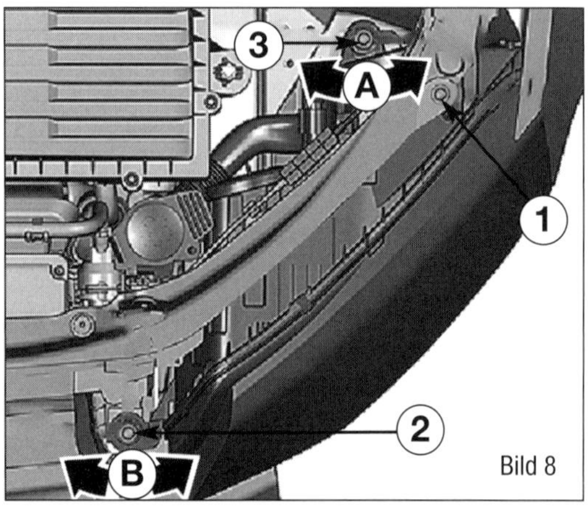

Bild 8
Scheinwerfer bis zur
KW 05.2017.
1 Schraube außen
2 Schraube vorne
3 Schraube unten
A Einstellelement unten
B Einstellelement vorne

gemacht werden, da sonst die Klemmkraft der Schiebebuchsen trotz richtigem Drehmoment zu gering ist.

- Batterie anklemmen.
- Nach fertiggestellter Arbeit immer Motor starten und Riemenlauf kontrollieren.

Scheinwerfer aus- und einbauen

- Zündung und alle elektrischen Verbraucher ausschalten.
- Stoßfänger vorn ausbauen.
- Schrauben (1, 2 und 3 im Bild 8 beziehungsweise Bild 9) herausdrehen.

☞ Aufgrund der unterschiedlichen Schraubenlängen die Einbaulage der Schrauben kennzeichnen.

- Den Scheinwerfer vorsichtig nach vorn herausschieben, dabei den elektrischen Anschlussstecker abziehen.

Der Einbau erfolgt sinngemäß in umgekehrter Reihenfolge.

- Scheinwerfer nach den Konturen der Karosserie ausrichten und leicht mit Schrauben befestigen.
- Stoßfänger einbauen.
- Durch Drehen (Pfeil A oder B) der Einstellelemente (3 im Bild 7) wird der Scheinwerfer verschoben und hierdurch auch an die umliegenden Karosserieteile eingepasst.

Nebelscheinwerfer aus- und einbauen

»Serien«-Nebelscheinwerfer

☞ Der Scheinwerfer wird für den Wechsel der Leuchtmittel ausgebaut.

Bis KW 05.2017:

- Montagewerkzeug »T10389« in die Öffnung im Gitter (Pfeil 3 im Bild 10) einlegen, Gitter (2) nacheinander aus den Verrastungen ausclipsen und herausnehmen.
- Schrauben (3 im Bild 11) herausdrehen.

☞ Bei Verwendung des Hebelwerkzeugs die Stellen, wo das Hebelwerkzeug angesetzt wird, mit handelsüblichem Klebeband abkleben.

- Mit einem Schraubendreher die Verrastung Pfeil (6) lösen und Scheinwerfer in Pfeilrichtung (4) herausnehmen.
- Die Steckverbindung hinten trennen.

Ab KW 06.2017:

- Gitter vorne unter dem Scheinwerfer lösen und zur Mitte hin herausziehen und abnehmen.
- Die drei Halteschrauben herausdrehen.
- Die Leuchte nach außen ausschwenken und herausnehmen.
- Die Steckverbindung hinten trennen.

Der Einbau erfolgt sinngemäß in umgekehrter Reihenfolge.

- Funktion des Scheinwerfers prüfen.
- Nebelscheinwerfereinstellung prüfen und ggf. einstellen.

»Octavia Scout«-Nebelscheinwerfer

- Abdeckung (2 im Bild 12) über dem Nebelscheinwerfer ausclipsen.
- Schrauben (Pfeile) herausdrehen und Nebelscheinwerfer (1) herausnehmen.
- Die Steckverbindung hinten trennen.

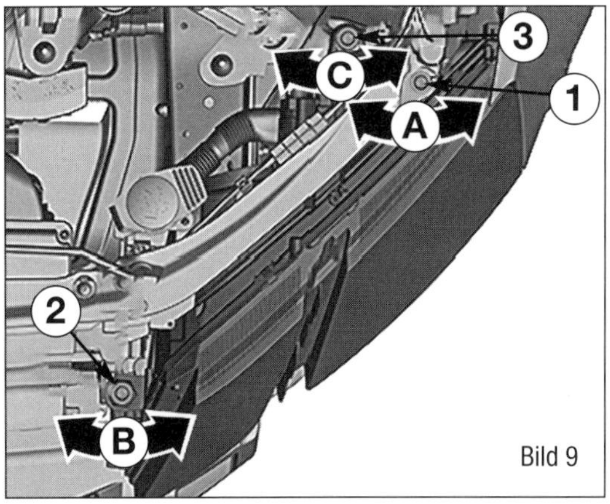

Bild 9

Bild 9
Scheinwerfer ab KW 06.2017.
1 Schraube außen
2 Schraube vorne
3 Schraube unten
A Einstellelement unten
B Einstellelement vorne

Der Einbau erfolgt sinngemäß in umgekehrter Reihenfolge.
- Funktion des Scheinwerfers prüfen.
- Nebelscheinwerfereinstellung prüfen und ggf. einstellen.

»Octavia RS«-Nebelscheinwerfer
- Stoßfänger vorn ausbauen.

Fahrzeuge ohne Standheizung:
- Radhausschale vorn rechts ausbauen.
- Schrauben (Pfeile im Bild 13) herausdrehen.
- Steckverbindungen (2) trennen und Scheinwerfer (1) herausnehmen.

Der Einbau erfolgt sinngemäß in umgekehrter Reihenfolge.
- Funktion des Scheinwerfers prüfen.
- Nebelscheinwerfereinstellung prüfen und ggf. einstellen.

Scheinwerfer einstellen

Achten Sie auf die folgenden Vorbereitungsschritte:
1. Der Reifendruck muss in Ordnung sein.
2. Die Scheinwerferscheiben dürfen weder beschädigt noch verschmutzt sein.
3. Reflektoren und Glühlampen sind intakt.
4. Die Fahrzeugbelastung muss hergestellt sein.
5. Das Fahrzeug muss einige Meter gerollt bzw. vorn und hinten mehrmals durchgefedert werden, damit sich die Federn setzen.
6. Das Fahrzeug und Scheinwerfer-Einstellgerät müssen auf einer ebenen Fläche stehen, eingestellt und ausgerichtet sein.

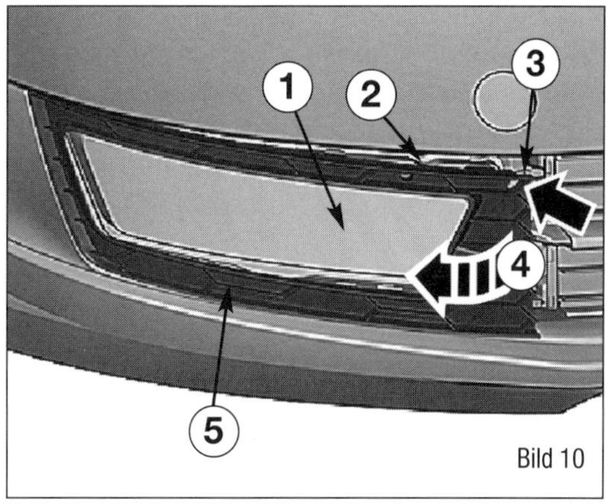

Bild 10

Bild 10
Nebelscheinwerfer vorne.
1 Scheinwerfer
2 Zugang zur Einstellschraube
3 Öffnung
4 Bewegungsrichtung zum Herausnehmen
5 Gitter

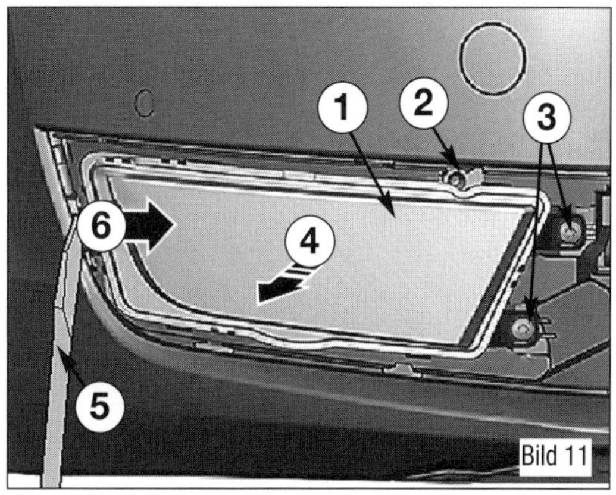

Bild 11

Bild 11
Nebelscheinwerfer vorne.
1 Scheinwerfer
2 Einstellschraube
3 Schrauben
4 Bewegungsrichtung zum Herausnehmen
5 Schraubendreher
6 Pfeil Verrastung

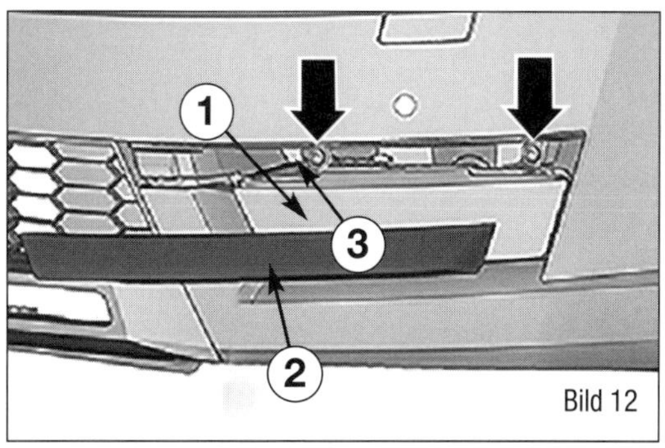

Bild 12

Bild 12
Scheinwerfer »Scout«.
1 Nebelscheinwerfer
2 Abdeckung
3 Einstellschraube Höheneinstellung
Pfeile = Befestigungsschraube

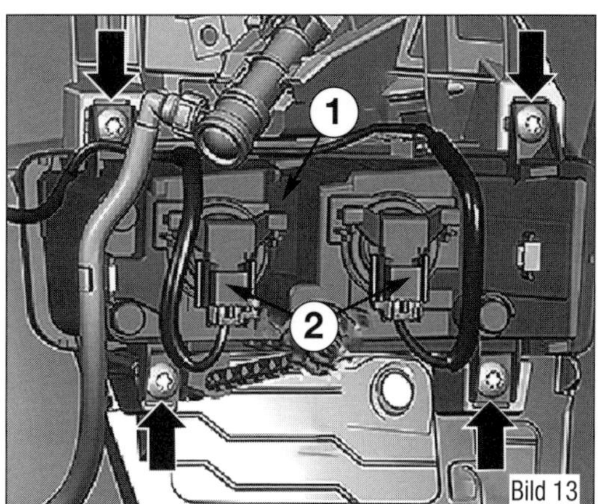

Bild 13

Bild 13
Nebelscheinwerfer »RS«.
1 Nebelscheinwerfer Leuchte
2 Steckkontakte
Pfeile = Schrauben

■ Scheinwerferhöhenverstellung prüfen (soweit noch vorhanden), indem die maximale Stufe eingestellt und dabei das Licht der Scheinwerfer beobachtet wird.
■ Anschließend das Rändelrad für die Leuchtweitenregelung, falls vorhanden, in Position »0« stellen.

Belastung:
Mit einer Person oder 75 kg auf dem Fahrersitz bei sonst unbelastetem Fahrzeug (Leergewicht). Das Leergewicht ist das Gewicht des betriebsfertigen Fahrzeugs mit vollständig gefülltem Kraftstoffbehälter (mindestens 90%), einschließlich des Gewichts aller im Betrieb mitgeführten Ausrüstungsteile (z. B. Reserverad, Werkzeug, Wagenheber, Feuerlöscher usw.). Ist der Kraftstoffbehälter nicht zu mindestens 90% gefüllt, Belastung wie folgt herstellen:
■ Füllstand des Kraftstoffbehälters an der Kraftstoffvorratsanzeige ablesen. Zusatzgewicht anhand der nachstehenden Tabelle ermitteln und Gewicht in den Kofferraum legen.

Füllstand der Kraftstoffvorratsanzeige	Zusatzgewicht in kg
1/4	30
1/2	18
3/4	7
Voll	0

Einstellung Scheinwerfer vorne
In der Blende oberhalb des Scheinwerfers sind Neigungsmaßangaben in »%« eingeprägt. Nach diesen Angaben müssen die Scheinwerfer eingestellt werden. Die Prozentangabe ist auf 10 m Projektionsabstand bezogen. Bei einem Neigungsmaß von z. B. 1,0% sind das umgerechnet 10 cm.

Führen Sie Grundeinstellung der Leuchtweitenregelung durch und löschen Sie den Fehlerspeicher.
■ Drehen Sie zuerst zur Höhenverstellung der Hell-Dunkel-Grenze die Einstellschraube (2).
■ Danach müssen Sie die Seitenverstellung prüfen und gegebenenfalls mit der Einstellschraube (1) korrigieren.

Einstellung Nebelscheinwerfer
Das Neigungsmaß für Nebelscheinwerfer beträgt 2,0%. Das Neigungsmaß für Scheinwerfer mit Halogenlampen beträgt 1,0%.
Die Hell-Dunkel-Grenze der Nebelscheinwerfer stellt eine gerade Linie dar.
■ Verdrehen Sie zum Verstellen der Leuchtweite die Einstellschraube unter dem Scheinwerfer.
■ Eine Seitenverstellung ist nicht vorgesehen.

Blinkleuchte und Einstiegsleuchte im Außenspiegel

Die Lampen für die Blinkleuchte im Außenspiegel (Seitenblinkleuchte) sind in den Gehäusen der Außenspiegel eingebaut. Außerdem befindet sich in den Außenspiegelgehäusen je eine Einstiegsleuchte, die im Dunkeln den Bereich des Einstiegs um die geöffnete Fahrer- bzw. Beifahrertür beleuchtet.

Fehlererkennung und Fehleranzeige
Die Bordnetzsteuerung ist mit einer Eigendiagnose ausgestattet, die die Fehlersuche erleichtert. Zur Fehlersuche ist ein Diagnosetester (VAS 5051A) in der Betriebsart »Geführte Fehlersuche« zu verwenden.

Blinkleuchte im Außenspiegel
Die Lampe für Blinkleuchte im Außenspiegel ist fest in das Gehäuseunterteil des linken bzw. rechten Außenspiegels eingebaut und nicht zerlegbar. Das Ersetzen der LED-Leuchtmittel ist nicht möglich. Im Schadensfall muss die Blinkleuchte (1 im Bild 16) ersetzt werden.
■ Zündung und alle elektrischen Verbraucher ausschalten und den Zündschlüssel abziehen.
■ Hebeln Sie das Spiegelglas ab.
■ Rasthaken (Pfeile 3 im Bild 14) entriegeln.
■ Abdeckung außen (1) vom Spiegelgrundträger nach vorne in Pfeilrichtung (4) abziehen.
■ Schrauben (5) herausdrehen.
■ Verrastung (6) abdrücken und den Abdeckrahmen (2) abnehmen.
■ Die Fassung mit Lampe für die Einstiegsleuchte (5) herausnehmen.
■ Verrastungen (Pfeile 4 im Bild 15) abdrü-

cken und Abdeckung (2) etwas absenken.
- Die untere Abdeckung (2) durch Herausschieben aus der Verrastung in Pfeilrichtung (3) lösen.
- Die Steckverbindung trennen.
- Verrastung (Pfeil 3 im Bild 16) abdrücken und Seitenblinkleuchte (1) aus der unteren Abdeckung (2) herausschieben.

Einbau erfolgt sinngemäß in umgekehrter Reihenfolge.

Glühlampe der Einstiegsleuchte im Außenspiegel ersetzen
(Glassockellampe: 12V, 5W)
- Zündung und alle elektrischen Verbraucher ausschalten und den Zündschlüssel abziehen.
- Hebeln Sie das Spiegelglas ab.
- Rasthaken (Pfeile 3 im Bild 14) entriegeln.
- Abdeckung außen (1) vom Spiegelgrundträger nach vorne in Pfeilrichtung (4) abziehen.
- Schrauben (5) herausdrehen.
- Verrastung (6) abdrücken und den Abdeckrahmen (2) abnehmen.
- Die Fassung mit Lampe für die Einstiegsleuchte (5) herausnehmen und die Glühlampe herausziehen und ersetzen.

Der Einbau erfolgt sinngemäß in umgekehrter Reihenfolge. Nach dem Einbau ist eine Funktionsprüfung der Außenspiegel durchzuführen.

Rückleuchten im Seitenteil aus- und einbauen

Die Vorgehensweise für die unterschiedlichen Bauformen ist ähnlich.

Fehlererkennung und Fehleranzeige
Die Bordnetzsteuerung ist mit einer Eigendiagnose ausgestattet, die die Fehlersuche erleichtert. Zur Fehlersuche ist ein Diagnosetester (VAS 5051A) in der Betriebsart »Geführte Fehlersuche« zu verwenden.

Ausbau der Rückleuchte im Seitenteil
- Zündung und alle elektrischen Verbraucher ausschalten und den Zündschlüssel abziehen.

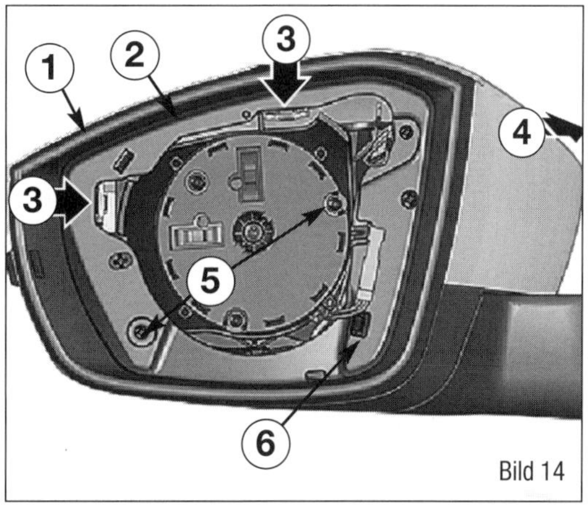

Bild 14
Rückspiegel Abdeckungen lösen.
1 Abdeckung außen
2 Abdeckrahmen
3 Verrastungen Rahmen
4 Bewegungsrichtung zum Abnehmen der Abdeckung außen
5 Schrauben
6 Verrastung

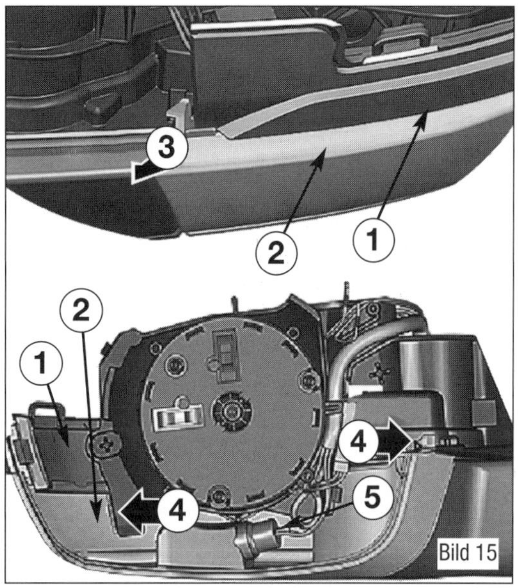

Bild 15
Blinkleuchte und Einstiegsleuchte im Rückspiegel.
1 LED-Blinkleuchte
2 Abdeckung unten
3 Bewegungsrichtung zum Abnehmen der Abdeckung außen unten
4 Verrastung der Abdeckung außen unten
5 Lampe der Einstiegsleuchte

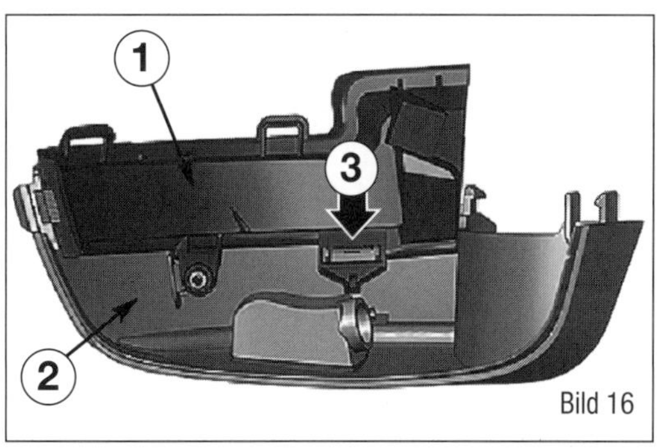

Bild 16
Abdeckung unten außen mit Blinkleuchte LED.
1 LED-Blinkleuchte
2 Abdeckung unten
3 Verrastung

- Abdeckung (1 im Bild 17) zur Mitte hin an der Rückleuchte vorsichtig abhebeln.
- Befestigungsschrauben (3 im Bild 18) herausdrehen.
- Elektrische Steckverbindung trennen.
- Schlussleuchte (1) nach hinten abnehmen.

Der Einbau erfolgt sinngemäß in umgekehrter Reihenfolge.

Bild 17
Rückleuchte im Seitenteil.
1 Abdeckung an der Leuchte
2 Haltenase an der Abdeckung

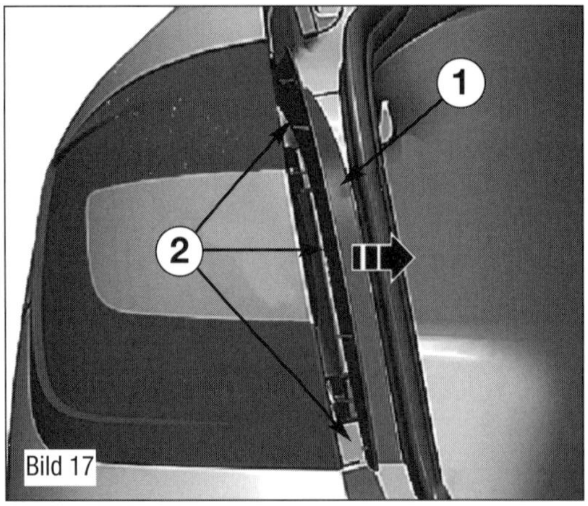

Bild 18
Rückleuchte im Seitenteil.
1 Rücklicht
2 Steckverbindung
3 Schraube
Pfeil = Bewegungsrichtung zur Demontage

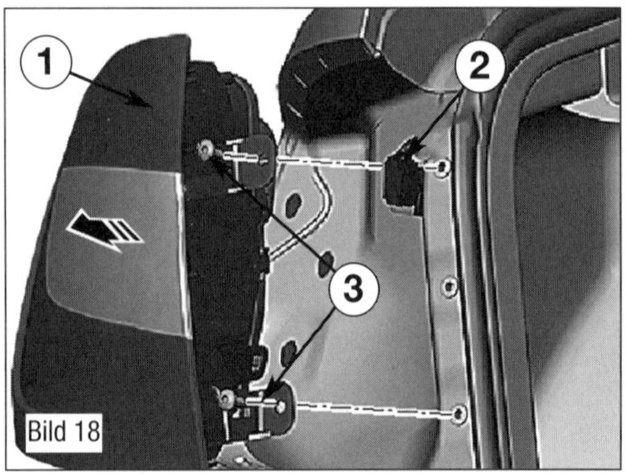

■ Nach dem Einbau die Funktionen und die Spaltmaße der Schlussleuchte zur Karosserie kontrollieren.

Glühlampe der Rückleuchte ersetzen

■ Schlussleuchte Karosserie ausbauen.
■ Zum Ausbau der Glühlampe die Fassung nach links drehen und mit der Glühlampe herausnehmen.
■ Abdeckung (4) von der Schlussleuchte abnehmen.

Der Einbau erfolgt sinngemäß in umgekehrter Reihenfolge.
■ Nach dem Einbau ist eine Funktionsprüfung der Beleuchtung durchzuführen.

Hochgesetzte Bremsleuchte

Die hochgesetzte Bremsleuchte ist mit Leuchtdioden bestückt, die nicht einzeln ersetzbar sind.

■ Zündung und alle elektrischen Verbraucher ausschalten.
■ Die obere Heckklappenverkleidung ausbauen.

Bild 19
Dritte Bremsleuchte.
1 Blechschellen
2 Dritte Bremsleuchte
3 Umlaufende Dichtung
4 Arretierleisten
A Bewegungsrichtung zum Aufsetzen
B Bewegungsrichtung zum Sichern
C Sitz der Blechschellen

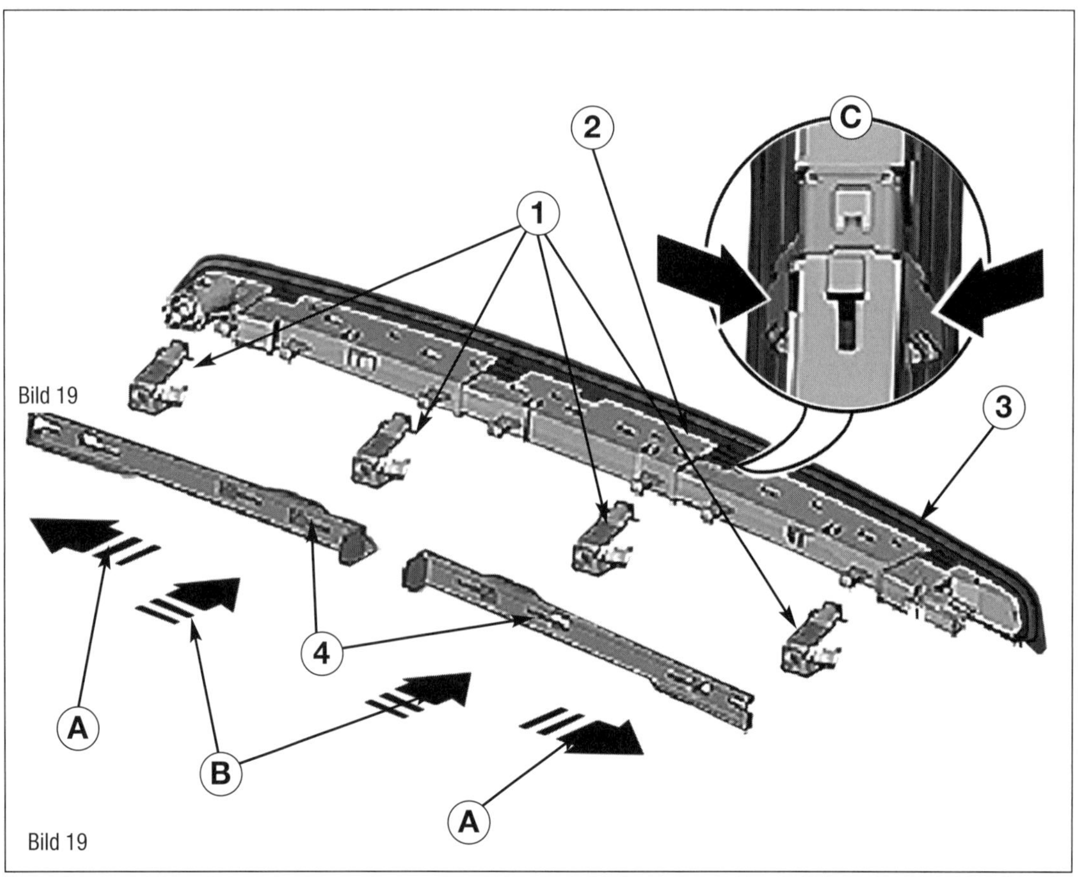

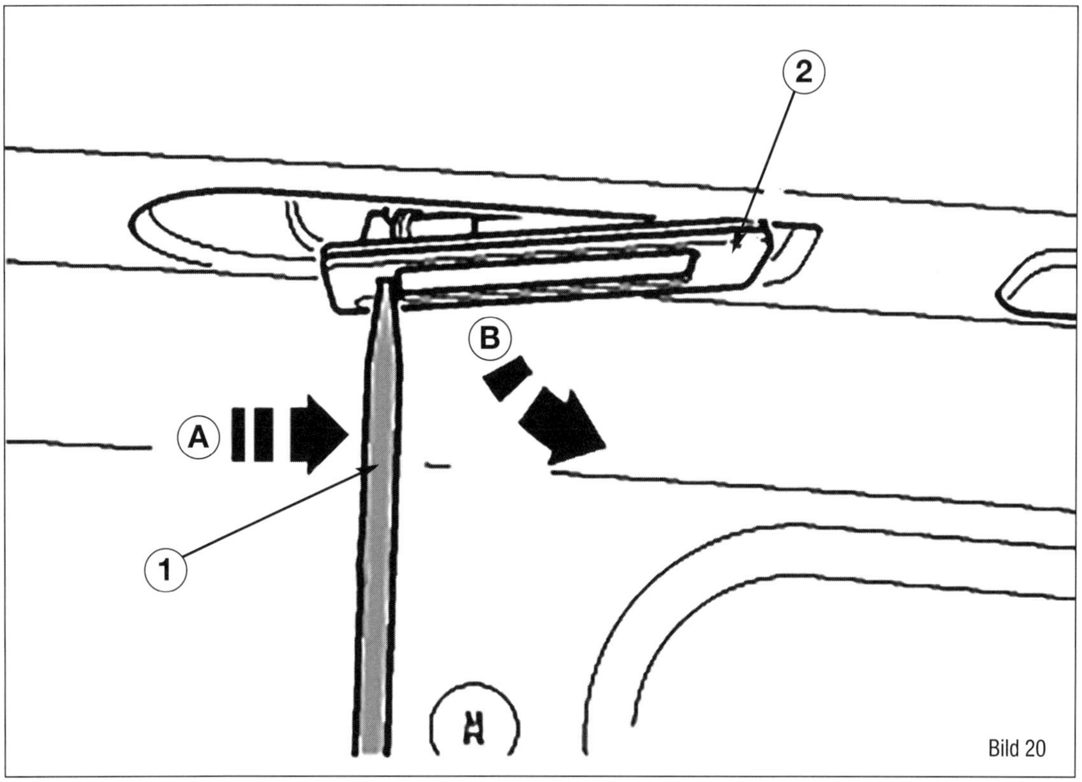

Bild 20
Kennzeichenleuchte.
1 Schraubendreher
2 Kennzeichenleuchte
A Bewegungsrichtung zum Verschieben
B Bewegungsrichtung zum Ausschwenken

■ Die Leisten (4 in Bild 19) gegen die Pfeilrichtung (A)verschieben und aus der Bremsleuchte gegen die Pfeilrichtung (B) herausnehmen.
■ Blechschellen (1) mit einem Schraubendreher ausheben und herausnehmen.
■ Leuchte vom Rand kräftig langsam und vorsichtig aus der Montageöffnung drücken.
■ Bremsleuchte (2) von hinten aus der Montageöffnung herausdrücken.
■ Steckverbindung trennen.
■ Anschluss der Scheibenwaschanlage durch Drehen der Klammer entriegeln und abziehen.

Die Montage erfolgt sinngemäß in umgekehrter Reihenfolge.
■ Die neue Dichtung muss noch vor dem Aufsetzen der Blechschellen montieren.
Die umlaufende Leuchtendichtung ist aufgrund perfekter Dichtigkeit an der Karosserie angeklebt.
■ Die Blechschellen (1) zurück auf die Bremsleuchte aufstecken. Die Blechschellen müssen so aufgesetzt werden, dass die Nasen an den Schellenenden unter die Kante am Glas der Bremsleuchte eingreifen.

Kennzeichenleuchten

■ Zündung und alle elektrischen Verbraucher ausschalten.
■ Leuchte (2 im Bild 20) beispielsweise von Hand oder mit einem Schraubendreher (1) ein wenig in Pfeilrichtung (A) verschieben.
■ Die Leuchte dann in Pfeilrichtung (B) ausschwenken und herausnehmen.
■ Den Stecker von der Leuchte abziehen.

Die Montage erfolgt sinngemäß in umgekehrter Reihenfolge.
Der Stecker soll sich auf der rechten Fahrzeugseite befinden.
■ Funktionsprüfung durchführen.

Bei Ersatz der Kennzeichenleuchte mit Glühlampen durch eine Leuchte mit LED-Leuchtmitteln muss mit dem Fahrzeugdiagnosetester über die Funktionen des Bordnetzsteuergeräts die Anpassung der Kennzeichenleuchten durchgeführt werden. So wird eine Fehlermeldung im Display verhindert.

Sichtprüfung Messen

15 Stromlaufpläne

Sicherungen und Sicherungshalter

Damit Sie die Elektrik Ihres Autos einfach, zuverlässig und sicher nutzen können, gibt es Schaltstellen, Leitungsstränge und Sicherheitsvorkehrungen. Prüfen Sie vor jeder Fehlersuche immer die verbauten Sicherungen (Bild 1). Überprüfen Sie auch, ob die Sicherungsbelegung bei Ihrem Fahrzeug identisch ist (siehe Fahrerhandbuch). Herstellerbedingt werden zwar bestimmte Belegungen ausgewählt, diese aber müssen nicht unbedingt Ihrer Variante entsprechen. Schließlich werden oft genug Ausstattungsvarianten ergänzt und erweitert. In den meisten Fällen erkennen Sie schon an der verbauten Sicherungsstärke, um welche Anschlussvariante es sich handelt. Vergessen Sie nicht, dass viele »Kleinsicherungen« durchaus im Sicherungskasten »A« zusätzlich abgesichert sein können! Solche Sicherungen werden auch »Vorsicherung« genannt. Die freien Sicherungsplätze und ihre Schaltfunktionen können sehr hilfreich bei der Erweiterung der Ausrüstung Ihres Octavia sein.

Die E-Box im Motorraum (SA und SB)
Ganz links neben der Batterie. Hier sind die Halter A und B mit den Sicherungen SA und SB sowie eine Reihe von Relais untergebracht. SA bezeichnet die Plätze für die Vorsicherungen an der Stirnseite. SB beinhaltet kleinere Vorsicherungen und einige Relaissteckplätze.

Sicherungsträger im Fußraum (SC)
In der Schalttafel links (Fahrerseite) der Sicherungshalter C (Sicherungen SC). Er ist für die erste Überprüfung bei Störungen der elektrischen Anlage besonders wichtig, weil er die meisten jener Stecksicherungen enthält, die schnell zugänglich sein müssen. Dieser Sicherungshalter wird nach Abhebeln einer Abdeckung von der Stirnwand der Schalttafel zugänglich. Kunststoff-Demontagekeil oder einen kleinen Flachschraubendreher verwenden!
Die genaue Sicherungsbelegung ist von der Fahrzeugausstattung abhängig. Ein Schema ist als Aufkleber oder lose bei den Sicherungshaltern zu finden. Wir verweisen auf die aktuellen Belegungslisten in der Fahrzeugbedienungsanleitung. Sicherungen sind nach Steckplätzen nummeriert. Angegeben sind abgesicherter Verbraucher und der Stromstärke-Wert (in A), durch Farbe markiert.

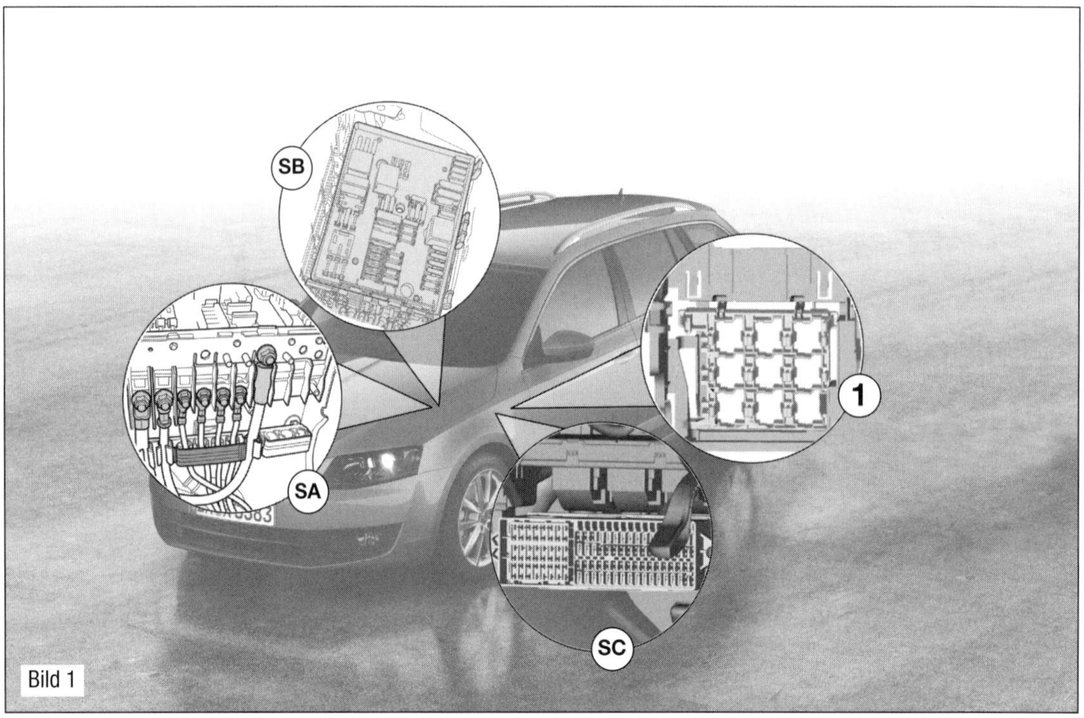

Bild 1

Bild 1
1 Relaisträger
SA Vorsicherungsträger
SB Vorsicherungen und Relais im Motorraum
SC Sicherungen im Fußraum am Bordnetzsteuergerät mit Relaisträger

Sicherungen im Sicherungshalter SA ausbauen

- Batterie abklemmen.
- Sicherungshalter B ausbauen.
- Sicherungsschiene (4 im Bild 2) nach oben aus dem Sicherungshalter B herausnehmen.
- Befestigungslasche (1) entriegeln (Pfeil) und Sicherungshalter A (2) nach unten aus dem Sicherungshalter B (3) herausnehmen.

Der Einbau erfolgt in umgekehrter Reihenfolge.

Sicherungshalter SB ausbauen

- Masseleitung an der Batterie bei ausgeschalteter Zündung abklemmen.
- Entriegelungstasten drücken und den Deckel für die E-Box Motorraum abnehmen.
- Mit einem Schraubendreher die Befestigungslasche (2 im Bild 3) entriegeln.
- Abdeckung vorn (1) nach oben abziehen.
- Für den Wiedereinbau die elektrischen Leitungen an den Verschraubungen kennzeichnen (siehe Bild 4).
- Muttern (1, 2, 4, 5, 6 im Bild 4) abschrauben.
- Schraube (3) herausdrehen.
- Elektrische Leitungen freilegen (Pfeil).
- Verrastungen (je zwei rechts, hinten und links) entriegeln Sicherungshalter B (3 im Bild 2) abnehmen und zur Seite legen.

Der Einbau erfolgt sinngemäß in umgekehrter Reihenfolge.

Relaisträger und Sicherungshalter SC ausbauen

- Zündung und alle elektrischen Verbraucher ausschalten und den Zündschlüssel abziehen.
- Masseleitung an der Batterie bei ausgeschalteter Zündung abklemmen.
- Schalttafel ausbauen (Armaturentafel komplett).
- Befestigungslasche (2, 4) entriegeln (Pfeile A).
- Sicherungshalter C (3) nach hinten aus dem Halter (1) herausziehen (Pfeil B).
- Elektrische Leitungen abbauen.

Die genaue Belegung dem gültigen Stromlaufplan entnehmen. Eventuell Fotos von der Belegung anfertigen.

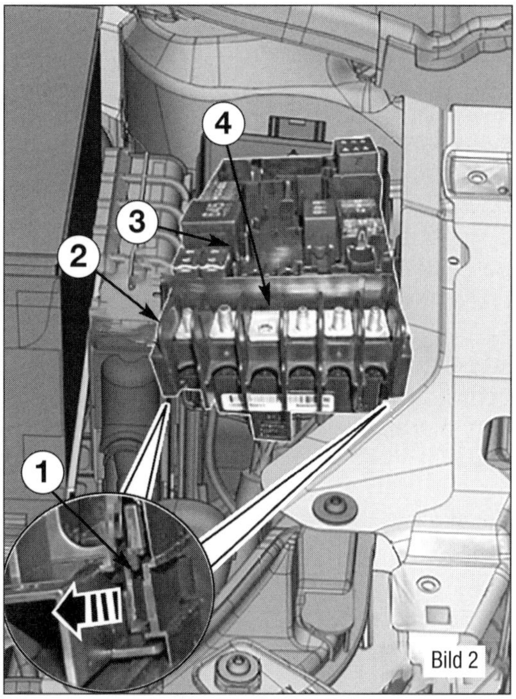

Bild 2
Sicherungsträger A (SA).
1 Befestigungslasche
2 Sicherungshalter A
3 Sicherungshalter B
4 Sicherungsschiene
Pfeil = Entsicherungsrichtung

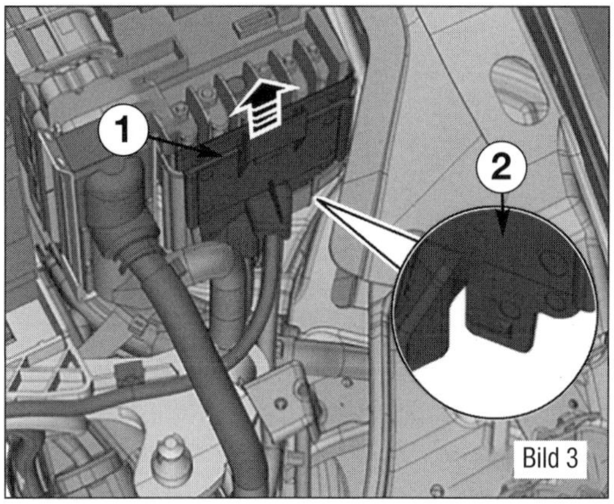

Bild 3
Sicherungsträger B (SB).
1 Abdeckung
2 Befestigungslasche
Pfeil = Bewegungsrichtung zur Demontage

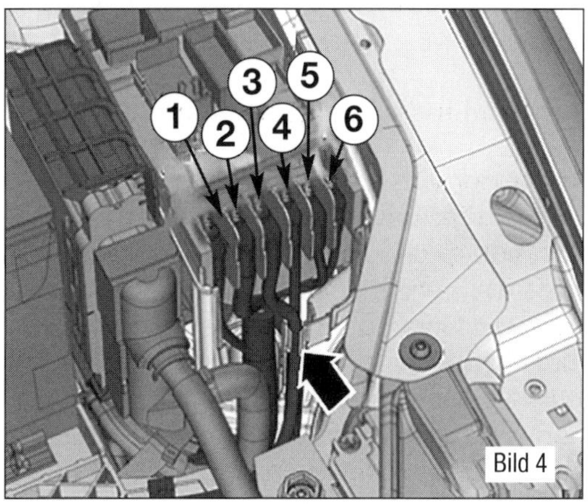

Bild 4
Sicherungsträger B (SB).
1-6 Muttern zur Befestigung

Der Einbau erfolgt sinngemäß in umgekehrter Reihenfolge.

Sichtprüfung Messen

Kabelfarben und Kabelquerschnitt

Kabelfarbe
Im Schaltplan werden die Informationen über die Kabelfarbe und die Kabelstärke angegeben. Die Farben werden als Kürzel dargestellt. Farbangaben in Kombination stellen Kabelkennzeichnungen mit einer Farblinie dar. Die Kabelbezeichnung sw/ws ist beispielsweise die Bezeichnung für ein schwarzes Kabel mit einer weißen Linie. Die Grundfarbe des Kabels wird immer zuerst genannt.

Kürzel	Farbe
ws	Weiß
sw	Schwarz
ro	Rot
br	Braun
gn	Grün
bl	Blau
gr	Grau
li	Lila
ge	Gelb
or	Orange
rs	Rosa

Kabelquerschnitt
Auch der Kabel-(Leitungs-)Querschnitt ist im Schaltplan angegeben. Er wird durch eine Zahl über der Angabe der Kabelfarbe dargestellt. Beim Suchen der entsprechenden Anschlusskabel kann das die Arbeit sehr erleichtern.

Kabelinstandsetzungsarbeiten

Reparatur von Airbag- und Gurtstrafferleitungen
Das Airbag- und Gurtstraffersystem kann ausfallen. Fehlerhafte Reparaturen am Airbag- und Gurtstrafferleitungsstrang können zur Fehlfunktion des Insassenschutzes führen. Bei Reparaturen am Airbag- und Gurtstrafferleitungsstrang dürfen nur die dafür vorgesehenen Kontakte, Stecker und Leitungen verwendet werden. Leitungen des Airbag- und Gurtstrafferleitungsstrangs dürfen nur mit dem Leitungsstrang-Reparaturset (VAS 1978 B) und den Vorgängern repariert werden.

⚠ Bei Reparaturen an Leitungen des Airbag- und Gurtstraffersystems dürfen maximal zwei Reparaturstellen ausgeführt werden. Reparaturstellen erhöhen den elektrischen Widerstand in der Leitung und können Fehler in der Eigendiagnose des Systems auslösen. Bei Reparaturen am Airbag- oder Gurtstrafferleitungsstrang müssen die Quetschverbinder grundsätzlich geschrumpft werden, um Korrosion zu verhindern.

☞ Wickeln Sie die Reparaturstelle nicht wieder in den fahrzeugeigenen Leitungsstrang ein und kennzeichnen Sie die Reparaturstelle gut sichtbar mit gelbem Isolierband. Reparaturen im Bereich von Airbag oder Gurtstraffer sollten maximal 30 cm vom nächsten Kontaktgehäuse entfernt ausgeführt werden. Zusammen mit der Kennzeichnung durch das gelbe Isolierband ermöglicht diese Vorgehensweise einen schnellen Überblick über vorangegangene Reparaturen. Die Leitungen zu den Auslöseeinheiten (Airbags) haben in der Serie die Verdrillung mit der Schlaglänge 20 mm ±5. Diese Schlaglänge ist für die Serienfertigung über Normteilnummern für die Leitungspaare sichergestellt und muss bei den Reparaturlängen der verdrillten Leitungen zwingend eingehalten werden. Bei Reparaturarbeiten müssen die Leitungen zu den Auslöseeinheiten (Airbags) die gleiche Länge aufweisen. Beim Verdrillen der Leitungen (1) und (2) muss die Schlaglänge von A = 20 mm ±5 zwingend eingehalten werden. Es darf dabei kein Leitungsstück, zum Beispiel im Bereich von Quetschverbindern (Pfeil), größer als B = 100 mm ohne Verdrillung der Leitungen entstehen (Bild 5).

Reparaturmöglichkeiten CAN-Bus
Als CAN-Busleitung wird eine ungeschirmte Zweidrahtleitung (1) und (2) mit einem Querschnitt von 0,35 mm^2 oder 0,5 mm^2 verwendet. Die Farbcodierungen der CAN-Busleitungen entnehmen Sie der folgenden Tabelle:

CAN-High-Leitung, Antrieb	Orange/Schwarz
CAN-High-Leitung, Komfort	Orange/Grün
CAN-High-Leitung, Infotainment	Orange/Violett
CAN-Low-Leitung, (alle)	Orange/Braun

Die Reparatur von CAN-Busleitungen kann sowohl mit Reparaturleitung in passendem Querschnitt als auch mit den gedrillten Leitungen »grün/gelb« bzw. »weiß/gelb« aus dem elektronischen Teilekatalog ausgeführt werden. Bei Reparaturarbeiten (wie im Bild 5) müssen beide Busleitungen die gleiche Länge aufweisen. Beim Verdrillen der Leitungen (1) und (2) muss die Schlaglänge von A = 20 mm eingehalten werden. Es darf dabei kein Leitungsstück, zum Beispiel im Bereich von Quetschverbindern (Pfeil), größer als B = 50 mm ohne Verdrillung der Leitungen entstehen. Versehen Sie die Reparaturstelle mit gelbem Klebeband, um eine vorangegangene Reparatur zu kennzeichnen.

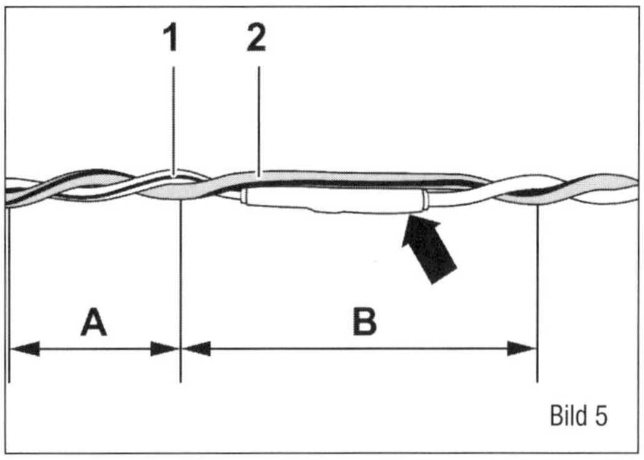

Bild 5

Bild 5
Reparaturstelle mit Abdichtung.
1 Leitung,
2 Leitung,
A Schlaglänge 20mm,
B Reparaturstelle bis 50 mm

Messgeräte und Diagnosetester

Geeignete Messmittel in der Elektrik
Verwenden Sie nur geeignete Messmittel wie Multimeter und Mess- und Prüfsysteme. Prüflampen mit Glühlampe können Schäden in der Elektronik verursachen und können zudem keine Messwerte ausgeben.

Vorgaben zur Diagnose am Fahrzeug
Vor unseren Hinweisen zum Umgang mit den Stromlauf- oder Schaltplänen möchten wir, weil dazu ein enger Zusammenhang besteht, nochmals kurz auf das Fahrzeugdiagnose-, Mess- und Informationssystem eingehen. Wird das Diagnose- und Informationssystem während einer Prüf- oder Messfahrt im Aktionsbereich eines Airbags deponiert, besteht im Falle einer Airbag-Auslösung das Risiko von schweren bis tödlichen Verletzungen! Deshalb zu Prüf- oder Messfahrten stets einen Helfer mitnehmen, der auf einem Rücksitz das System bedient. Zum Anschließen des Diagnose- und Testsystems schreibt Skoda folgendes Vorgehen vor:

- Die Handbremse anziehen.
- Fahrzeug mit einem Erhaltungsladegerät versehen (Batterie laden).
- Bei Fahrzeugen mit Automatikgetriebe den Wählhebel in die Stellung »P« oder »N« bringen.
- Bei Fahrzeugen mit Schaltgetriebe den Schalthebel in die Leerlaufstellung bringen.
- Den Fahrzeugdiagnosetester bei ausgeschalteter Zündung mit der Diagnoseleitung am Diagnoseanschluss des Fahrzeugs anschließen.
- Die Zündung einschalten.
- Alle elektrischen Verbraucher ausschalten.

Schaltpläne

Zum Gebrauch der Stromlaufpläne
Die Bordelektrik wird in Aufbau und Vernetzung durch Stromlaufpläne (auch Schaltpläne genannt) dargestellt, die für den Octavia in gedruckter Form schon in der Grundausführung 1500 Seiten umfassen, also einen Ordner von ganz beträchtlichem Umfang füllen. Das Schaltplanangebot enthält neben den einzelnen Stromlaufplänen für die Basisausstattung, die Elektrik für jeden einzelnen Motor bis hin zu Sonderausstattungen (z. B. für Climatronic, Dämpfersteuerung, Einparkhilfe, Rückfahrkamera oder Autogasbetrieb) auch zeitliche Überarbeitungen. Es macht sachlich wenig Sinn und der begrenzte Umfang dieses Buches lässt das auch nicht zu, einzelne Stromlaufpläne aus der Fülle herauszugreifen und in diesem Ratgeber darzustellen.
Wer bei der Arbeit an einer Baugruppe den

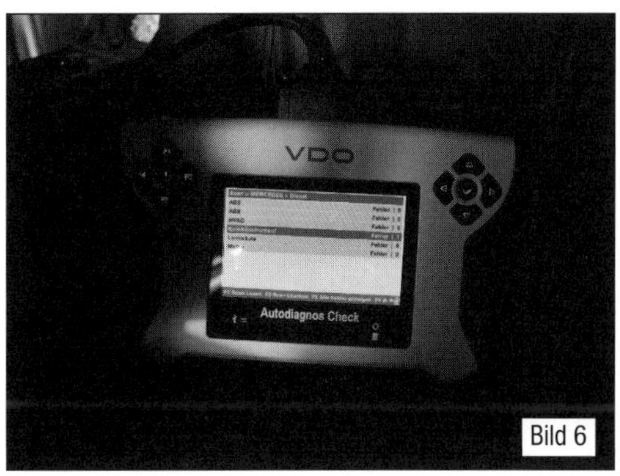

Bild 6

Bild 6
Gute Messgeräte bedeuten sichere und genaue Ergebnisse.

jeweiligen aktuellen Schaltplan zugrunde legen möchte, hat folgende Möglichkeiten:

- Man kann die Informationen dem Fahrzeugbordbuch entnehmen.
- Man kann sie direkt bestellen und kaufen über https://erwin.skoda.de/erWinVW/,
- oder per E-Mail: VWBestell@Bertelsmann.de,
- oder beim Skodahändler in Ihrer Nähe anfragen und eventuell ausdrucken lassen.

Für den Umgang mit den Schaltplänen geben wir mit den folgenden Grafiken und Übersichten die grundsätzlichen Hinweise. Mit Bild 7 informieren wir über den Aufbau der Stromlaufpläne. Bild 8 soll mit den Symbolen in den Plänen vertraut machen.

Bild 7
Aufbau der Stromlaufpläne.

A - Batterie
B - Anlasser
D - Zündanlassschalter
J519 - Steuergerät für Bordnetz
T3a - Steckverbindung, 3-fach, im Wasserkasten (grau)
T8b - Steckverbindung, 8-fach, am Steuergerät für Bordnetz (braun)
(11) Massepunkt, im Motorraum links
(A1) Plusverbindung (30a), im Schalttafelleitungsstrang
(P1) Plusverbindung (30), im Sicherungskasten

Legende
In allen Stromlaufplänen werden für gleiche Bauteile die gleichen Teile-Bezeichnungen verwendet, z.B. immer A für Batterie.

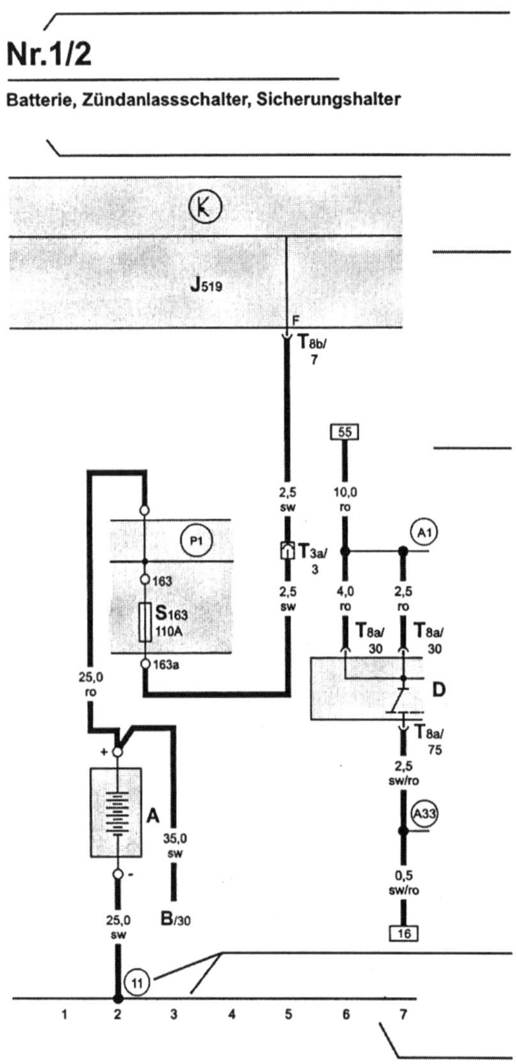

Schaltungskomplex (funktionsorientiert mit fortlaufender Nr.)

Bezeichnung der auf dieser Seite dargestellten Stromkreise

J519 – Steuergerät für Bordnetz durch graues Feld gekennzeichnet (weiter wird dieses Steuergerät in den Stromlaufplänen nicht mehr bezeichnet)

Verbraucherstromkreise mit Leitungsführung
Alle Schalter und Kontakte sind in mechanischer Ruhestellung gekennzeichnet

Schlüssel für Leitungsfarben

ws = weiß	bl = blau
sw = schwarz	gr = grau
ro = rot	li = lila
br = braun	ge = gelb
gn = grün	or = orange

Fahrzeugmasse
Zahlen in den Kreisen kennzeichnen den Einbauort (siehe Legende)

Strompfad-Nr.
Zum leichteren Auffinden der Verknüpfungen

Bild 7

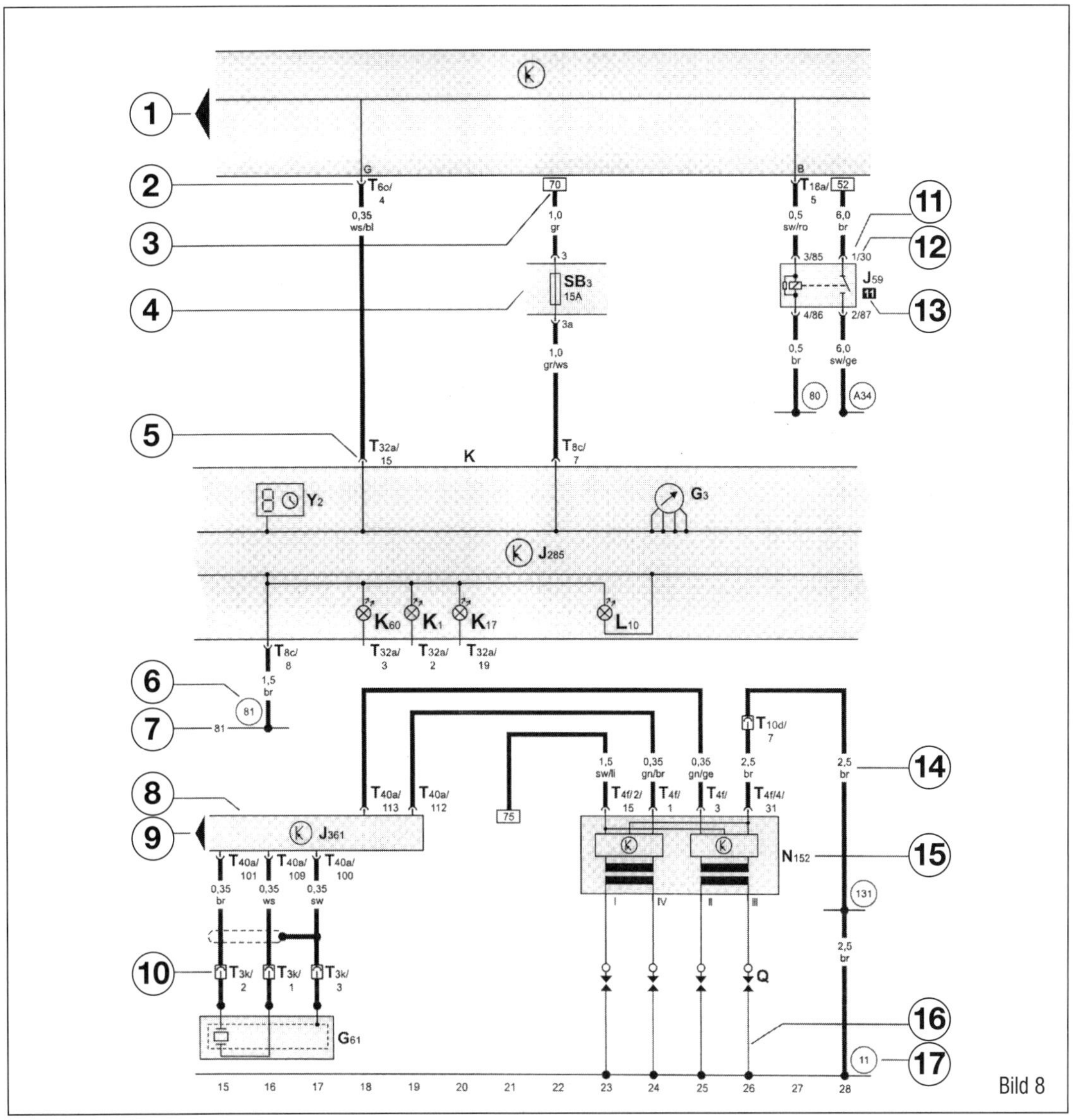

Bild 8

Bild 8
Informationen im Stromlaufplan.

Legende zum Schaltplan im Bild 8

Erläuterung der Symbole in den Stromlaufplänen.

1 Der Pfeil weist auf den nächsten zum Stromlaufplan gehörenden Stromkreis hin.
2 Bezeichnung einer Steckverbindung am Steuergerät für Bordnetz. Gibt die Belegung einer Mehrfachsteckverbindung mit einer Leitung an, z. B. T60/4 - Steckverbindung T60, 6-fach, Kontakt 4.
3 Verweis auf Weiterführung der Leitung. Die Zahl im Rahmen kennzeichnet, in welchem Strompfad die Leitung weitergeführt wird.
4 Bezeichnung einer Sicherung, z. B. Sicherung Nr. 3 (15A) im Sicherungshalter.
5 Bezeichnung einer Steckverbindung an einem Bauteil. Gibt die Bezeichnung der Mehrfachsteckverbindung, die Anzahl der Kontakte und die belegte Kontaktnummer an, z. B. T32a/15 - Mehrfachsteckverbindung T32a, 32-fach, Kontakt 15.
6 Bezeichnung für Verbindung im Leitungsstrang. Die Legende zum Stromlaufplan gibt Auskunft, in welchem Leitungsstrang sich diese nicht lösbare Verbindung (Leitungsschweißpunkt) befindet.
7 Verweis auf Weiterführung der internen Verbindung. Die Zahl kennzeichnet, wo im nächsten Stromlaufplanteil die Verbindung weitergeführt wird.
8 Schaltzeichen für ein Bauteil (siehe Bild 3).
9 Der Pfeil weist auf die Fortsetzung des Bauteils im nächsten Stromlaufplan hin.
10 Bezeichnung einer Steckverbindung im Leitungsstrang. Gibt die Bezeichnung der Mehrfachsteckverbindung, die Anzahl der Kontakte und die belegte Kontaktnummer an, z. B. T3k/2 – Mehrfachsteckverbindung T3k, 3-fach, Kontakt 2.
11 Bezeichnung einer Anschlussklemme. Klemmenbezeichnung, die auf dem Originalteil zu finden ist und/oder Kontaktnummer einer Mehrfachsteckverbindung.
12 Bezeichnung der Verbindung - am Zusatzrelaishalter. Sie kennzeichnet den einzelnen Kontakt von Relais, z. B. 30 = Kontakt 30 am Relais.
13 Relaisplatz-Bezeichnung – am Zusatzrelaishalter.
14 Leitungsquerschnitt (mm^2) und Leitungsfarbe (die Abkürzungen werden im Schlüssel für Leitungsfarben neben dem Stromlaufplan erläutert).
15 Teile-Bezeichnung. In der Legende zum Stromlaufplan wird erläutert, wie das Teil heißt.
16 Interne Verbindung (dünner Strich). Diese Verbindung ist nicht als Leitung vorhanden. Interne Verbindungen sind jedoch elektrisch leitende Verbindungen. Sie ermöglichen die Verfolgung des Stromverlaufes innerhalb von Bauteilen und Leitungssträngen.
17 Bezeichnung eines Massepunktes. Die Legende zum Stromlaufplan weist auf die Lage des Massepunktes im Fahrzeug hin.

16 Technische Daten

Wie vieles bei Škoda im Volkswagenkonzern entstammt auch die Motorisierung durch Kombinationen aus bewährten Komponenten der Großserie. Škoda kennzeichnet jeden Motortyp mit drei »Kennbuchstaben« und einer sechsstelligen »laufenden Nummer«. Wurden von einem Motortyp mehr als 999.999 Triebwerke hergestellt, wird die erste der sechs Stellen durch einen Buchstaben ersetzt. So ergeben sich auch bei gleichen Motoren unterschiedliche Motornummern.

Benzinmotor

Modellbezeichnung	**1,0-l-TSI**	**1,2-l-TSI**	**1,4-l-TSI**	**1,5-l-TSI**	**1,6-l-MPI**	**1,8-l-TSI**	**2,0-l-TSI**
Motorkennbuchstaben	CHZD, DKRA, DKRF	CJZB, CYVA, CJZA CYVB	CHPA, CZDA, CPWA	DADA, DPCA, DHFA	CWVA	CJSA, CJSB	DKZA, CHHB, CHHA
Bohrung Ø mm	74,505 bis 74,515	71,00 + 0,015 +0,005 Max 0,08	74,5	74,505 bis 74,515	76,5 + 0,005 bis 0,015		82,5
Hub mm	76,40	75,6	80,0	85,7	86,9	84,2	92,8
Kolbendurchmesser (Grund) 3*, 4*, 5*	74,42(3*)	70,92 mm	74,42 (3*)	74,472 +0,017 -0,017 (3*)	76,485 ± 0,017	82,42(3*)	82,42(3*)
Laufspiel (mm)	0,08 - 0,16	0,08 - 0,16	0,08 - 0,16	0,08 - 0,16	-	-	-
Stoßspiel 1. Ring (mm)	0,20 + 0,15 Max. 1,0	0,20 + 0,15 Max. 1,0	0,20 + 0,15 Max. 1,0	0,20 + 0,10 Max. 0,6	0,20 + 0,15 Max. 1,0	0,3 - 0,4 Max. 0,8	0,3 - 0,4 Max. 0,8
Stoßspiel 2. Ring (mm)	0,20 + 0,15 Max. 1,0	0,20 + 0,15 Max. 1,0	0,20 + 0,15 Max. 1,0	0,50 + 0,10 Max. 1,0	0,40 + 0,25 Max. 1,0	0,4 - 0,5 Max. 0,8	0,4 - 0,5 Max. 0,8
Stoßspiel Ölabstreifring (mm) 2*	0,20 + 0,20 Max. 3,0	0,20 + 0,15 Max. 1,0	0,50 ± 0,25 Max. 3,0	0,20 + 0,50 Max. 1,5	0,20 + + 0,50 Max. keine Angabe	0,2 - 0,4 Max. 0,8	0,2 - 0,4 Max. 0,8
Höhenspiel 1. Ring	0,05 - 0,09 Max. 0,15	0,05 - 0,09 Max. 0,15	0,05 - 0,09 Max. 0,15 (*4)	0,04 - 0,08 Max. 0,15	0,04 - 0,08 Max. 0,15	0,06 - 0,09 Max. 0,20	0,06 - 0,09 Max. 0,20
Höhenspiel 2. Ring	0,03 - 0,07 Max. 0,15	0,03 - 0,07 Max. 0,15	0,03 - 0,07 Max. 0,15	0,03 - 0,07 Max. 0,15	0,03 - 0,07 Max. 0,15	0,03 - 0,06 Max. 0,20	0,03 - 0,06 Max. 0,20
Ölabstreifring	Nicht messbar	Nicht messbar	Nicht messbar (*2)	Nicht messbar	Nicht messbar	Nicht messbar	Nicht messbar
Pleuellagerspiel Pleuel (mm)	0,028 - 0,065	0,028 - 0,065	0,028 - 0,065	0,028 - 0,065	0,028 - 0,065	0,02 - 0,06	0,02 - 0,06
Lagerspiel KW Hauptlager	(1*)	(1*)	(1*)	(1*)	(1*)	0,017 - 0,037 Max 0,15	0,017 - 0,037 Max 0,15
Ölmenge mit Filter	4,0 l	4,0 l	4,0 l	4,3 l	4,3 l	5,2 l	5,7 l
Ölmenge Filter	0,3 l	0,5 l	0,5 l	0,5 l	0,3 l	0,5 l	0,5 l

Dieselmotor

Modellbezeichnung	1,6-l-TDI	2,0-l-TDI
Modellkenn-buchstaben	CLHB, CXXA, DDYB, CLHA, CRKB, CXXB, DBKA, DGTE	CRVC, CKFB, CKFC, CYKA, CRMB DCYA, DFFA, CUNA, CUPA, DJGA
Bohrung Ø mm	79,50 ± 0,10	81,00 ± 0,10
Hub mm	80,5	95,5
Kolbendurchmesser (Grund)	79,40[3]	80,90[3]
Laufspiel (mm)	0,08 - 0,16	0,08 - 0,16
Stoßspiel 1. Ring (mm)	0,30 + 0,10 Max. 0,55	0,30 + 0,10 Max. 0,55
Stoßspiel 2. Ring (mm)	0,20 + 0,25 Max. 0,95	0,20 + 0,25 Max. 0,95
Stoßspiel Ölabstreifring (mm	0,25 + 0,03)Max. 0,08	0,25 + 0,03 Max. 0,08
Höhenspiel 1. Ring	0,06 + 0,25 Max. 0,75	0,06 + 0,25 Max. 0,75
Höhenspiel 2. Ring	0,05 + 0,03 Max. 0,08	0,05 + 0,03 Max. 0,08
Ölabstreifring	0,03 + 0,03 Max. 0,08	0,03 + 0,03 Max. 0,08
Pleuellagerspiel Pleuel (mm)	0,08	0,08
Lagerspiel KW Hauptlager	0,03 + 0,05 Max. 0,17	0,03 + 0,05 Max. 0,17
Ölmenge mit Filter	4,6 l	4,6 l - 4,7 l
Ölmenge Filter	0,5 l	0,5 l

1* Die Kurbelwelle darf nicht ausgebaut werden. Schon das Lösen der Kurbelwellenlagerdeckel-Schrauben führt zu Verformungen der Lagerstühle des Zylinderblocks. Durch diese Verformungen wird das Lagerspiel geringer. Selbst wenn Sie die Lagerschalen nicht ersetzen, können Lagerschäden durch ein verändertes Lagerspiel entstehen. Sind die Lagerdeckel-Schrauben gelöst worden, muss der Zylinderblock komplett mit der Kurbelwelle ersetzt werden. Das Messen des Kurbelwellenlagerspiels ist mit Werkstattmitteln nicht möglich.

2* Ölabstreifring 2-teilig 0,04 mm bis 0,08 mm Höhenspiel

3* Maßangabe ohne Beschichtung. Federal-Mogul-Kolben + (2x) 0,018 mm, Mahle + (2x) 0,015 mm

4* Mahle Kolben 0,035 mm bis 0,085 mm

5* Maße ohne Grafitbeschichtung (Dicke 0,02 mm). Die Grafitbeschichtung nutzt sich ab.

Füllmengen Fahrzeug

Modellbezeichnung	**1,0-l-TSI**	**1,2-l-TSI**	**1,4-l-TSI**	**1,5-l-TSI**	**1,6-l-MPI**	**1,8-l-TSI**	**2,0-l-TSI**
Kühlmittelmenge G13 (Rot)	8,0 l						
Bremsflüssigkeit	DOT 4						
Servoflüssigkeit	Nicht vorhanden						
Klimaanlage Klimamittel R134a (R1234yf)	500 g ± 15 (460 g)						
Klimaöl in cm³							
Denso	110 ± 10 cm³						
Sanden	75 cm³						
Delphi	110 cm³						

Füllmengen Getriebe

	Schaltgetriebe (0A4)	Schaltgetriebe (02S)	Schaltgetriebe (0AJ	Kupplungs-getriebe (0D9)	Kupplungs-getriebe (0CW)	Kupplungs-getriebe (0GC)	Automatisches Getriebe (09G)
Getriebeöl (teilzerlegt)	1,7 l	1,9 l	-	-	-		ATF
Erstbefüllung	1,9 l	2,1 l	2,3 l	6,9 l 7,2 l *	-	6,8 l + 0,1 l	7,0 l
Wechsel	1,7 l	1,9 l	-	5,2 l	1,7 l	ca. 6 l	3,0 l
Ölfilter	-	-	-	Ja	Ja		-
Wechsel Motronic	-	-	-		1,9 l		-
Differenzialsperre vorne	-	-	-	0,6 l	-	0,6 l	-
Differenzialsperre vorne Ölwechsel	-	-	-	0,4 l	-	0,4 l	-
Winkelgetriebe Vorne (Allrad)	-	-	-	-	-		0CN: 0,72 l 0FN: 0,6 l 0AV: 0,75 l

17 Anzugs-drehmomente

In diesem Kapitel stellen wir Ihnen die Anzugsmomente für die wichtigsten Verschraubungen am Fahrzeug zur Verfügung. Diese sind zum einen alphabetisch und zum anderen nach den Motorkennbuchstaben sortiert. Natürlich konnten wir nur diese Motoren darstellen, deren Daten bis zum Redaktionsschluss bekannt waren. Alle Daten sollten Sie im Zweifel bei der Teilebestellung hinterfragen und wenn erforderlich korrigieren. Selbiges gilt auch für neue Motortypen. Übernehmen Sie niemals einfach Abmessungen eines anderen Motors, ohne diese zu überprüfen. Hier können leicht Schäden entstehen, die vermeidbar währen und oft recht teuer sind.

Motor

Oktavia Modellbezeichnung	**1,0 l TSI**	**1,2 l TSI**	**1,4 l TSI**	**1,5 l TSI**	**1,6 l MPI**	**1,8 l und 2,0 l TSI**	**1,6 l und 2,0 l TDI**
Zylinderkopf Stufe 1	40 Nm	40 Nm	40 Nm	40 Nm	40 Nm	40 Nm	30 Nm
Zylinderkopf Stufe 2	90°	90°	90°	90°	90°	90°	70 Nm
Zylinderkopf Stufe 3	90°	90°	90°	90°	90°	90°	90°
Zylinderkopf Stufe 4	90°	90°	90°	90°	90°	90°	90°
Zylinderkopf Stufe 5	-	-	-	-	-	-	90°
Zylinderkopf Nockenwellenkasten Stufe 1	10 Nm	-	-	10 Nm	10 Nm	40 Nm	handfest
Zylinderkopf Nockenwellenkasten Stufe 2	180°	-	-	120°	180°	90°	10 Nm
Kurbelwellen Hauptlager Stufe 1	1*	1*	1*	1*	1*	handfest	handfest
Kurbelwellen Hauptlager Stufe 2						65 Nm	65 Nm
Kurbelwellen Hauptlager Stufe 3						90°	90°
Kurbelwellen Haupt lager seitlich Stufe 1						20 Nm	-
Kurbelwellen Hauptlager seitlich Stufe 2						90°	-
Pleuellager Stufe 1	30 Nm	30 Nm	30 Nm	30 Nm	30 Nm	45 Nm	30 Nm
Pleuellager Stufe 2	90°	90°	90°	90°	90°	90°	90°
Ölpumpe an Zylinderblock (M6) Stufe 1	8 Nm	8 Nm	10 Nm	8 Nm	8 Nm	8 Nm	10 Nm
Ölpumpe an Zylinderblock (M6) Stufe 2	90°	90°	90°	90°	90°	90°	180°
Ölpumpe an Zylinderblock (M8) Stufe 1	20 Nm	20 Nm	20 Nm	20 Nm	20 Nm	-	12 Nm
Ölwannenschrauben (M6) Stufe 1	Hand	8 Nm	8 Nm	8 Nm	8 Nm	8 Nm	5 Nm

Sichtprüfung Messen

Oktavia	**1,0 l**	**1,2 l**	**1,4 l**	**1,5 l**	**1,6 l**	**1,8 l und**	**1,6 l und**
Modellbezeichnung	**TSI**	**TSI**	**TSI**	**TSI**	**MPI**	**2,0 l TSI**	**2,0 l TDI**
Ölwannenschrauben (M6) Stufe 2	12 Nm	90°	90°	90°	90°		13 Nm
Ölwannenschrauben 1+2 Stufe 2	-	-	-	-	-	180°	-
Ölwannenschrauben 3-9 Stufe 2	-	-	-	-	-	45°	-
Ölwannenschrauben 10 Stufe 2	-	-	-	-	-	180°	-
Ölwannenschrauben 11 - 14- Stufe 2 (Bild 24 Kap.5)	-	-	-	-	-	90°	-
Ölwanne am Getriebe	40 Nm	40 Nm	40 Nm	40 Nm	40 Nm	-	40 Nm
Ölablassschraube	30 Nm	30 Nm	30 Nm	30 Nm	30 Nm	-	30 Nm
Schwungrad/Mitnehmerblech Stufe 1	60 Nm	60 Nm	60 Nm	60 Nm	60 Nm	60 Nm	60 Nm-
Schwungrad/Mitnehmerblech Stufe 2	90°	90°	90°	90°	90°	90°	90°
Kupplungsdruckplatte 6 mm	13 Nm	13 Nm	13 Nm	13 Nm	13 Nm	13 Nm	13 Nm
Kupplungsdruckplatte 7 mm	20 Nm	20 Nm	20 Nm		20 Nm	20 Nm	
Kurbelwellenriemenscheibe Stufe 1 (M8x20) 2*	150 Nm	150 Nm	150 Nm	150 Nm	150 Nm	150 Nm	10 Nm
Kurbelwellenriemennscheibe Stufe 2 (M8x20) 2*	180°	180°	180°	180°	180°	90°	90°
Nockenwellenrad Einlass Stufe 1	50 Nm	50 Nm	50 Nm	50 Nm	50 Nm	-	100 Nm
Nockenwellenrad Einlass Stufe 2	135°	135°	135°	140 Nm	135°	-	-
Nockenwellenrad Einlass Verschlussdeckel	20 Nm	20 Nm	20 Nm	-	20 Nm	-	-
Nockenwellenrad Auslass Stufe 1	50 Nm	50 Nm	50 Nm	50 Nm	50 Nm	-	-
Nockenwellenrad Auslass Stufe 2	135°	90°	90°	135°	90°	-	-
Nockenwellen Steuerventile Stufe 1	-	-	-	8 Nm	-	35 Nm	-
Nockenwellen Steuerkettenspanner Stufe 1	-	-	-	-	-	4 Nm	-

Oktavia	**1,0 l**	**1,2 l**	**1,4 l**	**1,5 l**	**1,6 l**	**1,8 l und**	**1,6 l und**
Modellbezeichnung	**TSI**	**TSI**	**TSI**	**TSI**	**MPI**	**2,0 l TSI**	**2,0 l TDI**
Nockenwellen Steuerkettenspanner Stufe 2	-	-	-	-	-	90°	-
Nockenwellen Steuerkettenschiene	-	-	-	-	-	20 Nm	-
Ausgleichswellen Kettenspanner	-	-	-	-	-	85 Nm	-
Ausgleichswellen Kettenspanner Schrauben	-	-	-	-	-	20 Nm	-
Ausgleichswellen Zwischenrad Stufe 1	-	-	-	-	-	10 Nm	-
Ausgleichswellen Zwischenrad Stufe 2	-	-	-	-	-	25 Nm	-
Ausgleichswellen Zwischenrad Stufe 3	-	-	-	-	-	90°	-
Wasserpumpen Riemenscheibe Stufe 1	20 Nm	20 Nm	20 Nm	20 Nm	20 Nm	-	-
Wasserpumpen Riemenscheibe Stufe 2	90°	90°	90°	90°	90°	-	-
Zylinderkopfhaube Stufe 1	10 Nm	10 Nm	10 Nm	Handfest	10 Nm	Handfest	Handfest
Zylinderkopfhaube Stufe 2	180°	180°	180°	10 Nm	180°	8 Nm	9 Nm
Zylinderkopfhaube Stufe 3	-	-	-	120°	-	90°	-
Saugrohr an Zylinderkopf	8 Nm	8 Nm	8 Nm	10 Nm	8 Nm	9 Nm	3*
Zündkerzen /Glühkerzen	22 Nm	22 Nm	22 Nm	22 Nm	22 Nm	30 Nm	4*
Kraftstoffverteilerrohr Stufe 1	8 Nm	9 Nm	9 Nm	8 Nm	9 Nm	9 Nm	20 Nm
Kraftstoffverteilerrohr Stufe 2	90°	-	-	90°	-	-	-
Kurbelwellen(Drehzahl)-Sensor	5 Nm	5 Nm	5 Nm	5 Nm	5 Nm	9 Nm	4,5 Nm
Nockenwellengeber	8 Nm	8 Nm	8 Nm	8 Nm	8 Nm	9 Nm	9 Nm
Kühlmitteltemperatur-sensor Stufe 1	8 Nm	8 Nm	8 Nm	8 Nm	8 Nm	4 Nm	8 Nm
Kühlmitteltemperatur sensor Stufe 2	-	-	-	-	-	45°	-
Lambdasonde	55 Nm	55 Nm	55 Nm	55 Nm	55 Nm	55 Nm	55 Nm
Klopfsensor	20 Nm	20 Nm	20 Nm	20 Nm	20 Nm	20 Nm	-
Öldruckschalter	20 Nm	20 Nm	20 Nm	20 Nm	20 Nm	20 Nm	20 Nm
Ölfilter	20 Nm	20 Nm	20 Nm	20 Nm	20 Nm	25 Nm	25 Nm

Oktavia	**1,0 l**	**1,2 l**	**1,4 l**	**1,5 l**	**1,6 l**	**1,8 l und**	**1,6 l und**
Modellbezeichnung	**TSI**	**TSI**	**TSI**	**TSI**	**MPI**	**2,0 l TSI**	**2,0 l TDI**
Nockenwellen Steuerkettenspanner Stufe 2	-	-	-	-	-	90°	-
Nockenwellen Steuerkettenschiene	-	-	-	-	-	20 Nm	-
Ausgleichswellen Kettenspanner	-	-	-	-	-	85 Nm	-
Ausgleichswellen Kettenspanner Schrauben	-	-	-	-	-	20 Nm	-
Ausgleichswellen Zwischenrad Stufe 1	-	-	-	-	-	10 Nm	-
Ausgleichswellen Zwischenrad Stufe 2	-	-	-	-	-	25 Nm	-
Ausgleichswellen Zwischenrad Stufe 3	-	-	-	-	-	90°	-
Wasserpumpen Riemenscheibe Stufe 1	20 Nm	20 Nm	20 Nm	20 Nm	20 Nm	-	-
Wasserpumpen Riemenscheibe Stufe 2	90°	90°	90°	90°	90°	-	-
Zylinderkopfhaube Stufe 1	10 Nm	10 Nm	10 Nm	Handfest	10 Nm	Handfest	Handfest
Zylinderkopfhaube Stufe 2	180°	180°	180°	10 Nm	180°	8 Nm	9 Nm
Zylinderkopfhaube Stufe 3	-	-	-	120°	-	90°	-
Saugrohr an Zylinderkopf	8 Nm	8 Nm	8 Nm	10 Nm	8 Nm	9 Nm	3*
Zündkerzen /Glühkerzen	22 Nm	22 Nm	22 Nm	22 Nm	22 Nm	30 Nm	4*
Kraftstoffverteilerrohr Stufe 1	8 Nm	9 Nm	9 Nm	8 Nm	9 Nm	9 Nm	20 Nm
Kraftstoffverteilerrohr Stufe 2	90°	-	-	90°	-	-	-
Kurbelwellen(Drehzahl)-Sensor	5 Nm	5 Nm	5 Nm	5 Nm	5 Nm	9 Nm	4,5 Nm
Nockenwellengeber	8 Nm	8 Nm	8 Nm	8 Nm	8 Nm	9 Nm	9 Nm
Kühlmitteltemperatur-sensor Stufe 1	8 Nm	8 Nm	8 Nm	8 Nm	8 Nm	4 Nm	8 Nm
Kühlmitteltemperatur sensor Stufe 2	-	-	-	-	-	45°	-
Lambdasonde	55 Nm	55 Nm	55 Nm	55 Nm	55 Nm	55 Nm	55 Nm
Klopfsensor	20 Nm	20 Nm	20 Nm	20 Nm	20 Nm	20 Nm	-
Öldruckschalter	20 Nm	20 Nm	20 Nm	20 Nm	20 Nm	20 Nm	20 Nm
Ölfilter	20 Nm	20 Nm	20 Nm	20 Nm	20 Nm	25 Nm	25 Nm

Oktavia	1,0 l	1,2 l	1,4 l	1,5 l	1,6 l	1,8 l und	1,6 l und
Modellbezeichnung	TSI	TSI	TSI	TSI	MPI	2,0 l TSI	2,0 l TDI

1* Die Kurbelwelle darf nicht ausgebaut werden. Schon das Lösen der Kurbelwellenlagerdeckel-Schrauben führt zu Verformungen der Lagerstühle des Zylinderblocks. Durch diese Verformungen wird das Lagerspiel geringer. Selbst wenn Sie die Lagerschalen nicht ersetzen, können Lagerschäden durch ein verändertes Lagerspiel entstehen. Sind die Lagerdeckel-Schrauben gelöst worden, muss der Zylinderblock komplett mit der Kurbelwelle ersetzt werden. Das Messen des Kurbelwellenlagerspiels ist mit Werkstattmitteln nicht möglich. 2*M8x20 Stufe 1 20 Nm und Stufe 2 180°; 3* Stufe 1 Handfest, Stufe 2 20 Nm, Stufe 3 90°; 4* ohne Brennraumdruckgeber 17 Nm, mit Brennraumdruckgeber 12 Nm.

Antrieb

Verschraubung	Anzugsdrehmoment
Abschirmblech Gelenkscheibe	9 Nm
Abschirmblech Gelenkwelle	20 Nm
Achsgetriebe hinten (Allrad) Stufe 1	60 Nm
Achsgetriebe hinten (Allrad) Stufe 2	90°
Aggregateträger an Aufbau Stufe 1	90 Nm
Aggregateträger an Aufbau Stufe 2	90°
Antriebswelle getriebeseitig Stufe 1	10 Nm über Kreuz
Antriebswelle getriebeseitig Stufe 2	70 Nm
Antriebswelle radseitig mit Verrippung Stufe 1	70 Nm
Antriebswelle radseitig mit Verrippung Stufe 2	90°
Antriebswelle radseitig ohne Verrippung Stufe 1	200 Nm
Antriebswelle radseitig ohne Verrippung Stufe 2	180°
ATF-Leitung am Getriebe	20 Nm
Ausrücklager Schaltgetriebe (mit Sicherungsmittel)	12 Nm (15 Nm)
Bremssattel hinten Schraube M10 Sattelträger Stufe 1	90 Nm
Bremssattel hinten Schraube M10 Sattelträger Stufe 2	90°
Bremssattel hinten Schraube M8	35 Nm
Bremssattel vorne Führungsbolzen	30 Nm
Bremssattel vorne Rippschrauben	200 Nm
Fahrschemel hinten Stufe 1	90 Nm
Fahrschemel hinten Stufe 2	90°
Fahrschemel vorne Stufe 1	50 Nm
Fahrschemel vorne Stufe 2	90°
Getriebe am Motor Schaltgetriebe M10 x 50	40 Nm
Getriebe am Motor Schaltgetriebe M10 x 68	40 Nm
Getriebe am Motor Schaltgetriebe M12 x 165	80 Nm
Getriebe am Motor Schaltgetriebe M12 x 50	80 Nm
Getriebe am Motor Schaltgetriebe M12 x 65	40 Nm
Kardan M10x30 Stufe 1	50 Nm
Kardan M10x30 Stufe 2	90°
Kegelschraube Antriebswelle (Steckwelle)	35 Nm
Kupplung 6 Gang Schaltgetriebe 0A6 (M6)	13 Nm
Kupplung 6 Gang Schaltgetriebe 0A6 (M7)	20 Nm
Lagerbock Hinterachse am Aggregat Stufe 1	50 Nm
Lagerbock Hinterachse am Aggregat Stufe 2	45°

Anzugsdrehmomente

Sichtprüfung Messen

Verschraubung	Anzugsdrehmoment
Mitnehmerblech an Wandler Automatikgetriebe	60 Nm
Motorlager am Getriebe links Stufe 1	40 Nm
Motorlager am Getriebe links Stufe 2	90°
Motorlager am Rahmen links Stufe 1	60 Nm
Motorlager am Rahmen links Stufe 2	90°
Motorlager hinten (Fahrschemel) Stufe 1	100 Nm
Motorlager hinten (Fahrschemel) Stufe 2	90°
Motorlager rechts am Motor Stufe 1	40 Nm
Motorlager rechts am Motor Stufe 2	90°
Motorlager rechts am Rahmen Stufe 1	60 Nm
Motorlager rechts am Rahmen Stufe 2	90°
Motorlager rechts Zugstrebe Stufe 1	20 Nm
Motorlager rechts Zugstrebe Stufe 2	90°
Pendelstutze am Getriebe M10 (M12) Stufe 2	90° (90°)
Pendelstutze am Getriebe M10 (M12) Stufe 1	50 Nm (60 Nm)
Querlenker vorne M12x110 Stufe 1	70 Nm
Querlenker vorne M12x110 Stufe 2	180°
Radführungsbolzen unten	100 Nm
Radführungsbolzen unten am Alu Querlenker	60 Nm
Radführungsbolzen unten am Stahl-Querlenker	100 Nm
Radschraube Allradfahrzeuge	120 Nm
Radschraube frontgetriebene Fahrzeuge	140 Nm
Schaltbetätigung M8	20 Nm
Schraube Querlenker hinten Stufe 1	130 Nm
Schraube Querlenker hinten Stufe 2	90°
Schraube Spurstange hinten Stufe 1	130 Nm
Schraube Spurstange hinten Stufe 2	90°
Sensor Neutralstellung (Start/Stopp)	5 Nm
Spureinstellschraube Achslenker hinten	95 Nm
Spurstangenkopf	50 Nm
Stabilisatorstrebe	40 Nm
Stützlager Kardanwelle	25 Nm
Winkelgetriebe vorne (Allrad) am Getriebe Stufe 1	40 Nm
Winkelgetriebe vorne (Allrad) am Getriebe Stufe 2	90°
Winkelgetriebe vorne (Allrad) Getriebeträger M10	40 Nm

Karosserie

Verschraubung	Anzugsdrehmoment
Anhängekupplung am Rahmen Stufe 1	50 Nm
Anhängekupplung am Rahmen Stufe 2	90°
Fensterheber Befestigungsschrauben	3,5 Nm
Geräuschdämmung von unten	2 Nm
Heckklappenscharnier	10 Nm
Heckklappenschloss	22 Nm
Heckklappenschloss Schließbügel	18 Nm
Kunststoffschrauben	8 Nm
Motorhaube Haubenscharnier	21 Nm
Motorhaube Haubenschloss	12 Nm
Spiegelbefestigungsschrauben	8 Nm
Stoßdämpfer hinten oben Stufe 1	50 Nm
Stoßdämpfer hinten oben Stufe 2	45°
Stoßdämpfer hinten unten Stufe 1	180 Nm
Stoßdämpfer vorne oben M14 x 1,5	60 Nm
Stoßdämpfer vorne oben M8x26 Stufe 1	15 Nm
Stoßdämpfer vorne oben M8x26 Stufe 2	90°
Stoßdämpfer vorne unten M16	12 Nm
Stoßfänger hinten Kunststoffschrauben	3,5 Nm
Stoßfänger vorne M8	60 Nm
Türfangband	12 Nm
Türscharnier an der Karosserie	32 Nm
Türschloss Einbau in der Türe	20 Nm
Türschlossriegel (Bügel)	20 Nm

Elektrische Anlage

Verschraubung	Anzugsdrehmoment
Masseanschluss an der Batterie M6	6 Nm
Masseband am Getriebe	20 Nm
Massepunkte an der Karosserie M6	8 Nm
Massepunkte an der Karosserie M8	15 Nm
Plusanschluss am Anlasser M8	15 Nm
Plusanschluss am Generator	15 Nm
Plusanschluss am Sicherungskasten M5	4 Nm
Plusanschluss am Sicherungskasten M6	6 Nm
Plusanschluss an der Batterie M6	6 Nm

Sonstige Verschraubungen

Schraubengröße	M4	M5	M6	M8	M10	M12	M14	M16
Anzugsdrehmoment	0,5 Nm	3 Nm	10 Nm	20 Nm	45 Nm	60 Nm	100 Nm	200 Nm

WEITERE INTERESSANTE BÜCHER ZUM THEMA

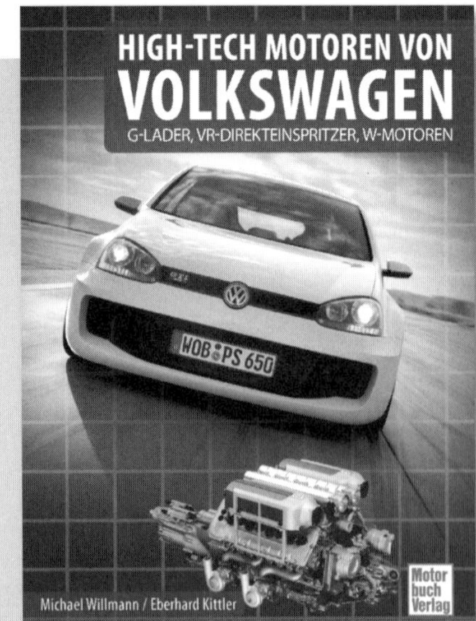

Mit dem Wechsel zu wassergekühlten Vierzylinder-Reihenmotoren begann die Technik-Offensive: Michael Willmann und Eberhard Kittler beschreiben die wichtigsten Entwicklungen aus »30 Jahre VW-Hightech-Benziner« – vom G-Lader, Direkteinspritzer, VR- und W-Motoren über Golf 1 GTI RV6 bis zum Bugatti Chiron 8.0 W16.

240 Seiten, 300 Abb., Format 210 x 280 mm

ISBN 978-3-613-04428-9 | € 29,90 | € (A) 30,80

Mit viel Hintergrundwissen und Bildschätzen aus den Citroën-Werksarchiven zeigt Immo Mikloweit in diesem Band die Geschichte der großen, legendären Citroën-Modelle auf, angefangen von der DS über den SM und CX bis hin zum C5 und C6.

208 Seiten, 250 Abb., Format 230 x 265 mm

ISBN 978-3-613-04318-3 | € 34,90 | € (A) 35,60

Angereichert mit zeitgenössischen Aufnahmen sowie Werks- und Privatfotos, begleitet Alexander F. Storz den Grenada von 1972 bis 1985 in all seinen Facetten. Zudem beschäftigt sich der Band mit dem Vorgänger P7b sowie dem Ford Scorpio, dem letzten großen Ford.

224 Seiten, 300 Abb., Format 230 x 265 mm

ISBN 978-3-613-04369-5 | € 29,90 | € (A) 30,80

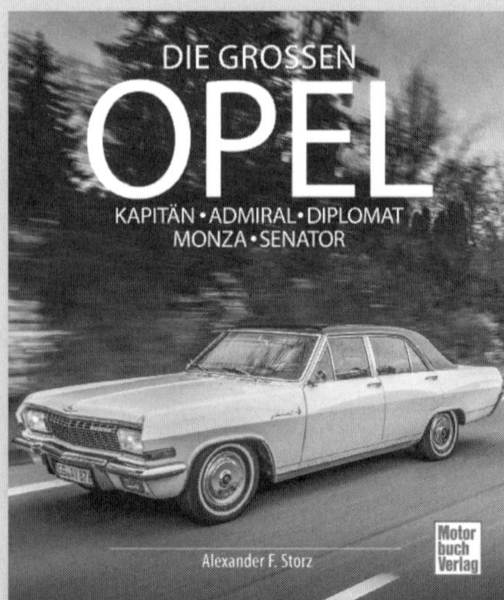

Frank Storz erzählt die Geschichte der Großen Opel, angefangen beim Opel 6 von 1934 über die Großen Drei – Kapitän, Admiral und Diplomat – bis hin zur Senator- und Monza-Reihe.

224 Seiten, 350 Abb., Format 230 x 265 mm

ISBN 978-3-613-04140-0 | € 29,90 | € (A) 30,80

Leseproben zu allen Titeln auf unserer Internetseite

Stand August 2021

Änderungen in Preis und Lieferfähigkeit vorbehalten.

Überall, wo es Bücher gibt, oder unter
WWW.MOTORBUCH-VERSAND.DE
Service-Hotline: 0711 / 78 99 21 51

www.facebook.com/MotorbuchVerlag